JN135272

ヴァルター・ネーリング
大木毅【訳】

ドイツ装甲部隊史

Walther Nehring：Die Geschichte der deutschen Panzerwaffe 1916-1945

1916—1945

作品社

ドイツ装甲部隊史＊目次

著者序言　009

訳者註釈

本書に登場する、さまざまな地名は、東欧・中欧における複雑な歴史的経緯を反映して、複数の言語による呼称が存在するものがある。たとえば、ニョーマン川（ベラルーシ）は、ロシア語でニェーマン川、リトアニア語ではネムナス川、ポーランド語ではニェメン川、ドイツ語ではメーメル川となる。本訳書では原則として、当該時期にその地点・地域を領有していた国の言語にもとづき、カナ表記した。また、必要に応じて、現在の領有国とその言語、あるいは別に通用している発音にもとづくカナ表記を〔　〕内に付した場合もある。

ただし、「モスクワ」や「ベルリン」といった、日本語で定着していると思われる慣習的表記については、そちらを採用した（原音主義にもとづいた表記なら、それぞれ「マスクヴァー」、「ベアリーン」になろう）。

また、Weimar は、従来、「ワイマル」、「ヴァイマル」、「ワイマール」と、さまざまにカナ表記されてきたが、原音に近い「ヴァイマール」をあてた。Reich についても、ドイツ語には「帝国」にとどまらない、ドイツ人の統一国家といった独特のニュアンスがあるため、場合によっては「ライヒ」とした。

あきらかな誤記、誤植については、とくに注記することなく修正した。

以下、凡例。

一、「編制」、「編成」、「編組」については、以下の定義に従い、使い分けた。「軍令に規定された軍の永続性を有する組織を編制といい、平時における国軍の組織を規定したものを『平時編制』、戦時における国軍の組織を定めたものを戦時編制という」。「ある目的のため所定の編制をとらせること、あるいは編制にもとづくことなく臨時に定めるところにより部隊などを編合組成することを編成という。たとえば『第○連隊の編成成る』とか『臨時派遣隊編成』など」。「また作戦（または戦闘実施）の必要に基き、建制上の部隊を適宜に編合組成するのを編組と呼んだ。たとえば前衛の編組、支隊の編組など」（すべて、秦郁彦編『日本陸海軍総合事典』東京大学出版会、一九九一年、七三二頁より引用）。

二、日本陸軍にあっては、戦闘序列内にある下部組織を「隷下」にあるとし、それ以外の指揮下にあるものを「麾下」としたが、ドイツ陸軍の場合、その意味で「隷下」にあるのは師団以下の規模の団隊である。従って、軍団以上の組織の指揮下にある場合は「麾下」、師団以下のそれは「隷下」と訳し分けた。

三、本書に頻出する Aufklärung は、旧陸軍の用語でいう「偵察」（地勢を確認すること）と「捜索」（敵の位置、兵力、行動等の解明）の二重の意味で使われている。本訳書では、適宜「偵察」と「捜索」に訳し分け、場合によっては「偵察・捜索」とした。

四、ドイツ語の Panzer は、「戦車」、「装甲」、「装甲部隊」など、いくつかの意味を持つ。本訳書では、文脈に応じて訳し分けた。また、「快速部隊」（schnelle Truppen）もしくは「快速団隊」（schnelle Verbände）は、装甲師団・自動車化歩兵師団

／装甲擲弾兵師団等の総称である。

五、本書に頻出するドイツ軍の用語 Verband（複数形は Verbände）は、さまざまな使い方がされる。通常は、師団、もしくは師団に相当する部隊を表すのに使われるが、それ以上の規模の部隊を示すこともある。また、師団の建制内にない独立部隊を指す場合に用いられることもある。本訳書では「団隊」とし、必要に応じて「大規模団隊」などと補足した。

六、「勲爵士」と訳しているのは、バイエルン王国、あるいは、ハプスブルク帝国の一代かぎりの貴族 Ritter である。

七、ドイツ軍には「元帥」と「大将」のあいだに「上級大将」の階級がある。また、伝統的に、「大将」の階級では所属兵科を付して、たとえば「歩兵大将」のように呼称される。いずれも原文にもとづき、そのように訳した。

八、第一次世界大戦に敗れ、ヴェルサイユ条約により軍備制限を課せられたドイツ軍は Reichswehr と称することになったが、一九三五年の再軍備宣言とともに、Wehrmacht と改称される。いずれも訳してしまえば「国防軍」だが、区別する必要がある場合、本訳書では、前者を「ライヒスヴェーア」、後者を「ヴェーアマハト」とする。

また、ライヒスヴェーアにあっては、連合国に対して真の機能を隠すため、さまざまな中央部局に、業務内容にそぐわぬ名称をつけていた。たとえば、主として参謀本部の機能を果たす局は「部隊局」（Truppenamt）とされたのである。本訳書でも、この隠蔽のニュアンスを伝えるために、直訳に近い訳語を当てた。

九、部隊番号は、ドイツ軍ならびに枢軸軍は算用数字、連合軍は漢数字で表記した。

一〇、〔 〕内は訳者の補註。

一一、原語を示したほうがよいと思われる場合は、訳語に原語にもとづくカナ表記をルビで付し、そのあとに原綴を記した。おおむね初出のみであるが、繰り返したほうがよいと思われた場合にはそのかぎりではない。

一二、引用されている文献のうち、邦訳があるものは初出ならびに「参考文献」欄に示した。ただし、訳語の統一などのため、本訳書本文では、必ずしも邦訳書通りにしてはいない場合がある。また、邦訳の著者名等、固有名詞の表記は、日本語版のママとした。

一三、原文においてイタリックで強調されている部分は太字で表した。

一四、人物や事項についての訳註は、本文の理解に役立つと思われるもののみに限った。

一五、現著者の文献表記は、必ずしも統一されていないが、原則としてママとした。ただし、訳者が補足した部分もある。

一六、時分は、たとえば十五時のように、二十四時間表記とした。

一七、大砲の場合、「口径」には二種類の意味がある。一つは砲身内径を示し、もう一つは、砲身の長さを内径で割った数字で、砲身の長さを表す（「口径長」とも）。本訳書では、原則として、前者の意味で「口径」を用いている。後者については「口径長」の訳語を当てた。

一八、▽は原書の脚註、▼は原書の巻末註である。

ドイツ装甲部隊史――1916-1945

ハインツ・グデーリアンと彼の装甲部隊の思い出に

著者序言

何年にもわたり、著者は、ドイツ装甲部隊の歴史について自ら知るところを書き記すように慫慂されてきた。最初に提案してきたのは、軍事書出版業者ハンス・ヘニング・ポッツンとアメリカの歴史家チャールズ・B・バーディックである。

一九六四年より、著者は、この任に手をつけた。回想記録や史料、文書があるとはいえ、材料と問題設定の多様性ゆえに、ごくおおまかな結果を出せるだけの、骨の折れる課題だ。さまざまな筆者たちの論述や、何よりも、註に示したような優れたドイツ国防軍師団・部隊史が、著者の叙述を補完してくれた。著者は、あらゆる相談役、協力者、そして、妻に感謝を捧げるものである。

本書の構想にあたり、著者は、読者が一九一四年から一九四五年〔第一次世界大戦開始から第二次世界大戦の終結〕の諸事象の戦史的な経緯に通じていることを前提とした。紙幅の制限があるから、ドイツ装甲部隊の発展と再建を述べるほかに、その戦法や、あらゆる装甲部隊の運用、あるいは、大規模な装甲部隊の作戦だけを扱ったとはいえ、それらすべてを詳細に取り扱うのは不可能であった。しかしながら、自動車化・装甲大団隊による、一連の大規模な作戦については、批評的に観察しておいたから、第二次世界大戦におけるドイツ装甲部隊の運用に関する、要約された包括的な概観が得られるはずである。

前著『戦車とエンジン』[▼1]では、主として、一九一六年から一九一八年における新時代の戦争遂行について述べた。これは、のちに上級大将になったハインツ・グデーリアンによる、戦闘車輛兵科（パンツァーヴァーゲンヴァッフェ）〔Panzerwagenwaffe〕（装甲兵科（パンツァーヴァッフェ）〔Panzerwaffe〕）の、全方面に使用可能な作戦的装甲部隊（パンツァートルッペ）〔Panzertruppe〕への創造的変容を記し、分析するための導入部ということになろう。

装甲部隊創設史は、長期間にわたり、もっとも深刻な障害や困難があったことできわだっている。著者は、一九三二年から一九三五年秋まではグデーリアンの、その後は一九三六年まで、グデーリアンの後任で当時大佐だったフリードリヒ・パウルスの筆頭助手として、その過程をつぶさに目撃した。一九三七年から一九三九年までは、〔第3装甲〕師団長である男爵レオ・ガイヤ・フォン・シュヴェッペンブルク中将のもとで第5戦車連隊長を務め、見聞を深めたのである。

第二次世界大戦が開始されると、著者は、装甲軍団およびグデーリアン装甲集団〔軍規模の大規模団隊。ただし、自前の補給機関は持たず、最寄りの軍に依存する〕の参謀長として、新しい種類の装甲部隊が試され、認められる過程を体験した。一九四一年には、中部ロシアで、グデーリアンの第2装甲軍[▽1]麾下の第18装甲師団長を務め、ついで、ドイツ・アフリカ軍団長となっている。ロンメル軍司令官に従い、リビヤとエジプトで従軍したのだ。一九四二年十一月から十二月にかけてのアラメイン戦で負傷したが、のちにチュニジア橋頭堡の初代司令官となった。

大戦最後の数年間には、著者は、第24装甲軍団長[▽2]となり、南ロシアで、軍集団、もしくは軍の名だたる司令官たちに仕えた。マンシュタイン、ハインリーチ、ホート、フーベ、ラウスといった人々である。一九四五年三月から戦争最後の数日に至るまでは、シェルナー軍集団麾下にあって、それまでハインリーチ上級大将に率いられていた第1装甲軍の司令官を務めた。

著者は早くから、新時代の快速部隊という思想に取り組んできた。著者が若き歩兵将校として従軍した第一次世界大戦は、つぎのことを示した。古いやり方では、いかなる支援を加えようと、おおいに加速された歩兵の攻撃テンポについていき、作戦的成果を達成するには、もはや根本的に不充分なのであった。この点で、著者を瞠目させたのは、一九一四年秋にパリのタクシーが投入され、フランス軍歩兵のドイツ軍右翼に対する、驚くばかりの機動を実行せしめたことだった。同様に、一九一六年、ヴェルダン防衛軍に対する補給や守備兵の不断の交代を円滑たらしめていた「聖なる道（ヴォワ・サクレ）」〔ヴェルダン要塞攻防戦でフランス軍が死守した要塞への補給路〕維持に、トラックが決定的に重要な役割を果たしたことも注目された。また、一九一六年秋に最初の戦車が出現したことは、著者に、のちのちまでも響く衝撃を与えたのだ。

およそ十五年後、ドイツの戦闘車輛に関する問題が再び検討されたとき、著者は、当時としては（いまだ歩兵が「兵種の女王」として称揚されていた時代だ）、きわめて紛糾を招くような論評を発表した。▼2 それには、「予想もできず、しかも、なお止まろうとはしない技術の発展は、戦争遂行に……（ある）……決定的な意味を付与した」とある。その続きは、こうだ。「戦闘車輛の技術的発展がさらに進むと予想されるなか、快速で運動性に富み、極度の戦闘能力を有する装甲団隊は……現今の戦争遂行方法を根本的に変化させるには、まったく適しているものと思われる。……戦争が長く続けば、装甲をほどこした戦闘車輛は、いかなるかたちであれ、地上の主役を演じることになろう……」。一九三四年秋には、近代軍隊の組織に関する研究書『明日の陸軍』において、著者は、あらためて新時代の軍隊構成についての見解を披露している。「騎馬の時代、そして、歩兵の時代ののちに、エンジンを用いる将兵の時代がはじまろうとしているようにみえる……」▼3。

今日までに、当時は革命的だった著者の見解も、さまざまな事象によって、完全に正しかったと証明されている。ド＝ゴール将軍は、著者の見方を誤って解釈してはいるものの、彼の著書『大戦の回想――呼びかけ　一九四〇～一九四二年』▽3で、著者から引用していることに注意を喚起してくれた。さらに、S・E・エイリングも、その著書『権

▽1　ここでは便宜上、このように記した。「グデーリアン装甲集団」（一九四〇年）は、「第2装甲集団」、一九四一年秋からは「第2装甲軍」に改称された。

▽2　ドイツ国防軍の慣習的な表記に対して、本書では、軍団番号をアラビア数字で示す。そのほうが読みやすいからである。

力の肖像』で同様の引用を行っている。▼4

以下、装甲兵科の歴史を述べていくことにしよう。その際、二つの点がとくに強調される。第一に、グデーリアン自身というよりも、彼の著作に従って、かの、とほうもない業績が描かれる。参謀将校、歴史家、事情に通じた文筆家にとって、グデーリアンの軍人としての重要性は、とうの昔に確立したものになっている。「連邦国防軍内面指導学校」〔連邦国防軍 Bundeswehr は、かつての西ドイツ、現在のドイツの軍隊。「内面指導」とは、連邦国防軍の指揮に関する概念で、軍隊の命令に対して、市民的自由の観点から自律的に行動し得る姿勢を涵養すること〕の入り口ホールにある「神よ、私に……変え得る物事を変えていく勇気を与えたまえ」というモットーは、グデーリアンにこそ当てはまる。政治・軍事筋の指導部は、多種多様な方面から、グデーリアンに対して、常に意識的な抵抗を示してきたが、彼は、そのような人々すべてに、右のような勇気を見せつけてきたのである。

もう一点、その装甲部隊に代表されるような、ドイツ国防軍の業績を、尋常でなく劣悪な条件のもとにあるとはいえ、なるべく原文書によって証明することとしたい。最後に、著者は、国防軍の戦死者を偲ぶものである。彼らは、イデオロギーに奉仕しようとしたのではなく、誠心誠意、祖国のために身を挺していると信じていたのだ。

▽3　ドイツ語版 »Der Ruf 1940–42«〔シャルル・ド＝ゴール『ドゴール回想録』第四巻「呼びかけ」新版、村上光彦・山崎庸一郎訳、みすず書房、一九九九年。フランス語原書からの邦訳〕, S. Fischer Verlag, 1955, 一八頁。

第一部　新兵科戦場に赴く

「名声にみちた過去を有する軍隊において、改革者の役目は、きわめて困難で、同時にほとんど感謝されないものである。……その他の点では強い性格の持ち主といえども、かかる役割の前には、尻込みしがちなのだ……」。

——プロイセン王国元帥　男爵コルマール・フォン・デア・ゴルツ

第一章　第一次世界大戦における戦闘車輌——一九一六〜一九一八年

I. 基本的観察

本書、ドイツ装甲部隊史は、第一次ならびに第二次世界大戦と、重要な両大戦間期の再建時代を包含している。現代と将来のための知見と教訓を得るために、これらの時期が詳しく観察されるのである。なるほど、歴史は、細部にわたるまで同様に繰り返されるわけではない。けれども、類似性は存在するし、根本的なところは残りつづける。それらは認識できるし、剔抉（てっけつ）し得るのだ。

第二次世界大戦最初の数年におけるドイツ装甲部隊のとほうもない成功、そして、ドイツ陸軍がながらく防勢に追い込まれた後半数年間の揺らぐことなき粘りは、とくに、その理由を究明したいという気にさせる。しかしまた、第一次世界大戦で、「戦車（タンク）」、あるいは「戦闘車輌」について、両陣営が犯した組織的・技術的・戦術的・作戦的な種類の過ちや手抜かりも追及されるべきであろう。この両者を研究対象にすることによって、傑出した人物である指揮官といえども過ちを犯すことがあるという事実が示されるはずだ。さりながら、これらは同様に、大衆教育の時代にあってすら、（ハインツ・グデーリアンのごとき）目的を意識した個人は、所与の条件を知力によって把握し、その思想を実行に移すにあたり、充分に精力的でありさえすれば、時代の展開に影響を与えられるのだということをあきらかにするであろう。

　同じく明示されるのは、軍人たるもの、あらたな手段を目的に応じて使いこなすためには、あらゆる分野で常に進歩している技術の発展に適応しなければならないということだ。

　今世紀の初め、第一次世界大戦よりも前に、この進化はすでに、あらゆる軍隊において開始されていた。軍事の領域では、たとえ最初はわずかな規模だったとはいえ、機関銃の導入に引き続き、内燃機関も使用されはじめていたのである。

Ⅱ．歴史的回顧

　一九一四年より数えて、今ではもう五十年以上の時が過ぎ去った。同じ世紀の二度目の「大戦」勃発からでも、三十年を経ているのだ。ゆえに、われわれは、歴史的な回顧を許すだけの距離をすでに得ている。同時に、見解の相違により、過去の像が漠たるものとなり、確度を欠いたものになる前に、一定の分析を行うべき時機が来ているのだ。新しい戦争に関して、適切な像を描くことは、一九三九年より前においても、今日と同様に難しかった。だが、クラウゼヴィッツはいう。「歴史的事例は、すべてを明快にする。それらは、経験科学において、最良の証明能力を有している」。けれども、付け加えねばならぬことがある。時代に前提づけられた制限と修正を加えて、ということだ。本質的なことは、基本的に維持される。

　「戦争術（クリークスクンスト）」〔Kriegskunst〕が基礎としている知見は、圧倒的に、厳密な公式として提示することができない経験科学に属するのであるから、軍人、政治家ならびにまた歴史家も、もろもろの過ぎ去った時期、すなわち、過去の戦争の歴史より、体験を集め、教訓を引き出し、自らの国防努力に最大限の効率を保証するような結論に達するべく、努力しなければならない。おのが国家主権の主張するところを、イギリス人シェパード[▼5]のいう「昨日の戦争」ではなく、一九三九年よりあり得る未来の分析に土台を置くよう、あらたな発想を展開しなければならないのである。とはいえ、一九三九年より前には、まず過去、一九一四年から一九一八年の戦争を研究する必要があった。相も変わらず繰り返されていた見解を排除し、かつて下された過てる決断を深く検討、新しく得られた知識を批判的に検証しなければならなかったのだ。そこから、戦争遂行の展開がどこに向かおうとしているのかについて、結論をみちびくことができた。ルートヴィヒ・ベック将軍のいう、慎重な考慮を加えた上での「断行」を、確実ならざる未来への「果敢なる断行」につなげるのが、その目的である。

われらが将来の認識の基盤として、近代的な戦闘車輛が初めて登場したあの大戦と、そこでの戦闘車輛の役割を観察すべきであったのだ。

戦争術の根本原則は不変である。古代と同じく、今日にあっても、また、おそらくは未来においても、その基本的な法則は有効でありつづけるだろう。それは、適切な時機、適切な場所で、敵に対して局所優勢を確保するために、充分な戦力を迅速かつ奇襲的に結集する戦術のうちに存在するのだ。[6] かかる真実は、単純であるかのごとくに響く。だが、この戦術の遂行こそ、深刻な事態において生じる軍事作戦の多種多様な摩擦のもとにあっては、非常に困難なのだ。重要な前提となるのは、運動性と快速性に依拠した奇襲で、それによって、自らの企図を秘匿することが可能になる。そのための手段は、時代とともに変わる。これを正しく把握し、応用することが重要なのである。

発明された新時代の戦闘車輛

過去数世紀においても、輓馬式の戦闘車輛や戦象は存在した。その運用は、適当な掩護のもとに、徒歩で戦わなければならぬ敵の戦士よりも速く、一定の戦闘力を推進するとの企図をもとにしていた。よって、車輛、もしくは象の上の戦士たちは、最初は優越していたのである。が、新しく、より強力な防御手段や処置が効果を発揮すると、いずれの戦法も消え失せてしまった。

内燃機関と**無限軌道**〔履帯〕の発明は、この快速と戦闘力の結合という原初的な発想に、あらたな戦術的可能性を提供した。もっとも、オーストリアにおいては、一九一一年に帝国・王国陸軍省〔一八六七年に、ハプスブルク帝国の国制が改革され、元首がオーストリア皇帝とハンガリー国王を兼ねる同君連合としたことから、このように呼ばれる〕が、ブルスティン中佐の設計計画〔一九一一年に、帝国・王国陸軍のグンター・ブルスティン中佐は、「エンジン砲」Motorgeschutz の生産を提案した。それは、装甲と砲、無限軌道を装備したもので、世界初の戦車構想とされている〕を無用のものとし、試作戦闘車輌の製作も許さずに却下している。

ドイツでの反応も似たようなものだった。自力の路外走行が可能で、無限軌道によって進む砲装備の車輌を製作せんとする、特許を得たブルスティンの設計は、そこでも同様の運命をたどったのである。一九一二年の『軍事技術雑誌』〔Kriegstechnische Zeitschrift〕は、「いずれにせよ、才気に富んだ発明であり、おそらく実際に試してみる価値があるだろう。……ゆえに、発明者のブルスティンが好意を得られるようにと願うものである」と書き、賛意を表したが、それも無駄だった。▽1

ヨーロッパの他の諸国でも、新しい画期的な発想は等しく拒否に遭っていた。後世の眼からすれば、理解し難いことだろう。一九〇四年から一九〇五年の日露戦争が、巧妙に据え付けられた機関銃の圧倒的な火力を基盤とした防御がいかに強靭であるかということを、まさに証明していたとあっては、なおさらだ。この、多くは隠蔽配置されている小目標を、いかにして撃破すべきだろうか？　砲兵射撃を規模と集中性において極度に強化することが〔かくて、第一次世界大戦では、砲兵射撃が西部戦線の戦場を鋤き返すことになった〕万能薬であるかのようにみえた。砲兵が心理的かつ現実的な重圧を加えれば、防御用の構築物も崩壊するにちがいないと思われたのである。しかしながら、路外走行可能な砲車輌という提案を取り上げ、それを機関銃の捜索・制圧・撃破に使うこと以上に、何か、もっと手っ取り早い発想があっただろうか？　もし、この時期に、来たるべき戦争の性格を推測し、それに従って、新しい種類のプロジェクトの実験を続け、その展開を組織だてていれば、のちの世界大戦中に敵が発展させたことに先んじ得たであろう。

かかる中欧諸国の状況とは対照的に、イギリスは早くも一九一四年末に、成果を出せずに終わったフランドル〔フランデルン〕をめぐる流血戦から結論を引き出していた。砲兵の連続集中射撃がコストに合わず、成功の可能性も限られていることがあきらかになったとき、フィリップ・スウィントン〔アーネスト・ダンロップ・スウィントン〔一八六八

～一九五一年〕。フィリップとあるのは、現著者の誤記。イギリスの陸軍軍人で、戦車の開発と導入に努めた。最終階級は少将〕とウィンストン・チャーチル〔当時、日本海軍の軍令部総長にあたる役職で、イギリス海軍の作戦のトップである第一海軍卿であった〕は、近代的な戦闘車輌という構想を採用したのである。

偶然が重なったというべきか、その直後、フランスでは、エティエンヌ大佐〔ジャン・バプティスト・ウジェーヌ・エティエンヌ（一八六〇～一九三六年）。フランスの陸軍軍人で、砲兵の技術改良や航空機、戦車の導入に功績があった。最終階級は砲兵大将〕が同じ問題に取りかかり、▼7 イギリス人に負けず劣らずの精力を注いでいた。連合軍のそれぞれの陸軍司令部が、この並行して進められた兵器開発について、互いに知らされていなかったことはいうまでもない。▼8

両者の設計構想は、最初の試作品としては、非常に有益だった。もちろん、いくつかの欠点はあったが、それらは、時とともに除去されていった。投入可能な型式が生まれ、両軍指導部は、そのさらなる発展を熱心に進めていったのである。

機密保持上の理由から、イギリス軍は、この新種の戦闘車輌に「タンク」の秘匿名称を与えた。戦車は、この名を以て、戦史に刻まれることになる。フランス軍は、彼らの車輌を「戦闘戦車（シャール・ド・コンバ）」〔char de combat〕、あるいは「突撃戦車（シャール・ダッソー）」〔char d'assaut〕と命名した。

戦車の本質

両戦闘車輌とも、強大な火力ならびに装甲による掩護と、限られた航続範囲内での無限軌道による野外機動能力の結合を特徴としていた。これらの特性により、攻撃する歩兵に随伴することが可能となったのである。両者ともすぐに、戦闘手段として、多大なる心理的・現実的な射撃・蹂躙（じゅうりん）能力を有していることを証明していく。多数の戦車〔ここまで、原書のKampfwagenが輓馬車輌などを含むことから、「戦闘車輌」と訳してきた。が、以後、今日の一般的な意味でいう戦車を

▽1　三十年後、第二次世界大戦中になってようやく、ブルスティンは戦時勲功十字章を受け、遅まきながらの評価を受けた。

指すようになっていることから、「戦車」の訳語を当てる〕が奇襲的に出現することによって、敵が充分な対戦車戦の手段を使えぬかぎりは、決定的な効果をおよぼすことができたのだ。数的には少ない乗員も、装甲の保護により、歩兵に比して、その損害はわずかなものとなった。

手がかりになるように、一九一七年から一九一八年における戦車に関する数字を、いくつか挙げておこう。

ⓐ英軍の**Ⅳ型戦車**は、長さ八メートル、高さと幅は二・五メートルであった。重量は二十七トン。エンジンは百ないし百五十馬力で、時速七・五キロまで出せる。武装は、五・七センチ口径の砲二門と機関銃四挺か、もしくは複数の機関銃のみであった。乗員八名で、後続範囲はおよそ七十二キロ。装甲の厚さは、六ないし十五ミリ。

ⓑ英軍のホイペット軽戦車は、重量十四トンしかなかったが、時速十二・五キロまで出せた。

ⓒフランス軍の軽戦車、**ルノー一九一七年型車**は、さらに六・七トンしかなく、武装は三・七センチ口径カノン砲か、機関銃一挺、時速八キロで走行する。乗員は、わずか二名であった。

最初の戦車投入　一九一六年

一九一六年九月十五日、それまで極秘とされてきたイギリス軍の新しい戦闘手段は、ソンムの戦いにおいて、砲火の洗礼を受けた。英第四軍の「重部門」〔当時、イギリス戦車隊は、偽装のために「王立機関銃兵団重部門」と称されていた〕に配されたタンク四十九両のうち、突撃発起陣地にたどりついたのは、なるほど、わずか三十二両でしかなかったろう。けれども、出撃にこぎつけたタンクは、注目すべき局地的成功をなしとげたのである。一九一六年十二月末に、王立戦車兵団の参謀に任ぜられたジョン・フレデリック・チャールズ・フラー〔一八七八～一九六六年。イギリスの軍人・軍事思想家。最終階級は少将。第一次世界大戦では、戦車の運用の発展に貢献し、退役後は機甲戦の理論家として知られた〕が、この最初の戦車投入について、こう伝えている。▼9「技術的な欠陥、そして、戦場の地表が道なき状態で、砲弾で掘り返されていたため、当時、ごく少数（のタンク）のみを効果的に運用できただけだった。……さりながら、タンクを、より改良されたかたちで、小集団ではなく大量に投入した場合には、戦術的機動力が再び得られることが示されたのである。これは、『タンクに対した人間は無力だと感じた』、すなわち、武装解除されたように思ったというドイツ側の証言によって、証明されている。不運にも、イギリス軍最高司令部は、そのことを認識していなかった。なぜなら、カンブレーの戦いに至るまで、タンクはなお小集団でのみ、投入されつづけていたからだ」。

たとえ、この最初の出撃に配置された戦車の成果が圧倒的なものでなかったとしても、それは、対手のドイツ軍に警報を与えることになったはずであった。よって、タンクの有効性を確信したイギリス側は、計画されていた一九一七年の大攻勢のために、一千両を生産することに踏み切ったのである。

カンブレー　一九一七年

一九一七年、英軍戦車隊の指揮官たちは、一部は運用戦術の欠陥、また一部は技術的な実力の不充分さゆえに、何度か失敗した。が、その後、一九一七年十一月二十日のカンブレーにおいて、ながらく待ち望まれていた、真価を発揮すべき時機がついに得られたのである。彼らの部隊は、この戦いで、圧倒的な成果を上げた。それは、**作戦的な戦車団隊の運用**だったのだ。[▽2] 協商国〔連合国〕側にとっては、局所的な勝利が達成されたことではなく、従来、往々にして疑いを持たれていた新しい戦闘手段に、今からは完全に頼ることができるようになったこと、しかも、全力を以て、それが増強されていることに、その特別の価値があった。九か月後、ドイツ軍は、このカンブレー戦の影響を、

▽2　一九一六年末までに、四個戦車団隊が編成されていた。これまでの「重部門」（王立機関銃兵団）は、エリス大佐〔ヒュー・エリス（一八八〇～一九四五年）。イギリスの陸軍軍人。最終階級は中将。イギリス機甲部隊の発展に大きく貢献した〕の指揮する「王立戦車兵団」に改編された。
一九六七年七月十五日、「王立戦車兵団」は、リューネブルク荒地（ハイデ）のツェレ付近で、創立五十周年を祝った。正当なる矜持を以て、「センチュリオン」戦車と「Ⅳ型」戦車（一九一七年製）が、彼らの女王の前を行進したのである。

決定的なかたちで痛感させられることになる。

　ドイツ軍諸部隊にしてみれば、カンブレー攻撃は、尋常でない奇襲となった。英軍指導部は、ここで初めて、それまでは長期にわたって続けられるのが常であった砲兵の準備射撃を断念するというリスクを冒したのである。タンクは、前夜のうちに、音を聞かれたり、察知されることのないままに、突撃発起距離まで接近・進行した。大規模な奇襲攻勢を開始するためのやりようとしては理想的で、傑出した準備をほどこされていたのだ。

　三個旅団九個タンク大隊に編合された戦車三百七十八両は、不意をつかれたドイツ軍部隊の陣地を、広範囲にわたって蹂躙し、鉄条網のなかに小道を開いて驀進（ばくしん）、機関銃巣を制圧した。イギリス歩兵が、それに膚接（ふせつ）して追随する。騎兵も、突破点を越えて騎行しようとしたが、ドイツ軍の縦深奥深くにひそんでいた機関銃の各個射撃によって止められた。それにもかかわらず、本攻撃は、十二時間のうちに幅十三キロ、深さ九キロの突進をなしとげていたのである。

　ドイツ側にしてみれば、苦い結果であった。驚愕したドイツ軍指導部が、深部にわたる敵の突入をかろうじてくい止める前に、数千の将兵が英軍の捕虜となり、多数の火砲が失われていた。これまで、大戦の三年間においては、この種の攻撃の成功は、数か月もの砲兵戦を行い、彼我ともに大きな損耗を出した上で、ようやく達成されるものだったのだ。イギリス軍指導部も、これほどの規模の成功は予想しておらず、ゆえに、さらなる追撃のための歩兵を用意していなかった。そのため、本攻撃の戦果が迅速かつ徹底的に利用されることも、ドイツ軍戦線の突破〔予測もつかないような結果をもたらしたであろう〕がなされることもなかったのである。

　この、砲兵の準備射撃もないまま、十二時間以内に塹壕陣地四線を抜いた奇襲突進について、フラーが、英軍の視点より描写している。▼10「攻撃が開始された。……六時二十分に、砲撃で荒らされていない地に、突撃が指向される。敵は、恐慌に打ち震えて、潰走した。十六時には〔作戦の策源からは、七マイル〔約十一キロ〕以上も離れていた〕、きっちり六マイル〔約九・五キロ〕にわたる突破が達成されたのだ。第三次イープル〔イーペル〕戦のときには、同じ距離を進撃するのに三か月を要したし、突破もできなかった。八千の捕虜を取り、火砲百門を鹵獲した。この捕虜の数だけでも、攻撃した二個軍団が被った損害の倍になるのである。……装甲が戦場に再び導入されたことにより（内燃機関が可能にしてくれたことだった）、膠着状態に終止符が打たれるであろうことが、明々白々に示されたのだ。そのことは、一九一八年八月八日、アミアンの戦いにおいて、最終的に証明された……」。

ドイツ軍指導部にとっては、カンブレーの局地的敗北は、いかなる成功といえども、その前提の一つとなるのは奇襲であり、将来においてもそうであるとの、彼らの古い定理を証明するものだった。ところが、ドイツ軍指導部は、戦車は、その機動性ゆえに、戦線のどの地区にも不意に現れることが可能で、奇襲攻撃のための信用できる仲買人であるという事実を、はっきりと認識していなかったのである。この新しい戦争遂行の分野においては、能動的には戦車の生産、受動的には特別の防御兵器の開発によって、現実になされたよりも、ずっと多くのことを行わなければならなかったはずなのだ。

一九一八年三月二十一日の戦車なきドイツ軍の攻撃と、一九一八年七月十八日以降の戦車を以てする協商国側の反撃

一九一八年三月二十一日以降の、ドイツ陸軍最高統帥部〔プロイセン参謀本部が戦時に動員され、「陸軍最高統帥部」Oberste Heeresleitung、略称ＯＨＬを構成し、ドイツ帝国の全野戦軍を指揮する。日本の大本営に相当する組織〕による、戦争の雌雄を決することをもくろんだ大規模な突破の試みは失敗した。味方の戦車という決定的な攻撃力が欠けていたためだった。ドイツ側では、わずか十両の戦車が投入されただけであった。それ以上の数はなかったからだ。砲兵の新しい射撃手順〔ドイツ軍は、一九一八年の攻勢にあたり、事前照準なしで集中射撃を加え、破壊よりも敵のマヒをはかることを狙う、新しい砲兵戦術を採用していた〕を信じきって、戦車を生産しようとしなかったのである。一方、北アメリカ〔合衆国とカナダの意であると思われる〕を含む協商国は、防御戦で勝利を得たのちも、さらに武装強化を進め、目前に迫った戦争を決する戦いのために、タンク団隊を準備していた。

一九一八年七月十八日、協商国側の陸軍最高司令官であるフォッシュ元帥は、ソワソンとシャトー・ティエリーのあいだの幅四十キロの正面において、損害の多い攻勢を実施したことによって消耗していたドイツ軍に対し、大反攻

を発動した。この長大な戦線で、六百両の戦車（多くは、高く生い茂った穀物に隠れて、ほとんど見えなかった）が敵の歩兵とともに前進する。ドイツ歩兵は、銃砲火をまきちらす快速のマシンに対して、防御用の特別の兵器もなしに置き去りにされたと感じ、狼狽した。みるみるうちに、予備が使いはたされてしまう。タンクは各個に、ドイツ軍司令部や輜重隊のところまで突進した。フランス軍の行動すべてが、戦車の運用という意味では（カンブレーと同様に）、不意打ちと快速性によっていた。すなわち、奇襲を重視していたのだ。煙幕、砲兵、突撃戦車、歩兵と航空機が、大規模に準備された一つの攻勢に結集されており、それによって、ドイツ第9軍および第7軍は、敗北の縁にまで追い込まれた。晩までに、突破を防ぐことに再び成功したとはいえ、ドイツ軍最高統帥部は、一九一八年における自らの攻勢が頂点を越え、蹉跌（さてつ）したことを認識したのである。

フォッシュ元帥は、ドイツ軍を殲滅的に叩くべく、努力を続けた。彼は、人員、物資、そして、何よりもタンクと突撃戦車を充分に使用できたのだ。その軍隊は不断に攻撃し、「タンクを前線へ！」との命令が、ひっきりなしに発せられた。圧倒的な圧力のもと、ドイツ軍は、一歩また一歩と東に退いていく。

絶え間ない戦闘により、人員・物資面で著しく弱体化したドイツ軍諸師団の心理的・現実的な抵抗力は、たちまち減少した。「戦車恐慌」が、疫病のように広まる。この新種の兵器は、当初低い評価を受けていたが、そんな考えは、いまや苦々しいまでの報いを受けているのだった。

「一九一八年八月八日の破局」▽3

一九一八年八月八日、アミアン近郊にあったドイツ第2軍は、協商国軍によって、あらたな大打撃を受けた。オーストラリア軍、カナダ軍、フランス軍が、ソンム南方、ヴィエル＝ブルトヌーの両側、幅三十キロの正面で、七月十八日に使われたのと同様の手段を以て、攻撃してきたのである。その効果はなお、ひたすらに凄まじかった。

カンブレーでは、連合軍最高司令部は初めて、およそ四百両の戦車を九個タンク大隊に編合し、砲兵の準備射撃なしで、集中的に奇襲攻撃を実行させた。ドイツ軍の塹壕陣地四線が突破され、注目すべき局所的な戦果が達成されたのだ。一九一八年七月には、フォッシュ元帥が、シャトー・ティエリー付近において、約二倍の装甲戦闘車輌を用い、同様の局所的成果をもぎ取った。三週間後、フォン・デア・マルヴィッツ将軍麾下のドイツ軍諸団隊は再び、ヴィエル＝ブルトヌーで、大量の戦車戦力による、奇襲的に遂行された攻撃に見舞われた。これらの戦車は、霧のなか、味方歩兵陣地を迅速に乗り越え、三十分後にはもう、砲兵陣地のただ中に達していたのである。その火砲のほとんどが、いまだ射撃するに至っていなかった。

　あるドイツ軍の報告が、そうした点について特記している。「混乱したドイツ軍将兵が、砲兵の線を抜けて、退却していく。戦車を前にしてのパニックと恐怖、戦闘への嫌悪によって、将校も彼らを掌握できなくなったのだ。……不幸の日、暗黒の日だった」[11]。

　五十年を経たのちには、かような描写は大仰であるかのように感じられる。それゆえ、一九一八年八月八日にヴィエル＝ブルトヌーの戦線間隙部に投入された第227予備歩兵連隊の部隊史の短い要約を付け加えておこう。ハレ歩兵〔第227予備歩兵連隊は、東部ドイツ、ハレ市の編成〕の報告は、左のごとくである[12]。

「八月八日早朝、敵は、ソンム南方、ヴィエル＝ブルトヌー付近のローマ街道両側に、とほうもない数の戦車を投入、味方の戦線奥深くまで突入してきた。攻撃を受けたドイツ軍陣地師団は、ごく少数の残余部隊に至るまで拘束され、陣地にあった砲兵のすべてが失われた。第2軍の警報により、戦い疲れて、ようやく休止に入ったばかりだった第107歩兵師団〔第227予備歩兵連隊は当時、同師団の隷下にあった〕も呼び出される。正午より、トラック縦列がガタガタと音を立てて、やってきた。脅威となっている、大きく口を開けた戦線の破れ穴に、われわれを投入するためだ。

　八月八日晩までに、第227予備歩兵連隊は三個大隊を以て、フォコクール近くのローマ街道の両側に防御陣を敷いた。八月九日午前十二時十五分、砲兵が急襲し、弾幕射撃を仕掛けてくる。レヌクール攻撃のため、強大な敵戦力が前進

▽3　Fuller, J. F. C., »Die Entartete Kunst Krieg zu führen 1789–1961«〔J・F・C・フラー『制限戦争指導論』新版、中村好寿訳、原書房、二〇〇九年。英語原書よりの邦訳〕、二五頁の引用による。

してきた。最初、敵はすべて拒止されていたが、ずっと南で、タンクを使って、ロジエールに侵入してきた。……左に隣接した師団は、ヴォヴィレールを失った。われらの左翼は、危険なまでに脅かされていたのである。

敵は、この弱点を利用しつくした。午後六時ごろ、第一波のタンク八両が、南の方向から、われわれの剝き出しになった側面に押し寄せてきたのだ。整列しているかのように、タンクは、それぞれ百メートルの間隔を取り、高地に這い寄ると、そこから左右に射撃を浴びせてきた。恐ろしく深刻な事態ということでなければ、素晴らしい眺めだったろう。掩護のために、戦車のあいだの空間とその背後に膚接して、歩兵の薄い横隊が前進してくる。もっと後ろには、二ないし三波のタンクが、轟音を響かせながら進んでいた。前方のタンクのうち、たとえ一両でも、射撃により破壊されたら、そこの隙間に割って入る用意ができているのだ。われわれの迫撃砲〔Minenwerfer. 大型で、軽歩兵砲に近い〕や機関銃も、この装甲された巨人に対しては無力だった。機関銃については、紙製の弾帯ベルトが湿って、障害を起こしていたから、なおのことだったのである。大量の流血と損害を被りつつ、第2大隊は、じりじりとフラメルヴィルに後退した。味方迫撃砲はなお、五十メートルほどの距離でタンクを撃っているが、撃破することはできない。フラメルヴィルとレヌクールは、タンクの第一波に蹂躙された。

その間に、ローマ街道両側の他の戦線は、『バイエルン』および『暖炉』峡谷〔当時のドイツ軍の呼称〕まで、押し戻されていた。『暖炉』峡谷東方の高地では、とくに、行動力に富んだフォン・デア・シューレンブルク騎兵大尉の指揮により、われわれの薄い戦線が保持されている。しかし、いつまで保つことか？　これら、装甲された戦争機械に対しては、お手上げだと思われた。とはいえ、彼らはもう、われわれの砲兵中隊の射撃範囲内に入り込んでいたのだ。第221砲兵連隊第4大隊の砲は、タンクに向かって進み、剝き出しの陣地で射撃位置について、直接射撃でタンクを戦闘不能にしたのである」。

最後に、アミアン戦に関するフラーの論評を瞥見（べっけん）しておく。

「ここにおいて、四百六十二両のタンクは、航空機と協同し、サー・ヘンリー・ローリンソン将軍が指揮する英第四軍麾下の三個軍団のもとで、会戦に赴いたのである。またしても奇襲が成功し、激しいパニックに襲われた敵は潰走、ドイツ軍の戦線は突破された。『八月八日の太陽が戦場に沈んだとき、開戦以来、ドイツ陸軍が被ったなかでも最大級の敗北が、完全に現実のものとなっていた』[▽4]。この引用文の筆者が、自らのモノグラフィに『一九一八年八月八日の破局』という題名を付した動機は、タンクの殺傷力というよりも、それが、しだいに広めていった恐怖ゆえのことだった。かかる恐怖により、秩序ある退却は実行されず……戦いもせず、ただちに逃走するということになったのである。予想だにしなかった新しい事態だった。タンクがなければ、こんな奇襲は達成できなかった。それは、攻撃において不意打ちとなり、パニックを引き起こしたのだ」[▼13]。

「最後の百日」の諸会戦

短い休止期間ののち、いまや協商国側の攻撃が実行されることとなった。「最後の百日の諸会戦」が開始されたのである。オアーズ川とエーヌ川のあいだで、弾幕射撃、装甲梯隊、戦闘機が、ドイツ第9軍の陣地を蹂躙した。ルーデンドルフ将軍〔エーリヒ・ルーデンドルフ（一八六五～一九三七年）。ドイツの陸軍軍人、最終階級は歩兵大将。当時、陸軍参謀次長で、事実上、ドイツの独裁者の役割を果たしていた〕は、このあらたな敗北について、以下のように記している[▼14]。「八月二十日もまた暗黒の日となった。……部隊はもう……この……戦車の突撃に耐えられない」。

九月二日、「ヴォータン」陣地が、戦車によって突破され、放棄せざるを得なくなった。つぎからつぎへと、ヨブの知らせ〔凶報の意。旧約聖書ヨブ記で、ユダヤの一氏族の長ヨブが、あらゆる試練に見舞われたことに由来する〕が舞い込んでくる。いつでも繰り返し戦車が突進し、自軍の歩兵を勝利に引っ張っていくのだった。もっとも、歩兵を支援している戦車や攻撃機の数がわずかでしかない場合には、たしかに、その戦果も少なかった。けれども、この新しい時代の戦闘手段は、四年半にわたり、世界諸国のほとんどすべてからやってきた軍隊の突撃を支えてきたドイツ陸軍をも動揺

▽4　フラーによれば、この会戦に関するドイツ側の公式モノグラフィの著者は、そう書いているという。イギリス公刊戦史、一九一八年の部、第四巻、八八頁の引用による。

させはじめ、しかも、それが続いたのである。敵が送り込んできた、とほうもない量の物資が、あらたな種類の戦闘手段へと、精力的かつアイディアに富んだかたちで転換されているということが判明した。その事実は、彼らの成功を保証しているものと思われたのだ。

そうした事情をよく理解させてくれるドイツ側の文献から、いくつかの評価を引けば、かかる西部戦線での展開が活写されるだろう。

ルーデンドルフ将軍は、その戦時回想録に記している。[15]

「タンクは、大量投入されることを得た。……戦争の諸事象の推移に、災いにみちた影響をおよぼしたのだ。戦車の大量投入と煙幕は、その後もさらに、われわれのもっとも危険な敵でありつづけた。……わが将兵はもう、戦車の突進に堪えられなかったのである。……八月八日に、われらの戦闘力の衰退が確認された。……それゆえ、戦争指導は、当時、私が使った表現によれば、無責任な賭博の様相を呈した。そんなことは堕落であると、私が常に考えていたことだ。私にとって、ドイツ国民の運命は、賭けものにするには、あまりにも貴重すぎるのであった。戦争を終わらせるべきだった」。

ルーデンドルフの回想については、客観性が疑われるかもしれない。だが、フラーも、この証言を、適切なものとして承認している。[5]「ルーデンドルフは、タンクが生み出されてきた情勢を、まったく正しく判断していた。帝国文書館も、『世界大戦の諸会戦』〔Schlachten des Weltkrieges. ドイツの第一次世界大戦公刊戦史〕第三六巻で断言している。

「諸部隊は、言葉の真の意味において、その戦力の限界にあった」。

エーリヒ・ペター少将は、彼の研究書『一九一四年より一九一八年の世界大戦における対戦車防御』で、補足的に註記している。

「敵の戦車は、われわれに対する仕事を完遂した。士気の面のみならず、現実においても、である……」。[16]

ほとんど耐えられなくなっていた重荷にもかかわらず、最後の戦力までつぎこんでの極度の過負担のもと、戦線は緩慢な後退運動を続け、一九一八年十一月九日の休戦日まで維持された。ついに、熱望されていた大規模なかたちの運動戦に到達し、ドイツの諸軍を包囲、それによって、陸軍全部を撃破し、野戦での明快な勝利をみちびくために、決定的な突破をなしとげる。フォッシュ元帥は、この目的を実現できなかったのである。

こうして、連合軍にとっては否定的なことが確認されれば、その理由が問われるだろう。それに対する説明は、おそらく一つしかない。敵の諸部隊もまた消耗していたのだ。彼らをなお前進せしめたものは何かといえば、数において、はるかに優った戦車団隊と強力な航空戦力がドイツ軍を制圧ないしは殲滅しているかぎり、それらから得られる現実面ならびに士気面での支援だった。けれども、機関銃一挺、あるいは砲兵一個中隊でも、ドイツ側に残っていて、射撃しているうちは、そうした攻撃も、多くはすでに初期段階でくいとめられたのである。

従って、状況は、以下のごときものであると思われた。戦車が味方歩兵と緊密に協同していれば、なるほど、前者が後者の進撃を支援するだろう。だが、そうすれば、敵の砲火にさらされながら、ごくゆっくりと前進するしかない歩兵のおかげで、攻撃のテンポが止められてしまう。防御側のドイツ軍は、戦場の縦深奥において対抗措置を講じ、攻撃側を拒止するか、少なくとも、その前進を遅らせるための時間を得る。それは、敵陣突入が、決定的な突破に拡張されないことを意味するのだった。

しかし、随伴歩兵なしで、戦車のみがドイツ軍の縦深奥地区に突入すれば、彼らはすぐに防御側への供物となるであろう。掩護の歩兵が付いていない戦車は、近接戦闘を行うと決意した防御側に屈服させられてしまうからだ。もっとも、防御側が敵の支援砲火を生き延びて、冷静沈着を保ち、戦車撃滅用の手段を携えているか、もしくは、前進してきた砲兵の火砲に支援されているかぎりは、ということだが。▽6

つまり、戦車は、戦術的な敵陣突入は可能だが、占領した地を保持することも、独力で敵陣深奥への突進を成功させることもできなかったのである。作戦的な影響をおよぼすことが可能な状態になかったのだ。装甲をほどこされ、

▽5　J. F. C. Fuller, 前掲 »Die Entartete Kunst Krieg zu führen«, 一九五頁。
▽6　前に掲げた、第227予備歩兵連隊の報告を参照。

自動車化された、古い種類の支援・補助兵科、すなわち歩兵と砲兵が欠けていた。あとから考えれば、当時、その点についての解決を見いだせなかったのは驚くばかりである。騎兵が随伴する試みは、一九一七年のカンブレーと一九一八年のヴィエル＝ブルトヌーで、すでに失敗していた。馬による戦術的・作戦的な機動性など、近代火器の時代、一九一四年以来にあっては、もう幻想でしかなかったからだ。だが、タンク自体に頼ることもできたはずであろう。その旧型は、歩兵を乗せて、迅速に進めることが可能であるぐらい、十二分に大きかったのである。とはいえ、そうした計画を実現させるには、当時はまだ思想的な前提が欠けていた。

フォッシュが、安全にことを進め、麾下部隊を反撃の危険にさらさぬようにするため、従前通りの、たしかに緩慢で型にはまったものではあるが、大きな成果が得られる攻撃方法で満足していたということもあり得る。とくにドイツ軍の防御力は、最後の日々までも、きわめて高く評価されていたのだ。だが、それはおそらく過大評価であった。

一九一九年に向けた協商国側の戦車計画

敵がドイツ軍の防御力を過大評価していたことは、翌年、よりいっそう多数のタンクを投入して、戦争を終わらせる計画があったという事実により、証明される。先見の明があるイギリス戦車兵団参謀長、フラー大佐の提案により、数千両の戦車が広正面にわたってドイツ軍戦線になだれこみ、さらにそれを越えて、作戦的縦深の奥まで百キロほども突進し、高級司令部、砲兵、飛行場、軍の作戦予備の所在地まで達するものとされていたのである。狙いは、ドイツ軍の地域的抵抗を、急襲によりマヒさせ、戦闘不能にすることであった。

一九一八年の夏と秋に、イギリス軍は約二千両のタンク、フランス軍はおよそ四千両の突撃戦車を運用していたのであるから、協商国側の指導部は、一九一九年には八千両以上の戦車を準備し得るであろう。加えて、部隊輸送と補給のために、路外走行可能な牽引車一万両も用意される。

シェパードの報告によると、▼17 チャーチルは一九一八年九月に、おのが軍需相〔一九一七年七月就任〕としての権能にもとづき、ロイド・ジョージ首相に、十万人の兵力を持つ戦車兵団の保有を要求していた。「なぜなら、タンクは戦

郵便はがき

料金受取人払郵便

麹町支店承認

8043

差出有効期間
平成30年12月
9日まで

切手を貼らずに
お出しください

102-8790

102

［受取人］
東京都千代田区
飯田橋2－7－4
株式会社 作品社
営業部読者係 行

【書籍ご購入お申し込み欄】

お問い合わせ　作品社営業部
TEL 03(3262)9753／FAX 03(3262)9757

小社へ直接ご注文の場合は、このはがきでお申し込み下さい。宅急便でご自宅までお届けいたします。送料は冊数に関係なく300円(ただしご購入の金額が1500円以上の場合は無料)、手数料は一律230円です。お申し込みから一週間前後で宅配いたします。書籍代金(税込)、送料、手数料は、お届け時にお支払い下さい。

書名	定価　円	冊
書名	定価　円	冊
書名	定価　円	冊
お名前	TEL　(　　)	
ご住所 〒		

フリガナ
お名前

男・女　　　歳

ご住所
〒

Eメール
アドレス

ご職業

ご購入図書名

●本書をお求めになった書店名

●ご購読の新聞・雑誌名

●本書を何でお知りになりましたか。

イ　店頭で

ロ　友人・知人の推薦

ハ　広告をみて（　　　　）

ニ　書評・紹介記事をみて（　　　　）

ホ　その他（　　　　）

●本書についてのご感想をお聞かせください。

ご購入ありがとうございました。このカードによる皆様のご意見は、今後の出版の貴重な資料として生かしていきたいと存じます。また、ご記入いただいたご住所、Eメールアドレスに、小社の出版物のご案内をさしあげることがあります。上記以外の目的で、お客様の個人情報を使用することはありません。

闘における決定的なファクターであり……戦術的優越性を与えるはずだからだ。それなくしては、最良の作戦計画といえども、無価値になるとの由である」。

おおよそ同じころ（一九一八年十月二日）、ドイツ陸軍最高統帥部（ＯＨＬ）の全権代表が、ドイツ帝国議会の諸政党の党首たちに、その決定を伝えた。戦争を勝利のうちに終わらせることは、もはや期待できないと説明したのだ。字句通りには、以下のように述べた。

「この結果について、とりわけ決定的だったのは、二つの点である。

一、**タンク**。敵は、それらを予想外の規模で、大量に投入してきた。……同じだけの数のドイツ戦車を敵に対峙させることは、われわれには不可能であった。戦車の生産は、極度の負担を課されて、極限状態に至っているわが工業能力を超える要求であり、他の重要な事項をなおざりにせざるを得ないということにつながるであろう。

二、**人員補充状況**……」（発生する損耗を、もはや補充できなかった――著者註）。[18]

第二章　ドイツ側の戦車——一九一六〜一九一八年

I. ドイツの視点からみた戦車運用の評価

ヘルマン・フォン・クール歩兵大将の見解

敵側にタンクと突撃戦車が出現したのち、ドイツ陸軍指導部は、いかなる企図を有していたのか？

これについては、ヘルマン・フォン・クール歩兵大将が、その著書『世界大戦　一九一四〜一九一八年』で述べている。彼は、一九一八年以後、国会の戦車・対戦車防御調査委員会の参考人であった。ヘルマン・フォン・クールの見解は、以下のごとくである。ＯＨＬが、「このあらたな戦闘手段の意義を、早期かつ全体的に認識することはなかった。……かかる形態で**戦車が登場したことは**（カンブレー）、**大戦の一大事件だったのである**。……われわれはもう、こうしてリードされても、追いつける状態になかった。……試作には時間がかかる。……工業は、ヒンデンブルク計画（一九一六年秋に開始された）〔ＯＨＬによる軍備・経済計画。一九一六年にＯＨＬ総長となったパウル・フォン・ヒンデンブルク元帥の名にちなむ〕の遂行のため、きわめて過剰な負担を負っていた。工場、労働力、原料を欠いていたのだ。必要に迫られて、タンクも、この大規模な軍備計画に組み込まれた。工業界が、適時めりはりをつけて、明快に課題を指示してくれなければ、戦車の生産は実行できないだろうと主張したのはいうまでもない。……一九一七年になって、戦車の案件はとうとう、統一的に野戦自動車総監の管轄下に置かれた。ようやく最初の車輌群が完成したのは、一九一八年初頭になってのことだったのである。……夏には、新型軽戦車の大量生産（八百両）を開始するとの決定がなされた。……そんなことは、戦争終結前には、もはや考慮に価するものではなかった。……この分野で、われわれが立ち後れていたことは疑いない……[19]」。

戦車とその可能性の過小評価

なぜ、新しい戦闘手段としての戦車がひどく過小評価されていたのか、それは理解し難い。さりながら、たとえ、重要な理由があったと思われるとはいえ、協商国側においても、タンクは当初、同様に過小評価され、また否認されていたことのみが、わずかな慰めである。

「この新兵器には無数の敵がいた」と、一九一七年秋のフランドル会戦が血みどろの不幸な結末を迎えたのちに、シェパードは記している[20]。しかし、ヒュー・エリス少将自らの出動と直率のもと、同年十一月にカンブレーの成功が得られると、王立戦車兵団の評価は急転回した。それによって、連合軍の最終的勝利への道が開かれたのである……。

戦車とその防御に関する評価

当時、ドイツ軍指導部と現場部隊は、この、カンブレー以来、航空隊と緊密に協同して運用されていた新しい戦闘手段を、どのように判断していただろうか？　かような問いかけに答えるため、一九一七年から一九一八年の時系列に沿って、一連の文書による証拠を挙げていくことにしよう。そうした書類は、各級司令部や前線部隊の戦車の価値に対する評価が揺れていたこと、その余波として、自前の戦車を生産し、敵戦車の制圧方法を改良することに関して、最高指導部の判断が優柔不断になったことを示している。注目すべきは、前線部隊もまた、意見がまちまちだったことだ。おそらく、一九一八年七月二十二日付のＯＨＬの所見に賛成しなければならないのであろう。それによれば、「戦車に対する個々の勝利は、成功したという高揚感のうちに一般化され、この強力な戦闘手段の過小評価につながった」のである。かかるOHLの遅すぎた認識によっても、[21] 敵側に多数のタンクが登場するほどに、戦争終結に決定的な影響がおよぼされたということが、いよいよ明白になるのだ。

以下の文書の抜粋は、先に触れたエーリヒ・ペター[▽1]の研究書『対戦車防御』による。

一、ソンム戦線で戦車が最初に投入されたのちの、一九一六年十月二十一日付プロイセン陸軍省指示書。「イギリス戦車は、過小評価されるべきでない兵器であることを証明した……。

より重要なことは、適切な防御手段の生産であると思われる。……それに成功したとしても……戦闘中の砲兵がおおむね成果を上げ得るかどうかについては、非常に困難だということになろう。だが、戦車に対しては無力も同然である歩兵を、砲兵によって支援してやることは、絶対に必要である」。

二、ビュルクール付近における英軍戦車攻撃（一九一七年四月十一日）に関する、一九一七年四月十五日付第25軍団司令部報告よりの抜粋。

「当軍団は、戦車の脅威は克服されたものと考える。その防御方法についても、特記すべきことなし。戦車二両が、重野戦榴弾砲による、隊ごとの集中射撃を受けた。二十二ないし三十発の射撃を受けて、破壊されたのだ」。

三、右記戦闘についての第27歩兵師団の報告。

「歩兵の士気に対する戦車の圧力は、非常に大きかった。その実際的な効果も侮れない。対戦車砲は欠くべからざるものである。歩兵が自ら操作し得る小型の塹壕砲が、目的にかなっていると思われる。それが、機

▽1　エーリヒ・ペター少将は、一九二四年まで、自動車部隊総監部幕僚長を務めていた。五八頁を参照のこと。また、Nehring, Walther K., »Panzervernichtung«〔戦車の殲滅〕（旧版の書名は『対戦車防御』）, Berlin 1936/37 および 1941 をみよ。

関銃よりも、ずっと扱いにくいなどという事態は許されない。そうした兵器が豊富に装備されれば、それは戦車攻撃の終焉を意味することになるであろう」。

四、右記戦闘に関する第123歩兵連隊報告。この戦闘で、同連隊が戦闘不能とした戦車は、たった一両だけであった。

「一九一七年四月十一日の経験は、戦車が極度に危険な兵器というわけではなく、むしろ、対処手段さえ備えていれば、それらを無力化できるのだということを教えてくれた」。

一九一七年十一月十八日付「陣地構築の重要原則」ならびに一九一七年十一月二十日付「冬季における部隊訓練」（いずれも、カンブレーの戦いより前に出されたもの）といった指令には、戦車について触れたところがない！

五、以下は、一九一七年十一月二十四日付（カンブレー戦後）指令より引用。

「戦車は、過小評価されるべきでない戦闘手段である。しかし、その攻撃は、主として奇襲により、効果的になるものだ。早期に察知し、充分かつ細心の準備をほどこしておけば、それで防御方法は事足りる。……たとえ陣地が突破されたとしても、歩兵がそこに踏みとどまっていれば、戦車の恐怖は無くなる」[2]。

六、一九一七年十二月十二日付ＯＨＬ宛アルブレヒト公軍集団報告。

「当軍集団の見解は、歩兵が単独で、自ら利用し得る手段を以て、戦車制圧の問題を成功裏に解決し得るようになれば、本課題は解消されたとみなすことができるというものである」。

七、カンブレー戦（一九一七年十一月二十日）に関する第54軍団戦訓報告。

「……障害物の構築は引き合わない。徹底的な制圧のほうが適当である……」。

八、一九一七年十二月十二日付第119歩兵師団試射報告。

「かような兵器（手榴弾、迫撃砲、鋼芯弾、重迫撃砲）について、充分な訓練を受けた歩兵なら。大規模な戦車攻撃といえども、恐れるに足りない……」。

九、一九一八年七月十八日から十九日にかけてのソワソン戦に関する第78歩兵師団報告。同師団は、この戦闘で九キロの後退を余儀なくされ、隷下砲兵の大部分を失った。
「……戦車は、士気に影響をおよぼすにすぎない。……戦車の出現はそもそも、部隊が平静さを欠くようになったことの後遺症なのである。一九一四年当時の諸連隊ならば、戦車など必要としなかったであろう……」。


一〇、ソワソン会戦後の一九一八年七月二十二日付OHL指令。

「……戦車の制圧については、よりいっそうの注目を向けるべきである。以前の、われわれの戦車に対する勝利は、この戦闘手段をある程度軽視することにつながってしまった。しかし、われわれはいまや、より危険な存在、より強力な装甲を有し、より小型で機動性に富む戦車を想定しなければならない。これらもまた制圧され得るのだ。……結局のところ、防御の成功について、まず第一に決定的なのは、歩兵の警戒心と戦闘力なのである……」。

一一、一九一八年七月のルーデンドルフ将軍宛第16歩兵連隊長書簡。
「……敵の新しい小型戦車は、現実的には巨大な、そして士気の面では、とほうもない悪影響を、わが部隊におよぼしている……」。

これに対する返答。「対戦車兵器の生産は、あらゆる手を尽くして、進められている……」。

一二、休戦申し入れの決断を下させた、一九一八年八月八日の破局後における、一九一八年八月十一日付OHL指令。
「従前よりもはるかに……対戦車防御上の要求が高まっている。……戦車の制圧については、なお多数の部隊が習熟していない。われわれは、この点に関しては、依然学ばなければならないのである……」。

▽2　一九一八年一月の「戦時徒歩部隊訓練規定」〔Ausbildungsvorschrift für die Fußtruppen im Kriege〕、第四一六／一九条。

一三、一九一八年八月三十一日における第17軍麾下のある師団の反撃は貫徹されなかった。同師団に配属された味方戦車部隊が、駆動関係に多数の技術的障害を起こしたため、投入できなかったからだ。

一四、一九一八年九月六日付の第40師団報告は、ドイツ側で戦車がまったく使われないことへの将兵の憤懣(ふんまん)を表明している。

一五、一九一八年九月末のスパイ報告は、フランス側が、最近の攻撃の成功は、大量に投入された小型快速のルノー戦闘戦車のおかげであるとしていることを伝えていた。

一六、一九一八年二月十八日付の、プロイセン陸軍省A2課〔歩兵課〕宛フォン・ヴリスベルク将軍書簡。

「私が急(せ)きたてたにもかかわらず、三月末までには、対戦車兵器は何ら調達されないであろう。遺憾ながら、かくのごとく断定するものである……」。

一七、一九一七年八月の協商国側による戦車攻撃に関するイタリア軍指導部の注意書。

「……英軍のタンクは、動いているあいだは、ほとんど一発も命中弾を受けなかった。……ドイツ軍の鋼芯弾といえども、その装甲を貫けないも同然だった！　……攻撃に好都合な条件は、払暁、黄昏、月光や霧といったものである。……敵の観測所は、煙弾で目つぶしされていた。……攻撃に航空機が随伴することは不可欠だ。掩護、保安、偵察、連絡……一九一七年五月五日、タンクが投入された。敵砲兵の弾が命中したのは、タンク一両のみだった。……英軍のタンクの用法は、フランス軍よりも優れている。……イギリス軍の作戦行動は、戦術的にも、より優れている。……両陸軍とも、指導部はタンクを頼りにしているのだ」。

最後に、もう二つばかり、敵側の意見に注意を喚起しておこう。当時、英陸軍の中佐だったマーテル〔ジファード・ル・ケーン・マーテル（一八八九～一九五八年）。ソンム会戦で戦車の運用を経験し、その威力に着目、機甲戦の理論構築に努めた。第二次世界大戦にも従軍し、中将に進級している〕は、その著作『戦車に続いて』に、こう書いている。

「敵は、持てる野砲の三十パーセントまでも、対戦車防御に用いてきた。[▽3] それによって、本来の任務である砲兵戦から外されてしまったのだ……」。また、シェパードは、「ドイツの対戦車防御は、まったく役立たずだった」との確信を披露している。[22] 彼の意見は、おおむね正しいものといえよう。

Ⅱ．ドイツ軍の戦車の運用

一九一六年から一九一八年までのドイツ戦車の生産と運用

一九一六年九月十五日に、最初の英軍タンクが出現したのち、ドイツ側では、ＯＨＬが、自軍用のタンクを生産するよう、陸軍省に要求した。一九一六年十一月、フォルマー技師長〔ヨーゼフ・フォルマー（一八七一～一九五五年）。「ドイツ自動車製造有限会社」の共同創立者〕は、Ａ７Ｖ課〔Abteilung 7 Verkehrswesen. 交通担当第七課の意〕より、「突撃戦車」製作を委託された。これが、Ａ７Ｖ戦車に発展したのである。この戦車を百両生産するようにとの発注がなされたのは、やっと一九一七年十一月になってのことだった。さらに、百五十トンで、それぞれ、七・五センチ口径カノン砲を装備する大型戦車二種類の製作が指示されたものの、一九一八年末になっても、そのうち二両が完成しただけである。

ドイツ側ではまた、鹵獲された英軍タンクが、操縦装置にドイツの設計者による改良を加えたのちに投入され、成功を収めた。

「Ａ７Ｖ」車は、装甲厚三十ミリ、重量三十五トンで、五・七センチ砲一門と機関銃六挺で武装している。乗員は二十二ないし二十六名であった。エンジンは二百馬力で、これをフル回転させたときの最高速力は、およそ時速十六キロに達する。当時の事情に照らせば、路外走行能力も充分だった。「Ａ７Ｖ」戦車のありようは、ある程度は敵のタ

▽3　この種の運用が成功したなかでも、傑出していたのは、一九一七年十一月三十日のテオドール・クリューガー伍長の戦例である。彼は、自分の砲により、十六両ものタンクを撃破したのだ。一九六六年、連邦国防軍は、プファルツのクーゼルにある砲兵兵営に、彼の名を冠することにした。

A7V戦車　一九一八年（フォルマー型）

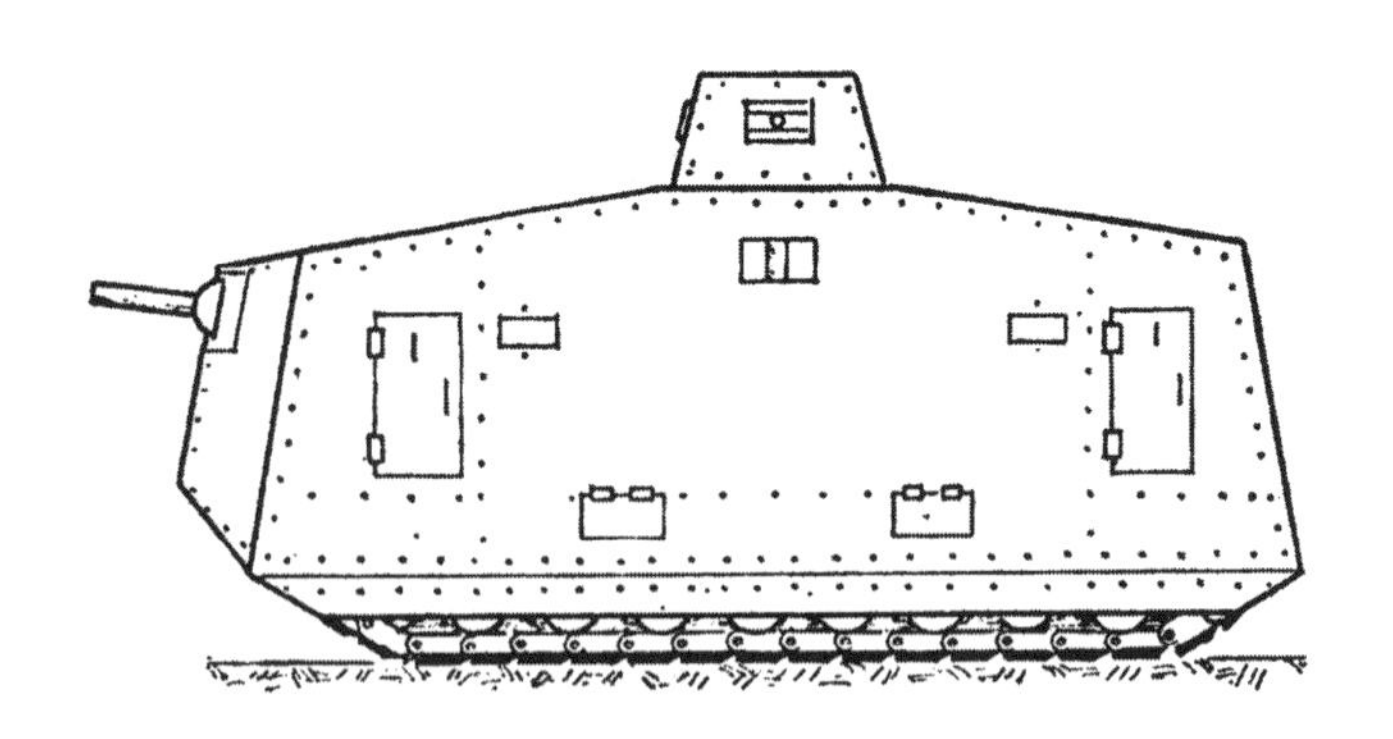

戦闘重量　三十五トン
最高速度　時速十六キロ
航続距離　八十キロ
装甲厚　十五ないし三十ミリ
武装　五・七センチ口径カノン砲一門
　　　機関銃六挺
車体長　七・七メートル
車体幅　三・〇五メートル
車体高　三・〇四メートル

ンクに合わせたものであったが、速力、武装、装甲において優越していたのである。この戦車が大規模に生産されていたなら、ドイツ軍指導部にとって、助けとなったろう。それは、ぜひとも必要だった。が、遺憾ながら、生産されたのは二十両にすぎなかったのだ。これに加えて、約二十五両の鹵獲戦車があった。これらはすべて、一九一八年二月より、第1から第9の「重戦車隊」に編合された。各隊ごとに、戦車五両が配備されていた。

一九一九年に向けたＯＨＬの企図

この間に、軽量型の「LkⅠ」ならびに「LkⅡ」戦車（重量十七トン、時速十八キロ、乗員三名）が開発されていた。いまや、これらを八百両生産する計画が、「緊急度Ⅰ」の指定を受けて、開始されたのである。同戦車の生産は、一九一九年春に完了する予定であった。それらは、三十両から構成される中隊三個に、十両から成る司令部を付して、大隊を編成するはずだったのだ。

一九一八年の戦車の運用

「重戦車隊」の出撃については、当時、第2重戦車隊の少尉だったエルンスト・フォルクハイムが、以下のように伝えている（抜粋）。

「一九一八年三月二十一日には、サン・カンタン付近の戦闘で二個戦車隊が、四月二十四日には、ヴィエル＝ブルトヌー南方の戦いで三個戦車隊が成功を収めた。後者の戦闘では、戦車対戦車の交戦が初めて生起したのだ」。

一九一八年六月一日に、目標を限定した攻撃が遂行された。六月九日には、モンディディエ地区で戦闘となる。十月十一日、アヴェーヌ・ル・セックの北で、縦深八キロにおよぶ逆襲を実行、味方歩兵の撤収を可能とした。十一月一日、最後の出撃がなされる。シェパード少佐は実務的なやりようで、このドイツ軍の成功を確認し、ドイツ戦車がその味方部隊に、あとあとまでも残るような感銘を与えたことを強調している。

「ごく少数であったにもかかわらず、戦車隊はすぐに、味方歩兵の信頼と直属司令部の称賛を勝ち取った。彼らの掩護は価値あるものと証明され、それを求める声は大きかったが、数の少なさゆえに、多くは応えられなかった。一九一六年から一九一七年にかけての遅れは、もはや取り返せなかったのだ。戦車と対戦車防御の分野で、ドイツ軍が手をこまぬいていたことは、もう埋め合わせられなかったのである」[23]。

このテーマについては、一九六七年に、クリートマンが左のように述べている。「ドイツ軍指導部が、多数の失敗を犯したとはいえ、第一次世界大戦、とりわけ、その最後の段階で、戦車、またはタンクの生産において先んじていた連合軍に追いつこうと、あらゆる努力を払ったことは、容易に実証し得る」[24]。

著者は、この見解に疑義を呈するものである。より多くのことをなし得たし、また、そうしなければならなかったことがわかっているからだ。戦争終結までに、敵の戦車数千両に対していたのは、ドイツ戦車二十五両と同数の鹵獲されたタンク、もしくは突撃戦車であった。この数字は、当時のＯＨＬに可能であったことのすべてを示しているわけではない。それは間違いなかろう。

あるイギリス人の見解

シェパードは、彼の著書『つぎの戦争におけるタンク』で、こう書いている[25]。「イギリス戦車兵団は、野戦軍最高指導部、また諸部隊それ自体に対しても、ドイツ軍の抵抗に打ち勝つのとまったく変わらぬほどの厳しい闘争を行い、生存権を獲得しなければならなかった。それは、われわれがみてきた通りである。……むろん、タンクだけによって、戦争に勝てたわけではない。だが、タンクなしに戦争に勝つことは、まずなかったであろう……」。

おそらくは、誰もが賛成し得る見解である。しかしながら、一九一八年以降、ドイツ軍指導部がこの見解に与するべきか否かについては、前述の事実にもかかわらず、十年以上も議論がなされた。近代的で、技術的にずっと高質の対戦車兵器に対しては、戦車もその歴史的役割を終えたという確信が、多方面にあったのだ。イギリスにおいてもまた、あらたな懐疑が浮かび上がっていた。

Ⅲ.「ヴェルサイユ条約」第一七一条

ドイツの専門家サークルのあいだの、戦車問題に関する見解の相違は、一九一九年六月二十八日、ヴェルサイユ条約の過酷な強制によって、終止符を打たれた。その第一七一条は、打ち負かされた対手の潜在的な攻撃能力を制限する講和条約の一条項であるというだけではなかった。そればかりか、この条項は、他の条文と相俟って、ドイツの主権国家としての実効的な国防能力を継続的に無とすることになる内容を有していたのである。というのは、この条項において、ドイツは「最新技術による、もっとも効果的な兵器(たとえ、国際法に反せざるものといえども)、すなわち、装甲車輛、タンク、潜水艦、航空機の保有を禁止」させられたからである(第一七一、第一八一、第一九八条)[26]。

第一七一条は、以下のことを定めている。

「**同様に、装甲車輛、タンク、あるいは、同様に戦争目的に使用し得る、他の何らかの機材を、ドイツ国内で生産し、また輸入することを禁ずる**」。

このヴェルサイユ条約の禁止条項は、一九一八年のドイツ戦車部隊にとっては、終焉を意味していた。

国際法的には、合衆国はヴェルサイユ条約を承認しなかった。同国の議会が、圧倒的多数で批准を拒否したのである。もっとも、合衆国が一九二一年にドイツ国と結んだ講和条約によって、「ヴェルサイユ条約による特権を保障せしめた」のはいうまでもない。[27]

この一九一八年の主要交戦国間の講和条約に対する倫理的評価の問題については、ここでは、当時、ドイツ相手に戦争を遂行していた陣営からの重要な判定を、一つだけ引用するにとどめよう。フラーは、一七八九年（フランス革命）以来の国際関係の展開を描いた著書で、このように記述している。

「一九一九年六月二十八日、ドイツ人は、封鎖下の危機的状況において、ヴェルサイユ条約に調印したのだ。従って、これは倫理的に無効である[28]」。

第二部　第一次世界大戦後におけるドイツ装甲部隊の再建と組織——一九二六～一九四五年

「戦争は精妙なものとなった。あらたな殺人装置が、その困難を大きくしている。われらは、かようなことを考え抜かねばならない。それによって、われらが敵の組織機構と、彼らが突きつけてくるであろう困難を精査したのち、その克服のための適切な手段を見いだすのである」。

——フリードリヒ大王

第一章　一九一四年から一九三四年までの「戦車なき期間」

I. ゼークト時代という過渡期

ヴェルサイユ条約調印直後の困難な数年間は、ドイツ国が完全に衰亡してしまうのではないかという危険に常にさらされていたということできわだっている。

この窮境において、戦場で優れた資質を証明したハンス・フォン・ゼークト少将が、一九二〇年三月に、なお存在していた軍隊という権力手段の指揮を担った。このときまでに、軍は、一九一八年から一九一九年の休戦と政治的変革を生き延びていた。もしくは、「東部国境守備隊」の枠内であらたに創設されていたのである。

国防軍における陸軍の形成

ハンス・フォン・ゼークトは、第一次世界大戦においては、東部戦線にあり、とくにフォン・マッケンゼン〔アウクスト・フォン・マッケンゼン（一八四九〜一九四五年）。第一次世界大戦のグンビンネン会戦やゴルリーツェ（ドイツ名「ゲルリッツ」）突破で戦功を上げた〕軍集団の参謀長を務めた。戦争終結時には、トルコ野戦軍参謀総長として勤務していた。短期間、ＯＨＬ（在コルベルク）ならびに北方国境防衛司令部で働いたのち、一九一九年四月に、帝国政府の決定により、ドイツ講和会議使節団の筆頭軍代表に任命されている。その後、部隊局(トルッペンアムト)〔Truppenamt. ヴェルサイユ条約により、解散させられた参謀本部の機能を維持するためにつくられた部局。連合国に対して偽装するため、かかる名称が付せられた〕長となったゼークトは、カップ一揆〔極右派が企てたクーデター〕が失敗したのち、一九二〇年三月には、国防軍(ライヒスヴェーア)〔Reichswehr. ドイツ帝国が崩壊し、ヴァイマール共和国が発足したのちのドイツ軍の呼称〕北部集団司令官を兼任、そのすぐあとには、フリードリヒ・エーベルト大統領〔フリードリヒ・エーベルト（一八七一～一九二五年）。ドイツの政治家で、当時、社会民主党の党首。ヴァイマール共和国の初代大統領〕によって、陸軍統帥部長官〔陸軍総司令官にあたる役職〕に任ぜられたのである。

　ゼークトは、あらたに築かれるべき国防軍の陸軍(ライヒスヘーア)〔Reichsheer. 以下、「ライヒスヘーア」とする〕に、彼の個性を刻印した。オットー・ゲスラー国防相〔一八七五～一九五五年。ドイツ民主党の政治家〕とともに、ゼークトは、ライヒスヴェーアに「いかなる内閣の交代にも超然とした……継続的かつ安定した発展を……保証した」のだ。▼1 古きカイザーの軍隊の残余ならびに、国家と政府の護持のために結成された、およそ四百にもおよぶ「義勇軍(フライコーア)」〔Freikorps. 主として、復員した将兵が結成した一種の民兵部隊で、多くは極右的な政治傾向を有していた〕から、一九二一年一月一日までに、ライヒスヴェーア〔陸軍と海軍〕の枠内にある、新しい**ライヒスヘーア**を編成することに成功したのである。困難なる六年間にわたって、のちの包括的な国防軍(ヴェーアマハト)再建への土台を築くことが、ゼークトの課題であった。ゼークトの見解によれば、ライヒスヘーアは「古きものから新しいもの、より良き未来への架け橋」だったのだ。この点については、ヴェルサイユ条約にも、一つの足がかりがあった。同条約には、許可されていた十万人の職業軍人からなる小軍隊にほどこす教育訓練の種類や規模に関しては、何の規定も含まれていなかったからである。ゼークトは、ここから手をつけた。指導者・基幹要員の陸軍を創設したのだ。近代兵器が禁じられ、ゆえに、それらが欠落していたにもかかわらず、新時代の特徴を有する大規模な軍隊という課題に向けた訓練を基盤とする思想のもと、その陸軍に教育をほどこしたのだ。

　この、国の内外における困難、とくに経済のそれがありながら、かかる再建で業績を上げたことにより、新しい陸軍統帥部長官は、ライヒスヘーアの創設者として称賛されたのである。

一九二七年二月まで、ドイツで活動していた「連合国間軍事統制委員会」〔I.M.K.K.〔Interalliierte Militär-Kontrollkommission. 一九一九年に結成され、ドイツがヴェルサイユ条約の規定を遵守しているかを監視した〕〕が眼を光らせるなか、ゼークトは、近代軍の再建に努力した。「われわれは、できることなら、何でもやるのだ」と、彼は言った。ただし、ヴェルサイユ条約の厳格な規定に違背することなしに、である。ゼークトは、フランスとポーランドが常に脅威となっていることを認識しており、[2]軍事上の違反を犯すことによって、軽々に国防軍とライヒの存続を危うくしないよう、注意を払っていた。その計画立案は、理性と彼我の潜在的戦力という理由から、あきらかに防御的なものに留まっていた。そもそも、ドイツの国防の可能性について、できる範囲で語るかぎりは、そうなるものだったのだ。ドイツ軍には、近代兵器が欠如していたからである。

ライヒスヘーアは、のちに卓越した効果があると証明されることになる、偉大な指導者の学校であった。指揮官の選抜、兵員の指導、戦術・作戦思想〔の深化〕といったことが、全力で進められた。それは、迅速でありながら、軍事的打撃力を損ねることのない軍隊拡張のための基幹要員から成る部隊を生み出したのである。ゼークトはとくに、将校たちが外国事情に通暁するように努めた。加えて、国防省は『外国国防思想』という雑誌を編集発行していたのだ。この雑誌は、とりわけ、禁止された兵器に関する理論的な知見について、貴重な示唆を与えてくれた。

ゼークトと戦車

ゼークトが国防軍のために立てた教育訓練計画は、技術的な完成度と兵器の知識、あらゆる兵種の協同、そして、プロイセン陸軍の伝統となっていた運動性といったことに、格別の価値を置いていた。この点について、ゴードン・A・クレイグは、プロイセン・ドイツ軍を扱った著作において、左のように述べている。「こうしたことに関して、当然のことながら、ヴェルサイユ条約は、彼〔ゼークト〕の前途に困難な障害を据えることになった。同条約は、ドイツが攻撃兵器を用いることを……禁止していたからだ。ところが、この条約が課した制限内においても、多くのことを実現し得たのである。将校たちは、可能なかぎり軍事目的に転用するために、最新の技術的進歩をわがものとするよう、ベルリンの工科大学に送り込まれた。兵器の調整、交通・通信関係の研究が推進され、すぐに、大規模で実践的な演習によって試験される。早くも一九二一年には、ハルツ山地において、自動車化部隊による機動演習が催されていた。また、一九二三年から一九二四年の冬には、のちに陸軍総司令官となったヴァルター・フォン・ブラウヒッチュ大佐が、自動車化部隊と航空機の協同の可能性を探る目的で、機動演習を行っている……」[3]。

一九二七年に、ゼークトは、「新時代の騎兵」という問題について、意見を表明している。「軍事的には、自動車は二つの主要な任務を有している。**新しい独自の兵科として機能すること**、そして（さらには）、人員、火砲、軍需品の輸送手段として勤務することだ。戦車は、歩兵、騎兵、砲兵とならぶ、**特別の部隊**に成長した」[4]。陸軍統帥部長官の職を辞してから二年後には、ゼークトは、**きわめて機動性に富む小型の陸軍**を創設するという構想を公言し、その戦闘上の価値は、航空機によって、著しく向上させ得るとした[5]。当時大佐だったシャルル・ド＝ゴールも同様に、一九三四年の著書『職業軍の建設を！』[6]で、そうした理念を主張している。そのなかで、彼は、装甲・自動車化された職業軍という提言を詳細に取り扱っているのだ。

格別に強調されるべきは、ドイツ軍人と技師の航空機と戦車に関する教育が、ソ連において遂行されたことだろう。これは、ゼークトが責任を負ってのことで、しばしば批判されている。この独ソ協力のきわめて興味深く、また問題を含んだ一章について、のちのドイツ装甲部隊再建のための意義という点から、短く素描することにしよう。

「カーマ」――ドイツ軍カザン戦車学校の創立

大戦後の最初の数年間において、ドイツとソ連邦の政府は、両国のいずれにとっても不幸な結果となった第一次世界大戦終結の影響のうちに、外交上の共通利害に動かされて、提携に向かっていた。当時は、両国の経済関係を改善し、重要な問題において、相携えて西欧諸国に向かうことにより、自らの外交の可能性を拡大することが望まれたのである。それゆえ、ドイツとソ連は一九二四年にラパッロ条約〔ソ連との関係を正常化し、経済面での協力を深めることを定めた〕を結び、続いて、一九二六年四月二十四日のベルリン友好条約〔通商ならびに、すでにはじまっていた軍事面の協力を決め、また、締約国が第三国との戦争に突入した場合には、他の締約国は中立を維持すると定めた〕が調印された。

カール・H・ヘルマンは、当時実現したソ連との接触に関し、左の点に注意を喚起している。「一八九〇年まで、東方の背面は掩護されており、それは、ビスマルク外交の重要な構成要素であった」。この外政上の遺産はなお生きており、一九一九年から一九二〇年にかけての現今の問題のなかでも、もっと喫緊の要がある案件で、「ヴェルサイユの戦勝諸国が、今、また、さらにのちになっても、ドイツを玩弄（がんろう）することでご満悦になっているからには」、可及的速やかに「再び交渉可能な地位を得るべきだったのだ。講和条約の屈辱的規定を、条約に抵触することなしに迂回する……チャンスが手招きしていた。……かかる視点から、軍人たちは、軍需産業の育成、禁止された兵器による、もしくは、それ自体についての教育訓練への理論的取り組みといった点で、支持し得る構想であるとみた。ただし、当時の彼らは、そうした親露的方針を唯一絶対に主張しているというわけではなかった。関与した者たちはすべて、この時点までにもう、かような行動には危険があり得ると認識していたし、ソ連との関係についても深入りしようとはしなかったのである[7]」。

フォン・ゼークト上級大将は、ラパッロ条約締結に関わってはいなかった。だが、のちの陸軍少将ハッセ〔オットー・ハッセ（一八七一～一九四二年）。当時、部隊局長で、ソ連との秘密軍事協力に携わった。最終階級は歩兵大将〕ならびにフォン・シュライヒャー大佐〔クルト・フォン・シュライヒャー（一八八二～一九三四年）。ドイツの軍人・政治家。最終階級は歩兵大将。国防大臣、首相などを務めた〕は、ゼークトの委任を受け、両国ともに望んでいた教育訓練に関する援助の細目に関し、決定的な部分についての合意に達した[8]。一九二一年、レーニンが直接イニシアチヴを取ったことに起因する、ドイツとソ連の外交関係樹立という大枠のなかで、通商条約交渉に際して、初めての予備会談が持たれる。以後の交渉を経て、それは、一九二一年十二月八日の首相や外務省にも認められた協定に結実した。国防省内に、ニコライ大佐の率いる「R」特別部〔「R」は、ロシアRußlandのRより取った〕が設立される。同部はまた、ソ連の首都で「モスクワ中央機関」なる支局を運営した。こちらは、フォン・デア・リート＝トムセン大佐が長で、勲爵士フォン・ニーダーマイヤー大佐が補佐していた。

軍需産業がソ連で行った試みは、ほとんど成果をもたらさなかったが、「国防軍と赤軍の軍事協力は、円滑に進捗した。リペツクの航空学校とカザンの戦車学校では、空軍・戦車の専門家の養成ならびに、兵器と航空機の実験、評価、開発といったことが、確固たるかたちを取りはじめていたのだ。ロシアでの業務に配置された者については、一時的に、国防軍から除隊することになった。独ソの高級将校が、続々と教育訓練場を視察した……」[9]。

この国防軍と赤軍の協力の展開については、ヘルム・シュパイデル〔ヴィルヘルム・シュパイデル（一八九五～一九七〇年）。ドイツの空軍軍人。最終階級は航空兵大将。「ヘルム」は筆名。第二次世界大戦中に、B軍集団参謀長を務め、戦後、NATO中央方面軍司令官となったハンス・シュパイデルの兄〕による、一九五三年の興味深い文章がある。そのなかで、この、のちに航空兵大将となった人物は、本計画が、とくに一九三三年から一九三四年の空軍創設のために意義があったと述べているのだ。[10]

リペツクの飛行場建設やサラトフ近郊での毒ガス戦教育・研究学校創立とともに、カザン演習場にドイツ軍の戦車学校を創立するため、ソ連は、宿舎、機材、支援要員を自由に使わせてくれた。カーマ川の河畔に戦車演習場が置かれたことにちなみ、秘匿名称は「カーマ」とされた〔近年出された説によれば、所在地のカザンKasanと、一時的に国防軍を離れ、戦車学校の用地選定にあたったヴィルヘルム・マルブラントWilhelm Malbrandt中佐の名のそれぞれの頭文字を合わせて、「カーマ」の秘匿名称を与えられたのだという〕。が、国際的には、「カザン戦車学校」として知られるようになる。

これら三つの教育訓練センターは、ソ連における国防軍の人員訓練および技術的試験の軍事的な基盤を形成しており、一九三三年〔ヒトラー政権発足の年〕に独ソ協力が終わるまで存続していた。ロシア人は、戦車の教育訓練にあたり、演習場と将兵（補助要員ならびに教官として）のほかに、最初の戦車（三・七センチ口径カノン砲一門で武装した「MS I」型および「MS II」型）を提供した。ドイツ側は、教官、技師、技術者、機材といった面で寄与した。ソ連将校は、ドイツで講習や演習に参加する権利を得たのである。

こうした経緯は、一九四五年以降、世間やジャーナリズムにおいて議論されており、ときには（多くの場合は、事実誤認にもとづいて）批判にさらされている。だが、戦車に関する教育訓練は、一九二〇年代なかばに開始されていたのだ。ドイツ側からは、一連の若い将校や技師が参加し、彼らは、一九三三年以降、ドイツ装甲部隊にとって、貴重な教育係となったのである。そのなかには、ハールデ、コル、クレーバー、クレッチュマー、リナーツ、ネートヴィヒ、ジーブルク、シュテファン、勲爵士フォン・トーマ、トマーレらがいた。さらに、一九二九年から一九三三年まで、バウマン主任技師、メルツ博士、エンゲル技師が加わっている。衛戍地司令官は、一九二七年から一九二九年はマルブラント監督官、一九二九年から一九三一年は勲爵士フォン・ラードルマイアー少佐、一九三三年まではハルペ少佐が務めた。

一九三二年、グデーリアン大佐も、ルッツ将軍とともに、カザン戦車学校に短期の業務参観を実施している。そこでは、未来の戦車指揮官が養成されていただけではなく、ドイツ戦車のプロトタイプも試験されていたのである。[11]

ソ連側では、トゥハチェフスキー元帥〔ミハイル・N・トゥハチェフスキー（一八九三〜一九三七年）。ロシア内戦で活躍、軍事理論家としても「縦深戦」理論の確立に貢献した。が、スターリンと対立し、粛清された〕とともに、たとえば、ジューコフ〔ゲオルギー・K・ジューコフ（一八九六〜一九七四年）。ソ連の陸軍軍人、第二次世界大戦中、独ソ戦のさまざまな局面で指揮を執り、功績をあげた。最終階級はソ連邦元帥。ただし、ジューコフがドイツに派遣されたという原著者の記述には疑問が残る〕のような、第二次世界大戦で有名になったソ連の将軍や陸軍指導者が何人もドイツに送られ、軍学校の講習や戦術演習旅行に参加した。国防軍の将校と赤軍のそれとの関係は良好であった。のちに少将になったテオドール・クレッチュマーは、数か月で打ち切られることになった、最後の「カーマ」教程を受けている。彼によれば、こうして一九三三年八月に戦車教習が終わりになったことについて、「ロシア人たちは、なんとも嘆かわしい」と述べていたという。[12] 一九三三年秋、カザンにおける最後の教程は、ほぼ摩擦なしに終了した。共同の装備や訓練補助機具の精算だけが、いくらか問題となった。とくにルッツ将軍にとっては、ドイツ戦車のプロトタイプを確実に本国に送還することが、格別に重要だったのだ。もっとも、結局のところは、トゥハチェフスキー元帥が自ら介入したことにより、この「問題」は、満足すべきかたちで解決され得たのである。

ソ連のモストヴェンコ技術大佐は、その著書『過去と現在の戦車』（一九六一年）で、当時の独ソの共同作業を描写し、結論づけている。「……一九二四年から一九二八年までのあいだに、軍事技術の分野では、巨大な業績が達成された。……一九二八年から一九三一年の期間に、ソヴィエト軍事科学は、当時としては、もっとも実効的な自動車化・戦車部隊の編制形態を確定した。一九二九年には、独立作戦を視野に入れた自動車化団隊創設がはじまったのである……」[▽1]。ソ連の雑誌『技術と兵器』〔Technika i Vooruženie〕（第九号、一九六六年）も、一九二〇年以来のロシアにおける戦車生産の発展について、同様のことを伝えている[▼13]。

「カーマ事業」[▼14]は、ただちに西欧諸国の知るところとなったが、その企ては、ヴェルサイユ条約を侵害してはいなかった。ドイツが国際連盟を脱退し、それと結びついたかたちで、公然たる再軍備を開始する前でも、カザンにおいて戦車の生産が行われるようなことはなかったし、そこから「タンク、あるいは、同様の機材が輸入」されたわけでもなかったからだ。さらには、当時の現実的な勢力関係に鑑みれば、そんなことをしても、ドイツ戦車隊の潜在的な能力を実際に高めるというふうにはいかなかっただろう。

これは、シャルンホルストやグナイゼナウの指導のもと、プロイセンがナポレオン一世に対して成功裡になしとげたように〔シャルンホルストとグナイゼナウは、いずれも当時の軍人。軍制改革を実行し、ナポレオンに対する解放戦争を成功させた〕、ヴェルサイユ条約によるドイツの主権の一方的な制限を終わらせようとするドイツの政治・軍事指導部の正当な努力にちがいない。外国のジャーナリストといえども、そのことに疑いを挟むことはできなかった。イギリスのジャーナリストであるバジル・ヘンリー・リデル＝ハート〔バジル・リデル＝ハート（一八九五～一九七〇年）。英陸軍軍人で、最終階級は大尉。退役後、機甲戦理論を提唱し、世界の陸軍筋に注目された。その著書は多数邦訳されている〕は、一九二〇年から一九四五年までにおけるドイツの将軍たちの立場、影響、業績についてまとめた著作で、このように断言している。ゼークトは、ドイツのためにヴェルサイユ条約の枷(かせ)を緩め、「ドイツがその軍隊の強さを取り戻すよう準備する」という課題に全精力を注いだはずで、それは、まったく正しい。「いかなる国のどのような軍人であろうと、同じ状況に置かれれば、そうしたであろうことなのだ」[▼15]。

「カーマ事業」の真価は、それが、のちの陸軍再編成を準備したところにあった。カザンの戦車教程による教訓と経験を現実に活用することは、ドイツにおいては不可能だった。一九三五年より前には、そこに戦車部隊は存在していなかったからである。しかしながら、「カーマ」によって、優良な教育訓練を受けた教育係将校という基幹要員が生み出された。彼らなくしては、一九三四年から一九三五年にかけて、最初の教育隊を迅速に編成することは、ほぼ不可能だったろう。

独ソ両国の軍最高指導部のあいだには、何らの条約も結ばれていなかった。ただ、見解の一致があったのみである。ドイツ政府・大統領は、この件を了解している旨を宣告し、その経過についても、継続的に報告を受けていた。ゼークトが恣意専横の振る舞いをしたという非難は、根拠のないものであることが証明されている。連合国には、ヴェルサイユ条約第五編前文に従い、全般的な軍縮の約束をしたことを尊重するつもりなどない。ドイツ政府は早くから、それに気づいており、ゆえに、陸軍統帥部の行動を是認したのである。しかも、一九二三年一月初頭、クーノ内閣にあっては、ルール地方の占領〔一九二三年、フランスとベルギーは、賠償金未払いを理由に、ドイツの重要な工業・資源地帯であるルール地方を占領した〕により、ヴェルサイユ条約が一方的に侵害されたのだから、ドイツはもはや、それに拘束されないという意見すら主張されたのだった。

ボリシェヴィズムに否定的な立場を取っていたゼークトは、徹底的な主権の制限という災いを、功利主義的に福となすすべを知っていた。その後任の一人、一九三一年から一九三四年まで陸軍統帥部長官を務めた男爵クルト・フォン・ハマーシュタイン＝エクヴォルト〔一八七八～一九四三年。ドイツの陸軍軍人で、最終階級は上級大将。部隊局長、陸軍統帥部長官などの要職を歴任した〕は、一九三一年四月二十四日、カッセルの第2集団〔軍相当の組織〕司令部の将校たちに、自らの見解を解説している。

「……近年のドイツ外交は、完全な直線を描いて、進められている。**西欧に**、公平性、もしくは、それに類するものを**認めるつもりがないかぎりは、モスクワに頼るのだ**。モスクワと関係することは、悪魔と条約を結ぶことだが、**わ**

▽1　参考文献、四七七頁を参照。

れわれには他の選択肢がない。……陸軍統帥部の結論は、あらゆる影響に惑わされることなく、陸軍の利益を主張するというものである。いかなる拡充の機会も逸してはならない……」[16]。

あいにく、国防のために機密保持を命じられたことが、根拠のない、客観的には誤った推測とゼークト非難を引き起こした。そのために、ハロルド・J・ゴードン[17]に従えば、カール・ゼーフェリング〔一八七五～一九五二年。ドイツ社会民主党の政治家、プロイセン州内相、ライヒ政府内相などを歴任した〕の回想録は、多くの誤りを含むことになったのだ。というのは、プロイセン州政府の構成員であった彼も、ことの経緯について知らされておらず、それゆえ、一面的な判断を下しているからである。

一九二六年十二月十六日の国会で、フィリップ・シャイデマン〔一八六五～一九三九年。ドイツ社会民主党の政治家で、首相を務めたこともある〕が、憶測にもとづき、「国防軍とロシア人の同盟」を「暴露」したことが、センセーショナルな作用をおよぼした。この件が、のちのシャイデマン引退の原因となったのは、いうまでもない。彼の国防政策は、批判され続けだったのだ。

ライヒスヘーアと戦車――一九二一～一九二六年

ライヒスヘーアにおいては、ヴェルサイユ条約にもとづき、戦車の保有を禁止されていた。従って、戦車部隊の存在も禁じられていたのである。かつて戦時の軍が持っていた「重戦車隊」の残部は、カッセルで動員解除された。ただ、他に、ベルリンにおけるスパルタクス団〔ドイツ共産党の創設者の一人、カール・リープクネヒト（一八七一～一九一九年）によって結成された、急進革命派団体〕相手の戦闘に投入された「フェター義勇戦車隊」がある。その際、最後まで戦車隊に残った将校であるシェーファー少尉が斃（たお）れた[18]。

当時は、ただ自動車部隊においてのみ、戦車の記憶が生きていた。自動車部隊を担当していたのは、「交通部隊監督局自動車部隊部〔監督第6部〕」である。ほかに、手持ちの自動車隊七個〔第1～第7自動車隊〕が、ライヒスヘーアを構成する七個〔歩兵〕師団〔加えて、騎兵師団三個があった〕のそれぞれに一個ずつ配属されていた。

一九二一年、歩兵の教育訓練を騎兵にほどこすのを進める目的で、前線で戦果を上げた（後年、装甲兵大将になったディートリヒ・フォン・ザウケンやヘルマン・バルクのような）歩兵科の青年将校多数が騎兵に配属された。陸軍統帥部は、自動車部隊の再編合にあたっても、そのときと同様の措置を取った。当時、また、続く数年間において、戦闘部隊の若い将校を自動車隊に編入したのである。ヴェルサイユ条約により、数的にはきわめて制限されていた国防軍将校団の枠内で、経験豊かな前線将校を維持することが、その目的だった。

そうして、優先的に将校が抽出されたのは歩兵科であったけれど、飛行兵、工兵、鉄道部隊の所属員、騎兵、砲兵からも引き抜かれている。実績を上げた混成だった。しかも、あらたに創設された自動車部隊は、ヴェルサイユ条約によって、国防軍が保有を禁じられた航空・飛行船部隊の伝統をも継承したのであった。この自動車部隊のうち、第7自動車隊（バイエルン）だけでも、バイエルン最高の勇猛褒章を持っている将校が三人もいた。勲爵士ブルーノ・フォン・ハウエンシルト、勲爵士ルートヴィヒ・フォン・ラードルマイアー、勲爵士ヴィルヘルム・フォン・トーマである。のちの装甲部隊指揮官たちだ。自動車戦闘部隊再建時の教官、あるいは、第二次世界大戦の装甲兵司令官として、後年、名声を博した人々のなかには、ゲオルク・フォン・ビスマルク、ドランスフェルト、エルラー、フィヒトナー、フロンヘーファー、ハールデ兄弟、ハルペ、フォン・ハルトリープ、コル、コリューバー、クラフト、リナーツ、ネートヴィヒ、シュタール、シュテファン、さらに、このほかにも、名を挙げられるべき者が多数いる。

かかる新編・改編の際、のちの自動車部隊から自動車戦闘部隊への拡張がすでに考慮に含まれていたという議論は、現実味を欠いている。そうした構想は、一九二〇年代末、「カーマ」事業の教程における教育訓練や、自動車中隊ならびに模造戦車（装甲偵察車と戦車の模造品）中隊への漸進的改編が有効にはたらいたときになって、ようやく実行されたのである。自動車部隊の監督官や指揮官たちのイニシアチヴにより、また、部隊自体の実行力を土台として、自動車部隊は数年ののちに初めて、この胚細胞（はいさいぼう）を、当時は予想だにできなかったぐらいに、大きく育て上げることになる。

自動車部隊の青年将校のなかには、エルンスト・フォルクハイム少尉がいた。一九一八年に、ドイツ戦車隊の一つで、中隊長として戦闘に投入され、それによって、貴重な実戦体験を得た人物だ。彼は、この経験を有効に活用し、後進に伝えるべきであることを承知しており、一九二二年には『世界大戦におけるドイツ戦車』という教科書を刊行した。一九二三年から一九二四年にかけては、重要な著作『今日の戦争遂行における戦車』を上梓したのである。これらはおそらく、陸軍統帥部と緊密に協力した上で、著されたものだろう。

フォルクハイムは、そこで、将来の問題に取り組んだ。それらは、現代に影響をおよぼすことであり、過去四十年間に是認され、肯定的な解答が出されたものだった。彼は、その著書により、自動車部隊が自ら拡張し、継続的に形成されていくための基盤のみならず、他の兵科にもまた、敵戦車に対する防御に習熟するという点で、卓越した示唆を与えたのだ。戦車なき陸軍にとっては、決定的に重要なことだった。

ライヒスヘーア自動車部隊初代監督官と助手たち

自動車部隊にしてみれば、近代的な発展がはじまったのは、当時大佐で、後年将官になった初代監督官エーリヒ・フォン・チシュヴィッツのもとにおいてであった。彼の幕僚長は、第5擲弾兵（グレナディアー）連隊（ダンツィヒ）〔擲弾兵 Grenadier の名は、十六世紀に爆裂弾を投擲させるために集められた志願兵に由来する。爆裂弾は技術の進歩とともに廃れたが、それを投げる兵士は体格が良く、膂力（りょりょく）もあったことから、その後もエリート歩兵の扱いを受け、擲弾兵は精鋭の代名詞となった〕出身で、その後、王立プロイセン陸軍大学校の教官になったエーリヒ・ペター少佐で、従って、とりわけ適格の専門家であったといえる。両人を補佐するため、一九二二年秋に、当時は大尉だったハインツ・グデーリアンが、自動車部隊監督部幕僚に据えられた。チシュヴィッツは仕事を補給業務に限定するつもりだったが、監督部の業務範囲と任務のリストは、戦術的・作戦的な部隊輸送が行われるにつれ、時宜に応じて拡大されていった。ゼークトの諸計画の方針に従い、切り刻まれてしまった陸軍の可能性を、「より良い未来のために」試し、極限まで活用することを狙ったのである。

ハインツ・グデーリアン大尉は、後年、この分野で高い能力があることを示した装甲兵大将の多くと同じく、歩兵科の出身だった。▽2 そのころにはまだ技術的予備教育を受けていなかったのだけれども、自動車化の案件に広範に関わる部署を託されたのだ。グデーリアンが技術に関心を持っており、資質に恵まれていることは疑いなかった。というのは、一九一二年から一九一三年まで、グデーリアンは、第3電信大隊に配置されていたからだ。当時としては、珍しいケースであった。大戦最初の数年間には、西部戦線で、第5騎兵師団付の無線電信所を指揮していた。グデーリアンは、その間に、軍騎兵の短所と長所をつぶさに知る機会を得たのである。続いて、さまざまな高級司令部で勤務し、一九一七年四月からは参謀職に就く。一九一八年二月には、参謀本部に配転となっている。大戦後は、上シュレージェン〔シレジア〕の東部国境防衛司令部、ついで、北部集団司令部（沿バルト海地方）に勤務した。最終的にライヒスヴェーアが結成され、十万人の陸軍ができるとともに、グデーリアンは、一九二二年一月一日より、ゴスラーの第10猟兵大隊（イェーガー）〔十六世紀、いかなる地形をも踏破する機動力を持ち、射撃に長けた軽歩兵部隊を編成する必要に迫られたドイツの諸侯は、領内の猟師たちを集め、一種の特殊部隊を創設した。彼らは、その平時の職業にちなんで、猟兵と呼ばれた。時代が下っても、この起源に従い、狙撃や側面掩護、後衛にあたる軽歩兵部隊は「猟兵」（Jäger）と呼称されたのである。ただし、第一次世界大戦のころになると、その本来の機能は薄れ、機動力に優れた歩兵ぐらいの役割になっている〕の中隊長を務めていた。

一九二二年一月十六日、グデーリアンの軍歴は決定的な転換点を迎えた。この日、自動車部隊の特質と運営を学ぶため、まずは教習を受けるものとして、第7自動車隊（バイエルン）に配属されたのだ。しかるのち、四月一日には、国防省の自動車部隊監督部（監督第6部と略称されていた）に配置された。グデーリアンの予想とは裏腹に、ここは戦術や編制の問題に携わるのではなく、純粋な自動車技術上の事項を扱うのみだったが、彼は後年、そうして得た詳細な知識を十二分に活用したのである。

監督官により、自動車による部隊輸送の研究を委任されたことを契機として、グデーリアンは、自動車化部隊運用の可能性に取り組むことになった。最初は、進歩的な思想を抱いていたイギリスの軍事評論家フラー、リデル＝ハート、マーテルらの著作や多数の論文を読むことにいそしんだ。彼らは当時、第一次世界大戦の「タンク」から、歩兵

▽2　王立プロイセン第10猟兵大隊出身。

に緊密に結びつけられた支援兵器という存在以上のものを引きだそうとしていたのである。グデーリアンは、その『〔一軍人の〕回想』〔Heinz Guderian, »Erinnerungen eines Soldaten«, Verlag Kurt Vowinckel, Heidelberg, 1951（ハインツ・グデーリアン『電撃戦』上下巻、本郷健訳、中央公論新社、一九九九年）〕で、「彼らはかくて、新しい種類の大規模な戦争遂行の開拓者となった」と記したのであった。

ところが、これら三人の著述家は、彼らの故国において、行くべき道を指し示すがごときその提案を実現させることができずにいた。リデル＝ハート回想録の第一巻は、この点についての雄弁な証言となっている。とどのつまり、イギリス軍参謀本部の保守的な分子は、多数の試みを無視し、また、当時としては極度に近代的ないくつもの実験演習の結果を無視して、気乗り薄、あるいは、拒否的な態度をなお数年間維持し、それは、一九三一年に、最初の戦車旅団が実験的に編合されるまで続いたのである。[19]

純粋に理論的にではあったけれども、こうした新しい種類の問題に取り組んだことを通じて、まもなくグデーリアンは、自動車化部隊の運用という分野の「専門家」であるとの評判を取るようになった。自動車部隊を使って進められた計画演習や小規模の戦闘演習が成功したことで、その名声は確たるものとなったのである。だが、自動車部隊から、戦闘部隊をつくるべきではなかろうかというグデーリアンの慎重な検討と問いかけに対し、新任の監督官ナッツメーア少将（一九二四年から一九二六年まで監督第6部長）は、「戦闘部隊など、くそくらえだ！　そんなものは粉砕してしまうがいい！」と答えたのであった。

この自動車部隊監督官の思い出とともに、グデーリアンの監督第6部における活動は、その第一幕を終えた。一九二四年にシュテッティンに向かい、そこで指揮官補佐（フューラーゲヒルフェン）〔「指揮官補佐」Führergehilfen は、参謀将校の偽装名称〕教官として、第2師団司令部（参謀部）に配属されたのである。

グデーリアン大尉が一時、自動車部隊の任務と組織について講習を受けるため、第7自動車隊（バイエルン）に配属されていたとき、同隊の長を務めていたのは、ルッツ少佐だった。バイエルン鉄道工兵部隊の出身で、一九一五年から一九一六年までは第6軍自動車部隊長に任ぜられ、のち、一九一七年から一九一八年まで、野戦鉄道総監幕僚部に勤務していた人物だ。創生期のドイツ戦車部隊を委ねられたのもまた、ルッツだったのである。彼は、自動車技術に関する豊富な経験と組織の才を有しており、一九一六年より一九一八年のドイツ戦車部隊の発展が不充分であったことについても、関心と懸念を以て、見守っていたのだ。

ルッツ少佐は、まったく偏見がなく、快速部隊の問題に非常に関心を抱いているアウトサイダー、すなわちグデーリアンを、彼にとっては、まだ不慣れな「自動車部隊」という兵科に導き、その後の監督第6部における活動の基礎となることを植え付けてやるように努めた。

ハインツ・グデーリアンとオスヴァルト・ルッツの道は、二年後、一九二四年春に、短期間ではあるが、国防省において再び交差する。そして、一九二九年十二月以降、またしても邂逅し、同じ省で勤務することになるのだ。一九三三年十月から、この二人の将校は、とうとう、あらたな進路に踏み込む。それは、ドイツ陸軍最初の装甲師団三個を新編し、また、その直後に、作戦的なドイツ装甲部隊を築きあげるという仕事に通じる道であった。

ゼークト時代の終焉

一九二六年秋、フォン・ゼークト上級大将が陸軍統帥部長官の職を辞するとともに、「ゼークト時代」と称されるライヒスヘーアの創設期も終わった。従前通り、ヴェルサイユ条約の詳細な規定の枠内におけるかぎりということではあったが、数的には小さなライヒスヘーアが、確固たるかたちを整えたのである。士気と教育訓練は優秀であり、指揮官も確保され、創生期の原則的な問題もすべて克服された。今日好んで主張されるように、それが「国家内国家」とみなされる危険があったのは、ゼークトや新部隊のせいというよりも、むしろ、世間の無関心な態度ゆえであったはずだ。また、おそらくは、一九二〇年代なかばにもなお続いていた国家の分裂や外交的な情勢の不安定さに鑑み、将校団ならびに諸部隊が、黙って義務を果たすという姿勢に凝り固まっていたためでもあろう。その「一方で、一九一八年以降の押しつけの平和や連合国の振る舞いをみて、何が必要なのかを論じ、また、責任ある筋の誠実な努力や安定した民主主義など無価値だとする主張が出てくるようになっていた」のだ。[20] しかしながら、陸軍統帥部長官としての言動がどのように解釈されようとも、ゼークトは、ライヒの防衛のため、「より良き未来への架け橋」となるようなライヒスヘーアを築くという彼の目標を達成していたのである。最初の一歩ではあったが――それ以上のものではなかった。

当時のライヒにおいて、陸軍は、いかにみられていたのか？

陸軍はいまだ、防衛用の重兵器を保持していなかった。ところが、かつての敵たちは、なお領土の自力防衛権を有しており、条約で確認されたはずの「あらゆる方面における」一般軍縮を実行しようとはしなかったのだ。ドイツ側ではまだ、兵士が押す車輪か、乗用車に亜麻布でこしらえた模造品をかぶせたダミーの戦車を、戦車攻撃を表すものとして運用することで満足するしかなかった。しかも、「連合国間軍事統制委員会」（I.M.K.K.）が、われわれの国に居座っており、ドイツ側が軍縮を遂行するよう管理するために、わが国民をしばしばスパイや密告者として使ったのである……。

専門知識に通じたフランスの歴史家ブノワ＝メシャンは、かような情勢について、「本当にドイツは非武装化されたのか？」と問いかけた。答えは、「ドイツは、紙上においては、条約の条項すべてを実行し、目下のところ、戦争の準備はできていない……」というものだった。[21]

Ⅱ．静かなる発展の時期――一九二七～一九三一年

陸軍統帥部長官ヴィルヘルム・ハイエ〔一八六九～一九四七年。ドイツの陸軍軍人で、最終階級は上級大将。部隊局長、陸軍統帥部長官などの要職を歴任した〕（一九二六～一九三〇年在職）と男爵クルト・フォン・ハマーシュタイン＝エクヴォルト（一九三一～一九三四年在職）のもとでの、ドイツ軍再建のあらたな段階においては、将来の装甲部隊ならびに軍全般の自動車化の展開において、思想的かつ実践的な進歩が生じた。いまや、内外の文献や専門紙誌も、陸軍一般の自動車化、タンク、あるいは戦車と呼ばれる新種の戦闘手段を集中的に取り扱うようになっていた。監督第6部が手塩にかけた

自動車部隊の将校たちも、この二つの課題に着手する。陸軍の一般教育原則も、このヴェルサイユ条約によって禁じられた戦闘手段、また、理論面と演習での実践からみえるその兵器としての効果に注目するよう、要求していたのである。あらゆる種類の模造品を使う時期がはじまっていた。それらは、戦術・作戦面で、ある程度は、教育用の代替物となったのだ。けれども、模造車輌を動かす者たちの乗員教育という点では、それで習熟するというわけにはいかなかった。模造品には、本物の機材（たとえば、砲塔内の戦車砲や機関銃を扱う訓練はできなかった）が装備されていなかったからである。

新自動車部隊監督官フォン・フォラート・ボッケルベルク大佐

一九二六年十月、アルフレート・フォン・フォラート・ボッケルベルク参謀（i.G.）大佐〔ドイツ軍では、参謀課程に合格した将校は参謀科に属することになり、階級のあとにi.G.（im Generalstab. 参謀の意）を付して呼称される〕が、フォン・ナッツメーア少将の後を襲い、第三代の自動車部隊監督官（監督第6部）となった。フォン・ボッケルベルクは、戦車と自動車化について、きわめて積極的な意見を唱えており、これを実行に移すと決意していた。のちに一般的に使われるようになった「自動車戦闘部隊」という概念は、彼から出ているのである。自動車部隊を自動車戦闘部隊に置き換えることが、その目標であった。監督官勤務をおよそ二年半続けたあと、フォン・ボッケルベルクは、一九二九年四月一日に中将に進級し、同時に陸軍兵器局長に就任した。この職にあって、彼は一九三三年まで、自ら主張してきた近代的で進歩的な構想を技術的に推進することができたのだ。ボッケルベルクの影響のもと、一九二六年には、最初のライヒスヘーア自動車化計画が練られた。[22]

それゆえ、フォン・ボッケルベルクは、大きな功績を上げたドイツ装甲部隊の先駆者の一人となったのである。彼の監督下、一九三二年から一九三三年にかけて、ドイツ製の軽戦車たるI号戦車ならびにII号戦車が開発された。兵器局におけるフォン・ボッケルベルクの助手のなかに、当時少佐で、試験部（兵器試験第6部）に勤務していたヨハネス・シュトライヒがいた。彼は、一九三〇年から一九三五年まで、担当官として、戦車技術の開発に携わった。

一九二九年から一九三一年までの監督第6部の人員配置

こうした関連上、監督第6部の人員配置を瞥見しておいてもよかろう。というのは、それらによって、後年、装甲部隊を率いるようになった人々についてのヒントが得られるからだ。自動車部隊監督部（監督第6部）の幕僚には、とくに、以下のごとき人物が所属していた。幕僚長は、オスヴァルト・ルッツ大佐である。担当官としては、勲爵士ルートヴィヒ・フォン・ラードルマイアー少佐、ヴェルナー・ケンプフ少佐、ヨーゼフ・ハルペ大尉、ハンス・ベースラー参謀大尉がいた。

一九三〇年には、フリードリヒ・キューンならびにイルミッシュ大尉が加わった。一方、勲爵士フォン・ラードルマイアー少佐は、一九二九年末に「カーマ」駐屯地の指揮を執ることになった。一九二九年の終わりにはまた、ヴァルター・シャール・ド・ボーリュー中尉が、ベースラー大尉の後任となっている。

シャール・ド・ボーリューが描いた、当時の監督第6部の全体的な印象から、同部局が、もはや「純粋な自動車案件の監督」が業務であるとは思っておらず、「自動車戦闘部隊監督部」の名称を得ようと努めていることがわかる。もっとも、この名の陰に隠れているにちがいない新路線については、まだ知られていなかった。[23] 加えて、戦車部隊に関しては、当時もなお語られていない。そのころ、監督部にあって、精力的にことを進める力となっていたのは、ヴェルナー・ケンプフ少佐だ。彼は、六輪偵察装甲車（「棺桶」状の最初の型式）および軽偵察装甲車の「発明者」であった。この両タイプの設計において、決定的だったのは、民間用の乗用車車台を軽装甲車に（ただし、六輪車にはトラックの車台を）利用せよとの要求だった。戦時、もしくは危機的な時期になれば、これらに手をつけねばならぬと信じられていたのである。軍事目的のために特別の設計を行うことは、高くつきすぎると思われていたためだった。平時には、単に、重装甲偵察車に追加する車輪一組のために、三番目の車軸を付すことだけが望まれたのだ。

通常の幕僚部と隊付勤務の交代異動に従い、後任のヴァルター・K・ネーリングが、第6自動車隊（Kf.6）での中隊勤務を終えるや、ケンプフは当時の第6自動車隊の隊長に転出していった。

国防省の財政

この関連で、ブノワ＝メシャンが調べたところによる[24]、国会が認めた国防省の年間予算を眺めてみるのも、興味深いことであろう。それは、一九二四年に四億五千九百万マルク、一九二七年に七億六百万マルク、一九三〇年には七億八千八百万マルクに達していた。この財政資金を以て、人件費、機材、あらゆる種類の車輌、馬匹の代替、兵器・弾薬、演習場、兵営、開発、実験や試験といったことどもの歳出すべてを賄わなければならなかったのだ。かくも財政資金が乏しかったため、あり得る国防出動に必要な最低限の物質的準備もままならないありさまだったのである。

自動車部隊から自動車戦闘部隊への発展――一九二七年から一九三一年まで

フォン・フォラート・ボッケルベルクは、輸送部隊（補給部隊）という存在から抜け出し、漸次（ぜんじ）自動車戦闘部隊設立に向かうため、スタートを切るとの決意を固めていた。手はじめは、自動車隊内部で、各中隊に予定されていたオートバイ運転手（装甲をほどこされた兵員輸送車のそれも同様だった）の割り当てをすべて演習部隊に編合し、それによって、統合的に構成された中隊を編成することであった。一九二九年春、これに従って、すでに実験で成果を上げていた、ヴェストファーレン州ミュンスター在の第6自動車隊（Kf. 6）が、オートバイ狙撃兵一個中隊（偽装名称として、第6自動車隊第1中隊と呼ばれた）、装甲偵察車教育中隊一個（偽装名称は第6自動車隊第3中隊）、戦車教育中隊一個（偽装名称は第6自動車隊第2中隊）への改編を委任されたのだ。戦車教育中隊（第6自動車隊第2中隊）は、早くも一九二七年には、フリッツ・キューン大尉のもとに新編されていた。

第6自動車隊長エルラー中佐指揮下の三人の中隊長は、ヴァルター・K・ネーリング[▽3]（第6自動車隊第1中隊）、ヘーロ・ブロイジング[▽4]（第6自動車隊第2中隊）、ヨハネス・ネートヴィヒ[▽5]（第6自動車隊第3中隊）といった大尉たちである。

▽3　歩兵科出身。

右記の実験部隊の編制は効果的であることが証明された。第6自動車隊の第1中隊と第3中隊を編合することにより、これまでの自動車部隊を、戦術的・作戦的捜索のための自動車化捜索隊に編組するための礎石が置かれたのだ。進歩的な思想を抱く軍人にとって、この新しい課題を引き受けられるというのに、騎兵がそこから逃げているのは、まったく理解に苦しむことだった。ヴェルサイユ条約の規定によって、ドイツの潜在的な国防力に制限がかけられていたからといって、かような古い見解に固執する言い訳にはならなかったのである。

一九二〇年代末、ついに、内燃機関と機械仕掛けの兵器の時代には、遠距離捜索どころか、戦場における騎馬の役割までも終わったのだという認識が得られた。編制・人員面では、古く、名声を有し、影響力もある兵科であった騎兵は、希望や企図があったとすれば、それらを実行するのもたやすかった。しかしながら、当時、そんな望みがあったわけではない。騎兵は、たしかにエンジンの利点を認めていたが、戦場では時代遅れとなった前進手段である馬を放棄したくなかったのだ。なるほど、騎兵総監部は一九二九年に、自動車部隊監督部の支援を得て、ポツダムの第4騎兵連隊隷下に、第4騎兵連隊第3中隊長オスカー・ムンツェル中尉の隷下にあった軽乗用車（「ディクシー」型〔BMWが最初に製作した自動車〕）から成る自動車化捜索中隊を新編した。だが、これも、解決の手はじめにすぎなかったのである。

戦車教育中隊である第6自動車隊第2中隊は、機材と演習地が調達し得ないかぎり、とても理論的・戦術的な教育訓練を実施するわけにはいかなかった。さらに、同中隊は、第6師団の一部として、対戦車訓練にも使われた。けれど、この中隊こそが、装甲部隊の萌芽となったのだ。こうした戦車教育中隊が初めて運用されたのは、「一九三〇年度陸軍統帥部大演習」においてであった。

第6自動車隊第1中隊が、完全に出撃可能な自動車戦闘部隊へと、みるみるうちに成長していく。一方、第6自動車隊第3中隊には装甲偵察車が不足しており、当初は同様に教育隊として運用された。

いまや、自動車部隊監督部の課題は、陸軍兵器局と協力して、必要な戦闘機材を調達することであった。

第6師団および第2集団司令部の「一九二九年度秋季演習」において、第6自動車隊が上げた好成績にもとづき、一九三〇年、国防省は他の自動車隊も同様に改編すると決定した。

一九二九年にグデーリアンが公表した作戦的装甲部隊の構想

ここで、この数年間における、装甲部隊の発展に際してのグデーリアンの重要性を判じたいと思うのだが、そうすると、われ知らずのうちに、一八六六年にドラゴミロフ[6]がモルトケ伯爵〔ヘルムート・カール・ベルンハルト・フォン・モルトケ伯爵(一八〇〇～一八九一年)。プロイセン陸軍軍人。最終階級は元帥。陸軍参謀総長として、ドイツ統一戦争を成功裡に遂行した〕について述べた表現が頭に浮かんでくる。

「彼は、かの偉大にして稀なる人々の数のうちに入る。すなわち、深遠な理論的研究を、おおまかにでも実現させた者たちだ」。

第2師団幕僚部で教官を務めているあいだに、グデーリアンは、ナポレオンによる一八〇六年戦役〔プロイセン侵攻。機動戦の典型とされている〕ならびに、一九一四年の独仏騎兵の歴史を講習参加者とともに研究し、そこから戦訓を引き出す機会を得た。かかる戦訓は、この機動的な部隊指揮の主唱者〔グデーリアン〕にとっては、おおいに関心をうながすものであり、グデーリアンの決意を固めることになった。まったく防御的な立場に置かれたライヒスヘーアにあっても、戦術的・作戦的な運動性を活用することを推進するというのが、その結論だ。目的は、ライヒスヘーアの行動の可能性を何倍にもすることだった。

国防省部隊局〔参謀本部〕が、典範「自動車による部隊輸送」を執筆させるのに適当な者を探していたとき、グデーリアンは、この件について意見具申し、一九二九年十月一日に同局に配属された。同年二月一日に、三十九歳で参

▽4　砲兵科出身。
▽5　歩兵科出身。
▽6　ロシアの将軍にして、軍事史家。

謀少佐に進級したのちのことである。

一九二八年十月以降、グデーリアンは、国防省での仕事と併行して、ベルリンのモアビート地区にあった自動車教練部（シュトットマイスター中佐を長とし、自動車技術を教えることを本務としていた）で、戦車戦術の授業を持っていた。もっとも、彼は、ただの一度たりと「タンク」を実験したことはなかったのである。とはいえ、この間に、一九一七年から一九一八年までのタンクや戦闘戦車の運用、また、第一次世界大戦後のさらなる技術的発展に関する、包括的な専門文献が出されていた。ドイツ軍の報告や意見表明も、グデーリアンにとって、最初は困難かと思われていた課題を軽減してくれたのだ。一九二七年の「イギリス軍装甲戦闘車輛に関する暫定教範」は、ドイツ軍の発展への公式な手引きとして、長年にわたって使われてきた。ヴェルサイユ条約第一七一条によっても、その「ドイツへの輸入」は禁じられていなかったのである。

シュパンダウの歩兵第9連隊第3大隊とともに、自動車を車台としたブリキの模造戦車を用いて、実践的な教育演習が行われ、それによって、戦車の運用と対戦車防御に関する一定の結論を引き出すことができた。同大隊の副官は、そのころ中尉だったヴァルター・ヴェンクで、彼は後年、高い評価を受ける参謀将校、そして、装甲兵大将になったのだ。大隊長はエルンスト・ブッシュ中佐だった。

一九二九年に、命により、スウェーデンに四週間派遣され、そこで、第一次世界大戦における最後のドイツ戦車である「Lk II」が動かされているのを見たグデーリアンは、おおいに想像力をかき立てられた。著者〔ネーリング〕もまた、ずっと後のことではあるけれども、イタリア戦車部隊、カルリ・アルマーティ〔carri armati. イタリア語の戦車 carro armato の複数形〕に派遣されたときに、同様の思いをしたものである。

この年、グデーリアンは、戦車単独、あるいは、戦車が歩兵に拘束されたかたちでは、決定的な重要性を勝ち取ることはできないと認識していた。「戦史の研究、イングランドでの演習（一九二七年および一九二八年）、模造戦車による自らの経験といったことにより、私の意見が固まっていった。戦車が最高の能力を出せるのは、他兵科（戦車は、いつでも、これらを支援するように支持されていた）が速度および路外走行性において、戦車と同等の状態に置かれたときだけであろう。かような、あらゆる兵科より成る団隊において、戦車は首席ヴァイオリン奏者でなければならない。他の兵科は、戦車に合わせなければならないのだ。戦車を歩兵師団に組み込むことなど許されない。そうではなく、装甲師団が創設されねばならないのである。かかる装甲師団には、戦車がいちばん効果的に戦闘を遂行するのに必要とされるような兵科すべてが含まれる」[25]。

こうした文章には、新時代の陸軍における戦車の運用方法についてのグデーリアンの理論が含まれている。この理論は、階級が上の者、また、下の者からも、尋常でない抵抗を受けながらも実行され、第二次世界大戦において、期待通りの成功をもたらしたのであった。一九三九年から一九四一年にかけて、敵側は、古くさく、時代遅れになったスタイルの防御方法で、この新しい種類の理論に対した。さような防御を組み立てた者は、仰天させられることになる。それによって、ドイツ装甲部隊は、数、一部には機材の面でも、著しく劣勢であったにもかかわらず〔一九四〇年から一九四一年までのことだ〕、成果を上げていったのである。こんな結果が出るとは、味方もほとんど信じていなかったし、多くは疑問視するばかりだったのだ。

後年、このドイツ装甲部隊の創始者〔グデーリアン〕には、折に触れて、無防備な歩兵を放置したとの批判がなされた。多くの理由から、かような批判は的を射ていないものだといえる。

かつて歩兵科にいたグデーリアンは、彼がしばしば茶化したような歩兵の「羊毛スカート」〔脆弱であるとの意〕は、近代の戦闘においては、特別の戦闘手段によって、掩護されなければならないと認識していた。攻防いずれにおいても、歩兵に過剰な負担をかけないためである。

装甲戦力を集中して敵の重点を叩くことこそが、歩兵に対する最良の援助であり、その負担を減らすことになるというのが、グデーリアンの見解だった。

ルッツとグデーリアンは、彼らの職域において、当時、他のいかなる陸軍も持っていなかった新種の「**対戦車兵器**」を生み出した。その装甲貫通力は、のちには不充分ということになったが、それは、本組織ではなく、技術者側が責を負うべきことだったのである。[26]

よりいっそう効果がある歩兵支援兵器（のちに実力を発揮した**突撃砲**をお手本とするようなもの）の開発を担当しているのは、歩兵・砲兵総監部だった。後年、それらの開発に功績を上げたのは、エーリヒ・フォン・マンシュタイン元帥であった。そうした支援兵器の生産と配属に影響をおよぼすことは、グデーリアンにはできなかったのだ。ルッツとグデーリアンは、彼らの立場からして、装甲師団向けに、また同時に歩兵のために使えるだけの充分な数の戦車が揃わないかぎりは、その力の手段としての戦車を「浪費」したり、調整なしで投入しないよう、求めなければならなかった。

このような制限は、当初、生産力がわずかであり、財政資金が乏しかったことから生じていたのだ。

身内の兵科監督官の疑念

けれども、当時の自動車部隊監督官オットー・フォン・シュテュルプナーゲルは、最初のうちは、グデーリアンに、装甲師団の扱いというテーマを禁じていた。一九二九年、演習現場の講評で、それを主催していたグデーリアンに、そう言ったのである。それは夢想にすぎないというのが、その理由だった。シュテュルプナーゲルは、おのが自動車部隊をまったく信用しないという過ちを犯していたから、演習場で他の部隊の一部と共同演習を行うことも禁じた。著者が指揮していた第6自動車隊第1オートバイ狙撃兵中隊は、自動車の扱いと運転技術において、もう高度な発展段階に達していたのだが、一九三一年の機動演習の際のパレードでは、ヒンデンブルク元帥の前を徒歩で分列行進しなければならなかったものだ。パレードの運営官が、軍の秩序を危うくすることを恐れたためであった。オートバイは、ずっと離れたところの屋根の下にしまわれていた。なんとも皮肉な慰めとなったのは、分列行進の際に、以下のように放送されたことだ。「ただ今、現代最良の部隊である第6自動車隊が分列行進中であります……！▼27」

第3自動車隊長としてのグデーリアン

一九三〇年二月一日、グデーリアンは、ベルリンのランクヴィッツに置かれた第3自動車隊の指揮を執った。監督部幕僚長を務めたがゆえの七年の不在ののちに、同隊に戻り、一年半以上もその長を務めることになったのである。第3自動車隊も、第6自動車隊と同様の事情に置かれていた。ただ、第3自動車隊は、もう一個中隊を余分に持っていた。木製模造砲を以て、対戦車教育中隊として組織された第4中隊である。第1自動車隊のある将校（ヒルデブラント大尉）が、98式歩兵銃の弾道と、対戦車砲に予定されていた三・七センチ口径カノン砲のそれが同様であることを発見していた。従って、この二つの兵器の照準点と着弾点も同じだったのだ。それゆえ、実際に木製模造砲で射撃訓練を行うこともできた。その木製砲身の上に歩兵銃を据え付けたのである。[▽7]

第3自動車隊におけるグデーリアンの活動は、右記の二つの部隊に、貴重な刺激をもたらした。一九三一年春、自動車部隊の監督官オットー・フォン・シュテュルプナーゲルは退役した。別離に際して、彼はあらためて、グデーリアンの「戦車構想への熱狂」に水をかけている。「『貴官もそう急くものではない。私の言うことを信じたまえ。われわれ二人とも、ドイツ戦車が前進するさまなど、もう生きて体験することはなかろうよ』と断言したのである」。だが、フォン・シュテュルプナーゲルの考えは正しくなかったということになっていく。

Ⅲ.「装甲兵科の創設期」――一九三一年秋〜一九三四年

監督第6部の長となったルッツならびにグデーリアンとその協力者たち

一九三一年四月一日、ルッツ少将が、自動車部隊監督部幕僚長から、同部長に異動し、あらたな階級（中将）に進級した。新幕僚長には、グデーリアン中佐が予定されていたが、彼がこの職務に就いたのは、ようやく十月一日になってのことだった。

実に幸運なことに、両者は、その職務や計画立案において、互いに補完し合い、ドイツ装甲部隊の組織者として、

▽7　一九三五年一月二日付陸軍教務典範第四七〇／六号、第六二条（対戦車部隊の訓練）をみよ。

またとない模範になった。ルッツは陸軍自動車化の父、グデーリアンは装甲部隊の創始者となったのである。グデーリアンにとっては、おのが装甲部隊を現場で直率し、いまだなお論議のあった彼の基本テーゼが全面的に真実であると証明し得たのは、格別の体験であった。

自動車部隊監督部にいた彼らの協力者には、以下の人々がいる。ヴェルナー・ケンプフ参謀少佐は、一九二八年十月一日より一九三二年一月まで、編制の問題を担当する首席幕僚を務め、その後、ミュンヘンの第7自動車隊長に就任した。一九三二年一月に彼の後を襲ったのは、それまで、ミュンスターの第6自動車隊第1中隊長（オートバイ狙撃兵）だったヴァルター・K・ネーリング参謀少佐である。教育訓練事案を管轄する次席幕僚は、ヘルマン・ヴァルター・シャール・ド・ボーリュー大尉だった。一九三三年秋以降、その後任となったのは、ヴァルター・フォン・ヒューナースドルフ参謀大尉であった。ヘルマン・ブライトと勲爵士ブルーノ・フォン・ハウエンシルトの両大尉は、戦車および装甲偵察車の担当官を務めた。ヴェルナー大尉は人事、イルミッシュ大尉は自動車技術の担当だった。

右に挙げた将校たちが、編成・戦術的な指導の分野において、どのような軍歴をたどったかを追ってみれば、高い階級に進級したことや勲章の拝受といったことを措いても、この時点ですでに素晴らしい選抜がなされていたことを認めざるを得なくなる。ルッツ少将と陸軍人事局が、目前に迫った自動車部隊創設のためにやってくれたことであった。

一九三一年から一九三二年　自動車部隊監督部の計画

以後数年間の監督第6部の課題は、左のごとく設定されていた。

一、**自動車化捜索部隊**の創設。騎兵総監であった男爵フォン・ヒルシュベルク少将との協議において、騎兵科は、自動車化部隊による作戦的地上捜索は担当せず、一九二九年以来、この分野に向かっていた自動車部隊に委ねるとした。

二、将来の戦車運用のため、目的にかなった編制を取る。この二番目の課題については、ルッツとグデーリアンは、ずっと以前から一致していた。編制面における新編目標は、まず装甲師団、のちには装甲軍団であった。歩兵攻撃の枠内で戦術的に投入される支援兵器であるのみならず、何よりも、作戦的に運用可能で、それにより、決定的に新しい兵科を創設することが望まれたのである。かかる兵科は、独立独歩で任務をやりぬくことができるのだ。

　この構想について、陸軍統帥部長官ならびに「旧主要兵科」の代表者たちの関心を引くことは、きわめて難しかった。ほとんど誰一人として、新時代の戦車、その性能や可能性を知らなかったからである。グデーリアンとルッツのいちばん古い協力者であった勲爵士フォン・トーマ将軍は、リデル＝ハート大尉との対話で、ドイツ装甲兵科の創設について説明している。リデル＝ハートが、イギリス陸軍にあっては、戦車団隊の創設は抵抗にぶつかったと話すと、ドイツ軍の高位の将軍たちがドイツ装甲部隊創設に対して示したそれは、はるかに顕著であったとしたのだ。

「そのような戦車団隊を速やかに発展させ、編成し得るものか、年輩の将軍たちは疑っていた。――彼らは、戦車戦の原則すら理解していなかったし、かような新種の戦闘手段を扱えるか、心もとなく思っていたからだ。百歩譲っても、そうした人々は、たしかに戦車に興味は持っていたものの、疑念に囚われ、慎重になっていた程度のこととしか言えないだろう。別の姿勢を取ってくれたならば、われわれは、ずっと手早く、ことを進められたはずなのだ▼[28]」。

　新しい種類の構想と高いコストは、最初から、人をたじろがせるような影響をおよぼした。また、「補給部隊の自動車乗りども」が、戦術や作戦の領域において、有用な理念を発展させる、ましてや、自ら、新種の、とほうもない兵科を創造するなどという話は、とうてい信用されなかったのである。もっとも、一九一八年に、敵側が、タンクや突撃戦車の運用で多々過ちを犯したにもかかわらず、大戦果を上げたことは、まだ記憶に残っていたから、戦車を重歩兵兵器として（迫撃砲流のやりようだ）認める用意はあった。しかしながら、新しい主兵器として認めるつもりはなかったのだ。こうした主張は、フランス陸軍参謀本部で公式に用いられていたドクトリン〔両大戦間期のフランス陸軍は、戦車は歩兵の支援兵器であるとみなしていた〕によって、いっそう強くなった。

三、歩兵師団の建制内に、自動車化対戦車砲大隊を新設すること。歩兵師団が、快速の敵戦車に対し、少なくとも同等の速力を持つ自前の対戦車兵器で対応できるようにすることが、その目的である。

戦車、装甲偵察車、自動車化対戦車砲（Pak〔対戦車砲 Panzerabwehrkanonen の略〕）に必要とされる大型機器の開発は、ヴェルサイユ条約の制限の影響を受けざるを得なかったため、問題をはらんでいた。

けれども、この大規模な計画はそもそも、当面のところ、国防主権と国防の自由〔ヴェルサイユ条約の制限から解放されるという意味〕をはじめとする前提条件のほとんどすべてを欠いていたのである。

新型戦車の設計

「カーマ事業」と結びついたかたちで、一九二八年ごろから使用可能になった試作型戦車は、近代装備を有する攻撃軍と戦い、成功を収め得るという目的からすれば、もはや軍の戦術的・技術的な要求に沿うものではなかった。従って、のちのⅢ号ならびにⅣ号戦車で実現したような新型戦車を完成させなければならなかったのである。しかし、技術・設計上の理由から、一九三三年から一九三六年までの時期より前に、そうした新型を大量生産することは期待できなかったから、まずは、カーデン＝ロイドの車台に範を取った、重量五ないし六トン、機関銃で武装した軽戦車を開発すると決まった。この型は、一九三四年秋からはもう、部隊に配備することができた。が、陸軍の最終的な装備としては、二種類の型の戦車が予定されていた。装甲を貫通するカノン砲（口径三・七センチ）を装備する戦車と、あらゆる種類の歩兵目標を撃破し、同時に軽装甲の戦車を制圧するのに適した、短砲身大口径（七・五センチ）のカノン砲を有する戦車だ。いずれの戦車も、非装甲目標に対して使用する、同軸に据え付けられた機関銃を装備することとされていた。

監督第6部は、外国戦車が装甲を強化することを計算に入れていたため、これまで予定されていた三・七センチ口径の代わりに、五センチ口径戦車砲（KwK〔戦車砲 Kampfwagenkanonen の略〕）を装備するように要求した。だが、監督部は、かかる要求を貫徹できなかった。国防省では、三・七センチ口径カノン砲の装甲貫通力で充分だとみなしていたし、また、開発中の五センチ口径カノン砲はいまだ大量生産できる段階に達していないということがあったからである。ともあれ、グデーリアンは、あとになって、生じるかもしれない五センチ口径カノン砲の据え付けを可能とするよう、計画中だった戦車（のちにPⅢと呼称されるようになった）の砲塔旋回装置の直径をより大きく取った設計にさせることができた。こうした措置は、一九四〇年から一九四一年にかけて、敵戦車に対し、三・七センチ口径では不充分であることがあきらかになり、五センチ戦車砲への換装が必要となったときに、おおいに役立ったのだ。

かかる弾道学的な協議の際に[▽8]、国防省の巨大な機構のなかの、とある部局が、新型五センチ戦車砲の砲身を比較的短く設計させるとの意見を通してしまった。狭隘な道、たとえば、森林のなかや市街戦において、砲塔を百八十度回転させ、側面、もしくは後方をも問題なく射撃できるようにするためだというのである[▼29]。こんな戦術的制限をほどこしたことによって、装甲貫通力において不可欠の高い性能を得ることも、より長い砲身を採用すれば可能であったはずのいっそうの長射程を持つことも放棄されてしまった。それは、一九四一年になると、なんとも痛いことだったと思われるようになった[▼30]。同様に、グデーリアンの要求もまた、不利にはたらいたものと証明されたことはいうまでもない。彼は、重量を軽減し、それによって高速と機動性を確保するとの理由から、装甲の厚さを制限すべしとしたのだ[▼31]。

こうした関係において、当時、ある開発や設計の発注に際して、国防省内で、いかにさまざまの部局が協力していたかという点は、興味深いことだろう。当該案件を管轄していたのは、**兵器監督部**であった。同部の提案（軍の要求）

▽8　Teltz, »Vergleichsschießen mit Panzerkampfwagen«〔戦車による射撃の比較〕in »Wehrtechinsche Hefte«〔国防技術冊子〕、一九五四年第五号。

は、その直接の上部組織で、費用面を担当する**国防局**を経由して、**部隊局**（参謀本部）に提示される。部隊に対する有用性が審議されたのち、そうした提案は、**陸軍兵器局**に委託され、同局により、技術的な審査がなされる。そこで、改良意見が出されるか、案自体が却下されるか、あるいは、賛成を得るかといった選択が行われる。しかるのち、通った案は、企業に開発が発注されるのだ。かくて、設計図や、木製、もしくはブリキのひな型が作成されるのである。その後、兵器局によって、事前に詳細な検査を受け、改善された試作型が、委任を受けた兵科の実験部隊において試験に供される。平時であれば、大量（制式）生産にかかる前に、現場部隊そのもので、さらに試験がなされた[32]。

長期間にわたる、あつれきの多い過程で、しかし、またおそらくは避けて通れない道であった。それは、発注内容や、ことの重大性によっては何年もかかるものだったが、その本質からして、平時には、ほとんど短縮できなかったのだ。

騎兵の役割

ここで、かの年月における騎兵の課題と見解について、簡単に描いておくべきだろう。騎兵科は、装甲部隊の創設に対して、相当の影響をおよぼしたからである。

騎兵科は、一九三〇年代初頭には、乗馬戦闘騎兵という、古い歴史的な任務をなお成功裡に果たし得ると考えていた。むろん、あらたな自動車化された戦闘手段も、おのが戦闘力を組織的に強化するために部隊に組み込む、もしくは、自兵科の団隊として編合するつもりだったのだ。だが、そうしたことを考えていくと、建制内で騎馬・自動車化部隊の双方を使える大規模な騎兵団隊は否定されるべきだという認識に至った。いっそう快速の部隊は、それよりも遅い部隊に掣肘（せいちゅう）されるし、両者の統一運用も著しく困難になるからである。よって、馬匹を単に迅速に移動するための手段とする、純粋な騎馬団隊だけが残った。近代的な火器の時代においては、それらの戦闘手段としての役割は時代遅れになっていたためであった。そのかみに会戦を決した騎兵の典型的な特徴とは、かつては騎馬の戦闘で、速力の優越による奇襲や、駆歩（かけあし）する馬の勢いにもとづく部隊の戦闘力といったことと結びついていた。けれど、そんな時代は、とっくの昔に過ぎ去っていたのである。

今では、それと同じか、類似したやり方で、さりながら、装甲された車輛により、いっそう確実かつ効果的に戦闘を継続するためには、エンジンがうってつけだった。つまり、戦車や歩兵装甲戦闘車に乗った装甲擲弾兵〔自動車化歩兵の意。ドイツ軍は、戦争後半において、戦意高揚のため、この呼称を用いるようになった〕を編合し、あらたな種類の適切な装備をほどこした師団直属部隊に支援された、理想的な装甲師団を編成することだ。そうした師団は、一九三八年から一九四三年にかけて、ついに編成された。それは、ある程度、兵器に合わせたかたちの変更を加えた上で、今日なお、装甲師団や装甲擲弾兵師団として存在している〔連邦国防軍では、現在でも、これらの呼称を採用している〕。当時の騎兵には、時代の推移を見抜き、「伝統とは、進歩の最先端に位置すべきものである」というシャルンホルストの言葉に則(のっと)って、かくのごとき前触れに対し、時宜にかなった解釈を加える可能性があったのだ。

この問題は、革新的な騎兵派までも動かした。若く、実戦経験豊かな前線士官にして、参謀将校だったフォン・ゼンガー・ウント・エターリンも、この複合的な問題を俎上(そじょう)に載せている。「そのころの実情からすれば、なぜ騎兵側が、当然の解決策として、歩兵装甲戦闘車を調達しなかったのかは、非常に説明しにくい問題である……」▼33。

騎兵科の青年将校たちは、もう「乗り換え」の準備をしていた。彼らの隊伍からは、のちに高く評価された戦車指揮官を輩出している。数世紀にわたって認められてきた騎兵は、その主要三兵種〔歩兵科、砲兵科、騎兵科〕の一つという地位が脅かされていると感じていた。年輩の世代の騎兵は心理的な躊躇(ちゅうちょ)を抱いており、軍最高指導部によって、彼らが排除されないかぎり、それが克服されることはなかったのだ。

専門文献

当時、詳しい専門文献といえども、相矛盾する見解を示すことは少なくなかった。けれども、そうした文献によって、あらたな刺激がもたらされたり、解答を与える機会が得られたのである。わずかではあるが、精選した専門文献の抜粋を付しておこう。

騎兵について。一九三一年九月、騎兵で、軍事評論家として評価されていたモーリッツ・ファーバー・デュ・フォール大尉は、『軍事週報』〔Militär-Wochenblatt〕で、一九三一年のフランス軍演習における戦車、エンジンと騎兵の運用を検討した。その結論は、「馬は遅すぎる!」というものであった。ファーバー・デュ・フォールは、そのころ採用されていたドイツ軍の「F.u.G」〔Führung und Gefech〕〔「指揮と戦闘」の意味。一九二一年に正編、一九二三年に続編が発布された教範「独国連合兵種の指揮および戦闘」のこと。ドイツ国防軍陸軍統帥部/陸軍総司令部編著『軍隊指揮——ドイツ国防軍戦闘教範』旧陸軍・陸軍大学校訳、大木毅監修、作品社、二〇一八年所収〕教令の「捜索」条項を、自動車化・装甲捜索戦力のために改定するように促したのだ。

戦車と対戦車砲について。『現代騎兵思想』〔Kavalleristische Gegenwartsgedanken〕誌において、退役将官〔中将〕エミール・フレックは、タンクは「**納屋の戸口のごとき目標**」〔ドイツ語の言いまわしで、「納屋の戸口」は、見まがうことのない大きな物の比喩〕であるから、「戦場の教訓」によれば、その運用は不可能であると強調した。だが、「大きな縦深を取っている近代の戦場では、戦線の後方に〔タンクにとっての!〕なおいっそう重要な目標もあるだろう」ともしている。

一方、A・フィッシャー大佐は、早くも一九三一年に、『軍事週報』誌上で、対戦車砲の性能が不足していることに対して、警告を発している。専門家のハイグル〔フリッツ・ハイグル(一八九五〜一九三〇年)。オーストリア軍の将校にして技術者。当時、戦車の技術に関する第一人者とみなされていた〕によれば、現代の戦車は、より強力な装甲を有することになろうから、というのが、その理由である。距離一千メートルで命中弾を与え、効果を得るためには、四・七センチ口径では、およそ充分ではないという。対戦車防御の状況は切迫しており、歩兵のための効果的な**近接戦闘兵器**が求められた。

編制について。一九三二年の『軍事週報』で、ある匿名の筆者が「時宜に応じた編制」に関する提言を展開している。あらゆる兵種を包含する陸軍部隊は、より運用しやすいように、小規模な編制になっていくだろうというものだ。軍団規模の団隊から、師団へと回帰することになろう。師団は、全兵種より成る独立連隊・旅団群二ないし四個、師団直属部隊に対する高級指揮機構となり、自在に重点形成を行えるようになる。新時代の戦闘・通信手段が、そうした編制を可能にするのだ。

一九三二年には、イギリス軍のフラー少将の著書『機械化戦力相互の作戦』〔Operations between mechanized Forces〕について、『軍事週報』誌上で、批判的ながらも実務的な書評がなされた。フラーは、リデル＝ハート他とともに、何年にもわたって、エンジンによる戦争遂行の革命を予言してきた。もっとも、彼を批判する者たちは、この問題に対する姿勢を留保していたのだが、フラーは、機甲部隊の独立と**その自立した運用**を認めるべきだと求めていたのである。ただし、それには、あらゆる種類の支援部隊が必要とされる。これらもまた、機甲部隊の中核である戦車同様に、一定の**装甲と路外走行能力**を有していなければならないということだった。

空軍について。『空軍評論』〔Revue des Force aériennes〕一九三二年八月号において、「最高国防評議会」のメンバーであるフランス軍のアルマンゴウ将軍は、攻撃機は戦車の危険な敵であると特徴づけている。このような軍事専門家の結論にあっても、近代の戦闘で、航空兵科と装甲部隊の協同が、いかなる革命的な効果をもたらすかに関する示唆が欠けていることが眼につく。

かかる、一部には相矛盾するような種々の立場を、ここに再構成することは、当を得ていると思われる。それらは、「新時代の兵科とその可能性」というテーマについて、さまざまな立場から解明しようとしたのだ。こうした諸説により、ルッツとグデーリアンが、ドイツ装甲部隊創設に際し、正しいと思われた計画を、断固として、揺らぐことなく擁護したときに、いかなる責任を負ったかということがあきらかになったであろう。

その際、陸軍指導部が、正当な、それゆえに適切な方向を指し示すような決定を下すのは、たやすいことではなかった。当時、諸外国の軍隊の参謀本部は、おおむね保守的な立場を取るのがお定まりであったとなれば、なおさらだったのである。カール・フォン・クラウゼヴィッツは、軍人と政治指導部に呼びかけ、この困難な問題に関する示唆を与えてくれている。「時は汝らのものである。しかし、時がどのような流れをたどるかは、汝らのやりようによるのだ！」

一九三二年の部隊演習

一九三二年、監督第6部による最初の自動車化捜索演習が、シュレージェンにおいて実施された。一九三一年から一九三二年にかけて、当時少将だったルートヴィヒ・ベックは、ドレスデンで、新しい教範「軍隊指揮」（T.F.）〔Truppenführung. ドイツ国防軍陸軍統帥部／陸軍総司令部編著『軍隊指揮――ドイツ国防軍戦闘教範』作品社、二〇一八年所収〕を起案していた。この教範については、利害があり、実務上関係のある部署すべて、当監督部もまた加わって、しばしば協議が持たれた。監督第6部は、その職掌から、自動車化捜索、戦車、対戦車兵器関連のことを述べたのだ。従って、教範草案検討のため、ベルリンで開かれた「上級査読委員会」の会議にも、グデーリアンと彼の参謀だったネーリングならびにシャール・ド・ボーリューが参加していた。

当初は理論面から執筆されていた教範草案の自動車化捜索に関する部分を実験するため、陸軍統帥部は、シュレージェンにおいて、「一九三二年度自動車化捜索演習」を実行することを認可した。一九六三年四月九日、シャール・ド・ボーリューは、彼の手もとにあった文書にもとづき、この演習について、著者に語っている。

「最初、理論に従って作成されていた作戦捜索に関する構想を、実践により検証するために、本演習は行われた。地上作戦捜索で考慮の対象となるのは、まだ自動車兵科だけだったのである。というのは、騎兵はもう緩慢に過ぎる存在になっていたからだ。両翼を形成するかたちで、相互に接して配置された捜索大隊二個から成る捜索連隊が、リーグニッツ西部から、西にあるゲルリッツの方向に捜索を行うものと想定された。同方面の敵ならびにその行動が一定程度あきらかにされたのち、北から来たる作戦規模の敵により、自動車化捜索隊をあらためて編組し、北に重点を向けることを強制されるのである。かような想定には、捜索隊の一部の試用が目的にかなっているかということとならんで（重・軽車輌に乗車した捜索隊の構成、通信報告伝達にかかる時間やその適切な方法に関する経験の蓄積など）、かかる捜索大隊（もしくは捜索連隊）の組織的編合が、作戦捜索という任務の根本的変革にまで至るのかどうか、また、どうすれば、そうした捜索上の課題すべてを、もっとも合目的的に達成し得るかという問題に確答を出すことが懸かっているのであった。なぜなら、投入された捜索部隊の一部が、その力を使いつくしてしまったら、なお捜索隊予備がある場合にのみ、あらたな任務を出すことが至当とされるという事実を考えるべきだったからだ。この、広大な範囲にわたって実施された演習では、「敵」を表すのは、一部の実兵部隊のみで（かくて、他の仮想敵とともに、ナイセ川ゲルリッツ流域においては、ゲルリッツ市付近とその北方に、ゲルリッツ歩兵大隊が配置された）、あとは想定上のこととして行うしかなかった。これには、ネーリング少佐を長とする大規模な統裁部を必要とした。ネーリングにしてみれば、電線網の拡張が求められたが、通信部隊がそれを見事に設置してくれた。この演習で、私〔ド・ボーリュー〕が覚えているのは、自動車化捜索による、時間あたりの捜索範囲を、どの程度に規定すべきかという問題が生じたことだ。歩兵は一時間あたり四キロ、騎兵で六ないし八キロが、実証済みの「理解」である。ところが、われわれには実体験がなかった！　私は、二十、せいぜい三十キロぐらいかと考えた。グデーリアンは（最初の報告で）四十キロ説に賛成したものの、それは実際には不可能だった。しかるのちにグデーリアンも考え直し、二十キロとすることに決まった。この結論は、中立地帯の通信網の建設・設定には重要なことだった。時間あたりの捜索範囲が四十キロということになると、中立地帯の「分割線」（演習参加者は、この線に拘束される）相互の距離を倍にしなければならないのである。二十キロの数字が正しかったことが、本演習でのちに証明された。理論的考察ならびに、かような（実践）演習の成果として、装甲偵察車中隊二個、オートバイ中隊一個、重中隊（工兵小隊一個、対戦車砲小隊一個、軽歩兵砲小隊一個）より成る捜索大隊という編制が視野に入り、一九三四年秋には、これに応じて編合された「自動車化捜索大隊」の新編が実現されたのだ。当時の私は、こうした大隊が一個狙撃兵〔Schützen. ドイツ軍の伝統的呼称で、自動車化歩兵の意〕中隊しか持たないのでは、戦闘力が弱いのではないかと懸念を抱いていた。ただし、敵なき演習では〔実兵を動かせず、想定で済まさざるを得なかったことを指していると思われる〕、それも問題となり得なかったことはいうまでもない。が、そのころ、私は、もう一個狙撃兵中隊を追加することに（ディクシー乗用車を使う第4騎兵連隊第3中隊のように）賛成していたのだ。大隊規模団隊を四個中隊編制以上に拡大したくないのであれば、装甲偵察車を一個中隊にまとめることもあり得ただろう。この案件はまた、一九三三年に私の後任となったフォン・ヒューナースドルフへの引き継ぎ事項でもあった。本件に関する私の意見は、大戦中に、その正しさを証明されたものと信じている」。

新教範「T.F.」の最終草案は、のち、一九三三年に公布されるまでに、監督第6部の見解と経験上の企図もカバーすることになった。

一九三二年には、**模造戦車を用いた演習**も行われた。一九三二年春、監督部は、陸軍指導部の承認を得て、ユィーターボルクおよびグラーフェンヴェーア演習場で、それぞれ三回の模造戦車演習を実施したのだ。

演習のテーマは、そのつど、さまざまだったけれども、接近行軍、準備陣地、命令下達、命令伝達、歩兵による対戦車防御等について、多様な経験を積んでいくことが目的であった。その準備は、非常に骨が折れるものだった。演習参加部隊の一部は、自動車隊から、自動車化された装甲・捜索大隊に改編されたばかりで、相応の準備をさせなければならなかったからである。統裁業務においてもまた、この種の急速に進行する自動車化部隊の演習の目的を果たすため、とくに通信連絡手段をあらたに調達することを余儀なくされた。

続いて、陸軍統帥部による秋季演習が実行された。この機動演習は、フランクフルト・アン・デア・オーデル［「オーデル河畔のフランクフルト」の意。ドイツ東部の都市で、この呼称により、ヘッセンの同名都市フランクフルト・アム・マイン（マイン河畔のフランクフルト）と区別される］地域で開催されている。陸軍総司令官率いる統監部は、部隊局の教育訓練部（T4部）より構成されており、ヴェーファー参謀中佐が指導していた。監督第6部の代表として、ネーリング少佐もそこに配属された。

本演習のテーマは、一個歩兵師団に対する一個騎兵軍団の試用と**自動車化捜索の遂行**であった。諸騎兵団隊にオーデル川を渡河させ、戦闘に投入したのである。演習両陣営ともに、自動車化捜索は楽々とその任務を果たした。

模造戦車中隊も同様に運用される。演習オートバイ狙撃兵中隊も然り、さらには、本物の三・七センチ砲を装備した最初の対戦車砲中隊二個も使われた。当時第1騎兵師団長だった男爵フォン・フリッチュ中将は、戦闘の場に車行する際、敵自動車化戦力が奇襲的に出現した場合の掩護に当てるため、常に自動車牽引対戦車砲一門を連れていた。著者にとっては、この注目すべき事実が思い出される。

軍縮会議の譲歩

一九三〇年十一月になっても、ジュネーヴ軍縮会議はなお、「きっぱりと」、ドイツの軍縮は「決まった」ことだと宣言していた。しかしながら、首相となったフォン・シュライヒャー将軍率いるドイツ政府のたゆまぬ努力により、一九三二年十二月十日、ヴェルサイユ条約の過酷な規定を、多少なりとも緩和させることができた。このとき、ジュネーヴで、ドイツの軍事的利害を代表していたのは、フォン・ブロンベルク将軍〔ヴェルナー・フォン・ブロンベルク（一八七八～一九四六年）。当時、陸軍中将。最終階級は元帥。一九三八年に、再婚した妻が元売春婦であったことが発覚、失脚した〕である。とはいえ、この緩和が効果を発したのは、ようやく一九三三年四月になってのことだった。これまでの保有兵力よりも、さらに大きな数字が得られたのだ。

シュトレーゼマン〔グスタフ・シュトレーゼマン（一八七八～一九二九年）。ヴァイマール共和国で、首相・外相を務めた〕、ブリューニング〔ハインリヒ・ブリューニング（一八八五～一九七〇年）。カトリック政党である中央党の政治家で、首相を務めた〕、シュライヒャーらが倦まずたゆまず続けてきた努力の所産として、ずっと頑なな拒否を重ねてきた軍縮会議も、ジュネーヴ会議の賛成を得て、一定の修正に至った。それは、ヒトラーよりも前のドイツ政治指導部によって、大きな成果が達成されたことを意味していたのだ。当時は、この線に沿って、さらなる前進が達成されるものと望み得たのである。

Ⅳ．一九三三年以降の時期

ヒトラー、彼の将軍たち、グデーリアン大佐——装甲部隊の作戦教義をめぐる闘争

ヒトラーが首相に任命されたことは、軍事・政治情勢を根本的に変えた。彼は最初、軍事方面のことは手さぐりでようすをみていた。あとになって、軍事的な経緯に介入できるよう、確固たる基盤を得ることを狙っていたのだ。グデーリアンは、その『回想』で、新首相は陸軍の自動車化と装甲部隊の構想に関心を示したと判断している。同様に、

グデーリアンの構想は、新任の国防相フォン・ブロンベルクと彼の筆頭協力者であるフォン・ライヒェナウ〔ヴァルター・フォン・ライヒェナウ（一八八四〜一九四二年）。当時、大佐。最終階級は元帥。ヒトラーの政権奪取以前より、親ナチで知られた。第二次世界大戦では、軍・軍集団司令官を歴任したが、一九四二年に卒中発作を起こし、死亡した〕の理解を得、準備作業も容易になった。当時、かかる構想を首相に提示するのが困難であることは明白だった。陸軍参謀本部の大物のほとんどが、その考えを否定していたからである。[34]

ルートヴィヒ・ベック将軍

一九三三年十月一日にルートヴィヒ・ベックが部隊局長になると、そうした困難はさらに大きくなった。彼は、グデーリアンが、古い世代の聡明な参謀将校としながらも、「しかし、近代の技術には何の理解もない」と描きだした軍人だったのである。[35] ベックは、新しい兵科としての装甲部隊のための大胆で広範囲にわたる諸計画を拒絶し、それによって、装甲師団新設も否定した。模範とされていたフランス軍の流儀にのっとり、戦車を歩兵と騎兵の支援兵器としてのみ、認めるつもりだったのだ。両者の溝が深まっていったのもわかる。当然のことながら、ベックが、自身の見解を主張するような協力者たちに囲まれているとあっては、なおさらだった。グデーリアンは、「陸軍中枢の反動の壁」を前にして、おのれが絶望的な状況にあるものと信じて疑わなかった。かの年月には、著者も、グデーリアンの首席助手を務めていたが、同様の印象を受けた。とはいえ、公平であるためには、両陣営の言い分を聞かなければならない。この場合は、ヴォルフガング・フェルスター〔一八七五〜一九六三年。ドイツの軍人・軍事史家。最終階級は中佐。軍事史研究の功績により、一九四四年に教授の称号を得た〕の傑出した著作『ルートヴィヒ・ベック上級大将』に注意を喚起することにしよう。それによれば、ベックは、「グデーリアンの言に従うなら、大規模な形態で作戦的に運用可能な攻撃兵科」の創設を拒否した。「総体としての再軍備の意義と目的を脅かすもの」とみなしたのが「その理由」であった。再軍備は、「ドイツの充分な国防能力」を保証するとされていたのである。

大戦後の文献では、ヴォルフガング・フェルスターとならんで、とりわけ、ゲルハルト・リッター〔一八八八〜一九六七年。ドイツの歴史家。第二次世界大戦中は、反ヒトラー抵抗運動に加わっていた〕が、この件で疑問を投げかけている。政治的・倫理的な理由から、作戦的な装甲部隊の創設に反対したのか否か、との問いかけだ。おそらく、ベックは、きわめて初期から、ヒトラーの侵略的な政策に気づいており、それに勢いを与えるようなことは望まなかったからだというのである。

フベルトゥス・ゼンフ〔一九三五〜二〇〇四年。ドイツ連邦国防軍の軍人。最終階級は陸軍少将〕は、詳細な調査研究を行い[36]、この問題に意見を示している。彼は、今日、利用可能となった史料にもとづき、左の結論に達した。陸軍参謀総長が、すでに一九三七年より前、すなわち、一九三三年から一九三六年までの陸軍再建に決定的な時期において、「それと結びついた政治目標を明瞭に認識し得たか」は疑わしいというものだ。ゼンフは記す。「それまで、国防軍は、ヒトラーの征服企図など知らず、ライヒの防衛に一意専心していたと釈明できた。だが、一九三七年にドイツ政治のあらたな段階がはじまったときに、国防軍は初めて、戦争に備えよと指示されたのだ。そのとき同時に、ヒトラーの諸計画に対するベックの断固たる抵抗も開始された」。続く記述は、こうである。「しかし、早くも一九三五年には、一九三五年度編成指令によって、ドイツ陸軍における装甲部隊のあり方と兵力に関する最初の決定が下されていた。これは、第1から第3までの装甲師団創設を予定するものであった。従って、ベックが、政治的・倫理的に先見の明を有していたことから、要求された規模での装甲兵科の速やかな創設に反対し、そうして、ヒトラーの政策に必要な軍事上の道具を与えないようにするつもりだったのだという主張は、誤っているし、歴史研究と矛盾する伝説であるとせざるを得ない。攻撃兵器と防御兵器の区分はもう、そのころには、きわめて控えめにいったとしても、流動的なものになっていた。陸軍は、機動的に実行されるべき防御戦においても、攻撃遂行に不可欠なすべてのものを必要とするのである。それらを、政治的な理由から放棄せんとするのは、追求されていた対外的安全保障を得られないということを意味していたはずだ」。

本書も、当時の事情に関する知識からして、ゼンフに賛成するほかない。さらに、ライヒ政治指導部の明快な訓令文書も存在している。一九三四年二月一日付の、新陸軍統帥部長官となった男爵ヴェルナー・フォン・フリッチュ砲兵大将宛首相指令だ。「可能なかぎり大規模で、考え得る最良の教育訓練状態にもとづいた、内的に団結し、統合された陸軍を創設せよ」。

当時、編制部長だったオットー・シュタップフ参謀中佐も、ベック将軍を支持している。そのヴォルフガング・フエルスター宛書簡は、以下のごとくである。「**装甲師団および軽師団**（ライヒテ・ディヴィジョーン）〔Leichte Division. 自動車化歩兵師団と装甲師団の中間に位置する、やや戦車を強化された編制。歩兵師団の一種が、同じ名称を与えられたこともある。後者は、のちに「猟兵師団（イェーガー・ディヴィジョーン）」Jäger Division と改称された〕の編制研究が、部隊局により、フォン・ブロンベルク国防相に最初に提出されたのは、一九三三年から一九三四年にかけての冬だった。歩兵と直接協同させるため、**自動車化歩兵師団と独立戦車旅団**が編成されるきっかけをつくったのは、参謀本部であった……」。だが、こうした見解をぶちこわしにするのは、まさにグデーリアンその人が、この四つの計画だけに限っても、かかる形態では目的に沿わないとして、軽師団、自動車化歩兵師団、独立戦車旅団の編成に反対したという事実だ。時が経つにつれ、彼の言動が正しかったことが証明された。[37]

仲裁的な発言をしたのは、のちの元帥エーリヒ・フォン・マンシュタインである。彼は、一九三五年から一九三八年二月末まで、部隊局（参謀本部）の〔作戦〕部長・参謀次長だった。「……ベックとグデーリアンのあいだに、顕著な対立があったことは争えない。両者は、まったく異なる性質を持っていたのだ。……グデーリアンが、ただ装甲兵科のことのみを注視していたのに対し、ベックは、陸軍全体の拡張という、より高度な課題を考えなければならなかったのである[38]」。

フベルトゥス・ゼンフは、その研究で、独立した作戦的装甲団隊を創設するというグデーリアンの計画に対して、ベックが取った懐疑的な態度の理由を、以下のごとくに述べている。「彼（ベック）が、将来の戦争指導における技術の意義をはっきり認めていたとしても、歩兵支援のための独立戦車部隊、もしくは戦車という問題は、彼にとって、第一義的に重要ではなかった。戦車を分配することによって、陸軍全体の突進・防御能力を高めるという要求のほうが大切だったのである。そう考えなければ、彼が、戦車大隊を多数編成するように求めたことは理解できない」。最後に、ゼンフは、このように記す。「にもかかわらず、この陸軍参謀総長〔ベック〕が、ある程度保守的な考えを抱いていたことは否定し得ない。彼の構想や計画立案にあっては、技術の進歩から導きだされるべき結論が、限られた範囲でしか顧慮されていなかった。それは、陸軍のために、あらゆる可能性をくみつくすことを許すものではなかったのだ。ところが、かかる可能性のなかには、何よりも、独立戦車部隊は、単なる支援兵器としての価値以上のものを秘めているという知見も含まれていたのである」[39]。

ベック自身は、一九三八年に公布された「来たるべき戦争におけるドイツについての基本的観察」で、「戦車」に対する姿勢を表明している。「別の点で、戦車と航空機が攻撃行動のテンポを速められるかどうかは……未来という闇のなかにある……」[40]。いわゆる進歩を唱える者が、かかる要因、とりわけ、自動車化の増大、装甲部隊、空軍といったことを示し得るのは疑いない。しかしながら、戦争の現実は、それらが、希望通り、期待に沿ったものであるか否かをあきらかにするであろう……」[41]。

そのころ、フランス陸軍の指導部も、同様に考えていたのだ。

男爵ヴェルナー・フォン・フリッチュ上級大将

一九三四年二月一日、男爵フォン・フリッチュ砲兵大将が、前陸軍統帥部長官と交代した。グデーリアンのみるところ、新「HL長官」〔HLは、陸軍統帥部 Heeresleitung の略称〕には、いつでも先入観なしに、あらたな構想を吟味し、（それが納得できるものであれば）受け入れる用意があった。それゆえに、彼は、ルッツとグデーリアンの諸計画を支持したのだ。一九二七年から一九二八年ごろ、作戦部（T1）長だったフリッチュはすでに、戦車とエンジンの進歩に大きな関心を寄せていた。グデーリアンが記しているごとく、装甲部隊の発展について、彼と交渉するのは、「OKH〔陸軍総司令部 Oberkommando des Heeres の略号〕に所属する他の誰に対するよりも、気持のいいものだった」のだ。

フリードリヒ・フロム大佐

一九三三年二月一日に、国防局長（一九三五年より、一般陸軍局に改称）に任命されたフロム大佐も、グデーリアンの計画に否定的だった。各兵科監督部は、フロム大佐の隷下にあったから（監督官自体は例外だった）、彼は、非常に影響力のある地位にいたのである。一般陸軍局の「否」は、往々にして無視できないものだった。ここでもまた、グデーリアンは、承認を求めて、常に闘わなければならなかったのだ。

ヴァルター・モーデル中佐

あとは、歩兵科出身の若きOKH参謀、モーデルのことを挙げておけばよかろう。彼は、早くも一九三〇年に、技術に関心を持っていた当時の部隊局長アーダム将軍によって、教育訓練部（T４部）の「軍事技術課」の指揮を委ねられている。モーデルは、そこで、きわめて活動的に働いたのだ。そのころにはもう、彼は、陸軍の自動車化に賛成しており、部の同僚だったミート少佐と対立していた。後者は、のちの開戦時に、陸軍参謀総長代理となっている。一九三一年夏には、赤軍のもとへの兵器技術研修旅行を企画・実行した。その旅行を終えて帰国したのち、モーデルは、赤軍への高い評価を表明したのである。一九三五年十月、彼は、新設の、あらゆる種類の**技術的案件を扱う**部（第８部）の長に就任した。この部は、陸軍参謀総長（当時はベック将軍だった）に直属するものであった。遺憾ながら、同部は一九三八年春に、理由不明のまま、廃止された。

アドルフ・ヒトラー

ヒトラーが装甲部隊に関心を示していたにもかかわらず、彼とグデーリアンが会うことは、戦争がはじまるまで、ごく少なく、しかも、つかの間のものでしかなかった。実務的な必要のため、所定の事務手続きを遵守しないで済ませようとする誘惑に抗することは難しかった。中間にある諸部局が、決定的で喫緊の要がある構想を、方針を指示するような要路に提議する道をふさいでいるということもあった。しかし、ライヒェナウとグデーリアンのあいだには、以前からの緩やかな仕事上の連絡があったものと思われる。

歴史家ヘルムート・ハイバーのヒトラーに関する記述をみよう。「……彼は、近代兵器の運用についての洞察力を有していた。一再ならず、専門家たちを驚かせたほどの能力だ。彼は、当時としては、豊富な知識を持った軍事専門家の一人であり、さらに、その理解は、不思議なほど多方面にわたっていた。そういっても、誇張にはなるまい」[42]。

ハンス＝アドルフ・ヤーコプセン〔一九二五～二〇一六年。ドイツの歴史家・政治学者。軍事史・外交史に関する多数の著書がある〕は、『国防学概観』（一九五五年）所収の論文で、「ヒトラーの戦争指導構想」を、彼自身の言葉により、特徴づけている。非常に重要なのは、「何よりも装甲兵科」であると、ヒトラーはいう。そういう兵科として運用されなければならない。そうして、**「その本質的なあり方に配慮されるからこそ」**、装甲兵科は大きな成果を達成し得るというのである。その任務は、「**陸軍の作戦的前進運動**における流動性を保つこと」だと、ヒトラーは述べた[43]。かかる見解は、グデーリアンと彼の協力者たちのそれに呼応するものだった。

後年、元帥となったフォン・マンシュタインは、「ヒトラーが、敵国のそれも含む軍事革新について、あきれるほどの知識を以て語ったこと」および「軍備の分野において、理解を示し、尋常でない精力を注ぎ込んで、多くを推進したこと」を確認している。だが、マンシュタインの回想録からはまた、「彼（ヒトラー）が首相に就任する以前に、陸軍総司令部は早くも軍事技術の基盤を築いていた。……（そして）あらゆる新兵器は、すでに『権力掌握』より前に開発されていた」ことも読み取れるのである[44]。かような兵器のなかには、マンシュタインが要求し、のちに成功を収めた、「自らが射撃を受ける範囲にいようと、攻撃する歩兵に随伴できる」突撃砲も含まれていた。従って、一九三九年秋までに、各師団ごとに、Ⅲ号戦車の車台に据えた砲十二門から成る突撃砲大隊一個が配属されることになった。それによって「歩兵戦車か、作戦的運用可能な戦車か」という争点も、誰もが満足がいくかたちで調停されるはずだったのである。ところが、残念なことに、一九三八年二月四日の人事異動ののち、この決定的に重要な編成命令は、新陸軍総司令官フォン・ブラウヒッチュ将軍〔ヴァルター・フォン・ブラウヒッチュ（一八八一～一九四六年）。一九三八年当時の陸軍総司令官。のち、一九四一年に、ヒトラーはブラウヒッチュを解任、自ら陸軍総司令官となった。戦後、戦犯裁判にかけられることになったが、その前に病死した」によって、はっきりしない理由で取り下げられてしまったのだ。

戦術課題第八号

部隊局教育訓練部の求めにより、ネーリング少佐は、ある戦術課題（第八号）に関する『軍事週報』の連載記事を執筆した[▼45]。その、部隊局に課せられたテーマは、「**騎兵軍団建制内の戦車旅団**」だった。要求されたのは、状況判断、強化された騎兵軍団の指示、戦車旅団長の行軍・攻撃命令といった事項だ。戦車旅団の編制は、おおよそ、のちの装甲師団のそれに相応するものであるが、下馬戦闘する騎兵連隊の役割を担わねばならぬ狙撃兵（装甲擲弾兵）はなかった。この課題論文は、理論的考察にのみ依拠したもので、実際の経験はまったく無しという状態で書かれた。

以下、『軍事週報』（一九三三年の第二号）より、最終的な議論のおおよそを再掲する。それによって、一九三三年よりもずっと前から、装甲師団（当時は、偽装のため、まだ装甲団隊と呼ばれていた）の創設、編制、運用可能性に関して、いかなる構想が存在していたかが示される。この構想は、一九三五年十月に実現されることになるのだ。

「**装甲団隊**とは、どのように理解されるべきものか？　外国の情報によれば、装甲団隊とは、その中核が戦車から成り、他の自動車化部隊を恒常的、あるいは一時的に隷下に置く、作戦的統一体である。装甲団隊は、独立運用のため、一般に最高司令部に直属する。ただし、状況が要求すれば、一時的に、〔指揮階梯で〕師団までの麾下に置くことも可能だ。装甲団隊の特徴は、強大な火力と装甲による掩護、路上および路外での高速と機動性といったことの結合である。その移動能力は、機械のみに頼っている。かかる部隊にあっては、その戦闘への前進手段を失わないようにすることを要するのだ。装甲団隊は、戦争遂行を機動的にし、戦線膠着を防ぐのに適した、最高度の戦闘力を有する戦争手段を表している。その編制も、それに合わせたものでなくてはならない。重要なのは、長大な行動範囲を持つ、手頃で運用しやすい機動的な団隊を創設することだ。そうした団隊は、速やかに投入することができ、従って、奇襲的な重点形成を保証してくれるのである。

敵の側面および後背部に対する包囲的な行動こそ（他の緩慢な諸団隊は無視される）、装甲団隊の主任務となる。追撃に投入されれば、退却する敵の潰滅をみちびくことも可能だ。一方、獲得した土地を、引き続き保持することは不得手である。その任については、多くの場合、砲兵を有する自動車化歩兵の配属が必要となろう。

装甲団隊による戦闘遂行の本質は、長期にわたり継続される戦闘の実施ではなく、厳密に規定された任務のための、短切で、時間的・空間的に限定された作戦での運用なのだ。その運用は、戦車を重点に用いるとの原則にもとづく。つまり、決定的な地点に、最高度の戦闘力を集中するということだ。さらに、こうした戦車の投入のために、地形を正しく判断すること、また、何よりも、いかなる場合においても有効な奇襲の原則こそ、敵の防御を無力にするか、少なくとも、最低限度に抑える上での基礎となる。

新時代の陸軍は、装甲団隊を使用し得る敵に対した場合、同様の部隊が味方になければ（その編合について、現在お手本となるものは存在しないが）、決定的な作戦を遂行することができない。かかる結論からは、つぎなる疑問が浮上するであろう。どの程度の規模で、装甲団隊を編成すべきかということだ。この問題に関する考察は、外国の諸文献においても定まっていない。ただし、至るところで、従来必要とみなされていた騎兵師団の代替が示唆されている。彼らの任務は、ほとんどすべての地形で、完全に路外走行可能な装甲団隊が引き継ぎ、拡大することができる。装甲団隊は、より速く、戦闘力に富み、効果甚大なのである。

戦車の技術的発展がいっそう進むことを期待しつつ、将来の見通しを出してみよう。強力な航空戦力と協同した快速装甲団隊は、もっとも効果的な戦争手段を提供する。それは、自立的な作戦団隊として、独立した作戦的課題の解決を委ねるのに適しているものと思われる」。

一九三三年十一月十二日、ドイツは国際連盟を脱退した。軍備面での同権要求が承認されなかったためである。それとともに、まったく新しい政治情勢が生じ、その展開は、とうてい看過できるものではなかった。

従って、ドイツ政府は、迅速に国防能力を得ることを重視した。外国からの攻撃や、その他の禁輸措置が取られた場合、侵略者をしてリスクを感じせしめるようにするべきだったのだ。

三個装甲師団編成の決定――一九三四～一九三五年

その後の数年間においても、外交的緊張が続いた。それゆえ、一九三四年に、少数兵力しか持たぬライヒスヘーアのため、決定的な措置が取られることになった。自動車部隊監督部ならびに管轄下にある諸部隊にとっても、そうした措置は重要であった。同年四月、ルッツ中将とグデーリアン大佐が不在だったため、まったく思いがけないことではあったものの、ネーリング少佐は〔国防省〕官房長のフォン・ライヒェナウ少将に呼び出された。監督第6部による装甲部隊の創設にあたり、ライヒスヘーア全体から個々の部隊を集めてくるか、それとも、第3騎兵師団を同部の指揮下に置き、そのまま、統合された部隊として改編するかということが問題になっているのだった。二番目の提案には仰天させられた。そんな解決策が監督第6部で研究されたことは、これまで、まったくなかったからである。議論がされなかったのは、監督第3部、すなわち騎兵監督部とのあいだに存在していた競合関係ゆえだった。しかし、この方策に関するライヒェナウの理由付けは、非常に説得力があったため、著者も、彼の提案に同意できたのだ。

かかる決定に続き、一九三四年の聖霊降臨祭〔キリスト教の祝祭。復活祭から数えて、七番目の日曜日に行う〕前日、不意打ちで、陸軍拡張のための第三次改編指令が下達された。従来は、一九三二年十二月の第二次改編指令による、平時編制二十一個師団および軍直属部隊への長期的な陸軍拡張が予定されていた。だが、新指令は、その代わりに、外国に対して、陸軍の弱体ぶりを欺騙するため、十一月一日から、少なくとも建制の基幹となる部隊において、陸軍拡張を加速することを見込むというものだったのである。目標設定は、以前同様のものに留まっていた。個別の部隊番号は削られ、偽装上の理由から、あらゆる団隊が、それぞれの衛戍地の地名に従って、呼称されるようになったのだ。[46]

この編成命令は、装甲部隊に関しては、三個装甲師団の新編を予定していた。ただし、そのためにあったのは、理論的考察と「カーマ」よりの基幹要員のほかは、何もなかったのである。従来、陸軍統帥部が、多くの理由から躊躇していたとしても、雲行きは急激に変わったのであり、大わらわになって、ことを進めることを強いられたのだ。加えて、一時的ではあったが、予定された新駐屯地において、計画中、もしくは新編されるべき装甲師団隷下の諸団隊のための執務室を間借りし、隊の標識を支給することも検討された。ありもしない部隊を、存在しているかのごとくに欺くことが目的であった。

編成された高級司令部

かかる編成作業を掣肘（せいちゅう）されずに行えるよう、従来の監督部（監督第6部）は、一九三四年六月一日に「自動車戦闘部隊（総監）部」と改称された。もっとも、これは、偽装を目的としたもので、旧名称も依然として使用されていた。こうした陸軍の欺騙措置のあれやこれやが、めざましい成功を収めたがために、今日の専門文献においてもなお、完璧な実体の究明はなされずにいる。一例を挙げれば、「**騎兵自動車団**」[▽9]と名付けられた部隊は、一度たりとも実在したことはなかった。ただ、右に触れたごとき、新しい名称を有する総監部があったのみだったのだ。これは国防省の外局で、「独立司令所」として、関連する編成措置のすべてを実行、一九三五年九月二十七日からは「装甲部隊司令部」と公に称されるようになったのである。同司令部は、一九三五年十月十五日より、三個装甲師団（第1〜第3）を麾下に置いていたにもかかわらず、通常の「上級司令部」どころか、「軍団司令部」と呼ばれることさえなかった。それは、「成り上がり者」の装甲部隊に対して、多々向けられた当てこすりの一つであった。

国防省内では、この任のため、「陸軍自動車化・装甲部隊監督部」という名称で、**新しい**兵器監督部（これが、あらたに「監督第6部」と部署された）が設置された。その幕僚長に就任したのは、ケンプフ中佐だった。自動車戦闘部隊総監部と陸軍自動車化・装甲部隊監督部の長を兼任したのは、ルッツ中将である。自動車戦闘部隊監督部は、看板をかけ替えただけで、幕僚たちは、幕僚長グデーリアン大佐のもとに、そのまま残留した。彼らは、諸部隊を装甲部隊に改編する上での実務作業を進めたのだ。それに際して、グデーリアンは、国防省内で影響力を振るうことができた。

馬を戦車と自動車輛に置き換えるという、あらたな課題に取り組む用意のある最初の騎兵指揮官として、著者が念

▽9　Georg Tessin, »Formationsgeschichte der Wehrmacht 1933 bis 1939«〔国防軍編制史　一九三三〜一九三九年〕, Boldt Verlag, 1959, 五五頁参照。

頭に置いていたのは、第7騎兵連隊（のちの第2戦車連隊）長ハインリヒ・フォン・プリットヴィッツ・ウント・ガフロン中佐だった。彼は、一九四一年に、第15装甲師団長として、北アフリカで戦死している。

一九三四年以降の基幹部隊編成

以下は、旧自動車部隊の将兵が、基幹団隊の編成に関して記した、印象深いオリジナル文書である。当時、編成された部隊に所属していた人々が、著者に提供してくれたものだ。偽装名称は「自動車教導司令部」。陸軍停年名簿に従えば、公式には「自動車教導幕僚部」とされていた。これは本来、別の任務を有していたのだが、のちに、一部がベルリン第3装甲師団本部となり、また、別の一部によって装甲兵学校が創立された。

そのころ、七個自動車隊のすべてを集めても、将校十四名、下士官兵四百五十四名しかいなかった。が、彼らを新編部隊に「細胞分裂」させていくことで、大規模な編成成果を上げよと、無茶な要求がなされることになったのだ。

ハンス・ボナーツ退役大佐の「ツォッセン自動車教導司令部」に関する報告をみよう。『カーマ兵営』解散ののち、一九三三年十一月一日には（早くも）新ドイツ装甲部隊の最初の団隊がツォッセンで編成されていた、基幹要員となったのは、『カーマ教程』に参加した将校と、解隊された七個自動車隊の人員である。欺騙上の理由から、『ツォッセン自動車教導司令部』の名称が選ばれ、軍服も第3自動車隊のそれを着用した。

この基盤団隊は、当初、ベルリンのモアビート地区に居を構えていたツォッセン自動車教導司令部（指揮官はハルペ少佐）ならびに、ベルリン近郊ツォッセン兵営の『教導隊』（隊長はコンツェ大尉）より成っていた。

訓練教育用の自動車機材として使用できたのも、最初のうちは、当時知られていた、あらゆる種類の路外走行可能な装輪自動車と、民間用の装軌トラクターだけだったのである。一九三三年から一九三四年にかけての冬には、来たるべき新編成に備えた運転教官の育成に重点が置かれた。

一九三四年四月一日、ツォッセン自動車教導司令部（自教司〔Kf-Lehr-Kdo〕）も、ベルリンのモアビートから、ツォッセン演習場に移転してきた。同時に、それぞれケッペンならびにトマーレの両大尉を長とする『教導隊』二個が新編された。

このころにはまた、バウムガルト大尉の一隊が、メクレンブルクのヴストロ半島で、戦車の射撃教程を教育できるようにする作業を開始していた。これは、のちにホルシュタイン州オルデンブルク近郊のプトロスにおいて、あらたな演習場がつくられ、衛戍地が完成したのち、そこに移された。

一九三四年春から夏にかけて、将来のI号戦車の車台が供給されたおかげで、ようやく本来の路外走行訓練が可能となる。実施の場は、おおいにそれに適した施設、ツォッセン演習場であった。

一九三四年初夏には、『オールドルフ自動車教導司令部』設置も実現した。一九三四年秋には、これまで一個大隊規模だった『ツォッセン自教司』が、二個大隊に拡張された。『司令本部』長はツッカートルト中佐、第1大隊長はハルペ中佐（一九三五年五月一日より、シュトライヒ少佐）、第2大隊長はブライト少佐である。各大隊は、軽戦車小隊一個、通信小隊一個、（自動車）中隊四個から成っていた。

I号戦車の大量生産が進んだのち、一九三四年の末に、この型の車輌の全隊への配備がはじまったから、個別・中隊訓練を行うことができたし、一九三五年春にはもう中隊観閲も可能になったのである。

ツォッセン自教司が初めて公の場に姿を現したのは、一九三五年六月のデーベリッツへの行軍に際してであった。その後、行軍帰路の途上、ポツダムの庭園ルストガルテンにおいて、ルッツ将軍査閲のもと、ドイツ軍最初の戦車連隊によるパレードという、記憶に価する行事が催された。一九三五年七月末のある演習の折には、新しい装甲部隊は、ツォッセン演習場で『マイニンゲン自動車化歩兵連隊』ならびに急降下爆撃機一個中隊との協同を行い、首相と陸軍総司令官の観閲に供している。

一九三五年十月、ドイツ装甲部隊創設司令部は『第5戦車連隊』と改称され、この間に新築されていたツァーレンスドルフ＝ヴュンスドルフの衛戍地に移った」。

これによって、装甲部隊発展史の環が閉じたのである。彼らは、一九一八年十月に、ドイツ帝国陸軍の戦車補充隊が設立された場所に戻ったのであった。

以下は、ルドルフ・フォルカーの「**オールドルフ自動車教導司令部**」に関する報告である。「本司令部は、一九三四年七月一日より編成された。が、当初配属されていたのは、新任務の準備にあたる基幹要員だけだったのだ。新しい人員が到着したのは、一九三四年十一月一日であった。

オールドルフ自教司の構成を記す。連隊長は、勲爵士フォン・ラードルマイアー中佐。第1大隊長はフリッツ・キューン中佐、連隊副官はクリングシュポール中尉、第2大隊長は勲爵士フォン・トーマ少佐。第1教導隊長はマテルネ大尉、第2教導隊長はフォン・ドラビヒ＝ヴェヒター大尉、第3教導隊長はシュテファン大尉だった。

他の教導隊について、いまだに記憶に残っているのは、第7教導隊長ホッホバウム大尉だけだ。新要員への被服支給に際して、早くも大きな困難が生じた。軍服が無かったのである。手もとにあったのは、作業衣一着のみだった。正規の被服が調達できたのは、やっと十二月なかばになってのことであった。各教導隊も、それぞれLaS（上部構造のない、車台のみのI号戦車。欺騙のため、「農業トラクター」と呼ばれていた）一両を有するのみ。従って、最初に実行できた教育訓練といえば、純粋な歩兵のそれだけだったのだ。ただし、オートバイ、乗用車、トラックの運転習熟訓練ばかりは、旧式の車輌を使って開始することができた。戦車の操縦手はまだ座学の段階にいたのである。一九三五年二月末に、当自動車司令部は、最初のI号戦車（クルップ製）を受領した。一九三五年六月には、各教導隊の新型戦車保有数はそれぞれ九両、七月には十六両となる。これらの戦車には無線装置がなく、手旗信号によって指揮が行われた。教育訓練教範など、まったく存在せず、連隊本部が編纂、複数の写しを作らせた『指令集』があるのみだった。手がかりになるとみなされていたのは、一九二七年のイギリス軍『戦車教範』である。

オールドルフならびにツォッセン自動車教導司令部は、一九三四年十月一日より、自動車教導幕僚部（戦車旅団本部）のもとに編合された。司令官は、エルンスト・フェスマン少将であった。

きわめて狭小なオールドルフ演習場では、装甲団隊の教育訓練を行うにも限界があった。八月初頭、実験・教育演習に参加するため、当幕僚部はムンスター衛戍地に移った。

一九三五年十月一日、自動車教導司令部は、第1、第2、第3、第4戦車連隊に分割された……」。

当時、軍曹だったリヒャルト・クレープスは、ツォッセン自動車教導司令部について、補足的なことを伝えている。

「自分は、初日から、ツォッセン自動車教導司令部にいました。所属将校のなかには、とくに、コンツェ大尉、フォン・トローダ少尉（第1中隊）、トマーレ大尉、ヘニング中尉、カウフマン少尉（第2中隊）がおられました。自分は第2中隊所属で、その人員数は、一九三四年四月十一日までに、将校三名、下士官十八名、すなわち総計二十一名に達していたのであります。本中隊は、一九三四年三月一日に、ツォッセンにおいて編成されました。一九三四年四月十一日、各中隊ごとに百五十名の新兵の配属を受けました。各中隊が保有していた車輌は、『リューベツァール』〔Rübezahl. 山の精の意。この牽引車の名称は、そこから取られた〕牽引車五両で、あとから『クルップ製バスタブ』（のちのI号戦車の車台のこと。装甲もなければ、砲塔も設えられていませんでした）一両を得たのであります。第1中隊は、カーデン＝ロイド〔イギリス製の豆戦車〕の車台一両を持っていました。九月には、各中隊にI号戦車一両が配属されております。中隊全体の射撃訓練が、I号戦車一両で行われたのでありました。一九三五年春には、一中隊あたり二十一両の戦車が配属されました。これは、一中隊七両として、計三個中隊とされたのであります。ただし、第4中隊が受領したのは模造戦車でした。一九三四年六月末、自分たち、ならびに他の自動車隊は、オールドルフに自動車教導司令部を新設するための基幹要員を割愛いたしました。一九三四年八月より、自分は、ヴストロウにおける自動車特別教程の射撃訓練課程に配置されたのであります。指導官はケーン大尉でした。使用されたのは、『カーマ』製の、より重量がある型（二十三トン）の戦車でありました。……自分は、軍曹として、のちに将官となられたトマーレ閣下のもとで、この全過程を経験したのであります」。

さらなる編成の進捗

右にスケッチしたように、かつての自動車隊の実務に通じた人々により、即席流のやり方で、装甲部隊のための組織的な礎石が置かれた。一方、第4（ポツダム）、第7（ブレスラウ）、第12（ドレスデン）騎兵連隊は、自動車教導司令部とともに、最初の六個戦車連隊を編成するため、鞍から降りて、乗り換えの準備をしていた。かくて、技術、戦術、伝統、あるいは、学習、知識、能力のジンテーゼが生まれ、それは、ドイツ装甲部隊の特徴となっていくのである。

一九三五年春、馬たちは消えていった。一九三五年五月十五日、ドレスデン騎兵連隊（以前の第12）から、のちの第3戦車連隊第1大隊が編成された。ポツダム（従来の第4）、ブレスラウ（第7）、パーダーボルン（第15）、バンベルク（第17）、カンシュタット（第18）の各騎兵連隊も解隊され、その要員から、同連隊の第2大隊も新編されている。連隊長は、これまでツォッセン自動車教導司令部の長を務めていたヨーゼフ・ハルペ中佐が就任した。大隊長のゴートシュならびにクレーバーの両少佐は、二人とも自動車部隊出身であり、ケッペン、ボナーツ、シュテファンらの大尉たちも同様だった。

同連隊の偽装名称は、さしあたり「ドレスデン騎兵連隊」とされた。連隊本部と第1大隊の駐屯地はドレスデン、第2大隊のそれはカーメンツである。戦車の習熟訓練と自動車装備は、一九三五年夏に実施された。

一九三五年十月十五日、連隊は、公式名称を得た。第3戦車連隊だ。この連隊は、第2装甲師団の隷下に入った。師団長になったのは、グデーリアン大佐であった。

一年後には（一九三六年）もう、第8戦車連隊編成のため、第3および第6中隊をツォッセンに割愛しなければならなかった。〔同連隊は〕この両中隊から拡充されていったのである。一九三七年には、さらに三個中隊が割譲され、同様に拡充されて、第11ならびに第25戦車連隊の新編となった。一九三八年には、同じく、三個中隊が割かれていく。

この新しい兵科は、自らの統合性を危うくすることなく、過剰なまでに多くのことをなし得ると期待されていた。なんとも驚くべきことではある。ここでも、他の各部隊同様、ライヒスヘーアの使徒たちが、ゼークト的な特色をおよぼしていたのだ。

戦闘機材に関しては、編成当初の戦車中隊群は、八両以上の戦車（Panzerkampfwagen）を使うことができた。一九三六年になると、それが約二十二両になる。一九三七年夏には、最初のII号戦車が導入された。II号戦車は、二センチ機関砲と砲塔機関銃を搭載し、従来の08／15型機関銃二挺を有するI号戦車に比べて、格段の進歩を示していた。加えて、おおよそ同じころに、「I号a型」戦車が、エンジンを強化した「I号b型」と交換されていったことも、大きな有利をもたらしたのである。また、その際、軽快で安定した指揮を確保するため、同戦車には無線機器が装備されたのであった。

一九三四年の人事異動

一九三八年のことまで先回りしてしまったが、ここで、一九三四年の記述に戻ろう。この年、鞍を替えたのは、騎兵だけではなかった。一部の参謀も異動したのだ。後年、元帥となったフリードリヒ・パウルス中佐は、参謀教程の教官だったが、四月一日、グデーリアンの古巣、第3自動車隊の指揮官を拝命した。部隊局教育訓練部のクルト・ブレネッケ中佐は、一月一日、すでにシュテッティンの第2自動車隊の指揮を継承している。ベック将軍と緊密に協力していた、部隊局編制部のオットー・シュタップフ中佐は、七月一日に、在ミュンヘン・バイエルン第7自動車隊長に就任した。彼の前任者、ヴェルナー・ケンプフは交代して、あらたな兵器監督部「陸軍自動車化・装甲部隊監督部」の幕僚長に任ぜられ、再び一般陸軍局に戻ってきたのである。

この年には、装甲部隊のために一定の役割を演じることになる者たちの人事異動が続いた。一九三四年一月一日、リーゼ大佐が、高く評価されていた陸軍兵器局長アルフレート・フォン・フォラート・ボッケルベルク砲兵大将の後を襲った。二月一日には、男爵クルト・フォン・ハマーシュタイン上級大将が、男爵ヴェルナー・フォン・フリッチュ将軍と交代し、陸軍統帥部長官となった。自動車教導幕僚部長エルンスト・フェスマンは、一月一日付で少将に進級している。彼に続いて、国防省官房長ヴァルター・フォン・ライヒェナウ大佐も、二月一日、その階級に進級した。ヴィルヘルム・フィリップス少佐は、二月一日付で、陸軍兵器局の重要部署「審査部」（陸軍兵器局審査第6部）長となった。

グデーリアンの幕僚たちからは、シャルル・ド・ボーリュー参謀大尉が、一九三三年十月一日付、第2騎兵連隊に転属になり、その後、ケーニヒスベルクの第1自動車隊に数年ほど配置された。ヴァルター・フォン・ヒューナースドルフ参謀大尉が、彼の業務を引き継ぎ、装甲部隊の教育訓練を精力的に支えた。残念ながら、この有能な将校は、一九四三年夏、ハリコフ付近で第6装甲師団の先頭に立っていた際に戦死したのである〔クルスク戦の際、ヒューナースドルフは狙撃され、ハリコフの野戦病院で死亡した〕。

専門文献

かかる重要な創設期に出た文献で屹立していたのは、シャルル・ド＝ゴール大佐がその思想をまとめた一九三四年の著書『職業軍の建設を！』であった。ド＝ゴールは、反撃によって国土を防衛するため、フランスに機甲化された職業軍を築くように求めたのだ。そうした反撃は、状況により、ベルギーに深く進入するか、チェコスロヴァキアに至るまで、マイン側上流をめざす、あるいは、デュッセルドルフを越えて、ルール地域に突進するといった方向を取るものとされていた。

ド＝ゴールの「打撃師団」（機甲師団）の編制は、ある程度、グデーリアンの全兵科を編合する装甲団隊という像に相応していた。グデーリアンは、すでに一九二九年から、このような構想を発展させ、主張しつづけていたのである。一九三四年から一九三五年にかけて、ネーリング中佐が、今度は一般的な陸軍の自動車化を解説するために、『明日の陸軍』という本を執筆した際、彼もまた、ド＝ゴールの提案を引用した。機密保持上の理由から、正式のドイツ軍の諸計画を公然と語ることは不可能だったからであった。

従って、ド＝ゴール将軍が、彼の回想録『大戦の回想　呼びかけ　一九四〇～一九四二年』において、ドイツ側が自分の提言を受け入れたことを示す重要証人として、ネーリングを引き合いに出しているのは誤りというものである。グデーリアンとは逆で、当時のド＝ゴール大佐は、その賢明で大胆な提案を　実行しそこねたのだった。

こうした今日的なテーマに関する理論的な取り組みは、きわめて活発であった。ルートヴィヒ・ベックならびにハインリヒ・フォン・シュテュルプナーゲル〔一八八六～一九四四年。当時、少将。最終階級は歩兵大将。第二次世界大戦では、第17軍司令官等を務めたが、ヒトラー暗殺計画に参加、死刑に処せられた〕の両将軍によって起案され、一九三三年十月十七日に編纂交付された教範「軍隊指揮」の趣旨においても、「戦車とエンジン」、「軍騎兵」といったことは、大きな問題とされていたのである。

戦車を、あらゆる兵種を混成した独立団隊に置くのか、それとも、自立させずに、歩兵の重支援兵科として編成するのか？

装甲兵科を持つことに積極的だったのは、オーストリアの勲爵士ルートヴィヒ・フォン・アイマンスベルガー退役大将〔砲兵大将〕とヴェッツェル退役大将〔歩兵大将〕だった。ヴェッツェルは、一九一七年から一九一八年にはルーデンドルフの右腕として知られ、一九二五年から一九二六年まで部隊局長、一九三〇年代には『軍事週報』に寄稿していた人物である。また、フラー、リデル＝ハート、ル・マーテル、シェパードといったイギリス人たちも賛成していた。

右のテーマについては、騎兵科のファーバー・デュ・フォール大佐が、『軍事週報』一〇四四段で断定している。「〔一九一四年の〕騎兵は、それがあれば、自らの立場を確固たるものにしたであろう作戦的な月桂冠を得ることもなく、空しく消耗していった。一九二〇年以降も、彼らは、乗馬歩兵に転じることを拒んできたのだ。だが、今となっては、騎兵もあきらめて、その活動の舞台をエンジンに譲り渡すべきなのである……」。

『軍事週報』第三四号〔一九三五年〕で、グデーリアン大佐は、フォン・ポーゼク退役騎兵大将の論述に対して、おのが見解を詳細に述べた。「……戦争史的な比較を引き合いに出すにあたっては、両陣営ともに新時代の武装を仮定することが必要かと思われる。さもなくば、たやすく誤った結論に導かれてしまうことだろう。将来の戦争において、装甲部隊も航空戦力も使えない陸軍は、高度な武装を有する敵に対しては、絶望的な状況に陥るはずだ。ちょうど、われわれが一九一八年にソワソンやアミアンで置かれたのと同様の事態である。そもそも、現代では、こうした兵器がなければ、防御を行うこともできはしない。……あらゆる兵科、つまり、航空兵や装甲部隊が効力を発する度合いは、当然、変化を被ることになる。防御手段も変わっていくからだ。指揮の芸術とは、それぞれの兵科を、その能力の可能性に応じて、利用しつくすことにある。……最後に、高度の武装をほどこした陸軍のすべてにおいて、主兵となるのは自動車化戦闘部隊であり、軍騎兵ではないとする意見を表明しておきたい。これは、戦闘目的上の要求があれば、他兵科との緊密な協同を導くことを妨げるものではない」。

『軍事週報』第二六号（一九三五年）では、カール・ヴァーゲナー騎兵大尉が、あらたな陸軍の構成を提案している。

一、**攻撃部隊、もしくは突破部隊。**
強力な戦車部隊より形成される。

二、**包囲、もしくは機動部隊。**
快速の軽装甲師団より成る。

三、**防止部隊。**
従来の歩兵師団に、通常の軍直属部隊を加えて、編合する。

常備軍は、この一項および二項の師団によって、構成されることになる。一方、予備役の将兵はすべて、三項の部隊に属し、戦時に動員されるのである。

『軍事週報』第四三号（一九三五年）では、フォン・ポーゼク退役騎兵大将が、あらためて乗馬騎兵維持の論陣を張った。「われわれは、戦場のあらゆる場所で運用可能な騎兵を必要としている。……国家防衛のため、乗馬騎兵が減少させられることがないように望む」。

これに対して、『軍事週報』第四八号（一九三五年）では、「不朽の騎兵たち」が、自動車化のおかげで、ある兵科が粉砕され、「将来回収できるかもさだかでない手形のために、その存在が抹消されること……」に異議を唱えた。

かかる討究は、同誌第四一号（一九三五年）のグデーリアンの論述で締めくくられることになる。「通信技術部門の専門家、フェルギーベル大佐が、『一九三五年の問題』、すなわち、自動車化団隊と航空部隊の指揮に関する技術的問題は解決されたとみなしているのは正しい。新時代の陸軍において、これらの団隊が、一九一四年から一九一八年にかけてのように、支援兵器の役割に甘んじることはもはやない。彼らは、何倍にも成長し、主要な戦闘力・衝力、**陸**

軍の中核となったのだ。まず第一に重要なのは、その運用である。これらの指揮の問題は、**運動中に戦闘する**という条件を前提としている。……両兵科とも、尋常でないほどの機動的な戦闘方法が、同様に機動的な指揮を要求するのである。麾下諸団隊を、文字通り実際に飛び越える〔航空機を使った指揮のこと〕、あるいは、それらに先んじて車行する指揮官のみが、戦闘経過に必要な影響をおよぼし得るということになろう。▽10 世界大戦中、航空隊の偉大な指導者たちはみな、そのように振る舞ったし、エリス将軍は、カンブレーで英軍の戦車攻撃を直率した……」。

「一九三五年の八月演習」

一九三五年三月十六日、ドイツ政府は国防主権を再び確立した。今なお偽装されてはいたものの、あらためてライヒスヘーアを徴兵制による軍隊に改編する作業は、全面的に進行していたのだ。ルッツ中将は、八月に、これまでに改編を開始していた諸部隊を編合した「演習装甲師団」により、ムンスター衛戍地の演習場において、四週間の演習を行うべく、準備に取りかかっていた。この師団の指揮は、のちに元帥にまで進級した男爵マクシミリアン・フォン・ヴァイクス中将と第3騎兵師団の幕僚たちに任された。この演習師団は、四つの異なる戦術的状況を表すよう、体系的に訓練されていく。確然と組み立てられた教育目的を有する、典型的な「教育・実験演習」であった。部隊指揮官たちが独立した決断を下せるかを掌握し、試験するのが重要なのではない。ルッツとグデーリアンは、多数の戦車集団が、他のあらゆる種類の補助兵科と協同しつつ、機動や戦闘を行うことは可能であると示したかったのである。

演習の準備と指導は、骨が折れるものだった。完全自動車化された団隊の演習を扱うのは初めてだったからだ。それらの指揮のたづなはきっちりと握っておかねばならず、演習目的を危うくするようなことがあってはならなかった。統裁・審判業務のために、複雑ではあるけれども、使い勝手のよい有線・無線連絡網が初めて設置された。それによって、機動性のある快速部隊に、いつでも正確な情勢を伝えることができたのである。後年、空軍元帥となった勲爵

▽10 »Heere von Morgen«〔明日の陸軍〕、六八頁以下の著者の要求を参照せよ。

士フォン・グライムに指揮された航空部隊も参加し、のちの空地協同へのヒントを与えてくれた。だが、戦車機材はいまだに不充分な数しかなかったから、模造戦車も使われた。部隊自体も、再訓練のただ中にあったのだ。

本演習で示されることになった事実に対して、上層部や業務上参観した者のあいだでは、不信と批判が支配的だった。演習目的は歪曲され、検証もなしに軽侮された。

のちに上級大将にまで進んだハンス・ラインハルトの「一九三五年度実験演習」に関する報告は、あのころの装甲部隊をめぐる紛糾の特徴を示している。当時のラインハルトは、大佐で、きわめて批判的だった陸軍参謀本部の教育訓練部長だった。

この演習には、陸軍総司令官だった男爵フォン・フリッチュ上級大将も参加するつもりだった。同じく、広範囲の職域にわたる多数の将軍たちも、新しい部隊とその特質を知るために、演習参加を命じられていたのだ。男爵フォン・フリッチュ将軍は、演習中、教育目的に沿うように計画され、リハーサルも済ませていた突破攻撃遂行に介入し、不意打ちで戦術的条件の変更を突っ込むと決めていた。この決定に影響をおよぼした理由は、いくつかあった。第一に、新しい部隊が本当にものになっているのかどうか、試したかったのだ。そうして、諸部隊に自信と能力を吹き込んでやりたいと思ったのである。ラインハルトは記す。[47]「多数の参観者のなかには、作戦的な装甲部隊の意義と価値について、疑いを抱き、『予行演習済みの教育展示』などでは納得しないと思っていた者が少なくなかった。結局、それが関係していたのだ」。

また、ラインハルト大佐も、訓令のかたちで、幕間劇を仕掛けていた。そこでは、演習装甲師団全体にわたり、すべての隷下部隊が、迅速な命令伝達、命令受領、協同と運用性を示すことになっていたのである。それゆえ、この中間の一幕への演習命令は、以下のような想定を組んでいた。同師団が突破に成功したのち（本来の教育演習は、ここで終わる予定だった）、予想外の要素として、あらたに接近行軍中と報じられた敵の側面に向かい、旋回させるのだ。

かかる課題は容易なものではなかった。そのための命令は、部隊が敵戦闘地帯の縦深奥に突進し、広く分散しかかっている状態、すなわち、もっとも脆弱なときに下達されることとされていたのである。
予定を組んでいた演習は、当初、望み通りに進み、準備されていた模範的な像を示した。「このとき、なんとも奇襲的かつ印象的なやり方で、フォン・フリッチュ将軍が介入した。……まったくの不意打ちで挿入された要素をもとに進められた演習の結果は、あぜんとするぐらいの成功を収めた。すべてが、異論の余地もないぐらいに、やりとげられたのだ。男爵フォン・フリッチュ将軍の命令は、最短時間で下達対象に届き、装甲捜索部隊も最短時間で新任務を得て、あらたな方向に進発した。すぐに各部隊が、いくつかの行軍団に部署され、新しい方向へと円滑に動きだす。……陸軍総司令官による称賛と評価が得られた。……あらゆる参観者が、新装甲部隊の働きに驚愕している……」[48]。ヒトラーは、この演習に参加しなかった。グデーリアンほかの見解では、ヒトラー付の陸軍副官が、控えめながらも抵抗を示し、彼の訪問を妨げたのだという。

最初の三個装甲師団

本「一九三五年度教育・実験演習」によって、一九三五年の仕事も山を越えた。最初の三個装甲師団の編成も、この年の十月に実行された。

第1装甲師団　師団長は、帝国男爵〔Reichsfreiherr. 神聖ローマ帝国によって授爵された爵位〕マクシミリアン・フォン・ヴァイクス中将（騎兵科）。
（在ヴァイマール司令部）作戦参謀は、ハンス・ベースラー参謀少佐（歩兵科から自動車兵科に転科）〔師団規模の部隊では、作戦参謀が参謀長の機能を果たす〕。

第2装甲師団　師団長は、ハインツ・グデーリアン大佐（歩兵科から自動車兵科に転科）。
（在ヴュルツブルク司令部）作戦参謀は、ヴァルター・シャール・ド・ボーリュー参謀大尉（砲兵科から騎兵科、さらに自動車兵科に転科）。

第3装甲師団　師団長は、エルンスト・フェスマン少将（騎兵科から自動車兵科に転科）。（在ベルリン司令部）作戦参謀は、ハンス・レティガー参謀大尉（砲兵科から自動車兵科へ転科）。

第3装甲師団は、編成された装甲部隊中、最古参の編制を含んでいた。同師団の司令部は、ずっと以前から存在していた「自動車教導幕僚部」からつくられたものだったからである。同じく、その第5戦車連隊も、新しいドイツ装甲兵科のなかでは、いちばん先に結成された団隊であった。第5戦車連隊の起源は、ツォッセンで戦車向けに初めて編成された自動車教導司令部、一九三三年十一月以来、あらたなドイツ戦車隊の萌芽となった存在だったのだ。装甲部隊の創設が、エーリヒ・フォン・チシュヴィッツ、アルフレート・フォン・フォラート・ボッケルベルク、オスヴァルト・ルッツといった将軍たち、そして、ハインツ・グデーリアン大佐の功績であることはあきらかだった。

早くも一九三五年九月二十七日には、従来の「自動車部隊監督部」（偽装名称）が、**装甲部隊司令部**に改編される。十一月一日、ルッツ中将が（最初の）装甲兵大将に進級、装甲兵の（初代）総司令官に任命された。同時に、国防省の「自動車戦闘部隊・陸軍自動車化総監」も兼任することとなったのだ。これによって、国防省外局の司令部機構と省内の行政部署との、目的にかなった結びつきが保証されたのである。

これまで幕僚長だったグデーリアン大佐も、師団長の地位を得た。もっとも、そのおかげで、グデーリアンは、陸軍中枢における推進者にして厄介な勧告者という役目をなくしたのであった。

グデーリアンは、初期段階にある若き装甲部隊が、さらに目的にかなった発展を遂げられるかという懸念を抱きつつ、幕僚長職から離任した。彼の意見によれば、「陸軍参謀本部の連中から、多数の敵対的な言動が寄せられることが予想され」たし、後任のフリードリヒ・パウルス大佐が、「十二分に強力な影響をおよぼし得るか」、また、快速部隊の組織と運用をめぐるあつれきについて、充分な経験を持っているだろうかと、はなはだ心もとなく思われたからであった。

「装甲部隊司令部」の新しい参謀たちは、その前からすでに、何人かの将校で補強されていた。Ⅱa（副官）はフローヘーファー少佐、Ⅱb〔人事係〕は男爵フォン・リュトヴィッツ少佐である。第5部長〔技術〕はゲールビヒ大尉、伝令将校は、カピス〔Ⅰb〔兵站部〕〕とランガー〔Ⅰa〔作戦部〕〕の両大尉だった。Ⅰa〔作戦参謀〕にはネーリング参謀中佐、Ⅰb〔兵站参謀〕にはフォン・ヒューナースドルフ参謀大尉が留任した。技術将校は、エッサース中佐であった。

のちに、装甲部隊司令部初期の首席参謀〔Ⅰa〕〔作戦参謀〕を務めたのは、ベースラー参謀中佐、ハイム参謀中佐、そして、この間に参謀中佐に進級したシャール・ド・ボーリューである。

第二章　一九三六年から一九三九年九月一日までの新装甲部隊[▽1]

I. 一九三六年

部隊

各部隊は、基幹団隊の編成を継続していた。

一九三六年、すでに編成済みだった他の連隊からの要員割愛を受けて、第7および第8戦車連隊が新編された。また、かかる新団隊も自ら補充をはかることになっていたのである。よって、その業務の重点は、訓練に置かれた。兵器、戦闘機材、自動車輛の装備も、遅々たる歩みではあるものの、進捗していく。

三月には、三個装甲師団が、隷下戦車旅団を残して、西部の演習地数か所に移動した。ラインラント進駐〔ヒトラーは、ヴェルサイユ条約により非武装地帯に指定され、軍事活動を行うことを禁じられていたラインラントに、ドイツ軍を進駐させる一挙に出た〕掩護のため、作戦的開進〔Aufmarsch. 前進展開のこと〕を行っていると欺騙するためだ。陸軍総司令官は、そうした、新兵ばかりで戦闘機材を持たない団隊に戦闘能力がないことなど、百も承知であった。ともかく、一定の政

▽1　付録、四一二頁以下を参照。

治目標を捉えての政治的措置だったのである。

専門文献

一九三五年から一九三六年にかけての冬の半年間に、陸軍参謀本部によって、あらたに発行された公的な雑誌『軍事学概観』〔Militärwissenschaftliche Rundschau〕の編集部の求めに応じ、グデーリアン大佐とネーリング中佐は、「装甲部隊とその他兵科との協同」ならびに「対戦車防御」というテーマの記事を執筆した。目的は、著しく拡張された陸軍の将校団を、こうした問題に親しませることだった。

その論文「対戦車防御」において、ネーリングは当時すでに、一九四二年から一九四四年に創設されたような「**対**(パン)**戦車車輛**(ツァーイエーガー)」〔Panzerjäger〕を要求していた。[▽2] すなわち、口径十センチまでのカノン砲、撃破されるべき戦車と同等の移動能力、ただし、そうした戦車よりは薄い装甲を有した車輛である。つまり、のちのⅢ号、もしくはⅣ号突撃砲、「Ⅳ号駆逐戦車」や「勢子(ヘッツァー)」〔これも駆逐戦車。駆逐戦車は砲塔を有さないため、より大口径の砲を搭載したり、生産が容易であるなどの利点がある〕のようなものだ。同様に、これからの発展に鑑みて、対戦車目的で**カノン砲を装備した航空機**や、機動的に運用可能な**戦車防止団隊**といったことも示唆、考慮されていた。筆者は、最後に断じている。「戦車隊か、対戦車防御か」という問題は、「剣と楯のごとく、両者ともに、しかるべき場所で、適当な数を必要とする」という解答で応じられるのみだ、と。責任を負う指導者の課題は、「場所」と「数」を決めることであろう。

一九三六年から一九三七年の冬には、グデーリアン少将が、ルッツ将軍の委任を受けて、傑出した著作『**戦車に注目せよ！**』〔ハインツ・グデーリアン『戦車に注目せよ――グデーリアン著作集』大木毅訳、作品社、二〇一六年所収〕を書いた。一九一七年から一九一八年までの歴史に関する該博な知識の上に記され、新しいドイツ装甲兵科についての細目を初めて伝えるものであった。

戦車生産

軽量六トンのI号戦車の供給が開始されていたため、各部隊の訓練も可能となっていた。その生産数は、一九三六年末までで、およそ三千両を数える。この年、一時的なことではあったにせよ、陸軍参謀本部が、一九三四年以来、すでに進められていた、より大型のⅢ号ならびにⅣ号戦車の開発にくちばしを挟んできた（陸軍兵器局審査第6部の将校たちの著者へのご教示による）。これらの重量は約十八トンであったが、陸軍参謀本部には重すぎるものと思われたのだ。参謀本部の人々は、「Ⅱ号戦車」（九トン）程度の重量で間に合わせられると信じていたのである。かかる「コップの中の嵐」は、なるほど、すぐにまた現れてきた。が、それは、戦車製造に関する技術的な困難と見解の相違をはっきりさせていた。同時に、他の部署で働く実務者の多くが、陸軍兵器局と参加企業の困難で時間のかかる仕事について、ごくわずかな技術的理解しか持っていなかったことを示している。そうした企業が、多大な時間を費やすこともなく、一朝一夕で切り替わるなど、あり得なかったのだ。加えて、新兵科の戦闘機材への兵器技術上の要求に対する、親身な理解が往々にして欠けていたことも表されていた。国際的にも、いっそうの発展がみられていることに鑑みて、充分な戦闘力を持ち、一定の装甲による防御、満足できるだけの速度、機動性、航続能力を有する兵器を以て、仮想敵に対抗したいと望むのであれば、二十トンほどの、より重量のある戦車が作られねばならなかったのである。

Ⅱ．一九三七年

部隊、編成、国防軍機動演習

一九三七年秋には、戦車連隊三個ならびに戦車大隊三個が新編された。さらに、参謀本部の計画に従い、四個歩兵師団（第2、第13、第20、第29）が完全自動車化され、**第1軽旅団**が編成された。これに続いて、三個軽師団（フランス

▽2　この兵種がいかなるものであるかについての解説は、»Jahrbuch des deutschen Heeres«〔ドイツ陸軍年鑑〕、一九四〇年版所収の図解記事»Panzerjäger an die Front«〔戦車猟兵前線へ〕、一一四～一二四頁にある。

軍の軽機械化師団〔Division légère méchanique〕を手本としたもの）の編成準備が行われている。

一九三七年秋、メクレンブルクのノイシュトレーリッツ周辺地域で、最初の大規模な国防軍機動演習が実施された。その際、新顔の装甲部隊は、第1および第3戦車旅団を運用したのである。演習最終日には、「設定された」、つまり、あらかじめ計画された、およそ八百両の戦車による攻撃が、グデーリアン少将の指揮のもと、賓客たち（とくに、ムッソリーニ、バドリョ元帥、英軍のサー・デヴェレル元帥、ヒトラーがいた）に披露された。この、強力な航空部隊と協同した戦車の攻撃を誇示した実演は印象深かった。もっとも、そのころ、手もとで使えたのは、軽量型のI号およびII号戦車だけだったのだが。

このとき、著者は、機動演習指導部（ブロンベルク元帥、カイテル将軍〔ヴィルヘルム・カイテル（一八八二～一九四六年）。最終階級は元帥。戦後、ニュルンベルク裁判で死刑を宣告され、絞首刑に処せられた〕、ヨードル大佐〔アルフレート・ヨードル（一八九〇～一九四六年）。最終階級は上級大将。戦後、ニュルンベルク裁判で死刑判決を受け、絞首刑に処せられた〕）のため、陸海空軍のそれぞれ一名ずつの参謀将校とともに、「最終講評」を準備・起案する任にあたった。演習指導部の幕僚は多数おり、さまざまな見解を聞くことができた。が、愕然とさせられたのは、装甲部隊に対する否定的な姿勢である。それは、演習指導部ではなく、参謀将校の一部にあったようだ。実際、戦車隊の補給と修理は充分機能しなかった。ここに燃料を切らした戦車が転がっているかと思えば、あちらには、技術的理由から脱落した故障戦車がぴくりとも動かずにいるといったありさまだったのである。大急ぎで編成された部隊は、組織性と経験を欠いていた。逆の意味で満足した連中は、こうした事実を確認、論評し、皮肉の種に使い、この新兵科全体のこととして一般化したのだ。

専門文献

本機動演習について、右のような印象が持たれるなか、あり得る反対論の潮流に対するため、グデーリアンはあらためて、戦車問題に関する「われわれの見解」を、ある軍事専門誌に書いた。「われわれの見解は、当時すでに、客観的な読者をおおいに納得させていたし、その後、大戦の過酷な経験によっても証明されることになったのである」。[▼49]

一九三七年には、フォン・アイマンスベルガー将軍が、またも傑出した論文「戦車戦術」を『軍事週報』に寄稿した。同誌一七八〇段から一七八二段（一九三七年）でも、別の筆者が「戦車は、**戦闘**用の車輌である。これは、ある目標に導かれるのではなく、そこに突入し、**戦い抜く**のだ」との結論を以て、アイマンスベルガーを擁護した。的を射たことであった。

同じ雑誌の二〇七八段から二〇八一段において、当時中尉だったカウフマン[3]が、戦車の戦闘遂行ぶりを、きわめて具体的に特徴づけている。「……乗馬攻撃をかけるのは間違っている！ ……火力による掩護を確立せよ。火力を完全に発揮するために部署するのだ。……敵戦車は勝手に走らせておけ！ ……味方の戦車攻撃は、基本的に歩兵攻撃同様に遂行される。……ただ、素早いテンポあるのみ！ ……」。

一九三七年一月一日より、部隊実務のための軍事専門雑誌『自動車戦闘部隊』〔Die Kraftfahrkampftruppe〕が発行されるようになった。そのなかで、「自動車戦闘部隊・陸軍自動車化監督官」となったヴェルナー・ケンプフ大佐は、「陸軍でいちばん若い兵科、自動車化戦闘部隊」に歓迎の意を表している。同誌四月号では、またカウフマン中尉が、「射撃車台としての戦車の適性」について、詳しく判定した。それは、とりわけ、無限軌道の支台の長さ、弾力性のある安定した駆動機構、武装の中心点への設置、エンジンの振動、矯正機の空動きといったことに左右されるのである。

同年、イギリスの機甲戦理論家バジル・ヘンリー・リデル゠ハートは、その著書『武装せるヨーロッパ』で、自分のみるところ、ドイツ装甲部隊は、開けた国境を持ち、対戦車防御が充分でない国にとって、開戦の際に、きわめて脅威となる兵種であると結論づけた。

▽3　カウフマン中尉（第8戦車連隊）は、今では、連邦国防軍の准将で、兵器査察監に任ぜられている。

「コンドル兵団」

陸軍は、一九三六年から一九三九年のスペイン内戦で、ドイツ人義勇団隊「コンドル兵団（レギオン・コンドル）」に、勲爵士フォン・トーマ中佐が指揮する第88戦車大隊を配した。これは、大隊本部、教導中隊三個〔I号およびII号戦車を装備〕、輸送縦列から成っていた。秘匿名称は「雄ミツバチ（ドローネ）」である。同大隊隷下の中隊は、第3装甲師団第6戦車連隊所属だった。それが、最古参の戦車大隊群からの義勇兵で補完されたのだ。第88戦車大隊は、ブルゴスでスペイン軍のための教導部隊として勤務し、戦車の投入が想定される場合には、スペイン人乗員のみで実行するものとされていた。こうした経験により、同種の敵〔戦車〕に対して、カノン砲で武装し、より強力な装甲を有するIII号およびIV号戦車を求める声が高まることとなった。

他方、フォン・トーマの最終的報告は、戦車に無線機材を設置し、指揮・連絡のために運用する可能性については、否定的な意見を表明している。これは、グデーリアン構想に重大な影響をおよぼした。一時的なこととはいえ、さらに作戦的な装甲部隊を築き上げるべきだとする見解を脅かしたのである。

一面的で局地的な事情からは、誤った推論が引き出されかねない。それが示されたといえよう。加えて、ロシア人もまた、スペインでソ連戦車を運用した経験〔ソ連は、スペイン内戦で、人民政府側に軍事支援を行った〕からの的外れな憶測をもとにして、作戦的装甲部隊の創設を放棄したのであった。▼50

III. 一九三八年

部隊

編成のテンポは再び活発となった。晩秋までに編成、もしくは編成を下令された部隊は、第4、第5装甲師団、第4、第6独立戦車旅団、第1〜第4までの軽師団、ほかに複数の対戦車大隊である。

独立戦車旅団、軽師団、すでに一九三七年に自動車化されていた歩兵師団四個の編成は、陸軍参謀本部の提案に応じたものだった。[4]しかしながら、自動車化戦闘部隊において、かかる分散を行うのは、グデーリアンの見解とまさしく相対立することであった。彼は、装甲部隊によって真の重点を形成することを欲し、多種多様な実験団隊を持つことなど望まなかったのである。ところが、こうした新編によって、グデーリアンが一九三五年にベルリンを離れるときに恐れていたような事態が現出したのだ。しかも、この三種の編制は、ほとんど役に立たなかった。理由は以下の通りだ。**自動車化歩兵師団**は、まったく形式的なやり方で、全兵力を完全自動車化したものであった。おかげで、こうした部隊は、過剰な数の自動車輛を持つことになり、極度に扱いにくくなってしまった。**軽（自動車化）師団**は、戦闘用の組織的な装甲戦力を建制内に有していなかった。また、作戦捜索に関しては、このような師団の編成は、兵力分散を意味するに決まっていたのだ。**独立戦車旅団**は、自立した運用ができず、歩兵師団に膚接したかたちでのみ投入可能だった。歩兵師団の建制砲兵と、ほぼ同様の使い方である。戦闘、なかんずく攻撃のテンポは、戦車を使っているにもかかわらず、歩兵の速度に留まってしまうのだ。必然的な結果として、**自動車化歩兵師団**の建制は、自動車化歩兵連隊三個から、二個に縮小された。両戦車旅団は分割され、それらを使って、第10装甲師団の編成ならびにポーランド戦役後における軽師団群の第6から第9装甲師団への改編が行われたのである。

一九三八年二月、とうとう自動車化軍団司令部が編成された。**第14**軍団は、グスタフ・フォン・ヴィータースハイム将軍が指揮し、四個自動車化歩兵師団を麾下に置く。ヘルマン・ホート将軍を長とする第**15**軍団は、軽師団四個を指揮下に入れた。第**16**軍団（これまで、「装甲部隊司令部」と称されていた）は、オスヴァルト・ルッツ将軍を軍団長として、最初の三個装甲師団を編合したのである。これらの司令部三個はすべて、ヴァルター・フォン・ブラウヒッチュ将軍の**第4軍集団司令部**に隷属し、それによって、指揮と教育訓練を統一的に確立することができたのである。

右記の分散が理由となって、装甲部隊の新設諸団隊の兵科色〔記章などに使われ、その兵科を示す色〕も、戦争最後の数年間に至るまで、繰り返し変更された。従来の装甲兵科全体の兵科色（ピンク）は、戦車と対戦車部隊についての

▽4　前掲 Foerster, Wolfgang, »Generaloberst Ludwig Beck«〔ルートヴィヒ・ベック上級大将〕, 三六頁。

み、存続することとなったのだ。装甲捜索大隊は、最初、騎兵のものであった黄金色を割り当てられた。それから、独立兵科として、茶色の縁飾りがほどこされる。さらに、一九四三年からは、縁取りがピンクとなった。装甲師団隷下の狙撃兵とオートバイ狙撃兵は、兵科色は緑とされた。軽師団の狙撃兵部隊は、騎兵の兵科色である黄色を与えられ、「騎馬狙撃兵（カヴァレリーシュッツェン）」〔Kavallerieschützen〕の名を付せられた。また、彼らのうち、大尉の階級にあるものは、「騎兵大尉（リットマイスター）」〔Rittmeister〕と呼称されるようになったのである。自動車化歩兵は、白の兵科色を得た。

一九三八年二月四日

一九三八年二月四日の「ブロンベルク・フリッチュ危機」〔ブロンベルク国防相が元娼婦と結婚したとの理由で、また、フリッチュ陸軍総司令官が男色の嫌疑をかけられたことにより、両者ともに失脚した〕の影響を受けて、最終的に実行された国防軍最高統帥部の機構変更は、大幅な人事異動を引き起こした。当時、その影響は広い範囲におよび、現場部隊といえども、看過できないほどであった。この日、多くの予想外の異動とともに、初代装甲部隊総司令官オスヴァルト・ルッツ将軍の退役が言い渡されたのだ。グデーリアンほかの協力者たちとともに、ルッツは、**作戦的なドイツ装甲部隊の創設**に成功した。これは、のちの大戦で、あらゆる国の陸軍が模倣することになったのである。彼の疲れを知らぬ働きこそが、グデーリアンの構想を促進し、そのかたちを固めた。ときには、グデーリアンが「心理的な拒絶の壁」に遭って、挫折しそうになったところで、それを実際に遂行させるために、決定的な助力を与えたのだ。

予想だにされていなかったルッツ将軍の退任には、とりわけ驚かされた。その理由が彼の人物にあったとすることはできない。むしろ、ヒトラーの軍政的決定のゆえであったろう。それによって、上の世代の功績ある将軍たち多数も、同様の屈辱的なやり方に見舞われた。ヒトラーにとって、彼らは、自らを軍隊の頂点に据え、おのが外交計画のために軍事力を無条件に運用できるようにするための途上に居座る不快な存在だと思われたのである。

グデーリアンは、この日のことを、一九三四年六月三十日〔ナチ突撃隊の粛清事件。国防軍は、自らを脅かす存在となっていた突撃隊幹部の殺戮を黙認した〕とならぶ、陸軍総司令部「第二の暗黒の日」▼51であると特記しているが、それは正しい。

とはいえ、グデーリアンは、同じころ、特別に優先されて中将に進級し、ルッツ将軍の後継者として、とりわけ適任の人物として、第16〔装甲〕軍団長に任命された〔正確には、「第16〔自動車化〕軍団」と呼称されていたはずであるけれども、原書に従う〕。このとき、彼の麾下に入ったのは、以下の諸師団であった。

第1装甲師団　ルドルフ・シュミット中将〔歩兵科出身。のち、通信科、さらに参謀科に転科〕。
第2装甲師団　ルドルフ・ファイエル少将〔騎兵科出身〕。
第3装甲師団　男爵レオ・ガイヤ・フォン・シュヴェッペンブルク中将〔騎兵科出身、のち参謀科に転科〕。

一九三八年三月十二日のオーストリア進軍

本書では、オーストリア占領とライヒへの合邦は、装甲部隊が関わった範囲に留め、概略を述べるだけにしよう。グデーリアンと、これに参加した第2装甲師団〔ヴュルツブルク〕は、軍隊によりオーストリアを占領せんとするアドルフ・ヒトラーの企図に、まったく仰天させられていた。それゆえ、第2装甲師団隷下の指揮官すべてによる戦術会議が、トリアー地区で催された。彼らは、そこからヴュルツブルクの駐屯地に戻され、隷下部隊とともに縦隊行軍を実施、ついには、ウィーンに向かう七百キロの行程を踏破することになった。ところが、その進軍にあたっては、オーストリアの参謀本部〔作成〕地図もなければ、必要な規模の燃料を準備することも間に合わなかったのである。必要な燃料を運ぶ補給段列もなかった。第2装甲師団は、単なる機動性のある部隊と目されていただけだったのだ。充分な部品補充機構もなかったし、修理業務についても、まったく不充分な組織が存在するのみであった。「一九三七年度国防軍機動演習」で、ひどい経験をしたというのに、それがしっかりと検討されていなかったためである。装甲団隊の運用は即席のものとなり、ゆえに弱点をさらけだした。そこから、根本的に対立していた敵や、軍事について、ろくな情報を持っていない素人〔しろうと〕からの激しい批判が出てくることになったのだが、現実に照らせば、そんな言いぐさは不当というものであった。

実際、進軍は、新米部隊としては上々の出来だった。彼らは、きわめて長距離にわたる作戦運用が可能であり、行軍速度の大きさを前提とすれば、一本の道路で一個師団以上の兵力を動かし得ることを示したのである。これは、自動車化された「直衛旗団(ライプシュタンダルテ)」〔Leibstandarte. ヒトラーの護衛隊から発展した親衛隊の軍事組織である武装親衛隊の部隊「アドルフ・ヒトラー直衛旗団」のこと。当時、連隊規模〕のパッサウからウィーンへの行軍においても、あきらかにされていた。

予想通り、戦闘行動に至ることはなかった。従って、得られた経験も、部隊の迅速なる準備配置、行軍機動、あらゆる兵站分野における補給だけということになったが、将来のためには貴重なものだったのである。

ウィンストン・チャーチルは、その回想録で[▽5]、本進軍についての誤った像を提示した。「ドイツの戦争機械は、よろめきながら、ガタガタと国境を越えたものの、リンツ付近で止まってしまった」というのだ。当時、多くの情報源を利用できる立場にいた人物が、こんな間違った見解を抱いていたとは、驚かされるばかりである。ただし、そのような見解は、いうまでもないことだが、一九三九年から一九四一年までの成功に外国がなぜ肝をつぶしたかを説明してくれる。

実際には、雨と雪嵐にもかかわらず、また広範な道路修理を要したことをものともせずに、大多数の戦車は、いかなる事故を起こすこともなく、ウィーンに到着したのであった。その際、注目すべきは、部隊のほとんどが軽量のI号およびII号戦車しか使用していなかったことであろう。

一九三八年八月のリューネブルク荒地における演習

八月、著者は、指揮する第5戦車連隊〔ベルリン近郊ヴュンスドルフに駐屯〕とともに、ベルゲン＝ホーネに在った。本連隊は、一九三七年以来、新型III号戦車〔重量約二十トン、三・七センチ口径カノン砲装備〕を使用しており、一九三八年春からは、若干のIV号戦車〔およそ二十三ないし二十五トン、短砲身七・五センチ口径カノン砲装備〕を得ていた。

この演習からは、三つの部分を抜き出して、述べることとしたい。第一は、猛烈な射撃が実行された戦闘演習である。この演習は、第4中隊長ゲルハルト・ヴェンデンブルク少佐によって実施され、新時代の戦車による戦闘要領を示したのだ。戦車は、無意味に敵に向かって進み、標的になるようなことはしなかった。相互に火力掩護を行いつつ、射撃と移動を行い、前進したのである。このとき、軽量の機関銃戦車と中型の砲戦車は互いに補完し合った。

また、全連隊を投じての一連の演習もあった。これには、男爵フォン・ガイヤ師団長も参加している。彼は、非常に近代的な思考の持ち主で、とくに、あらゆる兵種が協同することを強調していた。師団長と幕僚たち（キュールアインン中佐、フォス少尉ら）は、当時、使えたものすべてを持ち込んでいた。同時に演習を行うことになっていたノイマン大佐が指揮する第17歩兵連隊、対戦車砲大隊一個、そして、何よりも、近傍フリーガーホルストから飛来した空軍だ。加えて、煙幕や爆竹などの演習補助材も使われていた。この演習の指導は簡単ではなかった。しかしながら、無線や航空機の投入も含むすべてのことを互いに同調させることができ、よって、演習目的も達成されたのである。

最後に、戦車による大規模な接近行軍を実施した演習について、述べるべきことが残っている。第5戦車連隊の二個大隊は（第1大隊長シェーファー少佐、第2大隊長ブライト中佐）、封緘（ふうかん）命令を携えて、行軍に入った。これは、ある地点に達した時点で初めて開封され、緊急に実行されることを要する。その際、機動により敵の側面を包囲するため、森林の、戦車に対して安全であると称されていた連丘を越えることとされていた。

最終講評で、演習全般の指導官であった連隊長（ネーリング）は、戦車運用の原則を検討した。他兵科の将校多数が出席していたからである。このとき、旅団長のシュトゥンプフ少将が支持してくれた。結びとして、第2軍団長ウーレックス砲兵大将が、左のごとく発言した。「たった今、大佐殿（揶揄（やゆ）の意味がこめられている）が述べたことは、素晴らしく、結構なことであるかもしれん。しかしながら、いったん緩急あらば、われわれは、自分たちが正しいと思うやり方で戦車を使用するであろう……」。つまり、歩兵の支援兵器として用いるということだった。

あらゆる師団において、同様の演習が遂行された。戦術、編制、教育訓練をいっそう進歩させるため、示唆や経験

▽5　Churchill, Winston, »Der Zweite Weltkrieg«〔英語版オリジナルからの邦訳として、ウィンストン・チャーチル『第二次大戦回顧録』全二十四巻、毎日新聞社訳、毎日新聞社、一九四九～一九五五年〕, 第一巻、1949, 三三一頁。

が必要だったのだ。

「ミュンヘン協定」〔一九三八年、ヒトラーは、ドイツ系住民が多く住むズデーテン地方の解放を大義名分として、チェコスロヴァキア侵略をはかった。チェコ側も強硬な態度で応じ、戦争一歩手前の国際危機となったが、英仏独伊によるミュンヘン会談が開かれ、調停がはかられた。その結果、結ばれたミュンヘン協定により、チェコスロヴァキアは領土割譲を迫られ、翌年には、完全に解体された〕にもとづくズデーテン地方への進駐は、自動車化団隊の視点からみれば、またしても教訓にみち、事故もなしに進んだ集結・行軍演習にすぎなかった。これは、世間一般に「花の戦争（ブルーメンクリーク）」〔ズテーテン進駐の際に、ドイツ軍部隊が地元住民より花を捧げられ、歓迎されたことに由来するプロパガンダ用語〕と称された。進駐部隊は、ズデーテン・ドイツ人にとって、解放者とみなされたからである。あらたに貴重な経験が蓄積され、部隊はそれらを教え込まれた。だが、陸軍参謀総長ルートヴィヒ・ベック将軍は、進駐前に辞職を願い出ていたのだ。彼が、ヒトラーの諸計画を拒否したためであった。

新兵科「快速部隊」

その直後、ヒトラーは、あらゆる「快速部隊」、すなわち、自動車化団隊と騎兵の残余を、統一機関のもとに結集するよう要求してきた。陸軍総司令部は、同機関の長として、ハンス・フォン・クルーゲ〔のちに元帥に昇りつめたギュンター・フォン・クルーゲ（一八八二～一九四四年）のこと。幼年学校・士官学校時代に、きわめて優秀であったことから、クルーゲは、当時、「計算をする馬」として非常に有名だった馬の名前にちなんで、「賢いハンス」とあだ名されていた。これが定着し、ハンス・フォン・クルーゲと通称されるようになったのである〕を予定していたのであるが、ヒトラーの希望に合わせ、若干の躊躇を示しこそしたものの、グデーリアンを「快速部隊長官」に任命したのだ。ところが、グデーリアンは懸念を申し立てた。というのは、この地位は、面倒をみてやるべき諸部隊を麾下に置くことがない、一種の「監督的部署」にすぎないとみなしていたからで、それは正しかったのである。しかも、グデーリアンは、これまでの経験から、新しい陸軍総司令官ヴァルター・フォン・ブラウヒッチュ上級大将と陸軍総司令部が、装甲部隊の発展という問題に対して抱いていた根本的な姿勢を疑っていた。加えて、「この古き兵科の意志に反して」、騎兵との連合を実行したとしても、「彼らのあいだに抵抗が生じるだろう」と、グデーリアンは考えたのである。

だが、ヒトラーは譲らず、グデーリアンは装甲兵大将に進級した上で、十一月二十日に、あらたな部署に就いた。第16軍団（自動車化）長の後任は、エーリヒ・ヘープナー中将となった。そのころ、グデーリアンの幕僚を務めていたのは、ル・シュアール中佐（山岳猟兵科）、レティガー少佐（砲兵出身、のち自動車部隊に転科）であり、副官はリーベル中佐（騎兵科）だった。加えて、快速部隊の諸担当部門（戦車、対戦車砲部隊、装甲捜索隊、自動車化狙撃兵、騎兵）一つにつき、係官が一人ずつ配された。

この時点までに、一九三八年度の編成計画はすでに終了しており、変更することはもはや不可能だったのだ。

かくて、一九三八年なかばには、グデーリアンは、ドイツ装甲部隊の組織者としては、その成功の頂点に立っていた。彼は、所与の前提をもとに期待されていた以上のことをなしとげた。そして、平時において、その兵科の編制と教育訓練を担当する最高機関の長となったのである。だが、グデーリアンは、年若な部隊の弱点をよく知っていた。以下のようなことだ。装甲部隊には、十二分の価値を持つ戦車や他の戦争機材といった装備が不足していた。戦術的な領域における、統一的に組み立てられた**教育訓練**も、まだ行われていなかった。さらに、新編成のための部隊割譲が続いたため、動揺が収まらぬままだったのである。

装甲部隊の大きな強みは、これまでの自動車部隊と鞍から下りた騎兵のジンテーゼによって、きわだった存在になった下士官・将校団であった。また、他兵科出身の多くの傑出した人々によって、補完されてもいたのだ。そうしたことで、各兵科の「持ち場根性ゆえの盲目性」も回避、あるいは克服することが可能になった。そのため、先を見通して考え、より鷹揚（おうよう）に、かつ、いっそう迅速に行動するようになったのである。「エンジンを操る男たちの時代」が開幕した。その要求するところを逃れることはできない。グデーリアンと装甲部隊は、正しい道を進んでいた。彼らの弱みも、時が助けとなって、それを乗り越えられるだろうから、まずは我慢できた。あらたに調達されたライヒの国防能力に鑑みれば、戦争はもはや考えられないというのが、軍指導部の見解だった。自ら侵略戦争を行うという考えなど、馬鹿馬鹿しいかぎりだったのだ。そんなことをしようにも、政治的な準備とならんで、軍事的なそれも、ほとんどすべてが欠けていたからである。

専門文献

およそ十年間にわたり、軍事専門家のあいだで、「戦車とエンジン」というテーマが重要な役割を果したこと、それについて一定の像が固まったことは述べた。[52] 以下、当時の三世代それぞれの参謀将校の見解を引用することにしよう。

伯爵ヨハン・フォン・キールマンゼグ大尉[▽6]は、一九三八年に、半官半民の雑誌『国防軍』〔Die Wehrmacht〕で、軽度の野戦築城をほどこした、切れ目のない戦線に対し、奇襲突破を行う際の装甲師団の戦術的なやり方について、きわめて詳細かつ肯定的な意見を表明している。[53]

ヴァルター・K・ネーリング大佐（当時、戦車連隊長）は、同じ号で、大きく縦深を取った防御正面を抜くための、装甲車輌と自動車化された強力な歩兵を使用する突破について論じた。[54]

「……つまり、突破に際して、何が重要となるのか？　ひとたび放たれた攻撃と突入が、肉体的消耗によって、停止に至らしめられることではない。防御側が出し得る速さと少なくとも同じ程度の動きで、しかし、いや増すばかりの攻撃力を以て突破すること、その際に、縦深と正面幅の双方において突破を拡大し、よって、作戦的に有効なものとすることが問題なのだ。この場合、奇襲を行うために、攻撃部隊の主力は、その前夜になって初めて集結を許される。それはいまだに、繰り返し求められるべきことなのである。新時代の見解によれば、技術の進歩は、左のやりようを可能にした。従来の諸兵科と自動車化・装甲戦力ならびに空軍との協同によって、これまでの陣地の緩慢な『蚕食（さんしょく）』に換え、突破地域の全縦深にわたって同時に突進し、防御機構を決定的に動揺させ、敵が充分な規模の予備を召致して、防御を立て直す前に、成功をもぎ取るのだ。それには、以下のごとき戦闘手順が取られる。最初に戦線を突破、ついで、作戦的なレベルの縦深で戦闘し、敵の作戦予備を殲滅する。最後は作戦的追撃である。

そのため、第一波の**歩兵師団**が攻撃を遂行する。軍砲兵がこれを支援し、軍予備の強力な装甲団隊が前駆して、敵戦線を切り裂く。この装甲団隊は、攻撃発動前夜になって初めて攻撃正面に召致される。攻撃開始とともに、はるか後方から、**装甲師団**が突進する。歩兵師団が防御側の主戦闘地帯に突入したならば、まさに急行してくるであろう敵の作戦予備とその上級司令部を撃滅し、しかるのちに追撃に移るため、怒濤のような進撃を行えるように、装甲師団は準備・待機させておくのである。同時に、百キロほど後方の待機地域に控置されていた**自動車化歩兵師団**が進発する。数時間のうちに前線に到達すべく、路外機動可能な車輌で走破し、さらなる装甲師団隷下諸団隊とともに、戦果拡張をめざして追随していくのだ。かかる装甲・自動車化部隊の攻撃波の背後に、つぎの歩兵師団が続く。彼らの目的は、掃討、奪取地の確保、戦果の拡張である。全攻撃地域の上空には、空軍の諸戦隊が飛びまわり、攻撃に随伴する。空軍は地上戦闘に介入し、煙幕を張り、とくに長射程を有する遠距離戦闘砲兵を制圧、敵の作戦予備が召致され、集中投入されるのを妨害するのだ。さらに、爆弾を投下して、敵上級司令部中枢の通信連絡システムを寸断し、正面から攻撃する地上部隊と呼応して、空挺部隊による敵戦線の包囲にかかる。また、遠く後方にある攻撃目標、後背地の奥にまで混乱をもたらす。かかる助力によって、最高速であるとはいえ、地面に固縛されている諸兵科の共通の勝利をめざす闘争を容易にしてくれるのである。……かくて、われわれは結論に至る。装甲兵科は進軍する。それに疑いを差し挟むことは不可能だからだ。……決定的なのは、エンジンなるものの創造的本質が一般に認識されているという事実である。[55] エンジンは、かつての火薬や蒸気機関の発明同様のあり方で、戦争遂行に影響をおよぼすであろう。戦争が長期化すれば、装軌であると装輪であるとにかかわらず、多かれ少なかれ装甲をほどこされ、自動化された車輌が、地上の主役を演じるはずだ。それが、歩兵・砲兵編制の不可欠の一部としてか、戦場の補給車輌としてであるか、何よりも、独立して作戦する、あらたな主兵としての装甲師団の形態を取るのかなどということは、さしたることではない……[56]」。

装甲部隊の味方も敵も、当時、こうした構想は誇張された夢想であろうとみなしていた。ここで、ベック将軍の一

▽6　一九六八年三月三十一日まで、NATO中部ヨーロッパ方面総司令官であった。

九三七年から一九三八年の『研究』に注意を喚起してもよかろう。将軍は、「いわゆる進歩の主唱者」の見解は疑わしいと称していたのである。しかしながら、一九四〇年五月に取られた、コブレンツ＝スダン＝アミアン＝〔英仏〕海峡沿岸という攻勢軸は（チャーチルが「鎌の一撃」として描いた作戦だ）、この「進歩主義者たち」が正しかったと示したことになろう。

より年長の世代の主張としては、有名なヴァルデマール・エルフルト退役歩兵大将が、その著作『戦争における奇襲』[7]において、**エンジンと戦車**は、他の手段とならんで、**重要な奇襲要素**であると述べている。また、その別の著書『殲滅的勝利』[8]でも、同じく、戦時の作戦に、**エンジンがおよぼす空間縮小効果**というテーマが強調されていた。第二次世界大戦前には、いまだ一般に認識されていなかったことだ。エルフルトは、結論部分で、シュリーフェン伯爵〔アルフレート・フォン・シュリーフェン（一八三三～一九一三年）。ドイツ帝国の第三代参謀総長として、対ロシア・フランス作戦を立案した。主力をまず西部戦線に集中し、短期決戦でフランスを降したのち、返す刀でロシアに当たるという計画で、「シュリーフェン計画」と呼ばれた〕の言葉を思い起こしている。「大きな成功を収めようと思うなら、常に何かを敢行するしかない」。

Ⅳ．一九三九年

この年、戦争勃発に至るまで、装甲部隊では、新しい団隊は編成されなかった。一九三九年は、大急ぎの創設作業をいっそう確実なものとすることに捧げられたのである。装甲部隊学校では、ヴュンスドルフに**戦車教導連隊**をつくった。そのため、他の諸団隊のほか、とくに第8戦車連隊も人員を割愛することとなった。ウィーンには、新編の**第19軍団**（自動車化）**司令部**が置かれ（第2装甲師団ならびに第4（オーストリア）軽師団が、その麾下に入った）、プラハにも、**第10装甲師団司令部**が配された。

ベーメン＝メーレン進駐

一九三九年三月十五日におけるベーメン＝メーレン〔当時、チェコスロヴァキア領。チェコ名は「ボヘミア＝モラヴィア」〕軍事占領の劇的な展開は、ライヒとその世界における声望にとって、外交的に困難で、不利な結果をもたらすことになった。が、装甲部隊が関与したかぎりでは、この出動は、まったく予想外で、あちこちに相当の問題を抱えた試験動員を意味していたのである。それを、装甲部隊諸師団の隊史から読み取るのは、難しいことではない。政治的な面では、このときすでに、かかる政府の一挙に対して、部隊内で著しい疑念が表明されていた。が、そうした懸念も、無軌道に適用された政治の優位に直面し、無意味に終わったのだ。

第5戦車連隊（当時、著者が連隊長を務めていた）では、ちょうど、ギールガ大尉の指導のもと、戦車の無線通信に関する砂盤演習〔砂を盛った盤上で、さまざまな地形をつくり、そこで歩兵や兵器の模型を使って、戦術や戦法を検討する演習〕が催されているところだった。フォン・ヴィルケ少佐の指揮で、一個大隊を進発し得るようにすべしとの命令が到着したときも、将校たちは演習用の追加命令だろうと思ったぐらいだ。その命令が深刻な事態を想定したものだなどとは考えられなかったからである。六時間後、ギールガと第1中隊は、どこに向かうともしれぬ輸送列車に乗車していた。彼はのちに、自分の政治的な懸念は正しかったと思うことになる。

戦車演習とパレード

五月には、ヘルマン・ホート将軍の指導を受けて、師団の建制内で多くの大規模な演習が行われた。ここで、あらゆる種類の試みがなされたのである。その際、ヘルマン・ブライト中佐が代理として、第5戦車連隊を指揮した。軍の参観者の声は、関心を示すものであり、以前よりも有利な内容になっていた。何か、新しい存在が生み出され、独立して作戦する団隊としての有用性を持っていると思われる。そのことは、もはや争うべくもなかったのだ。

▽7　一九三八年九月刊行。
▽8　一九三九年九月刊行。

一九三九年四月二十日ならびに六月六日には、ベルリンで大きな軍のパレードが催され、後者は、ユーゴスラヴィアの摂政パヴレの前で挙行された。このパレードのため、第5戦車連隊は、他の装甲師団からのⅢ号ならびにⅣ号戦車によって、建制の定数を充足したのである。見通せないほど長大な戦車と自動車輛の縦列が通り過ぎていくさまは、観客に強い印象を与えた。かかる軍事的な見せ物は、外国の武官や軍事評論家、世界中から来たジャーナリストのなかにいた専門家たちの注目を集め、イギリスの歴史家テイラーが考えるように、▼57当時すでに演出されていた神経戦の一部として使われることになったのだ。

戦車の装備

一九三九年八月末には、各戦車大隊は、それぞれ六十九両の戦車を有しており、平時には大隊本部と戦車中隊四個から成る編制を取っていた。動員されると、これが、大隊本部と戦車中隊三個の編制になる。大隊本部は、Ⅲ号指揮戦車一両、Ⅱ号戦車一両、Ⅰ号戦車四両より構成されていた。第1から第3中隊までは、おのおの、Ⅲ号戦車（戦車砲用の三・七センチロ径カノン砲装備）四両、Ⅱ号戦車（二センチ戦車砲装備）八両、Ⅰ号戦車（二連装七・九ミリ機関銃装備）九両を保有する。第4中隊は、Ⅳ号戦車（七・五センチロ径短砲身戦車砲装備）十六両、Ⅱ号戦車五両から成っていた。大隊ごとの合計戦車数は、Ⅰ号戦車二十二両、Ⅱ号戦車二十二両、Ⅲ号戦車九両、Ⅳ号戦車十六両である。

Ⅰ号戦車は、捜索と掩護にあたり、Ⅱ号戦車とⅢ号戦車は、何よりも敵の戦車と重対戦車兵器に対して戦うものとされた。Ⅳ号戦車は、他の型式の戦車による戦闘を見守り、支援するのだ。全車、相互の通信連絡のため、無線機材を装備していた。さらに、各中隊は、小規模な整備・修理任務のため、修理隊（修理梯隊）を使えたし、より大きな修理任務に携わる補完機構として、各戦車大隊は一個修理小隊を有していた。当時の戦車連隊は、連隊本部を含めて、二個戦車大隊、四種の型式すべてを合わせて、およそ百五十両の戦車および指揮戦車を持っていたのである。装甲師団には、旅団司令部と戦車連隊二個が属し、定数で三百二十四両の戦車、一万一千七百九十二名の兵員から成っていた。

V. 第二次世界大戦勃発前の近隣諸国陸軍指導部における、戦車の運用に関する見解

フランス

フランス陸軍指導部は、一九一八年の原則に従って、その国土を防衛するつもりだった。歩兵と砲兵が主兵だったのだ。機甲部隊は「歩兵の支援兵科」のままで、編制上も後者に属していた。フランス戦車部隊は、一九三二年末には、戦車中隊七十四個を有していた。これは、各戦車連隊二個を隷下に置く、戦車だけの旅団五個に編合された。一個戦車連隊ごとに、戦車大隊二個が配されている。また、五個騎兵師団があったが、これらは、装甲偵察車と、それぞれ一個大隊の「自動車化龍騎兵（ドラゴン・ポルテ）」〔Dragons Portés〕（トラックに乗った龍騎兵）によって、部分的に自動車化されていたのである。

一九三三年以降、あらたな編制が取られ、新型戦車も生産されたものの、古い運用原則が固持されていた。

戦車の主力（六十一個大隊中、三十三個）は、一九三九年から一九四〇年にかけ、支援兵器として、歩兵の建制内に配属された。この点に関しては、ポーランド戦役の経験によって修正されたところもごくわずかだった。

七個歩兵師団（第一、第三、第五、第九、第一二、第一五、第二五）は、なるほど、一部が自動車化されていたことになっているが、それはすなわち、軍直属の輸送団隊により、輸送されるだけのことだった（堅固に保持された戦線背後に置かれる、応急手当て部隊の扱いだ）。従って、機動戦において、それらを実際に運用すれば、往々にして、手遅れの事態になるであろうことは間違いなかった。

五個騎兵師団は、従前通り、部分的に自動車化された状態にあった。これらが使用できるのは、装甲偵察車と捜索用の軽戦車のみ。従って、戦闘力不足であった。

「**軽機械化師団**(ディヴィジョン・レジェール・メカニク)」**三個**は、たしかにH35戦車を装備してはいたものの（この種の師団をお手本にしたドイツ軍の軽師団同様）、戦闘任務には弱体に過ぎ、ゆえに、機械化部隊の戦闘には、限定されたかたちで投入し得るだけだった。

編成が予定されていた四個機甲師団は、編制の面からみるなら、相当に有用だった。

しかしながら、この機甲師団は、他の兵科の隷下部隊とともに、わずか一個大隊の随伴歩兵を有するのみだったのである。これでは、作戦的に独立運用するには、少なすぎるに決まっていた。よって、かかる編制の師団は、限られた反撃に適していただけにすぎなかったのだ。加えて、それら四個師団を、一九四〇年五月十日〔ドイツの西方侵攻が開始された日〕までに、完全に投入可能な状態にすることはできなかった。

一九三四年に、ド＝ゴール大佐が目的にかなった意見具申を行ったが、フランス軍参謀本部に対して、それを貫徹することはできなかった。ここでもまた、半端な仕事がなされただけだったのである。

他方、威力のある新型の戦車が開発されて、一九三五年から一九四〇年五月のあいだに生産された。

重量十トンで、三・七センチ口径カノン砲一門を備えた軽戦車。最大装甲厚は四十ミリにおよび、速力はおよそ時速二十キロ。全部で二千六百六十五両が配備されていた。

軽戦車を支援し、敵戦車を制圧するための戦車（会戦戦車(シャール・ド・バタイユ)〔chars de bataille〕）。一千五百三十両が在った。これらは、その強力な装甲と武装により、ドイツ軍の戦車や対戦車砲に十二分に対抗可能、あるいは優越していたのである。

こうした戦車を作戦的な団隊に編合・指揮していれば、一九四〇年のドイツ軍の勝利を、著しく困難にさせることができただろう。ドイツ軍は二千五百七十四両の戦車を投入、右のごときフランス戦車に対峙させたが、そのうち、装甲と武装において、フランス戦車とおおむね同等だったⅢ号およびⅣ号戦車は、わずか六百二十七両だけだったのだ。

大英帝国

イギリスでは、一九一八年以来、戦車の運用に関する意見が分かれていた。戦車の専門家であるフラーやマーテル、リデル＝ハートらが、新時代の「タンク」運用の可能性や合目的性を示し、また、混成機甲団隊による実験演習が多々行われていたにもかかわらず、英陸軍指導部は、戦車は歩兵の建制内でのみ使用すべきだとの保守的な立場に固執していた。それゆえ、一九三一年には、戦闘の重点に投入されるものとされた最大級の戦車団隊が編成された。戦車だけから成る第一タンク旅団である。ドイツ参謀本部も同様のことを考えていたのだが、グデーリアンは、そのような流儀で戦車を編成・運用すれば、使用できる戦車の数はいつでも限られているのに、これを分散させることになってしまうとみなしていた。

けれども、作戦的に自立した戦車団隊という構想は、イギリスではなお活力を保っていたのだ。一九三五年、「遠征軍団」〔英領インドの北西部、現在のパキスタンで起こったモーマンド族の反乱（第二次モーマンド戦役）に対し、イギリスが送り込んだ鎮圧部隊〕は自動車化された。また、この機会に、歩兵師団九個のそれぞれに、軽戦車六十両から成るタンク大隊が配備されたのである。一九三九年には、とうとう最初の機甲師団（»Armoured Division«）が出現する。ドイツにおける展開を注意深く観察してのちのことであった。

ソ連

一九三九年より前には、ソ連の軍指導部はおおよそ、戦車は大規模歩兵団隊の建制内で運用すべきだというフランスの見解を共有していた。

彼らはもともと、一九三三年までの「カーマ」における独ソ協力にもとづき、戦車団隊の独立運用という思想に与するほうに傾いていたのである。しかしながら、その場合においても、戦車、ドイツの構想に従うなら、突撃砲による「歩兵の近接支援」という考えを放棄することはなかった。

とはいえ、おそらくは一九三六年からのスペイン内戦における経験から、ソ連軍指導部は再び、フランス流の戦車運用の方向に動いた。戦車生産において、中型・重戦車の開発が開始されたのだ。こうして、七・六二センチ戦車砲を装備した「T-34」、「KV-I」、「KV-II」〔原書では、これらソ連戦車の型式について、当時の表記がなされているが、本訳書では、現在、一般的になっている呼称を用いる。なお、KV-IIは、正しくは百五十二ミリ榴弾砲を装備している〕が誕生したのである。これらは、一九四一年から一九四二年当時、II号からIV号までのドイツ戦車に対し、装甲と武装で優っていた。

ソ連側の戦車生産が、おおむね一九二〇年以来、イギリスとアメリカの進歩に依拠しつつ、精力的かつ成功裡に前進したことを確認しておくべきであろう。赤軍の保有戦車数は瞠目すべきものがあったし、戦時にその生産量を増大し得るようにするための準備もなされていたのだ。かかる生産増加は成功した。対ソ戦役において、最初のソ連軍の反撃を受けたドイツ陸軍の将兵は、すぐにそれを思い知らされることになる。

第二次世界大戦中のソ連戦車部隊の発展と運用については、本書後段で述べることにしよう。この点についてはまた、一九四三年夏におけるドイツ軍の「城塞(ツィタデレ)」作戦に関する作戦面からの観察に続く、概観の節も比較参照されたい。[▽9]

▽9　第三部第三章、三四三頁以下、三六〇頁以下。付録、四五六頁以下も参照せよ。

第三章　一九二五年から一九四五年までの装甲部隊学校

一九四五年にツェレ近郊ベルゲンで廃止されるまでの装甲部隊学校の年代記は、装甲部隊の発展を映しだす鏡像となっている。本学校は、装甲兵科指揮官の教育訓練基盤ならびにその水準をともに形成、また改善し、戦争終結まで最高のレベルに維持してきたのである。同校の業績のなかでも、とりわけ傑出していたのは、一九四一年から一九四二年にかけての第1騎兵師団の第24装甲師団への改編、そして、一九四三年から一九四四年の装甲教導師団（パンツァー・レーア・ディヴィジオーン）編成であった。

I．装甲部隊学校の歴史は、**技術教程**設置とともにはじまる。

これは、一九二〇年代初頭、「自動車部隊監督部」（監督第6部）により、最初は補助的なものとして、ベルリンのモアビート地区に設置された。一九二五年から一九二九年まで、技術教程の指導官を務めたのは、シュトットマイスター中佐であった。彼は一九二八年より、この、のちに装甲部隊学校となる教程を大幅に拡張したのだ。

一九二八年から、ここで、ハインツ・グデーリアン参謀少佐ならびにヨハネス・ネートヴィヒ大尉（両者とも戦術担当）、ヨハネス・シュトライヒ大尉（自動車技術担当）が教官部幕僚として勤務した。技術教程は本来、自動車技術を管轄範囲としていたが、一九二八年以降、自動車化部隊、さらに、まだ理論面にとどまってはいたものの、装甲部隊の戦術をも担当するようになったのである。本教程を履修すべく配属されたのは、自動車部隊の参謀、自動車部隊の将校ならびに技術関係の軍属、他兵科の将校だった。この技術教程は、一九二〇年代末に「自動車教導幕僚部」と改称され、ジェネー大佐の指導下に拡張された。一九三二年から一九三四年までは、かのバイエルン人の大佐エルンスト・フェスマンが部長となり、ハンス・ハールデ、ゲオルク・フォン・ビスマルク、フリードリヒ・キューンらの少佐たちが緊密に補佐した。

さらに、自動車教導幕僚部には、デーベリッツの自動車実験幕僚部（パウル・フォン・ミューレンフェルス大尉麾下）が、あらたに隷属することになる。同幕僚部の自動車技術面の実践的な実験・試験は、新編されることになった装甲部隊のいっそうの発展にとって、大なる価値があったのだ。

だが、一九三三年十一月一日、一時的なことではあったものの、外国に対する欺騙上の理由から、教導幕僚部の枠内で、第1自動車教導司令部（ツォッセン）が編成された。この教導司令部ならびに第2教導司令部（オールドルフ）から、新ドイツ装甲部隊全体のための基幹教育訓練要員が育ったのである。これらは、一九三五年秋に、三個装甲師団の新編が完了するとともに解散することとなった。

同様に暫定的な措置ではあったが、教導幕僚部は、一九三四年四月に新設されたヴストロウ（バルト海地域）の「自動車特別教程内射撃課程」に隷属することになった。本射撃課程の指導官はバウムガルト大尉で、のちにケーン大尉が就任した。教育訓練機材としては、最初「カーマ」からのそれが利用でき、そのなかには、最初の試作戦車もあったのだ。

本課程の課題は、射撃の教育・訓練を推進し、あらたな射撃手順と教育訓練の補助器具の開発を振興することだった。加えて、装甲部隊の捜索、対戦車防御、装甲兵科の射撃教範作成への協力、新米部隊の射撃教官養成といった仕事にも携わることとされた。

II. 射撃課程と、その射撃学校への発展。

一九三五年末、本課程は、プトロス（バルト海地域）射撃場付近に移転した。しかるのち、戦車射撃教導中隊一個が編成されたのである。一九四二年には戦車猟兵〔Panzerjäger. 対戦車砲兵〕中隊一個、一九四三年には装甲捜索中隊一個および装甲擲弾兵中隊二個が、これに追加された。これらの教導中隊は、ベニクセンならびにヴェーバーの両大尉が指揮する二個教導群に編合され、ときには一千名にも及んだ教程履修者を担当したのだ。この「射撃学校」は、実質的には、近代的な装甲師団一個に相当する機材を利用できた（砲兵を除く）。その将校教官のなかでも、とくにフォン・ケンプスキー大尉が、装甲部隊射撃教範作成と射撃訓練に関して、大きな功績を上げた。

こうした通常の教育訓練とならんで、一九四〇年に計画されていた英本土上陸作戦のための潜水戦車乗員訓練、戦車観測員ならびに技術要員の教育訓練、ドイツ製および鹵獲された戦闘機材の試験等が実施された。注目すべきは、一九四四年に、探照灯による夜間射撃実験が成功したことであろう。その光は赤外線で視認不可能だったが、特別の光学機器の後ろに陣取った照準手にとっては、目標を照らし出してくれるものだったのである。

「射撃課程」、もしくは、のちの「射撃学校」の歴代指揮官は、以下の通り。

一、バウムガルト少佐（任期中に中佐に進級。一九三四年から一九三八年）。
二、クレーバー中佐（任期中に大佐に進級。一九三八年十一月一日より一九四三年四月三十日まで。ただし、戦車連隊長として、長期にわたり前線に出動したことが数回あるため、不在期間あり）。
三、ボナーツ中佐（一九四三年五月一日より）。
四、フォン・ケッペン大佐（一九四三年？）。
五、フォン・ボーデンハウゼン大佐（？）。
六、最後の指揮官となったのは、フェヒナー少佐であった（一九四四年八月より一九四五年五月まで）。

一九四三年から一九四四年にかけて、同校は、あらたに「**装甲部隊射撃学校**」と改称されたが、その間に任務過剰となったため、兵科学校の分校という古いかたちでことを継続する目的で、一九四四年に、装甲部隊学校隷下から分離された。いまや、新設された**諸装甲部隊学校総監**に直属することになったのである。

Ⅲ．拡張された自動車教導幕僚部がその任にあたるため、一九三四年には、**ベルリン陸軍自動車学校**の創立が必要となった。同校は一九三五年にヴュンスドルフに移転した。一九三九年に**自動車戦闘部隊学校**、さらに一九三七年十月一日には、**装甲部隊学校**と改称されている。

装甲部隊学校は、一九三五年十月十五日に、以下のごとき構成とされた。教範作成所（歴代所長は、ブルン少佐、フォルクハイム少佐、一九三八年から一九四三年までタイス大佐）、戦術課程（クーノ少佐担当）、技術課程（シュペート少佐担当）、プトロス射撃課程（一九三四年から一九三八年まで、バウムガルト少佐担当）。

一九三五年には、自動車教導・実験大隊[▽1]が、装甲部隊学校の麾下にあった。一九三六年、同大隊はヴュンスドルフに移転したが、その際、自動車戦闘部隊教導大隊（五個中隊）と自動車戦闘部隊実験大隊（三個中隊）に分割された。

一九三七年十月、教導大隊をもとに、左の諸隊が編成されている。第8戦車連隊より補充された戦車教導大隊（フォン・レヴィンスキー少佐）と対戦車教導大隊（フォン・ティッペルスキルヒ少佐）だ。また、自動車実験大隊は、「陸軍自動車化実験大隊」（フォン・ミューレンフェルス少佐）と改称された。

一九三九年七月四日、教導部隊編成の終幕として、右に挙げた二個教導大隊、デーベリッツ歩兵学校で新編された第2（自動車化）歩兵教導大隊、連隊本部より、戦車教導連隊がヴュンスドルフで編成された。さらに、一九三九年九月一日〔ドイツがポーランドに侵攻した日〕よりも前に、捜索教導大隊が加わっている。

Ⅳ．一九四〇年二月一日、高等技術教育所ならびに陸軍自動車化教導大隊を含めて、技術課程が「**陸軍自動車化学校**」として独立し、装甲部隊学校から分離した。それらの隊や学校から、陸軍の一般的な自動車化のための技術的課題という荷を下ろしてやることが、その目的であった。

Ⅴ．一九三八年十一月二十四日、「快速部隊長官」のもとに、新兵科「**快速部隊**」が発足した。この兵科に所属するのは、騎兵を含む快速部隊すべて、「騎兵総監」ならびに「陸軍自動車化・装甲部隊監督官」、それらの麾下にある学校や教導部隊であった。一九四一年六月十一日には、装甲部隊学校がヴュンスドルフ快速部隊学校に、これまでの騎兵学校がクラムプニッツ快速部隊学校（駐屯地は、ポツダム近郊クラムプニッツ）に改称されたのである。

Ⅵ．一九四三年四月一日、「快速部隊」という兵科は解消され、新兵科「**装甲兵**」が創設された。

ライヒ中心部への空襲が激しくなっていた一九四三年四月一日、妨害を受けずに教育訓練を確実に継続するため、ヴュンスドルフ装甲部隊学校は、リューネブルク荒地のベルゲンならびにファリングボステルに移転した。

一九四三年十二月十七日、両装甲部隊学校はそれぞれ、ヴュンスドルフ第1装甲部隊学校とクラムプニッツ第2装甲部隊学校と改称された。

一九四四年三月一日、ヴュンスドルフという地名による呼称も、最終的に変更された。いまや、ベルゲン第1装甲部隊学校とされたのである。

相継ぐ人員割愛や人事異動があっても、前線部隊にとって非常に価値がある教育訓練を進めるという学校業務が、あとあとまで阻害されることはなかった。最後の一年半にあっても、夜間射撃訓練ならびに夜間射撃実験大隊の編成作業が行われていたのだ。この夜間射撃戦法は、戦争の最終段階でなお、ベルリン東方およびプラッテン湖畔の戦闘において、実戦試験に供された。それは、一九四五年四月のリューネブルク荒地の最後の戦闘でも、めざましい命中率を示し、実戦試験に合格したのである。

▽1　自動車実験幕僚部として、一九二九年一月一日、第3自動車隊第2中隊より編成された。

Ⅶ．一九四四年一月、**戦車教導連隊**は、装甲教導師団編成のため、他の教導部隊を引き連れてフランスに移動した。同師団は、経験豊かな装甲部隊指揮官フリッツ・バイエルライン中将[▽2]の指揮のもと、短期間であるとはいえ、実戦さながらの訓練を受け、一九四四年の装甲団隊としては、最良の装備を有する部隊となった。戦車教導連隊と装甲教導師団は、一九四四年から一九四五年の諸戦闘で、繰り返し、傑出した戦いぶりを見せたのだ。

Ⅷ．歴代の装甲部隊学校長は、以下の通りである（クラムプニッツ校を除く）。一九二五年より一九二九年まで、シュトットマイスター中佐。一九二九年から一九三一年まで、ジェネー大佐。一九三四年から一九三七年まで、フェスマン大佐。一九三四年より一九三七年まで、ハールデ大佐。一九三七年から一九三八年まで、勲爵士フォン・ラードルマイアー大佐。一九三八年から一九四〇年まで、キューン大佐。一九四〇年、ハルペ大佐。一九四一年より一九四三年まで、ネートヴィヒ大佐、一九四三年、クレーバー大佐。一九四四年から一九四五年まで、ムンツェル大佐。

ムンツェル大佐は、幾度となく前線勤務に当てられたため、その間は、常設の校長代理であるグロザン大佐が留守を預かった。フォン・ホルツェンドルフ大佐も、一九三八年から一九三九年、また、一九四二年から一九四三年まで、同様の資格で留守勤務を行った。

▽2　作戦参謀はカウフマン参謀中佐（現在、連邦国防軍准将）。

ドイツ装甲兵科の歴史を概観しようにも、兵器と装備、その開発と製造をみなければ、不完全ということになるだろう。

陸軍兵器局▽1

第一次世界大戦の経験をもとに、一九三八年、国防省内に、中枢機能を果たす陸軍兵器局が設立された。▼58 その任務は、兵器、弾薬、機材の開発であった。同局の仕事のやり方と、国防省の他部局との協力については、すでに触れた。戦車ほかの装甲車輌開発を担当していたのは、「車輛・自動車化部」（兵器審査第6部）で、これは「開発・審査総局」（兵器審査総局）の隷下にあった。協力したのは、前線将校、大学出の将校（「技術参謀本部」と称された）、専門技師、技術系軍属である。彼ら自身は、設計に携わらなかった。継続的な開発に際して、設計上の希望を申し立てることもなかった。それは、委託を受けた会社の案件だったのだ。この国防技術の指導を行う部は、むしろ、審査と評価という課題のみに携わることになっていたのである。だが、その勤務分野は、一九三三年より一九三四年の時期までは、資

▽1　付録、四〇〇頁以下参照。

金不足とヴェルイユ条約の規定による制限に苦しめられていた。にもかかわらず、彼らは、隊付勤務と陸軍兵器局での作業を交代で行い、卓越した成果を上げたのだ。歴代の陸軍兵器局長は、マックス・ルートヴィヒ、アルフレート・フォン・フォラート・ボッケルベルク、カール・ベッカー、エミール・レープといった将軍たちであり、模範的な装備を諸部隊にほどこすことに貢献した。

最初の戦車

世界大戦後最初の戦車は、おおよそ一九二五年ごろから、「トラクター」の偽装名称で開発され、一九二八年秋、すでに「技術研究所」が設置されていた「カーマ」に送られた。そのなかに含まれていたのは、重量約二十三トン、七・五センチ口径カノン砲を装備する「大型トラクター」六両、重量十ないし十二トンで、三・七センチ口径カノン砲で武装した「軽トラクター」三両である。これらはすべて、一九三三年にドイツに戻すことができた。一九二五年にはまだ車輛用の強力なエンジンが存在していなかったから、「大型トラクター」には、BMW社の航空機用三百馬力エンジンが使用された。だが、このエンジンは回転数に限界があり、代用品としても適切ではなかった。最高速度は、時速三十六キロである。

「カーマ」からドイツまでの長大な距離、それゆえの時間の浪費、ドイツの技術指導部内での討議不足、厳格な機密保持といったことにより、カーマで得られた経験の評価は遅れたし、難しくもなった。一九三四年より前には、実兵試験により判定や審査を行うだけの充分な教導部隊が、装甲部隊になかったとあれば、なおさらのことである。さはさりながら、「カーマ」からは、戦術・技術要員による教育訓練とならんで、貴重な知見がもたらされていた。例を挙げるならば、駆動機構、履帯や前部・後部起動輪の形成、操縦、重量一トンあたりのエンジン馬力、戦車砲が高初速（Vo）を有することの決定的な意義といった問題、また、発射装置の問題、光学機器の構成、さまざまな射撃兵器に車台がおよぼす影響、無線連絡の可能性、重戦車を水陸両用とすることは無理であることなどが討究されたのだ。それによって、一九三三年から一九三四年よりも前には、ドイツで実行することができなかった準備作業が、数年分も節約されたのである。

いわゆる「新造車輛」（Nb-Fz）は、ルッツ将軍とグデーリアン大佐が「カーマ」を訪問した際に示された提案をもとにして、誕生した。それは、「大型トラクター」の改良型ということになろう。その試作は、ラインメタル社に発注された。一九三四年春には、ウンターリュースで最初の走行試験が行われたが、なお多くの欠陥が暴露されてしまった。同車輛は、七・五センチ口径カノン砲一門、三・七センチ口径カノン砲一門、機関銃五挺を装備しており、乗員は七名、重量は二十五トンだった。装甲厚は、最大十四・五ミリでしかなく、軟鉄製であった。この型は六両が生産され、しかも、一九四〇年の「ヴェーゼル演習」〔デンマークとノルウェーへの侵攻作戦〕の際に、オスロに上陸したといわれている。が、「Nb-Fz」が実際に確認されたのは、一九三七年から一九三八年にかけて、ベルリンのパレードに参加した一両のみだ。また、この型から、十・五センチ口径カノン砲を装備した同様の試作型が製作されたということだが、これ以上詳しい情報は得られなかった。

一九三二年以降の新型戦車

新型「小型トラクター」（Kl.Tr.）、もしくは「ＬａＳ」（のちのＰＩ）と称された型

「小型トラクター」の発注を受けたクルップ社は、一九三一年秋に、完成した設計図を、兵器審査第6部に提出した。クルップ社の設計者、ハーゲロッホならびにヴェールフェルト技師の手になるものである。それから、ややあって、イギリス製のカーデン＝ロイドの車台二両が購入された（ソ連の仲介により、「カーマ」のために調達されたものだった）。その最重要部分の構成部品から、多くの知識が得られたのだ。早くも一九三二年七月には、最初の「ＬａＳ」（偽装名称「農業用トラクター」〔Landwirtschaftliche Schlepper〕の略号）が引き渡された。**新しいドイツ装甲部隊の最初の戦車が誕生した瞬間である。**「ＰＩ」〔I号戦車〕という型式名称は、部隊に配備されたときになって、ようやく付けられたのであった。同じく、旧来の「装甲偵察車」に準拠して、あらたな名前「戦車」が導入されたのは、やっと一九三四年ごろになってのことだった。

一九三二年から一九三四年になるあたりで、詳細な検査ののち、陸軍兵器局のクンマースドルフ試験場で、改良された「ＬａＳ」型五両より成る、小型の「０シリーズ」が展示された。一九三三年九月、監督第６部（ルッツ将軍ならびにグデーリアン大佐）は、それらを用いて、ミュンジンゲン演習場で実演を行い、成功を収めた。当時、グデーリアンは、連続負荷試験として、「ＬａＳ」を路上行軍でクンマースドルフへ帰投させるよう、要求していた。正しい措置で、これによって、操縦・走行ブレーキの改良が必要であることがあきらかにされたのである。

再軍備が進むにつれ、監督第６部の要求も矢継ぎ早となった。同部はまず、ただちに「ＬａＳ」百五十両を調達するように求め、さらに、その数を増強していくものとした（およそ一千両）。ところが、部隊の実用に耐えるかどうかは考慮されていなかったし、兵器審査第６部も、そうした計画に大きな疑念を抱いていたのだ。

「LaS 100」——PⅡ

いっそう改善され、何よりも、高性能のエンジンと砲塔に二センチ機関砲を装備して、強化された型の戦車（偽装名称「LaS 100」）の開発と生産が、すでに検討されていた。監督第６部は、その設計開発に時を貸したいと望んだ。けれども、そうはいかない。国際連盟脱退後、再軍備は飛躍的に加速されていたからである。設計にあたる企業として、陸軍兵器局はＭＡＮ社を選んでいた。一九三五年春、「LaS 100」の初号試作型が、監督第６部の代表者たちの前で実演を行ってみせた。監督第６部の技師や将校のような、経験を積んだ慎重な専門家たちが、生産手順を早めることを主張しなければならなかったという事実は、当時、政治指導部による矢の催促にもとづき、猛然と進められていた再軍備のテンポの特徴を示すものであろう。ただし、新型戦車はいまだ、走行試験すら、ほとんど完了していないありさまだった。が、右に記した、最初の「LaS 100」の実演を基礎として、ルッツ将軍は、部隊配属用に「LaS 100」多数をただちに発注すると宣言したのだ。兵器審査第６部の担当責任者は、技術的な議論に介入し、ルッツの希望に、はっきりと反対意見を表明した。そのとき、グデーリアンは、くだんの兵器審査第６部の責任を負う担当官の腕を取ると、ほかには聞こえないところにいざない、こう告げたのである。「頼むから、厄介を起こすのはやめてくれ。この車輌は無条件に必要なのだ！」
騎兵の再編は進行中であり（一九三三年十月に、ムンスター兵営で実験演習が予定されていた）、一九三五年十月には、最初の三個装甲師団が編成されることになっていた。従って、監督第6部がそのように心配したことも、わからないではない。

しかし、言われた技師が、もう一度、技術的な反対理由を示すと、グデーリアンは、なるほど、そうしたことは理解できるが、この機材が部隊で実用できるところまで達していないと、参謀本部に説明することは不可能なのだと述べた。グデーリアンには、左のごとき答えが返されたことだろう。「**では、とどのつまり、この案件からは何も生み出せないであろうことを、お認めになるのですね？**」

反対論へのグデーリアンの対抗意見は、承認すべきだとの強調とともに、陸軍兵器局に提案された。この型の戦車は生産されることになったのである。部隊から苦情が寄せられたけれど、同型戦車は配備され、目的を達したのだ。グデーリアンは、彼の『回想』で、この軽量型戦車のことを、単に「訓練用戦車」と記している。なんとも控えめな表現だ。それらは、一九四一年になってもなお（場合によっては、一九四三年までも）▽2、使用されていたのだから。とはいえ、PⅡ〔Ⅱ号〕戦車は、完全な意味の「戦車」ではなかった。一九三六年からのスペイン内戦で証明されたように、どの戦車であれ、砲で武装した型に劣っていたのである。

かくのごとき理由で、一九四〇年の仏英軍の戦車は、ドイツ軍軽戦車に対して、数のみならず、戦闘力においても優越していた。一方、ドイツ側は、光学・無線機器によって、いっそう優れた指揮を行うことができたし、作戦的には、装甲団隊の組織と運用という面で、上を行っていたのだ。

▽2　戦車補充大隊ならびに装甲工兵中隊が保有していた。

Ⅲ号（PⅢ）ならびにⅣ号（PⅣ）戦車

これらの中型戦車の最初の試作品も、一九三四年にはもう発注されており、「中型トラクター」、または「小隊指揮車」（ZW）や「大隊指揮車」（BW）の偽装名称を付せられていた。同時に、マイバッハ社は、かかる型式の戦車のため、三百馬力の車輛用エンジン開発を受注した。当初、同型の重量は十六トンと指示されていたが、それ以上になった。生産にあたったのは、クルップ、ダイムラー、MANの各社である。試験は、一九三五年末ごろに開始された。最初のPⅢ（三・七センチ口径戦車砲装備）が部隊に配属されたのは一九三七年、PⅣは一九三八年であった。

平時に設計されたPⅠからPⅣは、戦時に真価を発揮した。それらは、経験を得るに従って、いっそう改良されていったのである。

PⅠ（五・六トン）は、機関銃車としての価値を示した。一九四一年の対ソ戦においても、なお百八十両が投入され、主として、装甲工兵部隊で使用された。

PⅡ（五・六トン）も、より強力な武装を持つPⅢ型（三・七センチ、もしくは五センチ口径戦車砲）に装備更新されるまで、二センチ機関砲を以て、それなりの実績を上げた。一九四一年七月一日の時点で、陸軍はいまだに七百四十六両のPⅡを運用していたのだ（軽戦車小隊、もしくはPⅣの掩護に用いられていた）。その車台は、他の型の生産にも流用された。たとえば、火焔放射戦車、一九四三年よりは「大山猫（ルクス）」装甲偵察車、「貂（マルダー）」対戦車自走砲〔Selbstfahrlafette〕（SFL）、33式歩兵砲〔十五センチ口径〕（SFL）、「スズメバチ（ヴェスペ）」型十・五センチ口径装甲野戦榴弾砲〔自走砲〕などの車輛である。

PⅢ▼59は、十二分に進んだ設計の戦車で、重量およそ二十三トンであった。一九四一年までは、火力と機動性で、敵の中型戦車を上回っていたのである。その三・七センチ口径戦車砲は、一九四〇年から一九四一年にかけて、より大きな装甲貫通力を有する新型五センチ口径カノン砲に換装された。しかしながら、ソ連の中型戦車「T-34」に対しては、この五センチ砲でも充分ではなかったのだ。▼60 PⅢの車台は同じく、指揮戦車、突撃砲、突撃戦車〔歩兵支援に使われる自走砲の一種〕、火焔放射戦車、戦車回収車など、他の型式の生産に利用された。

PⅣは、装甲団隊の脊柱（せきちゅう）であった。威力不足の短砲身七・五センチ口径カノン砲を、一九四二年に長砲身七・五センチ戦車砲に換装したのちは、戦争終結まで、そうした存在でありつづけたのである。この戦車砲により、傑出した七・六二センチ口径戦車砲を装備した「T－34」戦車とようやく対抗できるようになったのだ。[61] PⅣの車台もまた、多方面で利用された。Ⅳ号駆逐戦車〔対戦車戦を主要任務とする装甲自走砲〕、戦車回収車、弾薬運搬車、装甲対空自走砲〔Panzerflak〕（SFL）、「マルハナバチ（フンメル）」型十五センチ口径野戦榴弾砲〔自走砲〕、重突撃戦車などである。

戦時生産　一九三九～一九四五年

装甲戦闘車輛に課されねばならなかった技術的要求（優れたスプリングを有し、路外走行可能な射撃基盤に据えられた、強力で汎用性に富むエンジンといったこと）とならんで、顧慮されるべき相当数の戦術的要求もあった。

戦術的要求

戦車の構成要素を、その重要度に従って並べていくと、左のようになる。火力、運動性、そして装甲の強度であり、砲塔内に据え付けられた主砲の俯角の問題（低い位置にある小目標を撃つためだ）が最後に来る。

重量を節約する目的から、平時においては、鋼芯弾に対して安全な装甲防御が求められたのみだった。しかし、戦争になると、すぐに、それでは脆弱に過ぎることがあきらかになった。いまや、フランスやロシアの、重要な部分でずっと強力な型の戦車にぶつかったのであるから、なおさらのことだった。それに従い、装甲による防御は、補助的なやり方か（追加鋼鉄板の溶接や予備履帯の懸架（けんか））、新設計により、少なくとも、非常に危険となっていた部分においては（正面と砲塔）、著しく強化されたのだ。重量増加による不利も甘受しなければならなかった。Ⅲ号戦車の最後の二形式〔L型とM型か。正確には、さらに火力支援を重視して改良されたN型がある〕に至ってようやく、いっそう強力な砲（二センチ口径）に対しても充分な装甲を、前部ならびに砲塔にほどこすことができた。PⅣについても、F1からJ型に同様の措置がなされた。

「豹(パンター)」型(PV)は、「虎(ティーガー)」型シリーズ(PⅥ)のあらゆる型同様、最初から適切な装甲がしつらえられた。その装甲防御において、きわめて重要だったのは、装甲板取り付けの際の傾斜角だった。ソ連の「T-34」との遭遇により、ドイツ戦車兵が初めて認識したことだ〔T-34は傾斜装甲を採用していた〕。徹甲弾の貫通力は、〔装甲板に対する〕命中弾の角度が小さいほど、急激に減少する。四十五度以上の傾斜角では、砲弾が命中しても、装甲板にさしたる損傷を与えることも、砲塔内の人員に深刻な作用をおよぼすこともなしに、跳ね飛んでしまうのだ。

これらの戦車の最高速度は、時速四十ないし五十キロ、航続距離は型によって異なるが、百五十ないし三百キロであった。

技術的要求と開発

一九四〇年の戦役以来の経験により、敵と張り合って、技術と兵器の両面で「前に照準を合わせる」〔移動中の目標に命中させるため、その予想進路の先を狙う〕ことを余儀なくされた。かくて、以下のごとき措置がなされる。

「T-34」に対応するため、Ⅵ号戦車〔「ティーガー」〕が開発・生産された〔正確には、最初は陣地突破用の重戦車として構想されていた〕。その設計は、早くも一九三六年以来、ヘンシェル社によって進められていたのである。ゆえに、一九四二年秋からは、すでに最初の数両が投入可能になっていたのだ。Ⅵ号戦車は強力な装甲を有していたものの、それがために非常に重くなり〔五十七トン〕、戦術的な機動性をほとんど欠くことになってしまった。とはいえ、その八・八センチ口径戦車砲は、卓越した威力を発揮した。

PⅥB〔「ティーガーⅡ型」、または「王虎(ケーニヒスティーガー)」と呼ばれた〕は、PⅥの発展型である。目的にかなったフォルムを取ったため、PV〔「パンター」〕と似た姿になっていた。PⅥBは、あらたに設計された重戦車のなかでも、成功した一つだった。ただし、六九・七トンの重量に制限され、「ティーガーⅠ型」よりも戦術的機動性に乏しく、きわめて大量の燃料を消費する戦車ではあった。にもかかわらず、この戦車は〔必ずしも適切ではないが〕、「装甲部隊の夢の車輛」と称されたのである。

Ⅳ号戦車Ｊ型（Sd. Kfz. 161/2）

Ⅳ号長砲身型（一九四二年春に制式化）

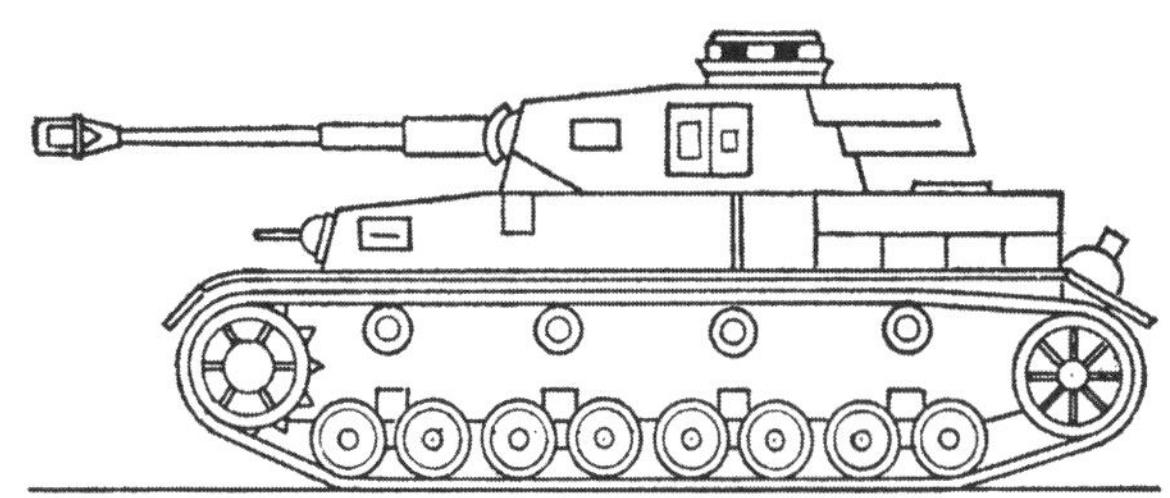

戦闘重量二十五トン、最高速度時速四十五キロ、航続距離三百キロ、装甲厚（正面）八十五ミリ／角度八十度、武装　40／Ｌ型四十八口径長七十五ミリ口径戦車砲一門および七・九ミリ機関銃二挺、弾薬搭載量は七十五ミリ砲弾八十七発ならびに七・九ミリ機関銃弾三千百五十発、エンジン最大有効出力（DIN）は毎分回転数三千で三百馬力、車体長五百八十九センチ（砲身長を含めれば七百三十九センチ）、車体幅三百二十九センチ、車体高二百六十センチ、乗員五名

パンター戦車（Sd. Kfz. 171）

Ｖ号戦車（一九四三年に制式化）

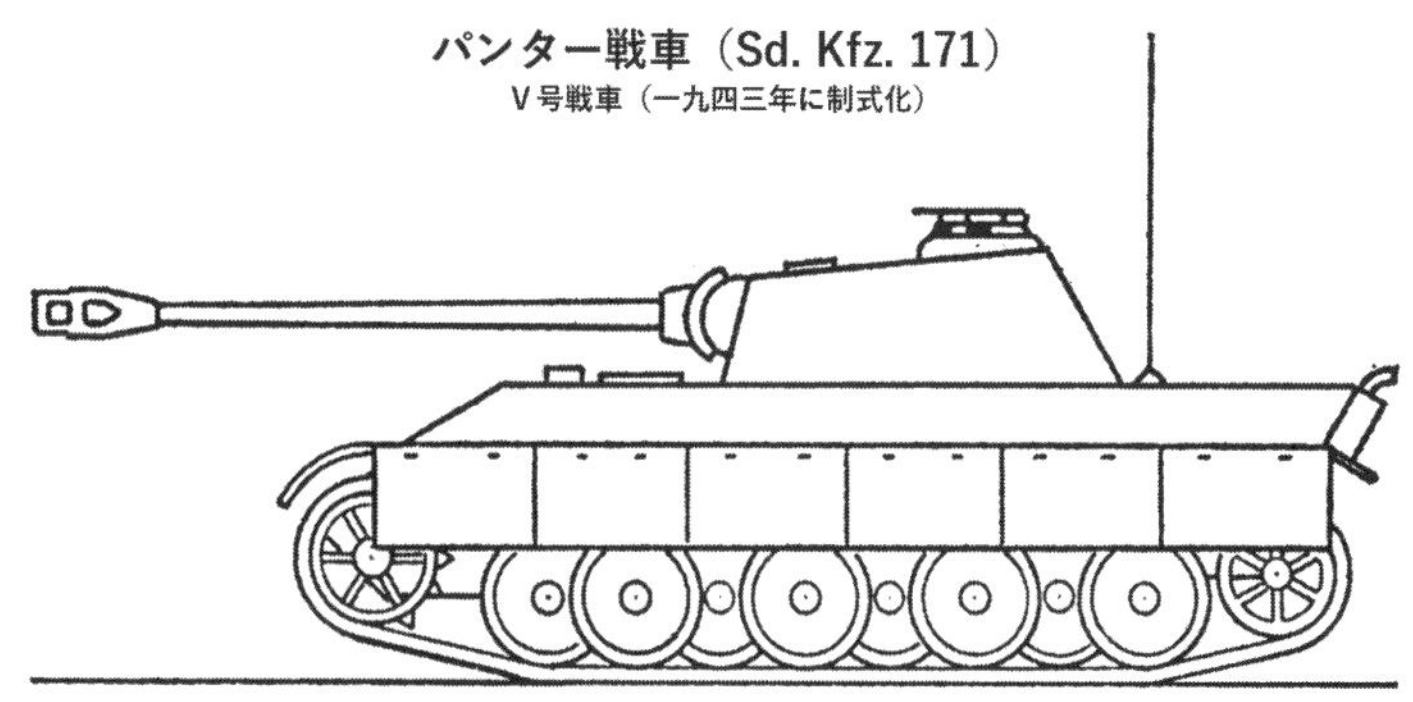

戦闘重量四十六トン、最高速度時速五十五キロ、航続距離二百キロ、装甲厚（正面）八十五ミリ／角度三十五度、武装　42／Ｌ型七十口径長七十五ミリ口径戦車砲一門および七・九ミリ機関銃三挺、弾薬搭載量は七十五ミリ砲弾七十九発ならびに七・九ミリ機関銃弾四千五百発、エンジン最大有効出力（DIN）は毎分回転数三千で七百馬力、車体長六百八十七センチ（砲身長を含めれば八百六十六センチ）、車体幅三百四十二センチ、車体高三百十センチ、乗員五名。

ティーガーⅡ Ｂ型戦車（Sd. Kfz. 182）

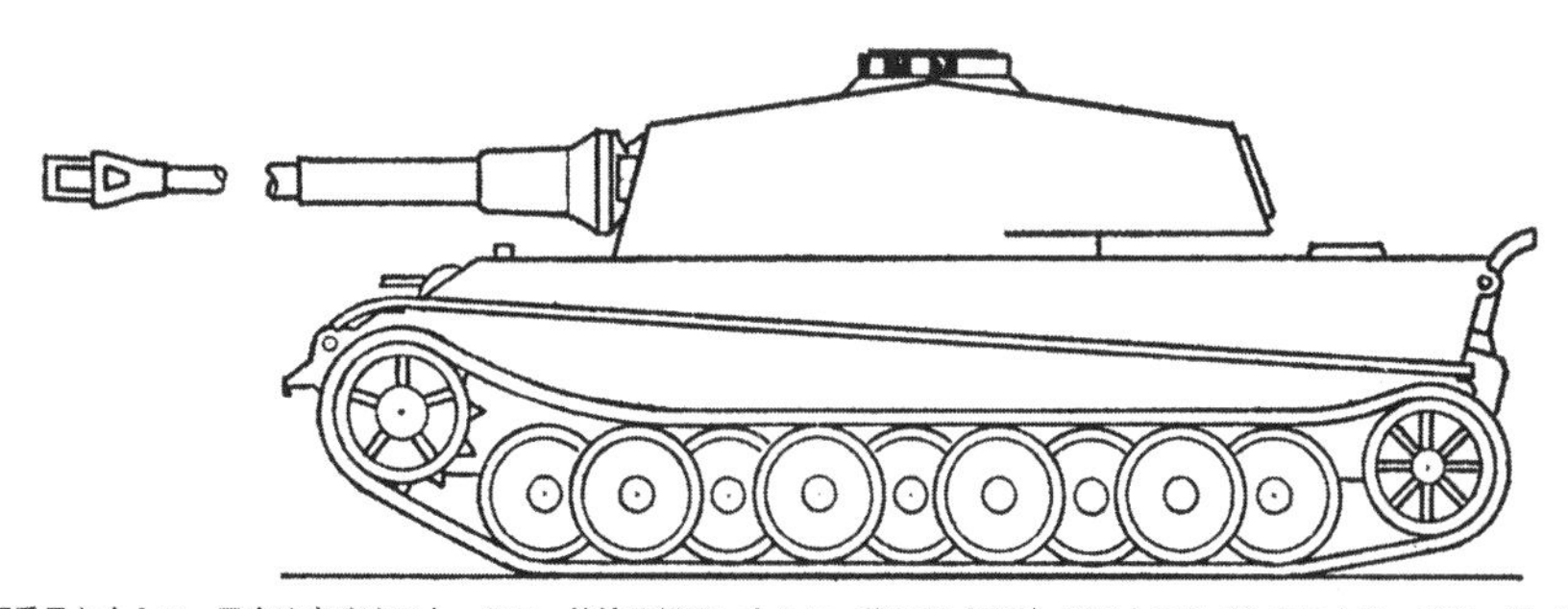

戦闘重量七十トン、最高速度時速四十一キロ、航続距離百七十キロ、装甲厚（正面）百五十ミリ／角度四十度、武装　43／Ｌ型七十一口径長八十八ミリ口径戦車砲一門および七・九ミリ機関銃三挺、弾薬搭載量は八十八ミリ砲弾八十四発ならびに七・九ミリ機関銃弾五千八百五十発、エンジン最大有効出力（DIN）は毎分回転数三千で七百馬力、車体長七百二十六センチ（砲身長を含めれば一千二十六センチ）、車体幅三百七十五センチ、車体高三百九センチ、乗員五名。

〔Sd.Kfz. は、Sonderkraftfahrzeug（特殊車輌）の略号〕

PⅤ（「パンター」）は、戦時中に設計が開始されたもので、一九四三年以来、PⅣの後継車輌として、運用された。徹底して有利なかたち、長砲身七・五センチ（もしくは、七・六二センチ）口径戦車カノン砲のきわめて強力な射撃性能、十二分にほどこされた装甲により、「パンター」は、ソ連の「T－34」、「KV－I」、「ヨゼフ・スターリン」などをしのぐ、**第二次世界大戦最良の中型戦車**となったのだ。PⅤの重量は四十三トンであった。

チェコ製Ⅲ号戦車、35（t）型ならびに38（t）型は〔占領したチェコスロヴァキアの戦車を、ドイツ軍が制式採用したもの。（t）は、ドイツ語の形容詞「チェコの」tschechisch の頭文字。ここで、著者が「Ⅲ号戦車」と記しているのは、当時、ドイツ軍がⅢ号戦車と同等とする扱いをしていたためか〕、一九三八年から一九三九年にかけて生産された有用な車輌で、好ましいフォルムを取り、優れた三・七センチ戦車砲を装備していた。もっとも、一九四〇年の西方戦役では、この戦車砲でさえも、より強力なフランス軍のB2型戦車に対して、貫通力が不足していることがあきらかになったのである。35（t）および38（t）戦車は、戦闘力においては、おおよそ、ドイツのPⅢ（三・七センチ口径戦車砲）とPⅣ（七・五センチ口径戦車砲）のあいだに位置するもので、対ソ戦役にあってもなお、五センチ口径戦車砲装備のPⅢならびにPⅣに装備変換されるまで、良い働きをみせた（第6から第9までの装甲師団に装備されていた）。

一九四〇年には、装甲部隊のおよそ二十パーセントが、35（t）および38（t）戦車を装備していた。これらの型の戦車は、使い勝手のいい代用品だったのだ。

戦時の五年半において、戦車生産能力が狭隘だったにもかかわらず、それを基盤として、あらゆることが達成されたのは、驚嘆に価する。だが、遺憾なことに、型式によっては「過剰であった」。ここでも、他の多くの分野同様、調整にあたる者がいなかったのだ。そのため、ドイツの生産力の分散が生じ、それは、ひどい悪影響をおよぼしたのである。かくのごときありさまだったから、ゼンガー・ウント・エターリンは、そのハンドブック『ドイツ戦車　一九二六～一九四五年』〔Die deutschen Panzer 1926/45〕で、二百三十種類もの型式を列挙することになった。

その内訳は、戦車九十四種類、突撃戦車六種類、駆逐戦車十種類、対空戦車一種類、歩兵装甲戦闘車四十二種類、装甲偵察車十九種類、自走対戦車砲十三種類、自走砲・自走（装甲）歩兵砲九種類、自走装甲対空砲十二種類、自走

装甲ロケット砲二種類、兵器運搬車〔自走砲の一種であるが、砲を車台から下ろすこともできる〕十種類、国防軍牽引車〔重牽引車〕二種類、特殊戦車八種類である。これらの型の多くは、部隊でいうところの「戦車」の概念からは外れるものであったし、試作型しか製作されなかった。が、そうだとしても、これらの型式のほとんどに、「過剰であった」、あるいは、より深刻なことに「遅すぎた」という言葉があてはまるのである。

一九四一年十一月二十九日、ある軍備問題に関する会議において、ヒトラーはすでに述べている。「……戦車の時代は、まさに過ぎ去ろうとしているといってよい。[3] ……型式数を制限することは、もっとも緊急の要求である。……三種類に限定することが必要だ。……従って、さまざまな設計も、よりいっそう生産ということに顧慮しなければならない。……大量生産できない戦争機材などという夢想をこねくりまわすこと〔を、ここでヒトラーは拒否した〕[62]」。

他方、ヒトラーは同じ会議で、フェルディナント・ポルシェ〔一八七五～一九五一年。フォルクスワーゲンの開発などに携わった自動車設計者。戦争中は、戦車の開発に関わっていた〕が開発することになっていた「超重量型」を要求している。まったく非現実的な要求であったが、本車輌は、その開発過程においても空想的な存在でありつづけた。重量約百七十トンの、いわゆる「鼠（マウス）」型重戦車である。かかる戦車が疾駆することは、ただの一度もなかったのであった。

最後に、第二次世界大戦勃発時ならびに戦時中に使用可能だった戦車の数について、短く概観しておこう。

一九三九年から一九四五年までの戦車保有量[4]

一九三八年に、諸戦車連隊の平時定数分のⅣ号戦車が発注されたのち、この型の生産は極度に絞られた。そのため、

▽3　新しい成形炸薬弾〔円柱状の炸薬の片側をすり鉢状にへこませ、そこに金属板を装着した弾丸。それによって、衝撃力が一点に集中し、強力な貫通力が得られる〕の装甲貫通力ゆえの発言だった。

▽4　これらの数字は、Wiener/Spielberger, »Die deutschen Panzerkampfwagen III und IV mit ihren Abarten 1935–1945«〔ドイツのⅢ号・Ⅳ号戦車とその派生型　一九三五～一九四五年〕, J.F. Lehmanns Verlag, München, 1968 より引用した。加えて、付録、四〇二頁以下をみよ。

	一九三九年 九月一日	一九四〇年 五月十日	一九四一年 六月二十二日	一九四三年 六月十日	一九四四年 三月一日	一九四五年 一月五日
Ⅰ号戦車	928（？）	523	180	–	–	–
35（t）戦車	202	106	106	–	–	–
Ⅱ号戦車	1231	955	746	–	–	–
38（t）戦車	98	228	772	–	–	–
Ⅲ号戦車	148	349	965	？	888	–
Ⅳ号戦車	213	278	439	？	1822	–
Ⅴ号戦車	–	–	–	約150？	1339	？
Ⅵ号戦車	–	–	–	？	504	？
指揮戦車	160	135	230	？	460	？
おおよその戦車総数	2980	2574	3438	約3000	5013	5327
			＋106		（東部戦線）3748	
突撃砲	0	6	250	？	約3000	3726

（自走対戦車砲を含む）

一九三九年には、四十五両のⅣ号戦車しか生産されなかったのである。フランス戦役の直後にも、同様のことが起こった。ヒトラーが、戦争は終わったものとみなしたからであった。計画や生産に多くの動揺がみられたにもかかわらず、また、あらゆるハンディキャップが存在したというのに、ドイツ工業界が、あれほどの数の戦車を前線に供給し得たことは、驚くばかりである。

第三部　第二次世界大戦におけるドイツ装甲部隊――一九三九～一九四五年

第二次世界大戦の勃発は、平時、長期にわたって行うべく構想されていた快速部隊の創設を、過早に終わらせてしまった。教育訓練の水準や機材の面からは、快速部隊の創建は完了していなかったのである。従って、冷静にみるならば、ドイツの政治指導部が、軍事的な手段による、ポーランドとその同盟国との紛争解決を求めたとき、すなわち、一九三九年九月一日には、ドイツ陸軍の戦争準備は未成だったのだ。▼[1] 当時の快速部隊は、実験的な団隊で構成されていた。**装甲師団**の装備は、ささやかなものに留まっている。**軽師団**は、フランスのお手本に従ったもので、増強された捜索・掩護団隊にすぎない。三個連隊編制の**自動車化歩兵師団**は、戦術的にも作戦的にも使い勝手が悪かった。

にもかかわらず、国防軍は、戦争初期、一九三九年から一九四二年夏までに、大きな成果を上げた。いかにすれば、そのことを説明できるだろうか？　その秘密は、味方の戦車および空軍団隊の数や強さにあるのではない。一九四〇年の対仏戦役の際にも、ドイツ戦車隊は、数の上で、また、相当程度は機材の面（装甲や武装）でも劣っていたのである。しかも、そうした成功は、その他の技術的奇襲〔敵が予想もしなかったような新兵器を投入するなど、技術的に不意打ちすること〕に帰せられるものではない。むしろ、それに与っていたのは、新時代の戦車を、作戦的に独立した団隊に編合・運用し、強力な空軍部隊と協同させるというグデーリアンの構想だったのだ。さらに、多くの疑念を抱きながらも、外国の見解に反対するかたちで、かかる構想を肯定的に認めたドイツ陸軍指導部の功績もある。そして、平時と戦時の困難にもかかわらず、グデーリアンと陸軍指導部の企図を成功裡に実現させた諸部隊の手柄なのである。彼らは、戦争最後の数年間に、数における敵の優勢と、自らの最高司令官、総統・ライヒ宰相であるアドルフ・ヒトラーのひどい過失によって屈するまで、上手くやりつづけたのだ。

一九四〇年五月、まさに古典的なやりようで、グデーリアンの理論の正しさが証明された。このとき、ドイツ軍指導部は、十個装甲師団にすべての戦車を集中し、重点を形成、連合軍に殲滅的な打撃を与えたのである。連合軍の戦車部隊は、数や装甲の強度において、三割ほども優っていたが、ダンケルクからスイス国境まで分散配備されていたのだ。

こうした重要な諸作戦の経緯については、以下の章で述べることにしよう。

第一章　装甲部隊の運用に関する包括的概観

対ポーランド戦役（一九三九年）

一九三九年九月の作戦は、年若で、驚くほど短いあいだに創設されたドイツ装甲部隊にとって、実用試験であり、その高い能力を証明することになった。一九四三年十一月七日のアルフレート・ヨードル将軍の言葉によれば、ドイツ装甲部隊の力は、「全世界の耳目をそばだたせた」のである。

作戦計画は、重要な部分にヒトラーが介入してくることもなく。陸軍総司令部（〔陸軍総司令官〕フォン・ブラウヒッチュ上級大将、参謀総長ハルダー砲兵大将）によって、起案された。本作戦は、詳細な研究と計画立案にもとづいており、装甲部隊を初めて決定的な作戦に投入するものであった。

このドイツ軍の作戦で特徴的だったのは、シュレージェンから、強力な装甲部隊を以て、ヴィスワ〔ドイツ語名ヴァイクセル〕川方面に向かい、敵中央部を突破、歩兵団隊がそれに膚接して追随することであった。さらに、別の快速部隊がスロヴァキアから、「ポーランド回廊」〔ヴェルサイユ条約によって、ポーランドに割譲された、東プロイセンやダンツィヒ（現ポーランド領グダニスク）とドイツ本土を隔てる地域〕にあるポーランド軍の翼側を攻撃、同様に突破し、ポーランド領奥深くまで突進する。こうして、装甲部隊は包囲運動を行いつつ、南北から互いに接近していくのだ。それによって、思いがけぬほどの短期間に、本戦役の勝敗は決まった。ポーランド軍は、ごく少数の戦車しか保有していなかったし、各師団が使用し得る対戦車砲もわずかだったからである。

ドイツ軍指導部は、作戦立案に際して、大胆不敵にもリスクを冒したが、それは充分に計算しつくされたものであった。その危険というのは、圧倒的に優勢なフランス軍が、西部国境で攻撃を準備しており——同方面で防御に使えるドイツ軍には、弱体な戦力しかないということだ。[▽1]

開戦十七日目に、ソ連軍部隊が東からポーランドに進軍してきた。かくて、ポーランド共和国の運命は、無造作に定められてしまったのである。ソ連とドイツは、一九三九年の分割線により、再び、第一次世界大戦前と同じところで国境を接することになった。もっとも、スターリンは別の線引きを欲していたのかもしれない。

一九三九年九月二十二日、グデーリアンは、独ソ共同の野戦パレードを挙行したのち、ブレスト・リトフスク市とその要塞を、ソ連軍の戦車旅団長クリヴォシェイン将軍に引き渡した。独ソ戦車団隊の最初の出会いだった。両者の遭遇は、一九四一年六月二十二日〔独ソ開戦〕以降、まったく別のありようであったとはいえ、多々生起していくことになる……。

ポーランドでの戦闘に関しては、ヒトラーが軍事指導にくちばしを挟んでくることはなかった。が、彼は、装甲部隊と空軍の戦果に強烈な印象を受けていた。軍事的なディレッタントであるヒトラーは、本戦役がまったく計画通りに進んだことによって、右の部隊の成果を過大評価した。ところが、その指揮官たちの能力については、過小評価したのである。

グデーリアンは、この戦役は「自分の諸団隊にとっての火の神判」〔古代から中世にかけて行われた審判。被疑者の手に灼けた鉄片を持たせ、火傷を負わなければ、無罪であるとされた〕だったと記している。彼は、「装甲部隊設立に向けられた努力は報われた」と確信していたのだ。[▼2]

対仏戦役（一九四〇年）

ポーランドの同盟国〔英仏〕に対する作戦は、ヒトラーの意思によれば、ポーランド戦に勝利した直後に実行されることとされていた。当然のことながら、広大な空間で実施される作戦には、多大なる困難がともなうし、時間も必要だ。ヒトラーは、そのことを理解していなかったのである。かかる作戦には、百万の軍勢を、東方、ポーランド領域から西部国境に移動・休養させ、充分な兵站基盤、とりわけ、自動車化部隊の需要を満たすだけのそれを構築しなければならない。

国防軍最高司令官であるヒトラーは、OKHとは逆に、新作戦の成功を信じて疑わなかった。OKHは、フランスならびに、その同盟国イギリスの抵抗力を過大に評価していたし、政治的には、戦争が第二次世界大戦に拡大するのを回避したいと思っていたのだ。かくのごとく、政治・軍事指導部の見解が分かれていたことから、本戦役前および戦役中に、さまざまな困難が生じることになる。

一九三九年十一月五日、ヒトラーは攻撃予定日を十一月十二日に定めた。だが、七日になると、空軍にとって天候が不都合であるとの理由から、攻勢発動を十一月十五日に延期している。ヒトラーは、こうしたストレスたっぷりのやりようで、二十九回も攻撃予定日を引き延ばした。攻撃開始は一九四〇年五月十日と最終的に決まるまで、それが続いたのである。おかげで、あらゆる計画、とくに、急造された歩兵団隊に必要な訓練が妨げられた。さりながら、こうして得られた時間で快速団隊の装備を著しく向上させ、戦闘行動に好適な季節にことを移せるという利点もあった。また、驚いたことに、それによって、防御側に対する奇襲効果が高まった。たび重なる攻撃予定日の変更は、防御側に漏洩していたのだが[3]、彼らは、単なる神経戦の一環であるとしか、みなしていなかったのである。

一九四〇年の作戦構想は、A軍集団参謀長フォン・マンシュタイン中将より出たものであった。

ほとんどすべての快速・装甲戦力が、攻撃目標をアミアン－アベヴィル間に据え、戦車が踏破できないと思われていた森林地帯を突破する（マジノ線〔一九二九年より、フランスが主としてドイツとの国境線に築いた要塞線〕の北翼側で、道なきアルデンヌ地域を抜け、ムーズ〔ドイツ名マース〕川を越えて、西方に突進する）。目的は、英仏海峡沿岸に到達することで、

▽1　一七二～一七三頁参照。

連合軍を二つに切り裂き、そうして分断された部隊を各個撃破することだ。

　この海峡地域への突破は大成功を収めた。ところが、五月二十四日、北西に旋回したA軍集団の快速団隊は、ヒトラーその人の介入により、ダンケルクから約十五キロ南方の地点で停止しなければならなかった。数日後、ダンケルク攻撃を再開する準備のためだというのだ。かかる国防軍最高司令官〔ヒトラー〕の指令により、のちにリデル＝ハートが簡潔に評したことに従うなら、「ドイツ装甲部隊は、ダンケルク——イギリス軍がなお使用できた最後の乗船港の外側にひきとめられた」のである。[4] そんなことは、まず不可能だと思われていたのだが、ヒトラーが干渉したために、イギリス遠征軍とその他の弱体な連合軍諸団隊は、海路でイギリスの海峡諸港に逃れることができた。

　ダンケルク前面に到達していた装甲軍団は、この、一九四〇年五月二十四日の致命的な総統指令に、何ら関わっていなかった。快速軍団の戦時日誌には、「戦車の移動を阻害する、フランドルの湿った干拓地の悪影響」なる記載がある。けれども、それが、本指令の「動因」となるようなことはあり得ない。当該時期に提出された「脱落戦車数報告」のいくつかからも、そうした論拠を読み取ることはできないのである。この点については、後段で、より詳しく検討しよう。[5]

　しかしながら、ヒトラーが繰り返しA軍集団への干渉に動く可能性はあるにしても、ともあれ、敵の主力は、ダンケルク陥落と同時に排除された。それによって、目前に迫ったフランスにおける決戦のため、南方に進むドイツ軍攻撃団隊の背後も安全になったのだ。この攻勢は六月五日に発動された。

　装甲部隊の諸師団は、最初、全戦線にわたって攻撃をかけたが、まず局地的な成功を収めたのは右翼であった。六月十一日、ＯＫＨは、クライストとグデーリアンの両装甲集団を、ランス〔Reims. カナ表記すると、おしなべて「ランス」となってしまうが、別の都市があるため、原綴を付す〕の両側にならべて、南に向かわせる。この強力な装甲部隊のくさびは、北フランスにおいて、そうだったように、決勝をもたらした。早くも六月十七日にはスイス国境に達し、それによって、本国にいたフランス軍は二つに分断されたのだ。フランスにとって、絶望的な軍事情勢になった。一九四〇年六月十八日、フランス政府は休戦を申し出る。この対独休戦は、一九四〇年六月二十五日に発効した。[6]

ごく短期間（きっちり六週間）で、またしても「戦史上、類例をみない」[7]軍事的成功が達成された。その際、戦役開始時には、味方指導部の一部からさえもなお、価値があるのかと疑問視されていた装甲部隊が、決定的に貢献したのである。装甲部隊指揮官の剛勇（とくに、決定的な部署で指揮を執った、新兵科の創始者であるグデーリアンの勇猛さ）、そして装甲部隊を作戦的に運用する場合のヒトラーの欠点もまた見て取れるようになったのだ。それは初めてのことであった。

ヒトラーの直感的なフランス評価が正しかったこと、さらに、マンシュタイン計画の貫徹に努力したことによって、彼の自己認識は、軍事の分野においても極度に肥大した。ヒトラーは、戦略・政治的な観点を背景に、作戦という前地で主張しようとしていた。されど、そうした役割を果たすには、素養も教育訓練も、また、それ以上に、必要とされる実務上の冷静さにも欠けていたのだ。ヒトラーは、本戦役の成功は自分の功績であるとしたのだが、これ以降はもう、軍事作戦の可能性をはかるための物差しを急速に失っていくのである。彼は、ある教義を信奉するがごとくに、おのが無謬性を確信していた。思い上がり、警告を受けても、盲目的に拒絶したのだ。何よりも危険だったのは、ヒトラーの側近・助手たちが影響を受け、おのれの正しい意見や実態に即した異議を、自ら疑うようになりはじめたことであった。[8]

フランスでの諸作戦がいまだ遂行中だったというのに、ヒトラーはソ連攻撃を決意していた。彼の直覚によれば、それは、いかなる面からも優先されるべきだと感じられたからである。加えて、ヒトラーは、一九四〇年の晩夏から秋にかけて、第11から第20までの番号を付せられた大規模団隊〔師団〕を新編して、従来の十個装甲師団を、二十個に倍増するように命じた。が、戦車が不足していたため、従来の戦車の装備定数が半減されることになる。各装甲師団は、二ないし三個戦車大隊から成る戦車連隊一個だけを隷下に置くものと予定されたのだ。もっとも、著者は、この定数減少は不利にはたらかなかったとみている。それによって、装甲師団は運用しやすくなったからである。

北アフリカ戦役（一九四一年二月〜一九四三年五月）

リビヤにおける独伊軍の作戦は、ドイツ・アフリカ軍団が介入するとともに、ロンメルの精力的な活動によって拡大された。イタリア・アフリカ派遣軍麾下の「**封止団隊**」としての限定的な任務から、第一年目にして、もう作戦的な、いや、それどころか、不案内な大陸において、戦略的な**攻勢を行う任務**に携わるようになったのだ。請け負った課題は、可能なかぎり、東に進むことであった。

ロンメルが初期の成功を得るにあたって、好都合だった要因は、戦場の地形のほとんどが快速団隊にとって理想的だったこと、イギリス軍の中堅レベルの指揮官が不足していたこと、一九四一年四月に英軍部隊が過早にギリシアに引き抜かれたことだった。

だが、かかる成功は、本当の情勢を誤認させてしまった。北アフリカにおける戦役の遂行は、ヨーロッパでのそれよりも、いっそう補給に依存する。砂漠では、現地調達などできないからである。その補給もまた、海路、あるいは航空機による輸送の問題によって、左右されるのだ。そうした問題を解決するには、味方が制海・制空権を握ることが必要となる。この二つの前提条件は、一九四二年四月に空軍がマルタ島を遮断したときを除けば、達成されていなかった。

ゆえに、アフリカにおけるドイツ軍の戦闘指揮は、ひたすら即興的なものでしかなかった。アフリカ側に多数の部隊が運ばれるほどに、それが、いっそう困難になっていったことはいうまでもない。さらに驚嘆に価するのは、当初、植民地戦の経験もなく、そうした戦いに適した装備も有していなかったドイツ軍諸団隊が上げた戦功であろう。彼らは、強力な英軍部隊を拘束するという任務を果たした。イギリス軍は、スエズ運河を守らなければならなかったのである。他方、イギリス軍はこの地で、教育訓練、戦闘要領を根本から改善し、戦闘経験を積む機会を得た。一九四〇年のダンケルク戦を措けば、今まで、そうしたチャンスはなかったのだ。イギリスの将軍たちは、北アフリカで多くを学んだ。この地こそが英軍の主戦場だったのだが、ドイツにとっては、副次的な戦域にすぎなかった。そこで、大きな働きがなされることにはなったものの、ごくわずかな支援しか得られなかったのである。

その気質からして、ロンメルは、彼が従属したイタリア軍上級司令部の用心深さに悩まされていた。将軍〔ロンメル〕はしばしば、通達することなしに独断で行動したから、たとえ成功しても、摩擦を起こしたのだ。とはいえ、彼の名声は、同盟軍のみならず、敵部隊においても、伝説的なものとなった。

味方の諸部隊は、ドイツ・アフリカ軍団（DAK〔Deutsches Afrikakorps の略称〕）に所属していることを誇りに思った。この軍団は、他のドイツ軍戦域におけるのと同様に、とくに装甲部隊の真価を証明したのだ。戦車、装甲偵察車、八・八センチ口径高射砲、長射程の砲兵は、砂漠では理想的な兵器であった。▽2

バルカン戦役（一九四一年）

一九四一年春のバルカン戦役〔ギリシアとユーゴスラヴィアへの侵攻〕は、ごく短期間に即席で開進を計画し、ドイツ参謀本部の修練と作業能力を示したという点で、傑作ともいうべきものだった。

作戦計画は、陸軍参謀総長ハルダー上級大将によって起案されている。彼は、攻撃にあたり、包囲と突破を計算に入れていた。快速部隊の巧妙な運用により、奇襲と迅速なる行動を確保したのだ。

防御側は、教育訓練、武装、戦闘経験のいずれにおいても、対等な敵とはいえなかった。

本戦役は数週間のうちに遂行され、ここでもまた、作戦の時間と空間に照らして、とほうもない成果をあげ、しかも、味方の損害は、ごくわずかだった。さりながら、それは、つぎの戦役〔対ソ戦〕に鑑みて、著しい時間の費消となった。従って、ヒトラーの全体的な計画にとっては、不利にはたらいたのである。ユーゴスラヴィアが自らを犠牲にしたのは、無駄ではなかったのだ。

装甲部隊については、地形困難で封鎖しやすい山岳においても有用であることが、あらためて証明された。

対ソ戦役（一九四一年から一九四五年）

ロシア戦役における諸作戦は、ヒトラーの期待とは裏腹に、両大国の四年にわたる死闘に拡大していった。

▽2　二二〇頁以下参照。

ヒトラーの対ソ侵攻決意は、ソ連帝国が攻防両面で有していた巨大な力への、はなはだしい過小評価にもとづいていた。この、二大陸にまたがった帝国は、最初こそ退却したものの、〔ソ連内の〕諸民族すべてを結集し、予想だにしなかった挙国一致の抵抗へと広げていったのである。

ヒトラーが、一九四〇年におけるフランスの政治・軍事情勢を、いかに正しく判断していたとはいえ、この問題、ソ連での機会を評価するにあたっては、根本から間違っていた。少なくとも、レーダー海軍元帥〔エーリヒ・レーダー(一八七六～一九六〇年)。当時、ドイツ海軍総司令官〕、モスクワに駐在していたドイツの外交官や武官、フォン・ヴァイツゼッカー外務次官は警告を発したし、それらは注目に価したであろうに、ヒトラーはすべて拒否したのであった。今日、判明しているかぎりにおいて、当時のヒトラーの決定を変更させることは不可能だったのだ。

一九四一年の戦役

対ソ戦役の作戦計画は、ヒトラーの明確な指令を基礎としていた。彼は、強力な装甲部隊のくさび三個で突破を行うことをもくろんでいた。それらは、最初から、互いに遠く分離するものと決められていたのである。南のフォン・クライスト装甲集団(南方軍集団麾下)がキエフをめざす一方、中央および南方軍集団に属する、他の装甲のくさび二個(グデーリアン、ホート、ヘープナーの各装甲集団)は、レニングラードとともに、バルト海沿岸地域を奪取する。しかるのち、北から転じて、さらにモスクワ攻略作戦を遂行するのだ。

だが、OKHは異なる意見を抱いていた。モスクワこそが、迅速に到達すべき最重要目標だとみなしていたのである。それには、充分な根拠があった。かかるヒトラーとOKHの見解の相違から、すぐに、関係者のあいだに作戦上の摩擦が生じ、しかも、あとあとまで続いた。ダンケルク戦以来、揺らいでいた相互の信頼が、ついに破れたのであった。加えて、ヒトラーは、このあらたな敵を、軍隊により最終的に覆滅することよりも、国防経済上の目標を追求するという、誤った指導を行った。快速部隊が戦線中央部に形成した重点も、水増しされてしまった。プリピャチ湿地南方の軍集団は、一種の個別的な戦役を実施していた。なるほど、それは大成功ではあったけれども、遠心的にはたらくものだったのである。

予想外のソ連軍の抵抗、ずばぬけて優れたソ連戦車T－34、味方装甲団隊が追随する歩兵よりもはるかに先行したために、大きな間隔が開いたこと（歩兵が、支援できる位置に到達したのは、やっと七月になってのことだった）。それらが相俟って、快速団隊を著しく消耗させていく。長大な距離、存在しないも同然の交通網、秋の泥濘期、部隊への過剰な要求、モスクワ周辺で新編された師団とシベリアより召致されたそれによる一九四一年冬のソ連軍反攻。こうした要因によって、ドイツ側は、大変な努力を払わなければ克服できないような危機に陥った。装甲団隊の戦闘力も、絶え間ない投入ゆえに、過早に消尽されていったのだ。▽3

一九四二年の戦役

一九四二年の戦役のなりゆきは、まず、ソ連軍冬季攻勢が継続されたことで、はっきりとしてきた。これは、両陣営ともに、多大な犠牲を課せられるものであった。彼我それぞれに無数の地点で突破を成功させたにもかかわらず、ドイツ軍の戦線は、諸部隊の即応能力のおかげで維持されたのである。しかも、一九四二年一月二十四日には、中央軍集団の戦域において、著者の指揮する**第18装甲師団**が反攻を行い、一月三日以来、敵中深く、およそ六十キロの地点に包囲されていたスヒニチ守備隊の戦区まで打通、彼らを救出することに成功した。▽4 このとき、同師団の稼働戦車は、一ダースほどしかなかったのだ。▼9

そのすぐ前に、ロシア軍は二個軍を以て、ハリコフ南方イジューム付近で、味方の陣の奥深くに至る突破をなしとげていた。ドイツ軍第1装甲軍が、南から反攻に着手できたのは、ようやく一九四二年五月十七日になってのことだった。五月二十八日までに、同軍は北の第6軍と協同して、ヴァトゥーチン大将指揮のソ連軍を包囲、およそ三個軍

▽3　二五五頁以下参照。
▽4　一九四二年一月二八日付第18装甲師団日々命令、付録、四五〇頁をみよ。

の敵の殲滅に成功した。二十万以上の捕虜を取り、撃破した戦車は一千二百両を超え、鹵獲火砲も二千門以上におよぶという戦果が得られたのである。このとほうもない成功により、ドイツ軍諸団隊の戦闘力も回復したかと思われた。[10]

早くも三月十五日の「一九四二年度英雄記念日」〔Heldengedenktag. 第一次世界大戦の死者に哀悼を捧げるとの意味で設立された祭日〕に、ヒトラーは、今夏のうちにソ連軍は殲滅されると、公式に告知した。四月五日には、この殲滅的攻勢の準備を命じる「指令第四一号」が下達される。その秘匿名称は「青号作戦」であったが、一九四二年六月三十日以降、「ブラウンシュヴァイク作戦」と改称された。

作戦目的は、コーカサス方面に突破し、そこの油田地帯とコーカサス山脈を越える通路を確保することである。使用できる装甲部隊は限られていたというのに、またしても過大な任務を課せられたのだ。

「**青号**」作戦は、六月二十八日に開始された。しかし、最初から、部隊指揮官たちのあいだの不一致、また、はなはだしいまでの燃料不足に悩まされていた。かてて加えて、ヒトラーが指揮上の失敗を犯している。ソ連軍は、戦闘力を保つために、まずは土地を放棄するという、きわめて巧妙な行動に出ていた。ところが、ヒトラーは、そこから誤った結論を引き出し、おのが宿願を追うため、七月二十三日、コーカサスとスターリングラードという、かけ離れた方向にある目標に兵力を投入すると決定したのである。

かかる兵力分散により、スターリングラードの災厄が生起した。他方、コーカサスにおいても、成功に報われるようなことはなかったのだ。

ロシア側は、一九四二年十一月に大規模な冬季攻勢を発動した。ドイツ軍南翼全体が遮断され、殲滅されかねないような危機がもたらされたのである。

フォン・マンシュタイン元帥の実行力のおかげで、ドン川の北、そして、その南の第4装甲軍のもとにあった、数少ない装甲師団を投入し、こうした危険を封じることができた。一九四三年二月にも、ドニェツ川とドニエプル川のあいだで、同様の成功が得られた。[5]

一九四二年という年は、あらためて、装甲部隊にもっとも過酷な試練をもたらしたが、彼らはそれを完全に克服したのである。

一九四三年の戦役

この年なかばに発動された「城塞」作戦は、戦争が頂点に達したことを指し示していた。一九四三年春までのソ連と北アフリカにおける情勢の進展ならびに、アフリカと英本土よりの連合軍上陸作戦が予想されたことから、ヒトラーは左のごとき認識を余儀なくされた。自分は、いまや多正面戦争のただなかにあり、戦略的には防御に移らなければならぬのだ。同じころ、連合軍は、対独爆撃攻勢に全力を注ぎはじめている。戦略的転回が生じたことは明白だった。

一九四三年末までには、ハリコフ南方では、一九四二年六月二十八日の作戦発動時の線を回復することができた。一方、ハリコフの北においては、かつてのドイツ軍戦線に張り出すかたちの屈曲部が残ったままとなっていた。政治的・作戦的理由から、ヒトラーは、このクルスク周辺の突出部を排除することを望んだ。春の泥濘期が終わったなら、装甲部隊を用いて、北と南から限定的な二重包囲攻撃を行い、それによって、同時に敵指導部に心理的な打撃を加えて、彼らの諸計画を妨害するのだ。ヒトラーの軍事に関する助言者や前線司令官たちは、冬季攻勢で消耗し、損害を被ったロシア軍が再び行動可能になり、数や物資の優位にものを言わせるようになる前、味方が短期間の休養回復を行ったのちに「城塞作戦」を遂行すべきだという点で一致していた。

それゆえ、ヒトラーは、攻撃予定日を五月三日と定めた。ところが、将軍たちがそのつど反対したにもかかわらず、発動日は何度も延期され、結局、七月五日となった。ヒトラーにとっては、奇跡を約束してくれる兵器と思われた「パンター」型戦車があらたに生産され、投入可能になるのを待つためであった。

この二か月の延期により、当初存在した攻撃成功の前提は、最小限にみても薄められてしまった。五月初頭には、

▽5　三二六頁以下参照。

装甲部隊の迅速な包囲攻撃によって貫徹できるとみなされていたことが、いまや、敵方が約四千両の戦車を召致し、強大な防御システムを構築してしまったがために、疑問視されるようになったのである。

加えて、装甲部隊の敵陣突入を可能とする、あるいは、少なくとも容易にしてくれる味方歩兵師団が不足していた。それらがあれば、装甲師団は消耗しないまま、敵陣地深奥部まで突破できたのである。

かくて、作戦的な行動が可能な装甲戦力が、ほぼ戦術的な意味しか持たない任務に投入された。装甲部隊は、そんな任務のためにつくられたわけではなかった。かくも大規模な戦車の集中を実施しながら作戦が失敗した、より本質的な理由は、この点にある。ここで、両軍は数千両の戦車を集中投入した。以後、二度と実現できなかったレベルの集中であった。

だが、ことのなりゆきは、きわどいものとなった。勝敗を決したのは、「赤軍大本営（スターフカ）」が、さらなるソ連軍戦力による、オリョールのドイツ軍戦線突出部の攻撃に成功、それによって、その南で戦闘中だった中央軍集団の「城塞」作戦攻撃部隊の背後を決定的に脅かし得るようになったことだったのである。そのため、これらの支隊は、今後のクルスクめざす攻撃から脱落した。

七月十日、連合軍はチュニジアからシチリア島に上陸した。ゆえにヒトラーは、七月十三日、作戦中止を決定した。あまりにも長いあいだ、計画段階に置かれていた会戦は、こうして、決戦となることもないままに終わったのだ。しかし、その影響を考えれば、本会戦は敗北したも同然だったのである。[▽6]

それは、ヒトラーの自儘（じまま）な直接指導のもと、二年にわたって進められた戦争の展開に終止符を打つものだった。彼は、戦争指導に関する専門的な適性に欠けていたし、実務的な面でも、まったく準備していなかったのだ。

かような流れは、ヒトラーがのちにグデーリアンに示した、正しい認識によっても裏付けられる。「われわれは、ここ二年間というもの、すべてに失敗した。なぜそうなったのか、見当もつかない」[▼11]。

こうして味方の攻勢が失敗したことから、事態はさらに進んだ。一九四三年八月三日、ソ連軍は、後手から打って出て、夏季攻勢にかかったのである。おかげで、ヒトラーも、七月二十九日の国防軍発表に伝えられたような「柔軟な防御」を余儀なくされた。ところが、八月二十七日、フォン・マンシュタイン元帥に対したヒトラーは、「敵が攻撃しても無駄だと確信するまで」、あらゆる地点を固守すべしと、執拗に主張している。[12] その結果、ドニエプル川の線への撤退許可が下されるのは、九月十五日になってしまったのだ。

マンシュタインは、一九四三年から一九四四年までの、かの困難な時期におけるヒトラーの最高司令官としての言動について、「(ヒトラーに) 時宜に応じて、作戦上の必要を認めさせるための」絶え間ない「闘争であり……(それによって)、常に、遅すぎる時期になってから、避けられないことがなされるという事態をまぬがれることになった……」と特徴づけている。

装甲部隊に関しては、マンシュタインは、「(装甲部隊が) 敵の突破を捕捉し……その暴露された弱点への反撃に活用され得るかに、戦況が左右されるということが、繰り返し起こった」と記している。[13] すでに、一九四二年から一九四三年の交に、ドンとドニェツのあいだで用いられ、成功を収めた戦法であった。大規模団隊による本格的な装甲部隊の戦闘を行う可能性は、もはや存在していなかったのだ。頁はめくられてしまったのである。「城塞」よりのち、快速部隊に与えられた任務は、戦術的、場合によっては、作戦的な枠内において、強力かつ移動力の大きな予備としての役目を果たすこととなった。敵の突破を捕捉・撃破するための「**火消し流の運用**」という概念が生まれる。

逆に、ソ連軍指導部は、従来の大規模装甲団隊の指揮に関するドイツ軍の作戦的な見解を受け入れ、大きな成功を収めていた。彼らは、とほうもない数の優勢をもとに、その理念を実行し得る状態にあった。つまり、莫大な数の戦車と適性がある指揮要員を使えたのである。

ソ連軍は、かくて、ヒトラーが追求していた「行動の掟」〔主導権〕を握った。それによって、スターリンは、その社会主義国家の生存が懸かった闘争に勝ったのだ。いまや、彼は「大祖国戦争」〔ソ連は、ナポレオンに対する防衛戦争「祖国戦争」にちなみ、独ソ戦をこのように呼称した〕の第二幕、すなわち、国土の解放をはじめようとしていた。

▽6　三六〇頁以下参照。

スイスの歴史家エディ・バウアーの資料によれば、一九四三年七月五日から一九四四年四月二十四日までの期間に、ロシア軍が攻撃を行った日数は、二百五十日におよぶ。一方、ドイツ軍の攻撃日数は、もう四十六日にまで減少していたのであった。▼14

十一月六日、ロシア軍は、キエフ付近でドニエプル川を渡り、その戦車軍団は、西・南西方面、ジトーミルとファストフに向かって、突破進撃した。ホート上級大将の第4装甲軍ならびに軍集団予備から召致された諸装甲師団は、敵の南側面に突進、ジトーミルを奪回した。一九四三年から一九四四年に年があらたまるころには、ヴィニツァより北東方向へのソ連軍攻勢も停止させられていた。

一九四四年における装甲部隊の作戦的運用——終止符

一九四四年二月、第1装甲軍は第3装甲軍団を以て、第8軍麾下の諸装甲師団と協同し、難しい解囲戦闘を実行、「チェルカッスィ包囲陣」に閉じ込められた第11および第42軍団の将兵五万五千名を解放・収容し、ドイツ軍戦線に連れ戻した。同年三月、第1装甲軍は、カメネツとポドリスクの周辺ならびにその北方でソ連軍に包囲され、移動しつつ戦闘する「フーベ包囲陣」〔当時、第1装甲軍司令官だったハンス・ヴァレンティン・フーベ装甲兵大将の名にちなむ。一九四四年四月二十日、フーベは上級大将に進級した〕を組んだ。第1装甲軍は、難戦ののち、微弱な掩護しかなされていなかった敵の側面を突破する。目的を心得た南方軍集団〔フォン・マンシュタイン〕の指揮を受け、その装甲師団の巧みな運用と歩兵師団の即応能力を土台として、フーベ上級大将率いる第1装甲軍は、四月四日、東部ガリツィア〔現在のウクライナ南西部からポーランド最南部にあたる地域〕に抜け出した。それによって、ドイツ軍南部戦線に、作戦上致命的な大穴が開くことは防がれたのだ。

しかし、フォン・マンシュタイン元帥も、同じころ、ヒトラーによって解任された。ヒトラーの言に従うなら、「東部では、大規模な作戦を行う時期は終わった。今からは、ただ執拗な固守こそが重要である」▼15ためだった。

一九四四年六月六日、敵の西方進攻〔ノルマンディ上陸〕が成功した。その際、海岸は敵の艦砲射撃に、後背地は連合軍の空軍に支配されていたのである。進攻正面の背後で待機していた少数の装甲師団も、当初、ヒトラーの許可がなければ、投入を許されなかった。それが大きな遅延につながったのだ。六月八日よりの遅かりし反攻も貫徹できなかった。八月六日から七日にかけて、エーベルバッハ装甲集団は、ヒトラーの命により、アヴランシュを越えて突破してきたアメリカ軍の側面奥深くに向けて、四個装甲師団を以てする反攻を実施したが、これもまた、同様の運命に陥った。このとき、敵空軍が投入されたことが決定的だった。一九四二年秋よりの北アフリカにおける経験ゆえに、ロンメル元帥が危惧していた通りになったのである。

一九四四年十二月十六日、ヒトラーは、前線司令官たちの忠告にそむいて、第6SS〔親衛隊〕装甲軍、第5装甲軍、第7軍を投じ、大規模な「アルデンヌ攻勢」を開始した。十四個歩兵師団とならんで、七個装甲師団が投入された。その後ろから、OKW〔国防軍最高司令部 Oberkommando der Wehrmacht の略称。国防省の後身組織で、陸海空軍の指揮にあたる〕予備として、二個装甲師団、一個装甲擲弾兵師団、四個歩兵師団が追随する。だが、早くも十二月十八日には、ほとんどの戦区で攻撃が停滞した。それは、右翼の軍〔第6SS装甲軍〕において顕著であった。十二月十八日には、第5装甲軍はたしかにディナン〔ムーズ川沿岸の都市〕東方地区に到達したものの、二十四日には、そこでも攻めあぐむことになる。

かくて、ヒトラーの夢想はまたしても蹉跌を迎えた。もっとも、参謀本部の現実的な思考からすれば、そんなものは最初から失敗するだろうと判断されていたのだ。グデーリアンが提案したように、この比較的強力な装甲戦力を東部に投入するほうが、作戦的には、目的にかなっていたはずなのである。そのように強化しておけば、一九四五年一月に発動されたソ連軍冬季攻勢も、おそらくは押しとどめられた、もしくは、少なくとも、著しく遅滞させることが可能だったであろう。

また、一九四四年十月より、ハンガリー領内にいた南方軍集団には、陸軍の快速師団五個とSS装甲擲弾兵師団二個が配置されていた。右記の例と同様で、その分、東部ドイツの防衛戦力が不足することになったのだ。これらの師団は、デブレツェン地域とブダペシュトで、一九四五年三月末まで、激しい戦闘を続けた。それによって、赤軍のウィーンへの突破を妨げたのである。

一九四五年の装甲部隊の作戦的運用——終焉

ハンガリー方面

一月初頭、南方軍集団の戦域、ブダペシュト前面では、陸軍の快速師団七個とSS装甲師団三個が戦闘に投入されていた。ところが、その一方で、ソ連軍冬季攻勢がライヒの中心部に向かうことは、もう明々白々となっていたのである。右の諸部隊は、以下のごとき大規模団隊であった。

Ⅰ．**第2装甲軍**。第92旅団（自動車化）と突撃砲団隊を除けば、快速部隊なし。

Ⅱ．**第1騎兵軍団**（ハルテネック将軍〔騎兵大将〕）。麾下に、第1および第23装甲師団、第3騎兵旅団。

第3装甲軍団（ブライト将軍〔装甲兵大将〕）。麾下に、「パーペ自動車化支隊」、第3装甲師団、第4騎兵旅団。

第4SS装甲軍団（ギレ武装親衛隊大将）。麾下に、第6装甲師団、第5SS装甲師団「ヴィーキング」〔ヴァイキング〕、第3SS装甲師団「髑髏（トーテンコップフ）」。

第57装甲軍団（キルヒナー将軍〔装甲兵大将〕）。麾下に、第8装甲師団。

第4装甲軍団（クレーマン将軍〔装甲兵大将〕）。麾下に、第24装甲師団、第4SS装甲師団「警察」、第18SS装甲擲弾兵師団の残余。

さらに、第13装甲師団ならびに「将軍廟（フェルトヘルンハレ）」〔Feldherrnhalle. ミュンヘンに在る、バイエルン王国の戦功を上げた将軍たちを記念する廟。一九二三年のミュンヘン一揆の際、ヒトラー率いるクーデター側が鎮圧されたことから、ナチスにとっては、犠牲を象徴する聖地とされていた。この師団の名も、それにちなむ〕装甲師団がブダペシュトにあった。これらの諸軍団は、ドイツ・ハンガリー連合部隊であるバルク軍集団（麾下に、ドイツ第6軍とハンガリー第3軍）とドイツ第8軍の指揮下に置かれた。▼16

ヴァイクセル〔ヴィスワ〕川方面

一九四五年一月十二日、中央ならびに北方軍集団に対するソ連軍の攻勢が、バラノフ〔現ポーランド領バラヌフ〕以北の全戦線にわたって開始され、ドイツ軍の戦線はたちまち突破された。敵の兵員と兵器における数の優位は圧倒的だった。わずかなドイツ装甲団隊は、戦術的な局面での対応予備とされ、戦闘に投入されたが、きわめて優勢な攻撃軍をくいとめることはできなかった。彼らは、抵抗の核や戦闘を続ける拠点を迂回し、東部ドイツ地域の奥深くへと、なだれこんでいったのだ。また、著者が率いた第24装甲軍団がそうであったように、装甲団隊は、ヒトラーの断固たる命令のもと、主陣地帯の歩兵師団群のすぐ後ろに配置された。かかる措置により、装甲団隊は、最初に敵が突入してきた時点で、もう戦闘にまきこまれることになったのである。いずれにせよ、第24装甲軍団は、フォン・ザウケン将軍〔装甲兵大将〕の「大ドイツ（グロースドイッチュラント）」装甲軍団〔「大ドイツ」は国防軍のエリート部隊〕との協同にこぎつけることができた。おかげで、ソ連軍のオーデル川に向かう作戦的突進は、おおいに遅滞させられたのだ。[17]

一九四五年二月初め、装甲、もしくは装甲擲弾兵師団は、グデーリアンの指示により、以下のごとく配分された。[18]クールラント〔現在のラトヴィア西部地域〕軍集団に二個師団、東プロイセンの北方軍集団に五個師団、ヴァイクセル軍集団に八個装甲師団、シュレージェンの中央軍集団に八個師団と半個師団、南方軍集団に八個師団である。加えて、西方および南西方面に、十二個快速師団が配されていた。

シュレージェン方面

三月初頭、ラウバン〔現ポーランド領ルバン〕地域において、新編されたネーリング装甲集団（キルヒナー将軍指揮の第57装甲軍団およびデッカー将軍〔装甲兵大将〕指揮の第39装甲軍団）が、空軍ならびに強力な高射砲団隊と協同し、装甲部隊による最後の作戦的攻勢を遂行、成功を収めた。ラウバンは奪回され、上シュレージェンに通じる作戦的に重要な鉄道線が開放されたのである。

ハンガリー方面

一九四五年三月六日、第6SS装甲軍と第6軍が、第2装甲軍の一部およびF軍集団の諸団隊と協同して、さらなる大攻勢を開始した。この攻勢は、国防経済上重要なナジ・カニジャの油田地帯防衛に寄与し、同時に、ドナウ川沿いの戦線の整理に努めて、オーデル川正面向けの兵力を抽出するために行うものとされた。しかし、この、装甲・装甲擲弾兵師団十個以上と強力な軍直属・陸軍直轄部隊を用いた攻勢は、早くも三月十五日には、成果のないまま、中止されるに至った。ソ連軍が、ずっと北のバコニ森林で、優勢な諸団隊を以て反撃にかかり、ハンガリーへの突破を果たしていたからだ。その間にも、赤軍は、ライヒ中央部、オーデル川正面で、日ごとに前進を続けている。そこでは、味方が、ごく少数の装甲団隊しか使えなかったためである。

一九四五年の戦術的運用

イタリアにおいても、一九四三年七月十日〔シチリア島上陸の日〕以来、防衛、あるいは局地的に目標を限定した戦術的反撃を行うため、相当数の快速師団が拘束されていた。より多くを狙った装甲部隊の作戦は、そこでは、最初から不可能だったのだ。最後までイタリアで戦ったのは、第26装甲師団、第15ならびに第90装甲擲弾兵師団である。

西方では、一九四五年二月より、連合軍の最終的攻勢がはじまっていた。ここでも、連合軍の空軍が投入されているなかにあって、なお可能なかぎりにおいて、ドイツ装甲部隊の戦術的な運用がなされただけであり、それが崩壊まで続いた。

加えて、東部戦線の装甲団隊は、一九四五年五月八日の終焉に至るまで、戦術レベルのことではあったが、自らを犠牲に供していた。この戦線では、中部・西部ドイツから来た装甲師団（第1、第3、第6装甲師団）によるオーストリア防衛、ダンツィヒ－西プロイセン支軸の防御（第7装甲師団）、東プロイセン防衛（第5、第24装甲師団、「大ドイツ」装甲擲弾兵師団の一部）、クールラント防衛（第12、第14装甲師団）がきわだっていた。なかでも、ブルノ〔ドイツ名ブリュン〕両側の広範囲にわたる戦線における、第1装甲軍の粘りはずば抜けていた。そこは、柔軟に遂行された防御ゆえに、突破されなかったのである。▼19 同正面にあって、歩兵師団、装甲師団、装甲擲弾兵師団は、模範的なやりようで互いに補い合ったが、そうした戦いぶりも、これが最後となった。

第二章　装甲部隊の運用に関する包括的概観

Ⅰ．対ポーランド戦役――一九三九年（「白号」作戦）

軍事・政治的情勢――両陣営の作戦計画――検討――戦況の進展――国境会戦――ブズラ河畔の戦い――ブレスト＝リトフスクへの装甲部隊の突進――終結――観察

軍事・政治的情勢

イギリスがポーランド防衛を保証したにもかかわらず、後者にとって、一九三九年八月の情勢は、政治的・軍事的に維持できないものだった。ポーランドは、その両側面から、強大な敵〔ドイツとソ連〕によって囲まれていたからである。しかも、その両者は、つぎの一手について、互いに了解したばかりだった。西方から、速やかな支援がさしのべられるなどということは、ほぼ期待できなかった。

ポーランドは、ドイツ陸軍の組織や、ドイツ側の政治・作戦観から、戦争があるとすれば、奇襲と迅速な展開が予想されることを、最初から覚悟しておかねばならなかったのだ。

両陣営の地上戦力は、なるほど、数からみれば同等であった。だが、ポーランド側には、近代的な快速部隊がなかった。ポーランド空軍も、著しく劣勢だったのである。

ポーランドは全部で、歩兵師団三十八個、戦車旅団二個、騎兵旅団十一個、さらに、国境守備隊の七個連隊および地域軍十五個大隊を展開していた。加えて、陸軍総司令部直属・各軍直属の部隊がある。

ポーランド軍の最高指導者たちは、ドイツ側の資料によれば、充分な資格があるものとはされていなかった。彼らの選抜は、政治的な影響にさらされており、教育訓練や経験に欠けていたからだ。

ドイツが東部に配置したのは、二十七個歩兵師団、六個装甲師団、四個軽師団、四個自動車化歩兵師団、一個騎兵旅団である。

快速団隊は、第14、第15、第16、第19、第22装甲軍団（当時はまだ、「自動車化」軍団と呼称されていた）に編合された。

全体的にみれば、一九三四年以来の急激な拡張の結果、陸軍の出師（すいし）準備は完了しているとはいえなかった。装甲部隊も同様で、[▽1]そのころは、ごく少数の砲装備戦車を除けば、ほとんどが機関銃装備戦車しか保有していなかったのだ。[▽2]しかしながら、ドイツ装甲部隊の強みは、装甲・自動車化され、作戦的に独立した大規模団隊が相当数存在することにあった。とはいえ、その運用可能性についても、これまで、ほとんど実践的な経験がなかったことはいうまでもない。

ライヒスヘーアの参謀本部に大きな障害があったとはいえ、グデーリアンは、あらゆる兵種を装甲・自動車化したかたちで包含する、作戦的に独立した装甲部隊こそ、目的に適したものだとする自らの思想を実行に移すすべを心得ていた。一九三二年から一九三五年のあいだのことである。当時、そうした意見は、ほとんどすべての軍事筋において、非現実的なものとされ、拒絶されていたのだ。

一九三九年九月には、今こそ、試練のときがやってきたと思われていた。グデーリアンと彼の信奉者たちが、新兵科の諸部隊を信頼しながらも、（戦争への熱狂はなかったにせよ）極度の緊張を以て、この能力審査を迎えたというのも理解できよう。

ドイツ陸軍指導部は、当初、連合国の二大強国、つまり、フランスと大英帝国に対して、現役歩兵師団十一個ならびに要塞師団一個を残しただけだった。それによって、西方に大きなリスクが生じることを認識していたが、敢えて引き受けたのである。開戦となったときに、初めて、同方面で予備師団三十五個が新編されることになっていた。

当時のフランスは、動員後に百八個師団以上を使用できたし、さらに、およそ四千両以上の戦車と強力な砲兵を投入できた。加えて、十月なかばまでには、英軍四個師団がフランスの地に入ることが可能だった。従って、西部戦線の連合軍は、何倍もの優勢を誇っていたのだ。彼らが速やかな決断を下しさえすれば、有利な結果が期待できたのである。

両陣営の作戦計画

軍事・政治的、また地理的に、ポーランドは困難な状況にあった。ポーランド指導部にとって重要だったのは、左のことであるのは間違いない。連合国が、保障条約上の義務に強いられ、西方で攻勢に出るまで、そして、それによって、ドイツ軍指導部が強大な兵力をポーランドから同方面に移すことを余儀なくされるまで、軍隊を戦闘可能な状態で維持し、時間稼ぎの戦闘を遂行させるのである。そうなれば、ドイツは、最初から悪名高い二正面戦争をやらざるを得なくなり、成功裡に終戦を迎えるチャンスなど、まったくなくなるはずだった。

ポーランド軍の計画

しかしながら、ポーランド軍は、ウッチ周辺ならびに上シレジアにあったポーランド工業の中核地域、また、ポズナン〔ドイツ語名ポーゼン〕およびキェルツェ一帯の食糧供給上貴重な地域を保持するため、ヴィスワ川西方で戦闘を引き受けると決定した。持久戦の利を生かすためには、ニェメン－ブブル－ナレフ－ヴィスワ－サンの諸河川を結ぶ線の背後で守ったほうが正しかったであろう。この線に拠れば、ドイツ軍による両翼包囲の可能性も限定されたにち

▽1　一九三九年九月一日の、装甲部隊の職官表は、付録、四二一～四二四頁をみよ。
▽2　ほかに、歩兵装甲戦闘車中隊数個があり、うち一個は、第1装甲師団の麾下に置かれた。

がいない。しかも、こうした河川の線は、予想された装甲部隊の攻撃や自動車化戦隊の奇襲的突進に対し、強固な障害物となっていたし、防御戦域もおよそ三千キロから六百キロへと戦線を短縮できる。それによって、防御能力も決定的に強められるのだ。

ところが、ものを言ったのは、心理的、国防経済的、そして、おそらくは作戦的な理由だった。おそらく、最初から攻勢的に行動しなければ、西側連合軍が約束した東方への前進も見込みがないものとみなすかもしれないと、危惧したのであろう。

それゆえ、ポーランド軍指導部は、退却ではなく、スロヴァキアからダンツィヒを越え、リトアニアに至る、長すぎる西部国境を守ると決めたのであった。彼らは、国境のすぐ後ろに軍を展開させることを選んだ。そこから攻撃に打って出るつもりだったのかもしれない。ポズナン付近に強力な部隊が集結していることは、ベルリン進撃の企図がある可能性を示唆していた。

ドイツ軍の計画

ドイツ側の作戦計画（「白号」）は、すでに述べたような事情から、影響を受けていた。

一、ポーランドが置かれた軍事地理的な位置は、快速部隊の敵地奥深くへの突進による早期の両面包囲の可能性を提供していた。

二、ドイツ軍指導部は、東部において充分な優勢を確保するため、西部には、ごく少数の部隊のみを置くと決定した。それにより、連合軍のポーランド支援が効果を発揮し得るようになる前に、迅速な勝利を得るための前提を固めんとしたのである。その際、あらゆる快速団隊は、グデーリアンの訓え「ちびちび遣うのではなく、つぎ込め」に従って、運用されることになっていた。

三、ドイツ軍指導部の、年若な装甲部隊ならびに、他のすべての快速部隊への信頼。これらが投入されなければ、素早い局所優位の確立や迅速な作戦の遂行は考えられなかった。

四、ポーランドは、ソ連によって、背面に潜在的な脅威を受けていた。

実行する可能性が出てきたポーランド攻撃のための陸軍作戦計画は、一九三九年七月末になって、ようやく作成された。それは、たしかに、春にポーランドが動員を行った結果であったのだ。ヒトラーが、その動員から、攻撃される可能性があるとみなしたことは正しかった。

作戦計画を要約すると、以下のごとくになる。

「作戦目標は、ポーランド軍の殲滅である。政治指導部は、奇襲的で強力な打撃を以て、本戦争を開始し、迅速なる成功にみちびくことを要求する。ポーランド陸軍の整斉たる動員と集結に……先んじ、ヴィスワ川とナレフ川を結ぶ線の西方に在ると予想されるポーランド軍主力を、一方はシュレージェン〔シレジア〕、もう一方はポンメルンと東プロイセンからの集中攻撃によって撃破することを企図するものである……。

その遂行のため、第14、第10、第8軍から成る南方軍集団と、第4ならびに第3軍より成る北方軍集団が編成される」[1]。

個別的には、シュレージェンから出る南方軍集団（フォン・ルントシュテット上級大将）が、麾下第10軍に装甲部隊の重点を置き、ザトヴィツェとヴィエルニのあいだで攻撃する。快速部隊を以て早期にヴィスワ川の渡河点を奪取、ポーランド西部をなお保持しているであろうポーランド軍兵力を、北方軍集団と協同して、殲滅する予定だった。第14軍は、南方軍集団の攻勢を装甲部隊で支援し、右側面の敵部隊に対して掩護する。第8軍は、ポズナンとクトノのあいだの間隙部で、左側面の敵に対して掩護にあたることとされた。

北方軍集団（フォン・ボック上級大将）の最優先の課題は、西プロイセン経由で、ドイツ本国と東プロイセンの連絡を確保することであった。しかるのちに、南方軍集団と協同して、ヴィスワ川東方の敵を遮断するため、東プロイセンからワルシャワに進撃する。北方軍集団には、グデーリアン将軍麾下の四個快速師団が配されており、著者は、その集団参謀長を務めていた。

かかる諸措置から、本作戦計画が当初より作戦的な挟撃を企図していたことを見て取れる。とはいえ、両軍集団の間隔が非常に開いていることが弱みだった。

空軍と海軍には、支援任務が与えられていた。あらかじめ公然たる動員と開進を行うことは許さぬとするヒトラーの政治的要求により、ことは難しくなった。その解決策として、「東方防壁（オストヴァル）」〔ドイツが東部国境に築いた要塞線〕の一環となる野戦築城が行われ、一九三九年六月末より、常時、八個師団がそこで労働勤務にあたった。かような手段により、それらの師団は、のちの開進地域に早くも配置されたのである。加えて、あらゆる快速師団は、偽装することもなく、大演習と称して、はるか後背地に集結した。余談だが、もし戦争で中断されることがなければ、その種のものとしては、最大規模の演習となったことであろう。

在東プロイセンの兵力増強のため、これもまた隠蔽されることなしに、諸団隊が本国から海路輸送された。かかる団隊は、タンネンベルク記念碑〔第一次世界大戦のタンネンベルク会戦において、ロシア軍相手に上げた勝利を記念する碑〕で壮大なパレードを行い、演習に参加する予定になっていた。そのなかには、第4戦車旅団〔ヴュルツブルク〕もあった。

検討

本戦役計画の遂行にあたり、想定されていたのは大胆不敵にやるということだった。第10軍〔フォン・ライヒェナウ〕は、装甲部隊の主力を以て、ワルシャワをめざし、敵中深く三百キロを突進することとされていた。その際、側面・後背部の掩護などは顧慮されない。同軍は、ヴィスワ川西岸のポーランド軍防御陣を速やかに遮断する。ポーランド軍指導部が、やむをえず、麾下部隊の主力をヴィスワ川の後ろに下げ、そこで、こちらに時間を喰わせるような新防御陣を構築するような場合に備え、先手を取るのが目的だった。しかしながら、これまで、かくも大規模な快速団隊を、比較的狭隘な地域に合わせて編合し、運用した経験はなかった。ポーランドの貧弱な道路網、しかも敵縦深の奥において、数千両の車輛を指揮し、補給する。そんなことは、技術的に可能なのだろうか？　そうして、快速部隊と歩兵軍団を組み合わせることができたとしても、攻撃全体の統一や安定性は確保されるのか？

また、同じ時期に、スロヴァキアならびにポンメルンと東プロイセンより打って出る快速団隊により、敵の両翼を包囲することが予定されていた。

その際、重要なのは、急ぎ成功を得ることにより、全軍がともに協同して敵に当たることができる態勢を速やかに形成することである。最短距離でも、およそ三百キロもの長さになる両軍集団間の空隙〔この間、東プロイセンの第3軍は、ヴィスワ川の彼岸で孤立している〕を埋め、敵にいっさいの作戦の自由を許さないためだった。

ほかにも、危険な点はあった。ポーランド軍指導部が機転が利くようであれば、内線の利を生かし、両軍集団のどちらか一方に、軍主力による集中攻撃を仕掛けられるのだ。加えて、ポーランド軍「ポズナン軍」が、有利な位置に待機していた。ドイツ側の作戦計画によれば、ポズナン軍正面には、言うに足る部隊が存在せず、従って、同軍は作戦的に拘束されていない。まずは、状況に合わせて、自由に行動できるのであった。

ドイツ軍指導部は、自らが作戦的・戦略的にリスクを冒していることを認識していた。彼らは、そうした危険を慎重に検討し、東西の情勢を正しく判断したものと確信し、また、快速部隊の能力に頼って、このリスクを甘受したのだ。指揮のわざとしては、適切なやりようであった。とはいえ、フランス軍が早期に攻撃してきたならば、ポーランド戦役、ひいては戦争全体が、あっという間に終わりに至ったことだろう。ドイツが二正面戦争〔陸軍参謀本部が恐れていた事態だった〕に成功するチャンスは、まったくなかったからである。

戦況の進展

対ポーランド戦役は、異様なあり方で開始された。

「白号」作戦発動の符牒は、一九三九年八月二十五日、ヒトラーによって下令されていた、これに従い、ドイツ東部軍は、約二時間後に、縦深を組んで構築されていた準備陣地より出て、カルパチア山脈とリトアニアのあいだで、ポーランド国境沿いに攻撃を加えるべく、行軍にかかったのである。

ところが、同日にイギリス・ポーランド同盟条約〔ポーランドが攻撃を受けた場合には、イギリスが参戦・介入するとした〕

が調印されたことを理由に、十七時四十分、ヒトラーは、最後の瞬間で、ポーランド国境を越える攻撃を中止すると決断したのだ。
「無線封止」が徹底されていたにもかかわらず、この停止命令は、夜までに適時、最前衛の部隊にまで届けられた。所与の状況からみれば、命令下達の名人芸だったといえる。[2]

現場部隊にあっては、かかる停止は、数か月間続けられていた政治的神経戦で、心理的・外交的に圧力をかけるための手段なのだろうとみなされていた。一九三八年秋に、チェコスロヴァキアに進駐する前にも、同様のことが行われたのである。目的を承知しているなら、数日、あるいは数週間も戦争勃発を引き延ばし得るなどということは、とうてい信じ難いことと思われたのだ。

ポーランド側が、国境に近い準備陣地地域で接近行軍が実施されたことに気づかぬままでいるはずもない。よって、ドイツ側が企図していた奇襲の効果もなくなってしまった。他方、こうして得られた時間を、ドイツ軍予備師団の編成に使うことができた。

八月最後の数日間の外交交渉も、成果を上げられぬままであった。一九三九年八月三十日十四時三十分、ポーランド軍動員が公然と開始される。八月三十一日の零時三十分に、ヒトラーもそれに倣(なら)った。同日十六時、「白号」命令があらためて下達されたのだ。かくて、ドイツ・ポーランド間の危機を平和的に解決する望みは、すべて打ち砕かれた。第二次世界大戦への緊張にみちた序幕が終わったのである。

国境会戦

一九三九年九月一日から三日までの諸戦闘、とくに「ポーランド回廊」をめぐる会戦は、おおむね期待されていたような成功をもたらした。緊張も、おのずから解けはじめた。数年ほどの期間で急ごしらえされ、予備団隊も持っていなかった部隊が、戦闘で真価を証明したのである。新しい兵種である装甲部隊は、組織面、戦術面、作戦面のすべてにおいて、最初の実戦による試験に合格したのだ。

ポーランド戦役
一九三九年九月一日
バルト海
ラトヴィア
リトアニア
ケーニヒスベルク
東プロイセン
北方軍集団(フォン・ボック)
ポンメルン
第19軍団
第3軍
第4軍
ダンツィヒ
エルビング
アルレンシュタイン
第20自動車化歩兵師団
第2自動車化歩兵師団
第3装甲師団
19.AKm
第10装甲師団
ポーランド軍五個師団
グラウデンツ
東プロイセン装甲師団
第1騎兵旅団
ポーランド軍五個師団
ヴォムジャ
独ソ分割線
グデーリアン
ブィドゴシュチュ(ブロンベルク)
トルン
ナレフ川
ブク川
ソ連軍諸部隊
第4軍
ヴィスワ(ヴァイクセル)
九月十二日
九月十四日
ポズナン(ポーゼン)
ワルシャワ
ブレスト＝リトフスク
ポーランド軍五個師団
ヴァルタ川
ブズーラ川
九月十五～十七日
シュルツ支隊
ウッチ
九月八日
第8軍
ポーランド軍四ないし五個師団
第16装甲軍団
ラドム
ルブリン
九月十四日
シレジア(シュレージェン)
第8軍
ポーランド軍六個師団
ヴィスワ(ヴァイクセル)
九月十七日
ブレスラウ
チェンストホヴァ
キェルツェ
第3軽師団
第2軽師団
15.AKm
第10軍
クライスト
トマシュフ
第10軍
第1装甲師団
第4装甲師団
16.AKm
グリヴィツェ(グライヴィッツ)
クラクフ
タルヌフ
プシェムィシル
サン川
独ソ分割線
ルブフ(レンベルク)
九月十五日
第1軽師団
第13自動車化歩兵師団
14.AKm
第29自動車化歩兵師団
第5装甲師団
ポーランド軍六個師団
第14軍
南方軍集団(フォン・ルントシュテット)
第14軍
22.AKm
第2装甲師団
第4軽師団
スロヴァキア
ハンガリー
ルーマニア
凡例
ドイツ軍の攻撃方向(快速団隊)
ポーランド軍の反撃 一九三九年九月八～十一日
16.AKm.＝第16装甲軍団
縮尺 1：5,000,000
0 50 100 150 200 250 300 km

展開していた敵も、装甲部隊の大胆な進撃によって突破された。数日のうちに西プロイセンは解放され、東プロイセンとドイツ本国の連絡も再び確保されたのである。

作戦の重点に投入された第10軍は、ワルシャワの西で、ポーランド軍の戦線に突入していた。かくて、ヴィスワ川の西で行うものと予定されていた作戦的包囲が、やっとこのかたちを表したのだ。

続く九月四日より六日までの、南方軍集団方面における激戦は、ヴィスワ川とサン川の前面でなお決戦を強制せんとするOKHの企図から生じたものだった。だが、同軍集団右翼を構成する第14軍が、麾下の第22装甲軍団を以て、サン川中流域を越えたことにより、ポーランド軍がヴィスワ川東方で防御陣を布くことも、作戦的には、最初から蝶番を外されてしまうことになる。

北方軍集団も同様の状況判断を下しており、「回廊」から解放されたグデーリアンの第19装甲軍団（快速師団四個）、さらには、とりあえず三個歩兵師団を用いて、強力な北翼を形成し、ブレスト＝リトフスクやルブリン方面に投入することを検討していた。

九月五日には、OKHも、敵はヴィスワ川ならびにナレフ川の線の後ろに撤退したものとみなした。また、フランス軍も遅疑逡巡の態度を示していると判断したOKHは、新しい作戦目標を付与したのである。つまり、今後は、ヴィスワ川東方でポーランド軍の残余を包囲するのだ。そのため、北方軍集団は、第3軍およびグデーリアン装甲軍団を以て、ワルシャワ―シェドルツェ間を、南方軍集団は、第14軍にサン川を渡河させ、ルブリン方向を攻撃することとされた。後者の地域では、第22装甲軍団（フォン・クライスト）が敵右翼の外端包囲にかかる。

九月七日から十一日まで、戦闘を交えながらの追撃が続き、前進また前進ということになった。第14軍がジェシュフを奪取する。第10軍は、第14、第15、第16の諸装甲軍団▽3とともに、ラドム周辺のポーランド軍を、南方、東方、北方から包囲にかかった。残る西方からは、歩兵軍団が接近していたのである。第10軍の左側面掩護部隊として、梯団を組んで追随していた第8軍は、南方軍集団からの訓令を受領した。ワルシャワ方面への超越追撃〔敵を追い越す追撃〕により、この間に同軍の北側面において、ヴィスワ川に後退しつつあるポーランド軍、すなわち、まったく無傷の「ポズナン軍」の退路を断つべしとの命であった。

ブスラ河畔の戦い

軍、軍集団、さらにはOKHも、これまでの成功に夢中になり、敵軍の退却か、東方への突破を予測しているだけだった。第8軍の北側面が攻撃にさらされるなど、考えてもみなかったのである。それは、完全な誤断だったということになった。

九月八日、ポーランド軍の攻撃が開始され、危機的な事態が生じた。けれども、九月十一日までに、南方軍集団の精力的な指導と対応により、それは決定的な勝利へと転じられたのであった。それぞれ、ヘープナー将軍[3]とホート将軍に率いられた第16および第15装甲軍団、さらには第10軍からの増援の巧妙な旋回のおかげで、敵に、逆面に向けた戦闘を強いることができ、それが、当時としては最大級の包囲戦に発展したのだ。

この、クチシェバ将軍麾下の「ポズナン軍」が、「ポモルツェ」軍の諸師団とともに実施した、行動力に富んだ独自の攻勢は、ポーランド軍指導部による唯一最大の反撃であり、たとえ決戦には至らなかったにせよ、（フォン・マンシュタイン元帥のみるところでは）ポーランド戦役の最高潮であった。本攻勢は、ドイツ軍の大規模快速団隊による、敵をはるかに追い越しながらの包囲と、南方・北方での歩兵軍団の追随により、作戦的にはすでに失敗していたのである。

ブレスト＝リトフスクへの装甲部隊の突進

ただ、北方軍集団はいまだ「追撃」の段階に至っていなかった。第19装甲軍団（グデーリアン）は、西プロイセンで諸戦闘を実行し、九月九日になってようやく、東プロイセン北東部のヨハニスブルクからの進軍を開始していた。そ

▽3　当時、公式には「軍団（自動車化）」と呼称されていた。

の後、OKHの指令に従い、ヴィズナを越え、シェドルツェに配置される。ブレスト＝リトフスク方面に退却しているポーランド軍部隊の背後に開いた空間を押さえるべきだというグデーリアンの意見具申は、退けられたのだ。

いずれにせよ、フォン・ボック上級大将には、グデーリアンと彼の四個快速師団を、歩兵より成る軍の行軍テンポに縛りつけるつもりなどなかった。そうした対応により、フォン・ボックは、戦史上初めて、独立して作戦する、純粋の「装甲軍」をつくりだしたのであった。

九月九日付の陸軍総司令部命令によって、ヴィスワ川東方における両翼包囲のための諸指示が下達された。あらたに、北方軍集団の快速部隊（グデーリアン軍団）を先行させるべしと下令され、それがために、のちのブク川東方での南方軍集団との協同も可能になったものと思われる。南方軍集団は、第22装甲軍団を第14軍の右翼に配し、サン川上・中流域を越えて、前進させる予定となっていた。目的は、サン川下流域で敵を包囲し、そのあとにヘウム方面に向かうことだった。

かかる命令に従い、ドイツ軍諸部隊は、フランスからの戦略的脅威を顧みることもなく、ポーランド領奥深く進撃していく。ポーランドの交通事情が極端に劣悪で、必要とされたいくばくかの兵力の西方移送も著しく遅滞することがわかると、ドイツ軍最高司令官は、いっそう大胆に振る舞うようになったのである。

北方軍集団は、右記のことにもとづき、グデーリアン装甲軍団に対し、敵の後背部にあるブレスト＝リトフスクを新目標に指示した。これによって、本戦役にも、とうとう結着がついた。同市の市街部は早くも九月十四日に奪取されていたが、その強力な城塞が陥落したのは、やっと九月十七日になってのことであった。攻撃に際し、グデーリアンは、参謀長ネーリングと副官ブラウバッハを連れ、突撃するハンブルク第20自動車化歩兵師団の擲弾兵のただなかで、行をともにしたのである。グデーリアンは数日前にも、第10装甲師団の狙撃兵が、ヴィズナ付近のナレフ川陣地に対して、攻めあぐねていた際に、彼ら将兵を自ら先導していた。九月初頭、「ポーランド回廊」のブルダ〔ドイツ語名「ブラーェ」〕河畔においても、戦車と擲弾兵に対して、同様に率先垂範したのだ。

終結

ポーランド側の動きは、九月十日にポーランドのラジオ局が放送した最後の作戦命令に、よく示されていた。それは、「すべての軍は、ルヴフ〔ドイツ語名「レンベルク」〕東方地域に、各個に行軍せよ」と指示していたのである。そのあたりは、ソ連と中立国ルーマニアに接する境界地域だった。つまり、もう降伏寸前であるかにみえたのだ。フランス軍とイギリス軍がドイツ軍西部戦線に無為に留まっていたことについては、軍事的に説得力のある説明は存在しない。当時、その軍隊は、戦力的にみて、制裁の模範となるような攻撃により、しだいに第二次世界大戦へと進みはじめていた戦争を、芽のうちに摘み取ることが可能だったのである。同国のジャン・デュトールは、「フランスの将軍たちは、勝利のための工具を手に握っていた」と評している。▼4

ポーランド軍残存部隊による個々の戦闘はなお十月初頭〔一九三九年十月五日〕まで続いたにせよ、九月なかばにはすでに、ポーランド戦役は山を越していた。九月十七日、赤軍部隊がブク川に至るまでのポーランド残部を占領し、ほとんど戦闘なしで、そこに退避していたポーランド軍の一部を武装解除した。

ソ連軍のポーランド進駐は、ドイツ軍指導部にとって、大きな驚きであった。政治指導部は、ドイツ軍の司令官たちに、ソ連の企図を伝えていなかったからだ。一九三九年九月二十二日、ブレスト＝リトフスクにおいて、グデーリアンならびにクリヴォシェインの両将軍観閲のもと、快速部隊による独ソ共同の野戦パレードが挙行された。引き渡し交渉ののち、別れの朝食会における乾杯の辞で、クリヴォシェインは、「両国の永遠の敵意のために」とやってしまった。無意識の誤りであるが、象徴的なことではあった。ドイツ語の「友情」を言い間違えたのである〔ドイツ語の「敵意（ファイントシャフト）」Feindschaft と「友情（フロイントシャフト）」Freundshaft は、綴りにして、数字しかちがわず、発音も似通っている〕。

観察

ポーランド軍の諸部隊があらゆる勇気や頑強さを示したにもかかわらず、ポーランド戦役は、政治指導部が与えた指示通り、軍事的には迅速かつ決定的なかたちで遂行された。戦場で連合国に見捨てられたことにより、ポーランド共和国は崩壊しなければならなかった。が、政治的、戦略的、作戦的な意味では、ポーランド自身が、破滅に向かうような振る舞いを多々しでかしていたのだ。

新ドイツ陸軍とその指導部は真価を発揮した。彼らは、若き空軍によって、継続的な支援を受けていた。海軍もまた、海上輸送とダンツィヒ周辺の戦闘における海上からの支援により、功績を上げたのである。第一次世界大戦で試験されつくした指揮・教育訓練の原則が、ライヒスヘーアという媒介者を経て、新しい時代に即したかたちでヴェーアマハトにつなげられたのだ。このときまでは、ヒトラー以下の政治指導部が介入、妨害してくるようなこともなかった。ドイツ装甲部隊の創設により、かかるドイツ軍の成功に貢献したのは、グデーリアンであった。装甲部隊の攻撃の勢いを通じて、軍隊指揮の術に再び機動的な作戦遂行をもたらし、一九一八年とは逆に、はるか広大な空間において決戦を強制することが可能になったのである。新兵種たる装甲部隊は、戦闘における実践試験に合格し、卓越した戦いぶりをみせたのであった。グデーリアンとその支持者たちの大きな期待が満たされ、多数の反対者たちの主張の誤りも、たちまちのうちに証明された。

この、数的にはおおよそ同等の敵に対する一か月ほどの戦役で起こったことは、歴史上、ただ一度かぎりのことであった。ポーランドは、最大規模のカンナエ〔紀元前二一六年、ハンニバル率いるカルタゴ軍が、数に優るローマ軍を撃滅した戦い。包囲殲滅戦の典型とされる〕に見舞われたのである。

しかしながら、かかる軍事的には輝かしいばかりの経過も、将来的にみれば、ドイツ側に大きな禍根を残したことは、特筆されるべきだろう。軍事のディレッタントであるヒトラーは、印象的な成果と、その指導に際して、自分が果たした役割を過大評価したのだ。彼は、このリスクだらけで神経を苛(さいな)むような作戦の遂行のごく一端しか、体験していなかったのである。さはさりながら、ライヒの戦略に関する政治的責任は、ヒトラーが担うべきだった。装甲部隊の創設と、その作戦的運用・投入を促進したのも、彼であった。けれども、軍事作戦指揮上の諸問題と困難性の深奥をきわめることを可能にするだけの実務的な前提すべてが、ヒトラーには欠けていたのである。従って、彼の判断は表層的なものであり、それも、あとになると、しばしば誤った前提条件に従ってなされることになった。何よりも、ボタンを押せば、いつでも間違いなく大成功を収めてくれる機械のように、国防軍を動かすことができると確信していたのだ。そのため、同年秋には、ヒトラーと、陸軍総司令官フォン・ブラウヒッチュ上級大将ならびに陸軍参謀本部のあいだに、初めて、著しい見解の相違と不信が生じたのであった。

II. 対フランス戦役――一九四〇年(「黄色」および「赤号」作戦)

第一段階　海峡への突破(「黄号」作戦)

西方防衛戦のための一九三九年九月十七日付OKH指令――ヒトラーによる一九三九年九月十日付「西方戦遂行のための覚書と方針」――「戦争指導のための指令第六号」――ダイレ少佐の記載――一九三九年十一月十一日付OKH命令――一九三九年十月三十一日付フォン・マンシュタイン覚書――新開進指令「黄号」――戦力概観――ある参謀の異議――遂行――一九四〇年五月二十四日のダンケルク前面におけるヒトラーの「停止命令」とその結果

一九三九年九月初めの日々に、大英帝国とフランスがドイツに対して宣戦布告したことにより、ヒトラーと陸軍総司令部(フォン・ブラウヒッチュ上級大将)は、ポーランド戦役終了後も、さらに戦争を継続することを考慮に入れざるを得なくなった。最高政治指導部、すなわち、ライヒ宰相にして国防軍最高司令官であるヒトラーが、これまで大戦に向けた計画を定めていなかったとあっては、なおさらのことだったのである。

西方防衛戦のための一九三九年九月十七日付OKH指令

陸軍総司令官が防御を企図していたことは、その「一九三九年九月十七日付指令三九/八六号 g.Kdos.〔geheime Kommandosache.「機密統帥事項」の意〕」「陸軍の西方防衛戦への再部署について」から、はっきりと読み取れる。[4]

「**歩兵師団**（自動車化）
四個歩兵師団を、機動予備として控置するため、四個自動車化旅団に改編する……陣地正面に投入するかたちで運用し得る能力も確保すべし。各部隊の馬匹・車輛装備も調査のこと。
装甲・軽師団
これらは現状を維持するものとする。ただし、歩兵戦力は四個大隊まで拡張すべし。
第1軽師団は第6装甲師団に改編される。戦車生産の進行によってではあるが、第2、第3、第4軽師団の装甲師団への改編も予定あり。……ケンプフ装甲師団〔臨時編成〕は解散のこと。第10装甲師団の処置については、本官が留保する。
騎兵
第1騎兵旅団は、騎兵師団に拡張すべし。同旅団の捜索大隊は、第2騎兵旅団司令部の隷下に入り、第7・第8騎兵連隊に編合される[5]」。

本指令は、新時代の陸軍の組織と戦闘遂行に関する理解不足を示していた。ところが、従来の組織や戦闘遂行は、対ポーランド戦役において、完全に有効であることを証明したし、戦役を速やかに終結させることにも貢献していたのである。ここでは、快速部隊を再び馬匹と輓馬車輛に依るものに改編し、その一方で、すでに第一次世界大戦時に、塹壕戦のずっと後ろに置かれ、使い道のない状態に陥っていた騎兵を再建せんとする努力が行われようとしていたのだ。

かかる陸軍の指令（国防軍最高司令官ヒトラーは、それに関して、事前に相談を受けていなかった）と、つぎに掲げるヒトラー覚書のあいだには、根本的な食い違いがあることが注目される。かくのごとく広範囲におよぶ陸軍「再編成」について、決定権を有する人々のあいだで、何の話し合いも持たれなかったことは、理解に苦しむばかりである。

一九三九年十月九日、つまり、ポーランド戦役が成功裡に終結したのち、ヒトラーは「国防軍最高司令官」として、陸海空三軍の総司令官たちに、覚書を送付せしめた。今秋のうちにも対仏攻勢を行うことを要求し、また、装甲部隊が有する決定的な価値を明示する内容であった。

ヒトラーによる一九三九年九月十日付「西方戦遂行のための覚書と方針▽5」

「装甲部隊と空軍は、目下のところ、攻撃兵器として、技術的に他の国が達していない高みにあるのみならず……その組織、そして、いまや熟練した指揮により、他のどこの国におけるよりも、優良な運用可能性を保証されている。装甲部隊は、ポーランドで実戦に投入され、最大限の期待をも上回る成果を達成した。……従って、いかなる状況にあろうと、防御よりも、攻撃（戦争を決する方法だ）を優先すべきである。しかし、満足できるほど早期に、攻撃を実施することはできない。……攻撃の場合には、装甲部隊は、その本質に配慮して、最大の成功を約束するように運用されなければならぬ。ゆえに、装甲部隊により、陸軍部隊の前進運動を円滑に保つ、あるいは、脆弱であると認められた地点で集中突破を行わせることにより、戦線膠着を防ぐことが必要なのだ。従って、突破した装甲団隊の課題は、互いに負担を減らすことにある。……こうした野戦の特性から、通常の突破における比率以上に、各地点に兵力（たとえば、戦車や対戦車砲）を集中することを余儀なくされるであろう。いかなることがあろうと、本攻撃の開始はなお今秋中（それを可能とする条件が整いしだい）に設定されるものとする。よって、とくに、極限までの精力を注いでの、装甲・自動車化団隊の再整備を進めることが必要である」。

同日、ヒトラーは、別の指令を発した。

「戦争指導のための指令第六号」

「近い将来において、イギリス、そして、その指導下にあるフランスが、戦争終結を容認することはなかろう。よっ

▽4　ここでは、快速部隊に関する部分だけを引用する。
▽5　抜粋。

て、私は、長きにわたり時間を空費することを避け、積極的かつ攻撃的な姿勢を取ることに決した……。

攻撃開始時期は、装甲・自動車化団隊の運用可能性の程度……と天候しだいである。装甲・自動車化団隊は、全力をつくして、急ぎ運用可能とすること」。

ダイレ少佐の記載[6]

以下に示す、一九四〇年十月十八日付OKW戦時日誌へのダイレ少佐の記載から、ヒトラーが、自分の命じた攻撃のための作戦計画がどう進展しているかについて、大きな関心を抱いていたことが認められる。彼は感情的になっており、一九一四年のような右翼による包囲作戦案を拒絶した。この点について、ダイレは断言している[6]。

「一九三九年九月末。総統の決定。とにかく、可及的速やかに西方攻撃にかかる。……シュリーフェン計画を繰り返さず、南側面をしかと掩護しつつ、ベルギーとルクセンブルクを通過、おおよそ北西方面に攻撃を実行して、海峡部沿岸を奪取すると、総統は最初から考えていた……。

一九三九年十月。最短で攻撃を開始できるのは、十一月十日ごろ……。

一九三九年十月末。総統が影響力を行使。スダン方向に自動車化部隊を投入することが、総統によって提議された……。

一九三九年十一月初頭。とくに、スダンに進撃する予定となっている、南方の自動車化支隊を引き続き強化する件について、総統が影響力を行使した……。

一九三九年十一月末。総統があらためて意見を表明した。計画された西方攻勢は、世界史上最大の勝利を導くとの由である。

一九四〇年一月なかば。ベルギー南部を抜ける突破によって、攻勢を決定的勝利につなげなければならないとする（従って、攻勢全体の重点は左方に置かれる）構想に、総統はよりいっそう注目するばかりだ。

一九四〇年三月から四月。……総統……西方攻勢は春まで延期。……攻勢は、細部に至るまで準備済み」。

一九三九年十一月十一日付OKH命令[7]

一九三九年十月よりのヒトラーの熱望ゆえに、一九三九年十一月十一日、OKHは、AならびにB軍集団に下令した。

「総統は、いまや、以下のごとき指示を出された。

第12軍南翼、もしくは第16軍の戦闘帯に、三番目の快速部隊から成る支隊を編合し、アルロン、タンティニー、フロランヴィル等の両側にある森林の切れた地帯を利用、スダン方面に前進させる。

その編合。第19軍団(自動車化)司令部、第2および第10装甲師団、第1自動車化歩兵師団、SS『アドルフ・ヒトラー』直衛旗団、『大ドイツ』連隊(自動車化)。

同支隊の任務は以下のごとし。

スダン付近、もしくは同市南東方で奇襲を行い、ムーズ川西岸を奪取、それによって、以後の作戦遂行のため、好適な前提を確保する。とくに、第6ならびに第4軍に配属された装甲団隊が、同地で作戦的な戦果を達成しなかった場合において然り」。

以下、OKHによる作戦細目指示が続く。

一九三九年十月三十一日付フォン・マンシュタイン覚書

OKWによる検討は、当時、A軍集団には知らされていなかった。だが、このOKWの考察とは別に、十月三十一日、A軍集団はすでに、ObdH[8]に宛て、同軍集団参謀長が作成した本攻勢遂行に関する覚書を提出していた。そこ

▽6　抜粋。
▽7　第四四四八五/三九号、機密統帥事項。

には、ヒトラーが取り組んでいたのと同様の基本構想が含まれていたのだ。それが、作戦的に精密な輪郭を取っているだけのことだった。

「当軍集団の見解は、かかる考察に従うならば、全作戦の重点を移すことを余儀なくされるというものである。現状では、ベルギーにおいて、快速部隊による緒戦の成功を追求するとされているものの、それは、なお準備戦闘に留まっている。が、同部隊を、攻撃の南翼に置くべきであろう。南翼の部隊は、リエージュ〔ドイツ名「リュティヒ」〕南方を通過し、ムーズを渡河、ナミュール方面、アラス、ブーローニュへと進撃させなければならない。目的は、敵がベルギーに投入してくる軍を、正面からソンム川へと圧迫（撃退）するのではなく、ソンム川の線で遮断することである。

同時に、この南翼は、左側面に対するフランス軍の反撃を拒止できるほどに、充分に強力であらねばならない。そうあってこそ、海岸に向かう作戦を完遂し得るのだ。

かような考察から、以下の措置が必要であると思われる。

リュティヒ南方、すなわち、第4軍の戦闘帯南部と第12軍の戦闘帯に、強力な自動車化部隊を配置する……。

敵が北翼を強化すればするほど、A軍集団にとっての危険、しかし、他面では大成功のチャンスが生じる」。

こうした論述には、一九四〇年五月に現実のものとなった作戦構想が含まれていた。のちに、チャーチルの回想録で、「鎌の一撃作戦」と表現され、有名になったものである。

同覚書は、OKHとの活発な意見交換の引き金になった。一九四〇年一月十二日、A軍集団はあらためて、「つぎ込」まなければならぬという、自らの見解を強調している[▽9]。「ムーズ川北方で、強力な装甲部隊を、自動車化された一個軍に速やかに編合することは、成功を得るために決定的な意義を持つであろう……[▽10]」。

マンシュタインの一月十九日付報告メモからもあきらかなように、OKHは否定的な態度を続けていた。だが、一九四〇年二月十七日、フォン・マンシュタイン将軍が、ある歩兵軍団の長に任命され、ヒトラーに転任申告をなした際に、決断が下された。このとき、マンシュタインは、ヒトラーの希望により、情勢判断報告を行った。その件は、ヒトラーの副官シュムント大佐を通じて、あらかじめ、彼に伝えられていたのである。ヒトラーは同意した。かかる会談の直後に、最終的なものとなる新開進指令が下達されたのだ。クライスト装甲集団が編合された。[11] 誰もが予想していたこととは裏腹に、司令官に任命されたのは、グデーリアンではなかった。グデーリアンは、ポーランド回廊、のちには、ブレスト＝リトフスクにおいて、四個快速師団から成る装甲集団の司令官として、卓越した働きを示したのであったが。

グデーリアンは、一九三二年から一九三五年までの〔装甲部隊をめぐる〕闘争と創設の時代に、「厄介な部下」として、有名になっていたのだ。彼が、自らの意思と見解を堅持したことを、お偉方は不快に感じていたし、また恐れることもしばしばだったのである。

新開進指令「黄号」

一九四〇年二月二十四日、ＯｂｄＨは、西方諸国に対する攻勢について、以下のごとく下令した。[12]

『黄号』攻勢は……敵の軍事的権力手段〔軍隊〕の覆滅に道を開くことを目的とする。……ベルギー＝ルクセンブルク地域を通過して実行される攻勢の重点は、リエージュとシャルルロワを結ぶ線の南方に置かれる……。この線の南方に配置された兵力は、ディナンとスダンのあいだでムーズ渡河を強行、ソンム川下流域に向け、北フランスの防御陣中に進路を啓開する。

リエージュ＝シャルルロワ線北方では、第18および第6軍を擁するB軍集団司令部が、同線南方においては、A軍

▽8　Oberbefehlshaber〔陸軍総司令官〕のこと。
▽9　Ia第二〇／四〇号通信、機密統帥事項による。
▽10　その際、マンシュタインは、作戦に関して、グデーリアンとの一致をみていた。
▽11　付録、四二四～四二六頁参照。
▽12　第一三〇／四〇号、機密統帥事項。

集団司令部が第4、第12、第16軍を以て、本攻勢を遂行する……。
A軍集団の任務は……可及的速やかに、ディナンとスダンのあいだでムーズ川を強行渡河することである。目的は、以後……ソンム河口方向への突進・打通だ。
同軍集団前面では、強力な快速部隊が、縦深を取って部署し、ディナン‐スダン間のムーズ川戦区に押し出す。その課題は、南部ベルギーおよびルクセンブルクに前遣される敵を撃砕、奇襲突進を実行してムーズ川西岸を奪取、それによって、以後の西方に向かう攻勢遂行のため、有利な条件を確保することである……」。
フォン・ブラウヒッチュ（署名）

戦力概観▽13

B軍集団（フォン・ボック上級大将）。第16装甲軍団司令部、第3、第4、第9装甲師団、第20歩兵師団（自動車化）、SS「髑髏」師団、第1騎兵師団。

A軍集団（フォン・ルントシュテット上級大将）。フォン・クライスト装甲集団（元第22装甲軍団司令部）、第14、第15、第19、第41（のち、第39に改称）装甲軍団司令部、第1、第2、第5、第6、第7、第8装甲師団、第2、第13、第29歩兵師団（自動車化）、「大ドイツ」歩兵連隊、SS直衛旗団「アドルフ・ヒトラー」（作戦発動後に麾下に編入）。

先に掲げた『黄号』開進指令」の新版は、**A軍集団の枠内に装甲部隊の重点を形成すること**を、実際に確定していた。マンシュタインとグデーリアンが要求し、ヒトラーに認可された通りである。この指令は、本戦役第一段階における装甲部隊運用の原則となった。

ある参謀の異議

かようなことに関連し、多くの参謀将校が装甲部隊に対し、いかにわずかな理解しか有していなかったかを示す挿話がある。一九四〇年三月五日、フォン・マンシュタイン将軍の後任として、あらたにA軍集団参謀長に就任した人物が、陸軍参謀総長に対し、下達されたばかりの開進指令について異議を唱えた。

「現時点における所与の状況下にあっては、攻撃する諸軍の戦線前面に、強力な装甲・自動車化部隊を投入することに対して、深刻な懸念を抱くものである。……ここ四か月半のあいだ、敵はムーズ川後方にある。われわれは、ポーランド軍ではなく、フランス軍指導部を相手にしなければならないのだ。……装甲部隊の機動を、後続する歩兵のそれに同調させられるような諸軍の指揮下に、それらの部隊を置けば、(装甲部隊にとっても好都合であろう)。そうすれば、歩兵を、真の意味で装甲部隊に『膚接して』追従せしめることが可能になるからだ……」。

一九四〇年三月十二日、▽14 ハルダー将軍はこれに回答し、ObdHの同意を得た上で、右の件を全面的に拒否した。

「ドイツ陸軍に課せられた課題は……先の大戦以来なじんでいるような方法によっては、解決不可能である。われわれは、尋常でない手段を取り、しかも、それと結びついたリスクを負わなければならない。

空において、快速部隊の組織と精強さにおいて、また、快速部隊の運用経験において(わが高級将校たちの指揮能力と個人的な活力において、ということだ)、われらが指揮機構の創造力と堅実さにおいて、わが軍は優越していると実感している。われわれは、この優位を存分に活用しなければならないのだ。常のごとく、ムーズ川に向かって開進し、正面から同戦区で戦闘するのでは、おおいに見込みがあるとはいえない。

……障害物。……現場の部隊はすでに報告している。……国境の諸橋梁も、三十分ほど作業すれば、快速部隊の車輛すべてが……充分な行軍速度で渡れるような状態にすることができるとの由である。

対抗上、機動性のある敵部隊が投入されてくるなら、ただ歓迎あるのみだろう。それによって、わが装甲部隊は、その残兵を追撃して、スモワ地区に突進する機会を……与えられるはずだ。わが装甲部隊は、撃破された敵が夜間に

▽13 ここでは、快速団隊のみを挙げた。

▽14 第二八/四〇号通信、機密統帥事項による。

秩序だった退却を行うことを許さない。ポーランド戦の経験からすれば、そうしたことも当然期待されるのである……。

ムーズ河岸西方において、先駆突進する部隊が深刻な危機に陥る可能性を看過しているわけではない。だが、その危機も、空軍が……軽減してくれるだろう。ここでも、わが装甲部隊指揮官の行動力と機転が、率先垂範することと相俟って、手順通りの動きしかしない敵に対して……味方に有利に（作用するものと……）小官は確信する。

第4および第12軍に、一ないし二個装甲師団を投入すれば、おそらくムーズ川沿いの地域で成功の機会を得る。が、装甲部隊主力は、のちの任務のため、最初は控置しておく。かかる意見具申は妥当ではある。しかしながら、かかる提案に則したかたちでの兵力配分策定は、装甲兵の代表者ならびに当該軍集団司令部によって、不充分であるとさえ判断され、却下されたことに注意を喚起しておいてもよかろう。理由は、その程度の戦力では、与えられた任務に不充分であること、そして、同地域に強力な戦力を配するか、それとも、ムーズ川強行渡河ののち、作戦的運用のために装甲部隊全体を控置しておくかを決めなければならないということだ。先に触れた理由により、前者の決定が賛成を得たのである」。

遂行

攻勢発動日の一九四〇年五月十日には、フォン・クライスト装甲集団は[▽15]、右翼第41装甲軍団（ハンス・ラインハルト将軍〔装甲兵大将〕）と左翼第19装甲軍団（ハインツ・グデーリアン大将）から成っていた。それぞれの軍団は、二ないし三個装甲師団を麾下に置いている。この集団は、ルクセンブルクとベルギー南部を通過、ソンム河口に進撃し、しかるのち、状況に応じて、北西、あるいは南方に投入されることになっていた。

装甲集団に膚接するかたちで後続するのは、三個師団（自動車化）を有する第14（自動車化）軍団で、その任務は、長く延びていくばかりの南側面を守ることだった。一方、北側面は、第4軍の前面でディナンに突進する第15装甲軍団（ヘルマン・ホート将軍〔歩兵大将〕）に掩護されていた。かかる部署は、A軍集団の麾下で、十個もの快速師団が、命

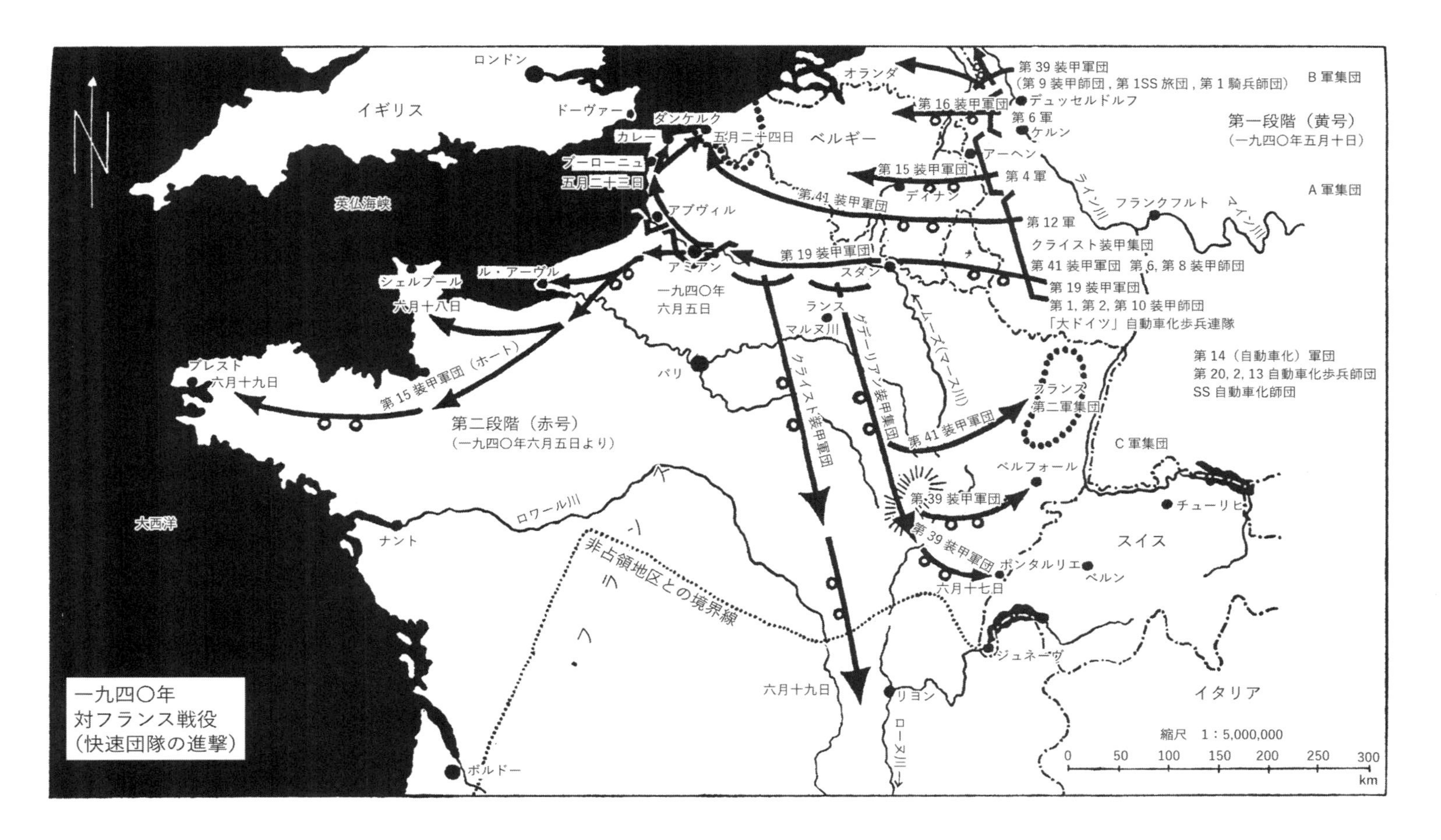
一九四〇年
対フランス戦役
（快速団隊の進撃）
ロンドン
イギリス
ドーヴァー
英仏海峡
大西洋
オランダ
ベルギー
ダンケルク
カレー
ブーローニュ
五月二十三日
五月二十四日
アブヴィル
アミアン
ル・アーヴル
シェルブール
六月十八日
一九四〇年
六月五日
ブレスト
六月十九日
第15装甲軍団（ホート）
第二段階（赤号）
（一九四〇年六月五日より）
パリ
ランス
スダン
マルヌ川
ムーズ（マース）川
ディナン
クライスト装甲軍団
グデーリアン装甲集団
第41装甲軍団
第39装甲軍団
ベルフォール
ポンタルリエ
六月十七日
フランス第二軍集団
C軍集団
チューリヒ
スイス
ベルン
ジュネーヴ
イタリア
リヨン
ローヌ川
六月十九日
ロワール川
ナント
ボルドー
非占領地区との境界線
第39装甲軍団
（第9装甲師団，第1SS旅団，第1騎兵師団）
B軍集団
デュッセルドルフ
第16装甲軍団
第6軍
ケルン
第一段階（黄号）
（一九四〇年五月十日）
アーヘン
第15装甲軍団
第4軍
A軍集団
ライン川
フランクフルト
マイン川
第41装甲軍団
第12軍
クライスト装甲集団
第41装甲軍団 第6，第8装甲師団
第19装甲軍団
第1，第2，第10装甲師団
「大ドイツ」自動車化歩兵連隊
第14（自動車化）軍団
第20，2，13自動車化歩兵師団
SS自動車化師団
縮尺 1：5,000,000
0
50
100
150
200
250
300
km

じられたディナン－スダンの線に進撃することを意味している。つまり、ここにおいて、作戦の重点が形成されたのであった。

ずっと北では、第6軍のもとで第16装甲軍団（エーリヒ・ヘープナー将軍〔騎兵大将〕）が、また第18軍では第9装甲師団が攻撃を実施する。これら二つの部隊は、戦術的な意味以上に、欺瞞目的で投入された。以後、攻撃の進捗とともに、あらゆる快速団隊は、装甲部隊の重点である南に、追って移動していく。

歩兵師団も快速団隊のすぐあとから追随した。前者が、いつでも、さらに戦闘地帯の奥深くまで進撃できるようにするためだ。

諸快速師団が、その数千両の車輛とともに、当初、最先頭の線に配置されている歩兵師団のあいだを抜けて、円滑に前進し、さらに補給と後送を実施できるように、地形困難な山岳地帯とムーズ川を越えて、三本の通路が確保された。この「トロッコ軌道」と称された道は、常に、もしくは、当分のうちは、快速師団だけが使用するものとされたのだ。ムーズ川の西では、フランスとベルギーの四通八達した道路網のおかげで、交通上の困難はなくなった。ポーランドの道路網とは大ちがいだった。指揮官と部隊の苦労も極度に軽減されたのである。もっとも、それらは当然、敵の反撃にも使えるのだったが、そのように利用されることは、ほとんどなかった。

攻防いずれであろうと、ただちに投入できるよう、先鋒を務める諸装甲師団は、数か月来、ライン川西岸に進出していた。けれども、三個師団を有する第14自動車化軍団は、はるか後方、ギーセンとマールブルクを結ぶ線で待機していた。攻勢発動後の状況に応じて、接近行軍を実施するためであった。自動車化により、このように、きわめて深い縦深を取り、かつ分散配置することが可能になったのである。それは同時に、計画されている作戦の重点がどこにあるかを、おおいに欺騙するものだったのだ。一九三九年八月のシュレージェンとポンメルンにおいても、同様の措置が取られていた。

五月十日五時三十五分、攻勢は発動され、全戦線にわたって計画通りに進捗した。一部は強固であった国境封鎖用の障害物も巧みに除去されるか、用意されていた応急橋により、克服されたのだ。敵騎兵と国境猟兵は駆逐され、地形困難な山岳路も打通される。深い渓谷となっていたスモワ川も横断され、爆破による漏斗孔（ろうとこう）も迂回されるか、埋められたのである。

早くも五月十日の晩には、グデーリアン部隊の尖兵は、スダン付近でムーズ川に到達していたが、最後列に行軍部署された部隊は、いまだ、はるか後方を前進中であった。さらに、その背後には、第41装甲軍団と諸自動車化歩兵師団が追随している。巨大な軍隊の前進によって、織りなされた長蛇の列は、西方に移動した。フランスの防衛軍はなお、それが重大な意味を持っていることに気づいていないようだった。

ベルギー軍支援のため、ガムラン将軍〔モーリス・ガムラン（一八七二～一九五八年）。当時、大将で、連合軍最高司令官。最終階級も同じ〕は、五月十日のうちに、ここまでベルギー国境で待機していた第一軍集団〔ロンギュヨン－スダン間にあった第二軍を除く〕を前進させていた。ムーズ川とティル川を結ぶ線を確保し、右翼〔南翼〕をスダンに進めるのが目的だ。かくて、フォン・クライスト装甲集団は、敵の翼〔南翼〕を捕捉することになった。また、さらなる西方への前進において、敵の後方連絡線を寸断したのである。一方、連合軍の第一軍集団は、B軍集団〔第16装甲軍団が配属されていた〕により、正面から拘束されてしまった。

ドイツ軍作戦計画の方針からすれば、情勢は理想的に動いている。ムーズ川を渡河し、フランス軍南翼を突破、これを撃破する。しかるのち、リデル＝ハートが数年前に記したように「山の急流のごとき力を以て」、敵陣奥深く突進、そうして連合軍軍集団の後背部になだれこむのだ。いまや、そうした展開が取れるかどうかに、すべてが懸かっている。かかる見解は、グデーリアンのそれとも一致していた。彼は、作戦的な装甲団隊のため、「終着駅までの切符」を要求していたのである。一連の行動をためらいなく遂行すべしと、明快な命令をくれという意味だ。この場合は、装甲部隊を英仏海峡まで突破させることだった。

フランス第九軍の頑強な防御にもかかわらず、強力な空軍の波状攻撃に支援された装甲部隊の大胆不敵なムーズ川

▽15　付録、四二四～四二六頁参照。

渡河攻撃は成功した。スダン付近だけでも、英仏軍六十機が、諸装甲師団の高射砲によって撃墜されたのだ。

五月十四日、ディナン、モンテルメ、スダンで、七個装甲師団がムーズ川を渡った。それに、三個自動車化歩兵師団が続く。第16装甲軍団（ヘープナー将軍）は、第6軍から第4軍の戦区へと接近行軍中であった。同軍団も、もうフォン・クライスト装甲集団の麾下に入るのである。「装甲・航空戦力」の重点形成がなされたのであり、しかも、連合軍地上部隊を二つに分断できる状態にあった。やらなければならないのは、緩慢で、いわば、なお徒歩のテンポで思考している敵に対して、成功した戦術的・作戦的奇襲を、戦略的奇襲に変えるべく、いっそう速やかに行動することだけだった。つまり、敵の決断力をマヒさせ、作戦的な対抗措置を取ることを妨げ、それにより、戦役に決勝をもたらすような効果を上げるのだ。

フランス第九軍は、スダンとナミュールのあいだ、北東方面を攻撃中だった連合軍第一軍集団の南翼で、完全に撃破され、西方に潰走した。フランス第二軍は、猛反撃を加えて、スダンの橋頭堡をつぶそうと試みる。ストンヌの高地では、グデーリアンの第10装甲師団、「大ドイツ」歩兵連隊（自動車化）、のちには、第16歩兵師団[▽16]も参入しての激戦が生起した。これらの部隊は、グデーリアンの西方突進に再び続行しようとしていたのだ。連合軍最高司令官であるフランス軍人ガムラン将軍は檄を飛ばした。「ドイツ戦車の洪水をせきとめなければならぬ！　勝利か、それとも死か？　われわれは勝利しなければならない！」この訴えも功を奏しなかった。フランス軍指導部の諸措置がつらぬかれることはなかったのだ。それらは、ドイツ軍の速度からすれば、遅きに失したのである。[▼7]五月十六日、ド＝ゴール大佐は、新編された第四機甲師団を以て、南からグデーリアンの側面を衝き、ラン地区に進入しようとしたが、無駄だった。フランス軍による、この種の試みとしては唯一のものであった。

より成果を上げたのは、五月二十一日にアラス地区で実行された英軍戦車部隊による北からの攻撃であった。そこでは、一時的なことながら、ドイツ第4軍に危機が生じ、それは翌日の展開に、著しく不利に作用することになったのである。

五月二十日、グデーリアンの装甲師団群はアミアンとアブヴィルを奪取した。かくて、A軍集団の先鋒は英仏海峡沿岸に達したのだ。その右翼隣接部隊である、ラインハルト将軍指揮の第6ならびに第8装甲師団は、五月二十一日にサン＝ポルを占領した。一方、第14軍団の諸自動車化師団は、第12軍の歩兵に追随されつつ、南側面の掩護を固めた。

五月二十一日、最高司令部は、第4軍とともに戦闘中だったフォン・クライスト装甲集団を、北・北西方に旋回させると決定した。第41装甲軍団（右翼）の旋回軸は、サン＝ポル付近に置かれる。その際、グデーリアンの第19装甲軍団は、（装甲集団が命令変更を繰り返したのち）、五月二十四日の晩に、ブーローニュ、カレー、ダンケルクの三大港をめざすかたちで投入されることになった。目的は、一九四〇年五月二十二日付第22軍団（自動車化）（フォン・クライスト装甲集団）戦時日誌が断じているように、「以後、後背部を開放しつつ、東に向かって、包囲された敵主力軍を攻撃し、決勝が得られるようにすること」であった。各軍も、さらに西、南（A軍集団）、東（B軍集団）から、攻撃を仕掛けた。従って、攻撃正面にあるドイツ軍両軍集団にしてみれば、かかる状況は、すでに粗いながらも包囲されているフランドルの英仏軍部隊に対して、圧倒的な戦果を上げることを期待できるものだったのだ。フランドルの戦いは、終わりに近づいているものと思われた。右に記した三つの海峡諸港から、連合軍の一部が運びだされていることが認められたからである。

ところが、グデーリアン将軍は、もう五月二十二日には、麾下の装甲師団を北方に旋回させると決断していた。第19装甲軍団の同日付戦時日誌では、「当軍団司令部は、迅速な突進によって、いまだ防御陣を構築中の敵を捕捉することが可能であると考える」と断言されている。それゆえ、戦時日誌によれば、第19装甲軍団長は、「装甲集団命令を待つことなく、第2装甲師団をブーローニュに向けて進発させた。その結果、同師団は、晩になるころには、この都市に進入することに成功したのだ」[▼8]。もっとも、ブーローニュ占領は、まだ達成できなかった。

第1装甲師団はカレー港を奪取、第10装甲師団は、控置を解かれたのちに、ダンケルクを攻撃すると予定された。

▽16　第16歩兵師団は、一九四〇年末に改編され、あらたに第16装甲師団とされた。

つまり、退却する連合軍の背後に突進し、彼らを最後の港から遮断するのである。

しかし、すでに五月十五日および十六日にそうであったごとく、装甲集団と第19装甲軍団の情勢判断における意見の相違が、この重大な決定の実行を遅延させた。フォン・クライスト将軍が、グデーリアンの異議を押し切って、装甲集団予備として、第10装甲師団を後置したのだ。アラス地区の第4軍の状況がはっきりしなかったことが、軍集団左翼（西翼）における装甲集団の運用に影響をおよぼしはじめたのかもしれない。

だが、それによって、第19装甲軍団は、三つに分かれた目標（ブーローニュ、カレー、ダンケルク）に対する攻撃で、速やかに勝利を得るために必要な三番目の装甲師団を欠くことになったのである。

五月二十二日にはまだ、ブーローニュとカレーの港湾のほうが、ダンケルクよりも重要であるかと思われた。前者二港への鉄道と船舶の往来が活発になっているのが確認されたからだ。これは、積み出しを行っているとも取れるが、また、A軍集団の翼や側面にぶつける新戦力を上陸させているとも考えられた。後者の場合には、味方に不利にはたらく事象である。かような危険は、真っ先に除去されなければならない。ダンケルクの重要性が増したのは、ようやく最高司令官たちが、連合軍部隊はダンケルク経由で脱出していると認識したときだったのだ。

それゆえ、第1装甲師団が、カレー南方からダンケルクへと、その主力（バルク戦隊）を旋回させたのは、やっと五月二十三日になってのことであった。ただし、同師団の一部（クリューガー戦闘支隊）はなお戦闘に拘束されており、ずっとあとになって、追随にかかったのである。

同じころ、装甲集団は、はるか後方にあった第10装甲師団を控置から解き、第1装甲師団の代替として、カレーに進撃させた。激戦の末、五月二十六日になって、初めてカレーに突撃できるようになったのだ。ブーローニュも、その前日に陥落していた。

この二つの海港要塞は、ドイツ軍の前進を遷延させるという任務を成功裡に果たしたのである。

この間に、第1装甲師団は、隷下第1狙撃連隊第1大隊[▽17]（装甲）を以て、グラヴリーヌ付近のアー運河渡河点を奪取していた。同隊の捜索隊が、夜中になる前にブルブール村の南・西方地区を確保する。[▼9] その捜索大隊、第4捜索大隊（自動車化）は、早朝来、オルクに築いたアー運河の橋頭堡を押さえ、拡大していた。一方、第1装甲師団の麾下に置かれていた「大ドイツ歩兵連隊」（自動車化）は、なお敵が保持しているアンドリュイクを迂回したのち、サン・ニコラ付近で、渡河点をもう一つ奪取した。これを維持、さらに拡張することができたのである。

強化された第1装甲師団（キルヒナー少将）は、かくてグデーリアン装甲軍団の尖兵となり、早くも五月二十四日には、ダンケルク南方十六ないし十八キロの地点で、アー運河北岸に橋頭堡を得た。同師団はすでに、イギリス遠征軍右翼、ダンケルク周辺および、その東方に設置されていた、唯一の対戦車障害線を攻撃、数か所で乗り越えていたのだ。[10]五月二十三日、第1装甲師団は、前進を妨げるような格別のことがあらたに現出しないかぎり、グラヴリーヌとダンケルクを奪取する予定であった。いまや、カレー前面から抽出されたクリューガー戦闘支隊のすべてを使えるとあれば、なおさらのことである。同支隊は、南翼で麾下の装甲捜索教導大隊（ＡＬＡ）を投入することができた。加えて、「直衛旗団」歩兵旅団（自動車化）〔連隊規模〕ならびに第11狙撃兵旅団が増援されると告知されていたのである。[11]師団正面にいる敵が、海峡沿岸上空で局地的な航空優勢を得ていたことを措いても、また、アー運河戦区に配置されていた諸隊が執拗な防御を繰り広げていたことを勘案しても、なお充分強力であるとはいえなかった。連合軍が有していた最後の海上の門を適時に閉ざし、敵団隊主力のフランドルからの輸送を妨げることは、いまだ可能だったのだ。

一九四〇年五月二十四日のダンケルク前面におけるヒトラーの「停止命令」とその結果

ここに、作戦のドラマが最後の瞬間で展開されはじめた。ヒトラーは、この流れに干渉したのである。五月二十四日、「戦役第二段階」に備えて、装甲団隊を「温存」するために、快速部隊に向け、ＯＫＨの命令と矛盾する指令を自ら発したのだ。それによれば、快速部隊は、「ランス〔Lens〕と……グラヴリーヌの線を越えて、東方に進んではならない」とされていた。ところが、フォン・クライスト装甲集団は、いまだ六百五十両の稼働戦車を有していたし、

▽17　第1狙撃兵連隊第1大隊は、装甲車中隊二個、オートバイ狙撃兵中隊一個、重火器中隊一個他から成っていた。

これまでのところ、第42ならびに第19装甲軍団の攻撃尖兵となっている諸戦隊の前には、まとまった敵団隊は存在していなかったのである。参加諸団隊の戦時日誌（KTB）には、その点が特記されている。

「第19軍団（自動車化）（グデーリアン装甲軍団）作戦部戦時日誌——一九四〇年五月二十四日二十時、五月二十五日向け装甲集団命令第一五号到着。

……海峡正面。総統の命により、防御にあたる。

前進運動の停止期間を、修理と給養に活用すべし。

第11狙撃兵旅団（自動車化）が配属される予定……[12]」。

「五月二十四日／二十五日付第1装甲師団戦時日誌。本日夜、軍団命令を受領。

『運河の線を保持し、前進運動の停止期間を修理と給養に活用すべし[13]』」。

これぞ、悪名高き「停止命令」であった。それは、前面には弱体な敵しかいないというのに、諸部隊をアー運河沿いに押しとどめ、みすみす勝利を見逃してしまうようなものだったのである。これによって、撃破された連合軍の諸軍は、良好な教育訓練を受け、実戦経験を得た部隊を、海路イギリスに撤収させ、捕虜となること確実だった将兵を救うことを許されたのだ。そうして逃れた者のなかには、のちに英軍の司令官となる人物が多々含まれていた。軍司令官、さらには陸軍参謀総長となるアラン＝ブルック将軍〔初代アラン＝ブルック子爵、アラン・フランシス・ブルック（一八八三～一九六三年）。イギリス陸軍軍人。最終階級は元帥〕も、その一人であった。

ヒトラーのやりようは、OKHが本戦役の作戦に関する責任を負っていたにもかかわらず、陸軍総司令官の頭越しに、この命令を下達するという侮辱的なものだった。政治家ヒトラーによる、指揮統帥に責を有する将帥の権能への最初の苛烈な干渉である。それによって、ヒトラーは、自分が最高司令官であることを強調したいと思っていたのだ。一九四一年十二月十九日、二年にわたって職務上の成功を収めてきたフォン・ブラウヒッチュ元帥を陸軍総司令官職から解任したとき、ヒトラーは、「区々たる作戦指揮など、誰にでもできる」と断じたものだった。このせりふは、彼の増上慢をあきらかにしたものであったが、それは、すでに一九四〇年において、顕著となりはじめていたのである。

フランツ・ハルダー将軍は、五月二十四日付のその日記で、以下のように述べている。「……眼前に敵は存在しないというのに、快速部隊より成る左翼は、総統の明確な希望により、停止させられることになった！　……空軍が、敵の命運を絶つ（予定だ）！」……。

同、五月二十五日の条。

「……私は、B軍集団の役目を単なる敵の拘束にとどめ、A軍集団により、撃破された敵を捕捉、彼らの後背部に同軍集団を突進させて、決勝をもたらすものとして、本会戦を構想していた。そのための手段が快速部隊である……。従って、まったくの逆転が生じたことになる。私は、A〔軍集団〕をハンマー、B〔軍集団〕を鉄床にするつもりだった。ところが、いまや、Bがハンマー、Aが鉄床にされている。Bの正面には、確立された敵戦線があるのだから、多くの血が流れるだろうし、時間もかかることだろう。……見解の相違から、あれやこれやのせめぎ合いが生じている。あらゆる指揮上の課題よりも、神経を消耗させられることだ……」。

同、五月二十六日の条。

「……装甲・自動車化団隊は、最高至上の命令により、ベテューヌ＝サントメール間の丘陵に根を張ったも同然で、攻撃は許されない。……敵の後背部が開放され、攻撃できる地点があるというのに……ただ、留まっているばかりというのは、何とも理解しかねる……[14]」。

しかも、国防軍最高司令官ヒトラーが、A軍集団司令官の企図に同意した上で、一九四〇年五月二十四日に、ダンケルク前面の快速団隊への「停止命令」を発したことは、疑いの挟みようもない。さりながら、ダンケルク前面で戦った装甲軍団とその指揮官たちの視点からは、一言付け加えておかなければならぬ。戦後の出版物で、彼らが失敗を犯したとされているとあらば、なおさらのことだ。

一九五五年八月から九月[15]にかけてのジャック・モーダル〔エルヴェ・クラ（一九一〇～一九八〇年）。「ジャック・モーダル」は筆名。フランスの海軍史家で、一九四八年に、自ら参加したダンケルク撤退作戦をテーマとする著作を上梓した〕の論述については、この間に知られるようになった専門的で明快な諸研究と部隊史に鑑みれば、詳細に立ち入る必要もあるまい。しかしながら、ドイツのジャーナリストもまた、一九四〇年五月二十四日付の「停止命令」は、おそらく、以下のごとき知見に影響されたものとほのめかしている。つまり、「とくに、一九四〇年五月の諸軍団・師団の戦時日誌に、何度となく強調されているように、フランドルの干拓地は、装甲部隊の運用に適して」いないこと、「第19軍団のダンケルク攻撃」は、カレーとブーローニュをめぐる戦闘により、「重大な遅延を来した可能性がある」といったことに動かされたというのだ。▼16

フランドルの干拓地の地形が不都合であることは、第19装甲軍団（当時、第19自動車化軍団）の戦時日誌に記載されているが、それは、一九四〇年五月二十六日より前のことではない。この点について、グデーリアンが軍団参謀長と電話で話し合ったのは、五月二十八日だ。すなわち、五月二十四日の重要な停止命令以前のことではなかった。そのとき〔五月二十八日〕までに、いまだ存在しないも同然だった敵の後背部、ダンケルクの南東・南方向に奇襲突進する機会は、最高司令部の遅疑逡巡によって、空費されてしまったのである。

第1装甲師団の戦時日誌は、この五月二十四日のことを、しかと確認している。「戦車は、過去数日間の前進行軍と戦闘により、戦闘に投入し得る数を著しく減少させている（五月二十四日晩の時点で、第2戦車連隊がなお使用できる戦車は、わずか十七両にすぎない）。湿地と水路に寸断されている地形において、それらが完全なる威力を発揮することは不可能だ。個々の戦車により、狙撃兵の戦闘を支援し得るのみである」。けれども、第1戦車連隊では、まだ六十五両の戦車が稼働状態にあった。そのころの経験からすると、これを狙撃兵連隊の歩兵装甲戦闘車と合わせれば、五月二十五日に決定的な突進を行うには充分だったろう。運河の線より後ろに下がっていろという命令さえなければ、ということではあるのだが。

いずれにせよ、アー運河戦区の諸部隊は落胆していた。敵の船舶輸送の一部が観察されたのだから、よりいっそう失望させられたのである。かくも攻撃目標の至近にありながら、何故、留めおかれていなければならないのか。まったく理解できなかった。ともあれ、彼らは、アー運河を越える攻撃に向け、最終準備にかかった。第4軍の命令を受けたフォン・クライスト装甲集団により、五月二十四日に停止させられ、運河沿いに滞留せざるを得なくなって以来、戦車隊を抽出しては、修理・給養をほどこすという作業を開始していたのである。これが、五月二十四日の総統命令の結果であった。戦車がもはや投入されず、他の結末を得るのが許されない場合には、いつでも、こうした事態が生じたのである。

第19装甲軍団の投入について、以下のごとき記述があったとしても、同様のことがいえる。同軍団は、装甲集団の電話による予備命令に従い、五月二十六日朝には、その主力を抽出していた。のち、第14軍団と交代することになっていたのだ。「ダンケルクに対する作戦では、部隊の一部が中途半端に戦っただけに終わった。もはや、その持てる機材のすべてを投入するというわけではなかったのである」（第16および第19軍団）[17]。命じられた交代の準備も、五月二十六日に装甲集団より攻撃を継続せよと命じられたことにより、中止された。それにもとづき、第19装甲軍団は、装甲集団の了解を得て、五月二十七日に攻撃を実施すると下令した。ただし、使用するのは、増強された第20歩兵師団と第2装甲師団のみである。これについては、第19軍団の戦時日誌を、もう一度引用しよう。そこには、この日、五月二十七日の戦闘に関し、以下のように書かれている。[18]

「第20（自動車化）ならびに第2装甲師団の攻撃は、期待通りの戦果を得られなかった。全体的にみて、攻撃開始があまりにも遅かったため、敵は、空軍に妨害されただけで、その軍隊の主力をダンケルクより海路で退却させることに成功したのである。

当軍団は、両戦車旅団[19]の投入により、ベルグ付近でカッセル街道まで到達し、クロシュト－ピトガム間の連丘を速やかに奪取できるものと目算していた。さらにベルグでポペリンゲ街道に達するか、少なくとも、同街道ならびにダ

▽18　第19軍団戦時日誌、作戦部、一九四〇年五月二十七日の条（第八葉）より抜粋。
▽19　五月二十六日付軍団命令第一四号の追補により、第2装甲師団は、隷下第2戦車旅団のほかに、第10装甲師団の第4戦車旅団を指揮下に置いていた。

ンケルクを火制下に置くこと、それによって、装甲集団命令第一七号に従い、第41軍団〔自動車化〕の左側面掩護を効果的に実行することが目的だった……。

可能なかぎりの大状況の判断、もしくは、それに関する知見からみるかぎり、現今の戦闘方法では、さらにもう一日の時間が費やされるであろう」。

従って、当時ダンケルクで戦った軍人たちの記述や、そこで戦闘を行った部隊の文書にもとづく資料によるのであれば、グデーリアン装甲軍団とその指導部に、フランドルの作戦全体が不首尾な結果に終わったことの責を負わせることはできないのである。

かような批判は、左のごとき事情を見過ごしているものと思われる。当初、五月二十四日以前には、ダンケルク港よりも、カレーとブーローニュのほうが重要であるとみなされており、また、それは正しかった。ダンケルクが大きな価値を有していることが浮き彫りにされたのは、フランドルの連合軍が、海峡の港、カレーとブーローニュを使えなくなったのちのことだったのだ。

五月二十六日午後には、ヒトラーも、今まで、その能力を発揮し、成功を収めてきた陸軍指導部に干渉したのは誤りだったと悟り、ダンケルクに接近せよ、ただし、砲兵の射程距離程度まで、という半端な措置を認許した。たゆまず進められていた連合軍の海上輸送を、陸面から制圧できるようにするためだった。空軍だけでは、充分な成果が得られなかったのである。かくて、英仏の艦隊司令官たちは、武器も装備もなくしたとはいえ、大きな人的損害を被ることもなく、三十四万人を脱出させたのであった。ヒトラーの介入は、OKHに指導され、目的を見据えて実行された殲滅戦を、決定的戦果なしの勝利に変じてしまったのだ。

ダンケルクがドイツ軍の手中に落ちたのは、やっと六月四日になってのことだった。ヒトラーの停止命令によって、この海峡港湾を速やかに奪取する好機を逸してしまったからである。スイスの歴史家エディ・バウアーのみるところでは、かかるヒトラーの指揮の粗雑な失敗は、戦争の行く末を決定するがごとき作用をおよぼしたという。それによって、イギリス陸軍の中核部分が救い出され、一九四四年の進攻〔ノルマンディ上陸作戦〕に備えられるようになったからである。[18]

第二段階　フランスをめぐる会戦（「赤号」作戦）

ドイツ軍作戦計画——観察——一九四〇年五月十日時点における戦車保有数

五月二十日、すなわち、ダンケルクの戦いが終了する以前に早くも、南方、フランスの中心部に向かうドイツ軍のあらたな開進がはじめられていた。その目的は、フランス軍が強力な防衛陣を構築できるようになる前に、速やかに新作戦に着手することにあった。

フランス残部の防衛のために、なおマジノ線守備隊を含む六十六個師団が控えていた。それらは、ソンム川とエーヌ川の背後に塹壕陣地を構築し、ドイツ軍のさらなる攻撃を待ち構えていた。また、ドイツ軍装甲部隊に対する抵抗ならびに対戦車防御を、あらゆる戦術的・技術的手段を講じて、向上させようとしていたのである。

ドイツ軍作戦計画

ドイツ軍の作戦計画は、三段階の順序に組まれていた。

B軍集団は、六月五日に攻撃を開始、英仏海峡沿岸とオワーズ川のあいだで、セーヌ川下流域を突破する。第15装甲軍団（ホート）は、右翼においてアブヴィル橋頭堡から、フォン・クライスト装甲集団は、第14軍団（自動車化）（フォン・ヴィータースハイム）および第16装甲軍団（ヘープナー）を以て、アミアンとペロンヌの橋頭堡から打って出るのだ。

A軍集団が南方に向かう攻撃に加わるのは、ようやく七月九日以降のこととされた。その右翼は、おおむねランス〔Reims〕付近を通過する。歩兵がエーヌ川を渡河するや、新編され、A軍集団麾下に配属されたグデーリアン装甲集団（シュミットの第39軍団とラインハルトの第41装甲軍団より成る）は、歩兵が確保した橋頭堡を越え、マジノ線に配置されたフランス軍部隊の後背部に突進するのである。

この作戦が成功裡に遂行されたならば、そのとき初めて、C軍集団がライン川を越え、マジノ線攻略にかかる。装甲部隊はまたしても、決定的な地点に置かれた。第15装甲軍団の攻撃が、たちまち敵陣に突入し、縦深奥まで進む一方、フォン・クライスト装甲集団は、フランス軍の頑強な抵抗に遭い、さほど前進できなかった。

これに対し、グデーリアン装甲集団は、六月十日、第12軍がシャトー・ポルシァン付近に得た小橋頭堡から、さしあたりはきわめて狭隘だった正面でエーヌ川を渡河、ただちに全装甲集団を投入する運びとなった。かくて、決勝がみちびかれたのである。OKHは、ランス西方を迂回して、南方へと攻撃させるため、フォン・クライスト装甲集団を、グデーリアン装甲集団に隣接するように動かした。その結果、グデーリアンの昔からの要求に沿った、ほとんどすべての快速部隊を包含する、作戦的な装甲部隊のくさびが形成されたのである。それは、ランスの両側で、猛烈な勢いを以て進撃し、フランス軍戦線をつらぬく作戦的突破を完成させた。

六月十四日正午ごろ、スダンでムーズ川を渡ってから四週間後に、両装甲集団は明確な追撃命令を受けた。

「両装甲集団は、ディジョンからスイス国境にわたって退却中の敵に向かって、前進すべし！　グデーリアン装甲集団は、ショーモン、ラングル、ヌフシャトー方向に旋回、南東へ、クライスト装甲集団はディジョンめざして進撃せよ！」

これぞ、本装甲集団がかねて切望していた「終着駅までの切符」だった。[20] 六月十七日、グデーリアン麾下の第29師団（自動車化）が、ポンタルリエ近くでスイス国境に達する。マジノ線を囲む環は、グデーリアンの快速師団によって閉ざされた。全戦線にわたるドイツ軍の勝利によって、敵の国防意志は粉砕されたのである。フランス政府は休戦を申し入れ、それは六月二十五日朝に発効した。対仏戦役は終わったのだ。

観察

一九三九年のポーランドにおける試験に合格したのち、装甲部隊は、本戦役においても、作戦的兵科として決定的な力を有することを、あらためて実証したのである。ヒトラーが推進した、フォン・マンシュタイン将軍の天才的な作戦計画を実現させたのも、装甲部隊だった。それは、装甲部隊が空軍との緊密な協同のもとに投入されなければ、達成不可能であったろう。その際、後続の快速軍団二個が前方地域で展開できるよう、最前衛の装甲軍団が一気にアルデンヌを抜け、スダン付近でムーズ川を渡河できるかに、すべてが懸かっていた。この重大な任務は、グデーリアン将軍に与えられた。それは、第19装甲軍団により、模範的なやりようで成し遂げられたのだ。もっとも、最高指導部は、用心深いことに、早くも五月十五日にスダンで、また五月十七日にはオワーズ川において、そして、ついには、五月二十四日のダンケルク前面で、避けられたはずの数日間の停止を強制したのであるが。

当時、フォン・マンシュタインを、ある歩兵軍団の長に転任させるのでなく、A軍集団司令部に留めておいたなら、ダンケルク周辺の戦闘も、おそらくはちがった結果を迎えることになっただろう。

一九四〇年の戦役の特徴は、それが、一九一八年の「勝利と栄光（ヴィクトワール・エ・グロワール）」の後光を背負い、世界最良・最強と認められていた軍隊に対して、貫徹されたことにある。フランスは、攻撃側のドイツ軍よりも、教育訓練において優れた軍隊を有し、より性能が優れていた戦車を数多く使用できた（ドイツ軍約二千六百八十両に対して、フランス軍三千三百七十両）。けれども、連合軍指導部には、近代的な理念がなかった。マジノ線での防御に頼り、ポーランドで経験が得られていたにもかかわらず、防御的かつ緩慢な思考を続けたのである。

機甲戦力も分散された。作戦の重点に決定的な集中を行うのではなく、あらゆる正面に配備し、歩兵の行軍テンポに縛りつけたのだ。当時、強国であったフランス、そして、イギリスの遠征軍に対して、卓越した勝利をもたらしたのは、グデーリアンの革命的思想であった。そう言うと、あるいは誇張に聞こえるかもしれない。しかしながら、世界史上、比類のない勝利が提示されたのである。

かかる成功を収めたにもかかわらず、グデーリアンは、続く一九四〇年から一九四一年の冬にかけて、快速部隊改

▽20　目標に至るまでの広範囲におよぶ命令を要求するもの言いで、グデーリアンは、これをしばしば使った。

編と増強の問題にも、戦争の継続に関する問題の処理や計画作成にも関与していなかった。「お偉方」は、優秀で行動力に富んだ相談役、批判者、警鐘を鳴らす者といったたぐいの人間を好まなかったのだ。だが、そうした者こそ、議論の相手にしなければならなかったのである……。

一九四〇年五月十日時点における戦車保有数

一九四〇年五月十日の数字は以下の通り。

B軍集団　第18軍　第9装甲師団　二百二十九両
　第6軍　第3および第4装甲師団（第16装甲軍団）　六百四十八両
A軍集団　第4軍　第5および第7装甲師団（第15装甲軍団）　五百四十二両
　第12軍　第6および第8装甲師団（第41装甲軍団）　四百三十六両
　第1、第2、第10装甲師団（第19装甲軍団）　八百二十八両

合計　二千六百八十三両
すべて、I号からIV号戦車までの車種

III．一九四一年四月の対ユーゴスラヴィア・ギリシア戦役（「マリタ」作戦）

一九四一年三月末の情勢――ユーゴスラヴィア軍とギリシア軍――ドイツ軍作戦経過――観察

一九四一年三月末の情勢

一九四一年三月末の情勢は、ヒトラーの一九四〇年十二月十三日付「指令第二〇号　マリタ作戦」から読み取れる。それによれば、彼は「一九四一年三月に予定される」こととして、ルーマニア南部より、ブルガリア経由でエーゲ海北岸を奪取、事情によってはギリシア本土のすべてを占領することを意図していた〔「マリタ」作戦〕。目的は、アルバニアのイタリア軍〔一九四〇年十月、イタリア軍は、当時、自国領土だったアルバニアから、ギリシアを攻撃していた〕を効果的に支援し、同時に、ルーマニアの油田防御を確実たらしめることだった。同油田は、海上ならびにギリシアからの英軍航空攻撃により、危険にさらされかねなかったのである。

そのため、南部ルーマニアに、軍規模の集団を集結させることとなった。本計画には、ユーゴスラヴィアは含まれていない。一九四一年三月二十五日、いかなる場合においても、通過行軍や輸送に同国を利用することはしないという、はっきりとした合意が取り決められた。

ところが、五月二十七日、ユーゴスラヴィアで反独クーデターが勃発した。同日、ヒトラーはただちに、ギリシア攻撃作戦にユーゴスラヴィア覆滅を加えると決定した。ついで、バルカン諸国の政治的姿勢と、続いて実施される対ギリシア戦役に有利にはたらくよう、「電撃的作戦」により、ユーゴスラヴィアを軍事的に撃破する使命を、OKHに委ねる。そのため、「バルバロッサ」作戦〔対ソ作戦〕も、最大四週間まで延期しなければならないことも確認されていた。▼19

同じ日に出された、ヒトラーの「指令第二五号」は、陸軍参謀総長ハルダー上級大将の作戦提案を採用したものであった。すなわち、すぐに使用でき、増援として投入することが可能な諸団隊を以て、即興的ながらも集中作戦を遂行する。一方ではフィウメ－グラーツ間の地域、もう一方はソフィア地域から、おおむねベオグラードとその南方をめざして進撃するのだ。加えて、のちに独伊協同でギリシアを攻撃する際の基地にするため、ユーゴスラヴィア南部を奪取することとされた。

ユーゴスラヴィア軍とギリシア軍

本戦役に対し、ユーゴスラヴィア王国は軍事的に準備していなかった。同国は、一九三九年のポーランド同様、無思慮に行動したものと思われる。ユーゴスラヴィア軍二十個師団は戦争準備を整えておらず、ドイツと連合国の両方から兵器を供給されていたにもかかわらず、その装備は近代的ではなかった。戦車は無し。空軍は完全に劣勢で、指揮官たちも訓練不足であったが、兵は優れた戦士であった。加えて、ユーゴスラヴィアの地勢は、軍事地理的・地形的にみて、在ブルガリアのドイツ軍諸団隊の進軍を、ほとんど食い止められぬようなものだったのだ。北と東は、ドイツとその友好諸国に取り囲まれており、南の隣国ギリシアはといえば、一九四〇年十月以来、イタリアと戦争状態にあった。従って、ドイツ軍の作戦上の解決策もあきらかだったのである。ユーゴスラヴィア軍指導部は、ただ、その兵力を同国南部に撤収させることによってのみ、攻撃を受け流すことができたはずだ。だが、ここでもまた、ポーランドでそうだったように、ことをなすだけの決断力が欠けていた。

ギリシア軍は、より高く評価できる。彼らもまた、イタリア侵略軍との戦闘によって、経験を積み、優越感を勝ち得ていたのである。

両国ともに、交通網は貧弱だったものの、それは、自動車化された敵に対する有利を約束していた。同じことが、両国の山がちな地形についてもあてはまる。長期にわたり、時間を稼ぐような小戦闘を行うのに好都合なのだ。だが、攻撃側としては、迅速に作戦を終結させるため、それらの地形を避けなければならなかった。

ドイツ軍作戦経過

バルカン戦役は、以下のごとく、計画・遂行された。

北部に形成された集団の指揮は第2軍司令部（男爵フォン・ヴァイクス上級大将）にゆだねられ、南部集団は第12軍司令部（リスト元帥）の麾下に入った。だが、後者はもともと、ギリシア攻撃（「マリタ」作戦）のみを指揮する予定だったのだ。

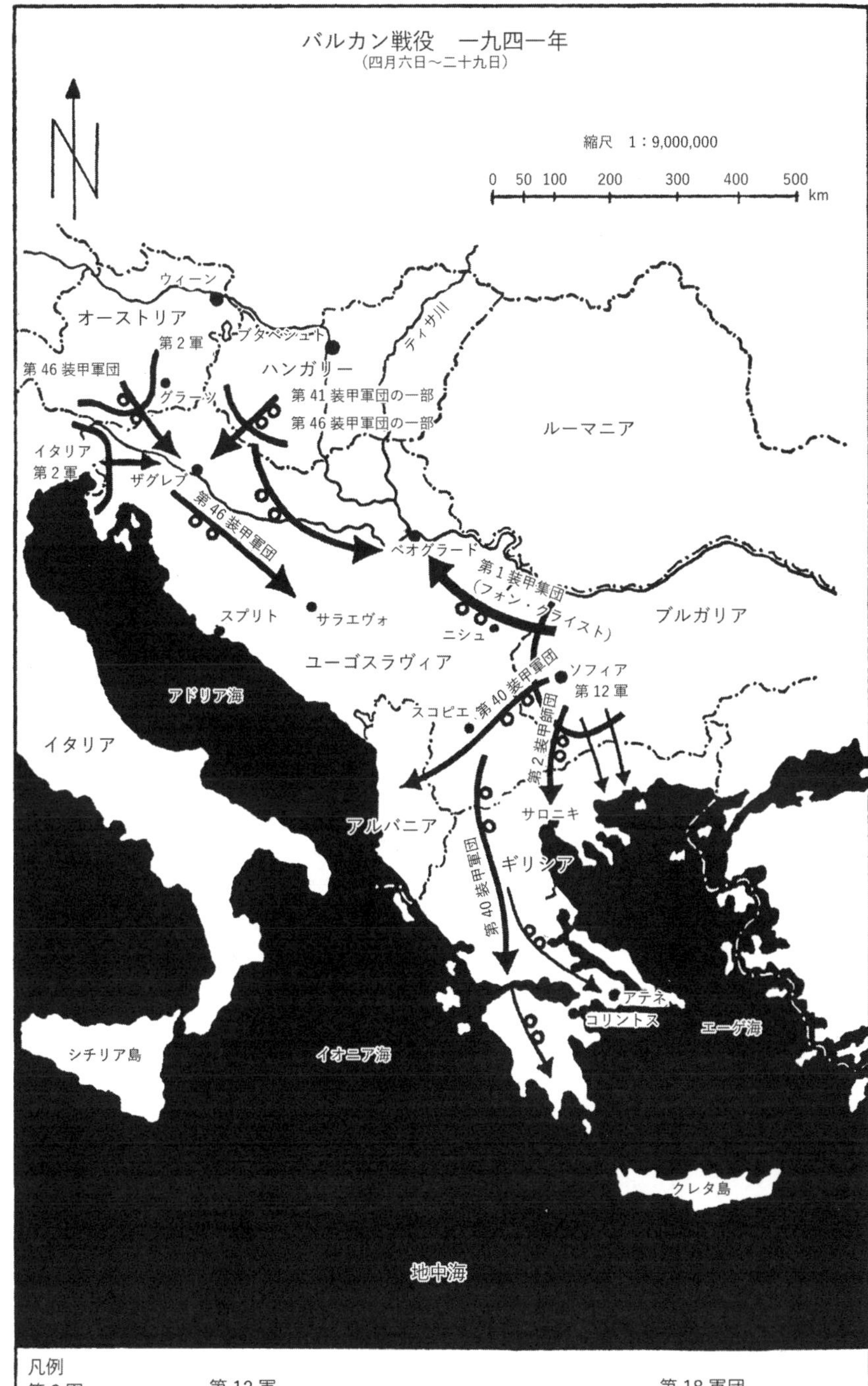

凡例

第2軍
第46装甲軍団
第6装甲師団
第14装甲師団
第16自動車化歩兵師団

第12軍
第1装甲集団（フォン・クライスト）
第5装甲師団、第11装甲師団
第60自動車化歩兵師団
第40装甲軍団
第9装甲師団、SS「アドルフ・ヒトラー直衛旗団」歩兵旅団
のち、第5装甲師団も配属される。

第18軍団
第2装甲師団、第6山岳師団
第41装甲軍団（予備）
SS自動車化歩兵師団「帝国」
自動車化歩兵連隊「大ドイツ」

北部集団において、ユーゴスラヴィア攻撃にあたった部隊は、以下の通りである。ある支隊（第49山岳軍団および第51装甲軍団）は、その一部を以て、一九四一年四月六日より、シュタイエルマルクから、リュブリャナとザグレブに向かう。第46装甲軍団（装甲師団と自動車化歩兵師団二個から成る）は、四月十日にハンガリー西部から、バルチュ付近でドラーヴァ川を越えて、ザグレブをめざし、その日のうちに到達した。この装甲軍団は、主力を以て、ドラーヴァ川とサヴァ川のあいだで、南東、ベオグラード方面に旋回、南から進んだ第1装甲集団（フォン・クライスト上級大将）と協同し、同市を奪取したのだ。

南部集団、すなわち、第12軍の一部は南から、北部集団の攻撃を支援した。そのため、第1装甲集団（第14装甲軍団ならびに第11軍団）は、四月八日、ソフィアを進発、ニシャヴァ川を渡河、モラヴァ川沿いにベオグラードに進んだ。このとき、同国の東部国境に在った敵の後方連絡も断たれたのである。

一九四〇年四月十日、ルーマニア西部を出た第41装甲軍団が到着、テメシュヴアール（現ルーマニア領ティミショアラ）周辺地域より、ベオグラード攻略に参加、正面攻撃を行った。

あらゆる突破地点において、ドイツ軍は迅速なる成功を収め、首都ベオグラードを奪取した。また、国土の奥深くにまで、ドイツ快速部隊が出現したのである。そうしたことから圧迫を受けたユーゴスラヴィア軍部隊は、降伏するか、もしくは潰走していく。早くも四月十七日には、休戦協定が締結された。[▽21] かくて、本戦役は十一日間で終了したのであった。

ドイツ第12軍のギリシア攻撃は、同じく四月六日に開始された。配置は、以下の通りである。西翼を構成する第40装甲軍団（装甲師団一個および自動車化歩兵師団一個）は、四月七日にはスコピエ、その後はモナスティル（現マケドニア領ビトラ）をめざし、頑強な抵抗を排して、四月九日には目的地に到達した。中央の第18山岳軍団（第2装甲師団を麾下に置いていた）は、マケドニア東部のギリシア軍を本国の後背地から遮断するため、強力な陣地が構築されているメタクサス線〔ギリシアが、ブルガリアとの国境地帯に築いた陣地帯。その名は、同国の独裁者イオアニス・メタクサス（一八七一～一九四一年）にちなんでいる〕を包囲突破、サロニキを奪取する任務を帯びていた。東翼の第30軍団（二個師団）は、メタクサス線の東翼を突破、同正面に後ろから突進する任務を与えられている。

ここでもまた、作戦は計画通りに進んだ。ファイエル中将率いる第2装甲師団がヴァルダル渓谷に沿って突進、サロニキを奪取して、ヴァルダル川の渡河点を封鎖すると、東部マケドニアの敵軍は早くも四月九日晩に降伏した。装甲部隊より成る西部支隊はフロリナを越えて、南方に進撃、一個自動車化歩兵師団を以てヨアニナを占領した。その結果、西部マケドニアの敵軍も降伏したのである。同日、一個装甲師団が、尋常でない道路の通行困難を押して、ラミアを奪取したが、そこで英軍相手の激戦に突入した。四月二十七日はアテネ、同二十九日にはペロポネソス半島南岸に到達する。こうして、ギリシア戦役も終わった。ギリシア軍は排除されたのだ。

イギリス軍は、大損害、とくに兵器と機材の損失を被りつつも、機を失せず、遠征軍を船で脱出させた。英軍諸団隊の主力は生き残ったのである。

観察

バルカン戦役において、装甲部隊とその指揮官はまたしても、十二分に威力を示した。各団隊が到着するごとに「フライング・スタート」させることで、開進と作戦を遂行していくというハルダーの計画は、ヒトラーが三月二十四日に要求した通り、再び、最短期間で実施される「電撃作戦」として遂行されたのだ。装甲部隊は、不適切な地形（この場合は山岳）においても、力を発揮し得ることを、あらためて証明した。その際、彼らは、山岳部隊によって、非常に巧みに支援されていたのである。[20]

ドイツ側の航空優勢がきわめて大きく、イギリス軍の支援部隊を除けば、敵の兵器・機材の装備程度が味方と同等でなかったのはたしかだ。しかしながら、この戦役において、ドイツ軍はいっさい、数的な優勢を得ていなかった。ごくわずかな戦力消尽と犠牲によって、本戦役は成功に達した。勝利の秘密は、やはり奇襲にあった。それは、作

▽21　一九四一年四月十四日の休戦申し入れについては、付録、四三八～四三九頁を参照。

戦のテンポを保つことを前提とし、あらゆる指揮官の機敏な行動、作戦的・戦術的に正しい地点に充分な兵力を上手く結集することに依っていた。つまり、グデーリアンの言葉「ちびちび遣うな――つぎ込め！」を守るよう、注意したのである。

　さりながら、本戦役をかくのごとくに遂行したことにより、今後の戦争指導に対し、三つの深刻な不利が生じた。

　対ポーランドならびに対仏戦役の直後にそうなったのとまったく同じで、ヒトラーは、驚くべき大成功や、ドイツ軍、とりわけ装甲部隊の能力を過大評価し、また、おのれの指揮が勝利に寄与したものとうぬぼれた。そうしたことで、「バルバロッサ」計画立案に関しても、強硬な主張をなすようになったのだ。もう少し不首尾な結果となっていたならば、ヒトラーも警告を受けたように感じ、慎重になっていただろう。

　また、本戦役は、「電撃戦」という特徴を有していたにもかかわらず、「バルバロッサ」作戦を、四ないし五週間遅らせた。一九四一年秋の戦役では、その分だけ、時間が足らなくなったのである。おそらく、それは、対ロシア戦役における最初の重大決定といえた。だが、ヒトラーは、それがもたらす困難に気づかなかったのである。

　最後に、ほとんどすべてのドイツ軍団隊が、「バルバロッサ」に投入するため、ただちに引き上げられたことにより、撃破され、潰走したユーゴスラヴィア軍の武装解除を完璧に実行することはできなかった。それゆえ、この、軍事的には打ち負かされたものの、抵抗の意志にみちあふれていた国は戡定（かんてい）されなかったのである。かかる事実、そして、のちの被占領国を扱う上での過誤から、パルチザン戦が生じた。それに対して、国防軍最高指導部は、戦争終結に至るまで、深刻に対応を考えつづけることになる。

　従って、バルカン戦役が「バルバロッサ」作戦に与えた戦略的影響は、注目すべきものがあった。当初、無分別の結果と思われていたユーゴスラヴィアとギリシアの犠牲は、一九四五年の連合軍の勝利に重大な貢献をなしていたのである。

　快速部隊の運用については、ここでもまた、その「迅速なる成功」は、勝ち取られた地域を占領、確保する後続歩兵によって拡張されねばならぬとの戦訓が、あらためて証明されたといえる。

Ⅳ．北アフリカ戦役——一九四一～一九四三年（「ひまわり」作戦）

一九四一年　一九四一年一月十一日付「総統指令第二二号」——ロンメルの任務——砂漠戦の特性——補給問題——トブルクをめぐる戦闘　一九四一年——ロンメルとフォン・マンシュタイン——反撃に出たロンメルによるキレナイカ奪取（一九四二年二月八日）

一九四二～一九四三年　一九四二年のドイツ軍夏季攻勢——一九四二年のトブルク征服——英第八軍は何をするであろうか？——観察——エジプト進軍（ロンメル、マルタ島攻略を断念）——アラメイン陣地の戦闘——エジプト戦線の崩壊——チュニジア——観察

一九四一年一月十一日付「総統指令第二二号」

一九四〇年秋のリビヤにおいて、イタリアのアフリカ方面軍が、イギリス軍により潰滅的な敗北を被ったことは、ヒトラーが、撃破された同盟軍支援のため、ドイツ軍部隊を北アフリカに送る契機となった（「ひまわり（ゾンネンブルーメ）」作戦）。その第一隊は、一九四一年二月十四日、トリポリに上陸した。

これぞ、当時中将だったエルヴィン・ロンメルに指揮された第5軽師団である▽22。同師団は、当初「足止め団隊」〔積極的な作戦に出るのではなく、英軍のさらなる進撃を封じることを任とする部隊〕と考えられていた。このあと、さらに第15

▽22　同師団の編制。第3戦車旅団司令部、第5戦車連隊、第3高射砲大隊（自動車化）、第75砲兵連隊第1大隊（自動車化）、第39装甲工兵大隊第2中隊、装甲師団付第39捜索大隊第3中隊、第39戦車猟兵大隊（自動車化）、第83衛生大隊第1中隊（自動車化）。
　加えて、軍直属部隊として、第200歩兵連隊本部（自動車化）、第2および第8機関銃大隊、また戦車猟兵大隊（自動車化）一個、後方勤務部隊があった。

装甲師団が続行する。ロンメルが予期せぬ成功を上げ、その任務も拡張されて、単なる「足止め団隊」の域を超えることになったからであった。これらのドイツ軍団隊は、すでに二月十八日には、「ドイツ・アフリカ軍団」(DAK)〔Deutsches Afrikakorps の略称〕の正式名称を得ていたのである。

ロンメルの任務

ロンメルの任務は、英軍の東方からの攻撃に対し、ブエラトの線とその南で、トリポリタニアを守ることだった。二月二十四日よりのイギリス軍捜索部隊との小競り合いにより、ロンメルと麾下部隊は、味方のほうが優っているとの感触を得た。四月二日にアジェダビアが奪取されたことも、その印象を強めている。

四月三日、航空捜索により、バルボ海岸道(ヴィア・バルビア)〔Via Balbia. 当時、リビヤを領有していたイタリアが建築した沿岸道路。リビヤ総督イータロ・バルボ空軍元帥(一八九六~一九四〇年)の没後、彼を顕彰して、この名が付けられた。現「リビヤ海岸高速道」〕沿いに、ベンガジからデルナ経由で、英軍がトブルクへ退却しているとの報が伝えられた。そのとき、ロンメルは、この後退運動中の英軍に向かって突進すると決断したのである。この目標に対し、彼は、第5軽師団隷下部隊より編合された、勢力微弱な戦隊三個と、イタリア軍ブレシア師団の一部を差し向けた。前進路は、アジェダビア、メキリからトブルクへ向かうもの、バルカ、デルナ経由でトブルクに達するルート、メキリを越えてバルディアに進むものの三つであった。

四月八日にメキリとデルナ、四月九日にバルディア、四月十三日にサルームが奪取された。かくて、容易に勝利が得られたのちに、キレナイカは解放されたのである。ロンメルは三千名の捕虜を取り、そのなかには、英軍の将官四名もいた。また、百門以上の対戦車砲も鹵獲している。イギリス軍にとって、キレナイカの喪失は、著しい威信の低下を意味した。それが、指揮官たちの失敗ゆえとなれば、なおさらのことだ。

四月十四日、ロンメルは、エル・アデムから奇襲的にトブルク要塞を奪取せんとしたが、この最初の試みは挫折した。四月三十日、第5軽師団ならびに、この間に到着した第15装甲師団隷下の部隊により、バルボ海岸道南方で、ア

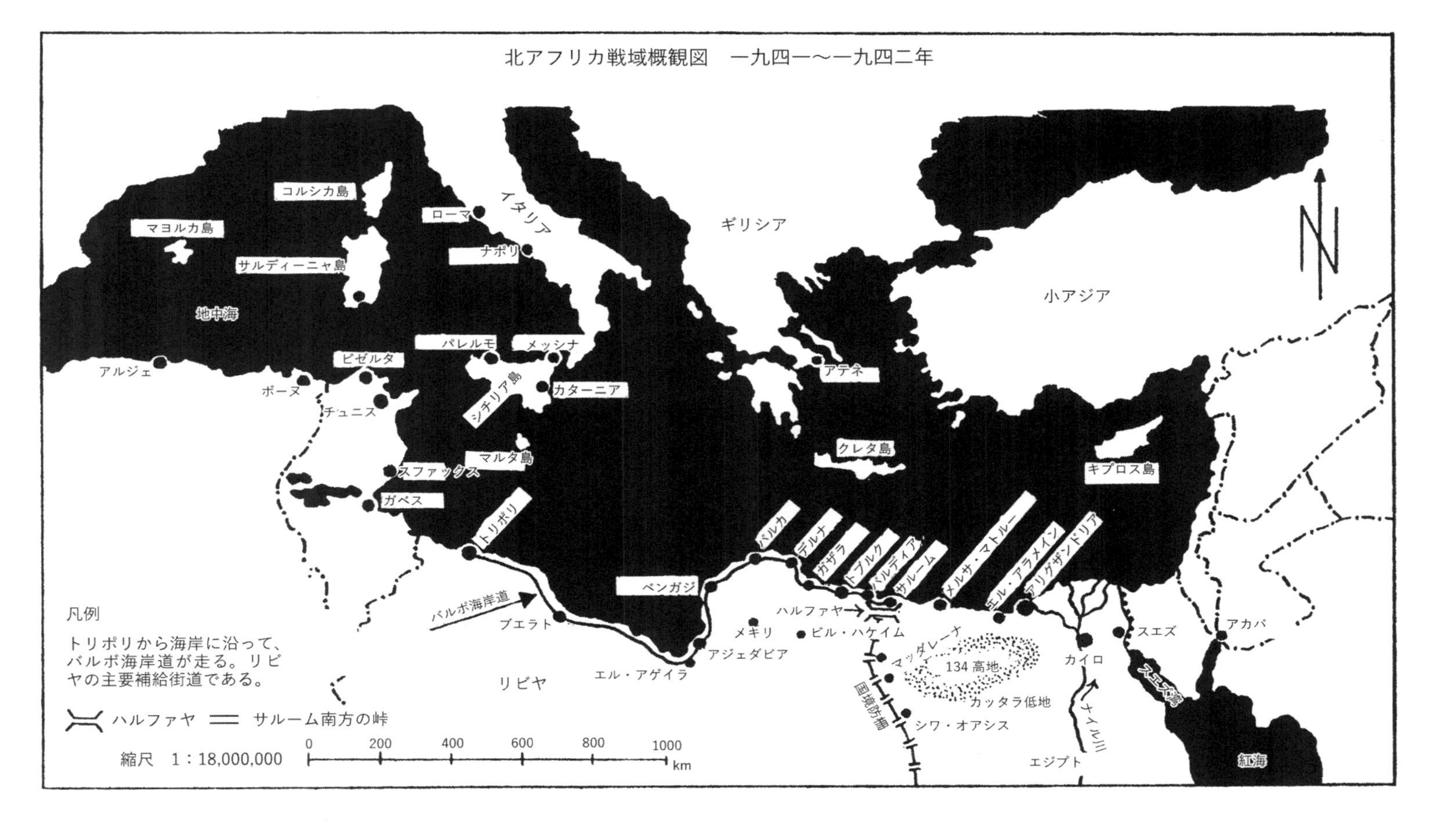
北アフリカ戦域概観図　一九四一～一九四二年
コルシカ島
マヨルカ島
サルディーニャ島
地中海
ローマ
イタリア
ナポリ
ギリシア
小アジア
パレルモ
メッシナ
ビゼルタ
アルジェ
ボーヌ
チュニス
シチリア島
カターニア
アテネ
クレタ島
マルタ島
スファックス
ガベス
キプロス島
トリポリ
バルカ
デルナ
ガザラ
トブルク
バルディア
サルーム
メルサ・マトルー
エル・アラメイン
アリグザンドリア
ベンガジ
バルボ海岸道
ブエラト
ハルファヤ
メキリ
ビル・ハケイム
アジェダビア
エル・アゲイラ
リビヤ
マッダレーナ
134 高地
カッタラ低地
シワ・オアシス
国境防備
カイロ
スエズ
アカバ
ナイル川
スエズ湾
紅海
エジプト
凡例
トリポリから海岸に沿って、バルボ海岸道が走る。リビヤの主要補給街道である。
ハルファヤ　サルーム南方の峠
縮尺　1：18,000,000
0
200
400
600
800
1000
km

クロマから二度目の試みがなされた。

五月十五日、そして、十四日から十七日にかけて、リビヤ・エジプト国境に布かれたドイツ・アフリカ軍団の陣地に対して、複数の英軍の反撃が、サルーム地域で実施されたが、これも同様に失敗した。右の陣地は、東方から来るイギリス軍に対して、要塞攻囲軍を掩護していたのである。

ロンメルは、本攻囲戦のため、麾下部隊を二つに分けていた。徒歩部隊はトブルク攻囲を継続し、また、ハルファヤ峠ｰサルームの線からバルディアまでの地域で、包囲陣の掩護にあたる。自動車化部隊は、サルーム南西で予備として待機し、英軍の攻撃があった場合には、運動戦を実行して、これを撃砕するのだ。かかる軍隊区分に実効性があったことは、五月と六月の厳しい戦闘において証明された。

攻撃してきた敵師団二個は、国境での三日にわたる激戦の末、エジプトに撤退していった。

六月三十日、「国防軍最高司令部命令第四四八八六／四一号、機密長官専管事項、西方／L部（I op）Ⅱ．指示」が発せられた、そのB2A項で、あらたな指示が下されていた。

「……北アフリカにおいては、トブルクを片付け、それによって、独伊軍によるスエズ運河に向けた攻勢継続のための土台を築くことが重要である。これは、おおよそ十一月に実行すべし……」。

かくて、時間・空間ともに、はるかに広範囲にわたるロンメルの新作戦任務が確定されたのだ。

砂漠戦の特性

ドイツ軍諸団隊は、もう四か月も北アフリカにいた。彼らは、特別の熱帯装備も経験もなしに、この地に踏み入ったのである。すべて、馴染みがなく、あらたに接することばかりだった。地勢、気候、原住民、交通網、方位の確認、生活様式、長大な距離……。

こうした砂漠の性質が、戦術と作戦に影響をおよぼした。

深く切り立った涸れ谷（ワジ）（干上がった河床）があちこちに走った連山は、徒歩の部隊では通過不能であることがしばしばだった。

一部にキャメルソーン〔アカシア属の樹木〕がみられるだけの砂地の砂漠は、特別装備をほどこしていない車輛では、ほとんど通行できない。

礫（れき）や砂利の多い砂漠は、車行可能ではあるものの、乗員や車輛にとっては、厳しく、骨が折れるところであった。あたり一面にキャメルソーンが繁茂した粘土質土壌の砂漠は、車行にきわめて適しており、しばしば、広大な打穀場のようだった。

たとえ、なんとか通行可能であったとしても、砂漠を横断しての部隊移動には、道路調査をやっておくのが得策である。

砂漠は往々にして、その荒涼たるさまと、点々と存在している奇妙なかたちの丘によって、月世界の風景を見ているがごとき印象を与えてきた。塩沼は、乾季には、車輛の往来を許す。石灰地には洞窟がみられ、ときに天水溜めがしつらえられていた。こうした場所は、斥候隊の隠れ家としても使用できたのだ。

全体としてみれば、砂漠の自動車化団隊は、海上の艦隊さながらに動く。方陣を組んで結集することもできれば、「横隊行軍」で前進し、それによって、ヨーロッパにおける土地の農地化ゆえに生じた、行軍長径〔行軍時の縦隊の長さ〕の肥大を避けることも可能なのである〔土地が農地化されれば、部隊は必然的に道路に頼って移動することになり、行軍長径も大きくなる〕。大きな行軍長径を取れば、空から、たやすく発見されてしまうのだ。

砂漠は、広大な荒地であるがために、自動車化されていない歩兵団隊には向いていない。敵が、自動車化、もしくは、完全な機甲装備を持つ部隊を用いれば、味方の歩兵は、最初から不利ということになる。この事実こそ、一九四〇年秋におけるイタリア軍敗北の主因であった。

トリポリタニアとリビヤの交通網は原始的で、大半は、名前のついたラクダ道にすぎなかった。キレナイカとチュニジアでは、道路事情はましであった。トリポリからエジプト国境までは、石造りの道が走っており、その建造者の名を取って、「バルボ海岸道」と呼ばれている。それは、双方の陣営にとって、主要補給路となっていた。一九四〇年のイギリス軍によるトブルク占領以降、この要塞を攻囲し、また兵力の一部をサルーム－バルディア方面に維持しようとした枢軸軍にとってみれば、バルボ海岸道は封鎖された状態のままであった。それゆえ、イタリア軍は、一九四一年に素晴らしい迂回路を構築した。要塞火器の射程外に敷かれた「枢軸道路(アクセンシュトラーセ)」である。

道なき無人の砂漠において、方位を間違いなく測定することは、非常に重要だった。生まれついての方向感覚と優れた教育訓練が必要だったのだ。ジャイロスコープ式方位コンパスによる技術的補助と各車輛の走行距離計を組み合わせての判断のほか、連丘や山容、塩沼、聖者の墓〔マラブート〕〔イスラム教の聖者・隠者の墓〕、ワジ、水飲み場などが、数少ない地点標識として用いられた。太陽や月、星、お手製の方向標識〔空のドラム缶を使う〕も同様に使われたのだ。夜には、照明弾の信号が、ことを容易にしてくれた。

見知らぬ砂漠に対する戦術的飛行は、とくに実施困難であった。パイロットが、その地に初めて機を飛ばすとあれば、なおさらである。はっきりした目印は、ほとんどないし、両軍ともに、その戦線の所在を巧妙に偽装していたからだ。かような事情から、ルートヴィヒ・クリューヴェル将軍は、一九四二年五月末に、ガザラ戦線上空で搭乗機を撃墜され、捕虜となった。

きわめて重要だったのは、水の補給である。これは、地質学者と技師に指導された特別補給団隊の任務だった。ドイツ軍将兵には、〔一日〕五リットルを与えるとの計算だったが、イタリア軍部隊は、その、ちょうど半分の量で満足していた。

気候、慣れない生活形態、当初は必ずしも適切には組織されていなかった給養といったことは、ドイツ軍将兵の健康状態に良からぬ作用をおよぼした。日陰も見当たらぬ暑い日中と夜の寒さのあいだの気温差は、はなはだしかった。行軍や戦闘も、すさまじい砂塵の吹き上がり、砂嵐、蜃気楼の影響を受けたのだ。

補給問題

枢軸軍に、あらゆる種類の物資を補給することは、決定的に重大な問題だった。北アフリカにあっては、「現地調達」は不可能だからである。兵器、弾薬、燃料、車輛機材、交換部品、給養品の補給が問題とされたし、将兵の補充・後送についても同様であった。作戦時には、近代的な装備を持つ軍隊の需要は増大する。ところが、海路輸送中の損害により、補給実績は低下した。従って、月を経るごとに、使用できる補給品は、相対的にも実質的にも、いよいよ減少していくのであった。かかる補給物資は、海と空（イギリスの海上要塞となったマルタ島よりの脅威）から、おおいに脅かされながら、海路およそ七百キロを渡り、トリポリに、しかるのちにベンガジとトブルク方面へ運ばれねばならなかったのだ。そこからさらに、やはり空からの深刻な危険にさらされつつ、狭隘なバルボ海岸道を通り、ときには約一千キロも離れた最前線へ、補給物資を進めていく。その距離ゆえに、追送燃料も大部分は補給部隊自らが使ってしまう。車輛は消耗し、多大な兵力が拘束された。

部隊が勝利を重ねる、つまり、東に進んでいくほどに、補給の問題は危機的になっていった。軍用港トブルクが、トリポリやベンガジの通商港の代替にならなかったとあっては、いっそうのことである。補給の困難が頂点に達したのは、一九四二年晩夏および秋のアラメイン陣地周辺・陣地それ自体をめぐる戦闘の際、また、のち一九四三年春のチュニジアをめぐる戦闘のときだった。チュニジアでは、味方大規模団隊が多数存在したことのみならず、連合軍が航空優勢を得たことによっても、制約を受けたのだ。

空輸補給は、単なる補助手段にすぎず、大なる需要を満たすことは不可能だった。

補給の問題は、あとあとまで指揮の問題に影を投げかけた。アフリカ戦域が副次的な戦域にすぎないという事実が、それに決定的な影響をおよぼしたのである。ドイツが兵力を集中した重点はロシアだった。ところが、大英帝国にとっては、北アフリカこそが主戦場だったのだ。イギリスは、ここに陸上戦闘遂行の重点を置いていた。

とはいえ、アフリカで成功裡に戦争を遂行しようと欲するならば、そこに生じるであろう困難を事前にはっきりさせておき、相応の対応をするか——さもなくば、大きく距離を取っておかねばならなかったのである。ヒトラーは、いずれの策も取らぬまま、事態が進むに任せたのであった。その時々の局所的な展開や、同盟国イタリアに対する政治的な配慮、必要というわけでもないのに自ら抱え込んだ他の課題すべてといったことに影響されるままだったのだ。

北アフリカ地域で生起したすべての事象に一貫して流れていたのは、こうした優柔不断であった。
地中海越えで厖大な燃料需要を満たしつつ、自動車化部隊を以て、長大な距離を踏破する戦役を遂行する。その際、地中海の、そして、そこを通過するための制海・制空権もなければ、それらを獲得しようともしない。そんな戦役は、最初から不可能だったのである。「不沈空母」として、地中海を制していたマルタ島の英軍航空基地を、所与の前提条件や準備状況がいかなるものであろうと占領して、機能し得ない状態に陥らせなかったばかりか、味方後方連絡線に、空と海からの執拗な脅威を与えさせるがままに放置したことは、大失敗であった。枢軸側のあらゆる部隊が隷属するような、独立した「地中海方面総司令官」がいなかったのである。
かかる困難すべてにもかかわらず、アフリカにおける戦役は、かくも長きにわたって遂行され、成功を収めた。強力な敵部隊を同地に拘束することができたのだ。それは、（同盟軍イタリアに支援された）ドイツ・アフリカ軍団の卓越した能力とならんで、ロンメルという個性のおかげであった。[21]
しかしながら、ロンメルといえども、海と砂漠を越える補給に依存していた。それゆえ、彼とその麾下の部隊は、その場しのぎの戦争を続けなければならなかったのである。

トブルクをめぐる戦闘　一九四一年

サルームからトブルクに至る地域で、諸戦闘が行われたのち、十一月まで休止期があった。この間に、両軍とも、自らの補給状況が許すかぎり、トブルクをめぐる、あらたな戦闘に向けて、準備を進めた。その際、イギリス軍は、距離が遠くなるものの、妨害を受けることのない南アフリカ回りの輸送路を使えたことは有利にはたらいた。

ロンメルはトブルク要塞を奪取せんと欲し、オーキンレック将軍（クロード・オーキンレック〔一八八四～一九八一年〕）。当時大将で、中東方面総司令官。最終階級は元帥）は、それをロンメルの攻囲から解放し、枢軸軍を殲滅することを望んでいた。そのため、オーキンレックは、十一月十八日、数的に優った部隊（四個戦車旅団を有する第七機甲師団と三個自動車化歩兵師団）を以て、ハバター マッダレーナ（サルーム南方）の線を踏み越え、トブルクに向かう攻撃を開始した。そうすることで、ロンメルの企図に先回りしたのである。

トブルク南方地域では、十一月十九日から二十二日にかけて、激烈な戦車戦が生起した。本戦域において、初めて、質的に同等な装甲戦力が対峙したのだ。このとき、海戦の流儀に倣った、流動的な迂回・包囲作戦が展開された。そこで、ドイツ軍指導部ならびにドイツ側のより良質な教育訓練が優っていることがあきらかになった。イギリス軍は、その戦車旅団を集中投入することを心得ていなかったのである。かくて、英戦車旅団は各個に包囲され、撃破されていった。さりながら、多数の危機が生じた。なかでも深刻だったのは、会戦たけなわの時点で、トブルク守備隊が戦車を投入し、イタリア包囲軍の戦線を突破したことであった。「死者慰霊日(トーテンゾンターク)〔移動祝祭日。教会暦の最後の日曜日。待降節直前の日曜日になる〕の戦車戦」における激戦ののち、十一月二十三日に、当座の決定が下される。この戦闘によって、要塞包囲環に対する直接の脅威は排除されたのだ。かかる成功を過大評価したロンメルは、イギリス軍の後方連絡線を遮断し、それによって、エジプトへの退却を強制すべく、サルームの南を抜けて、東方に突進すると決断した。だが、まもなく、この果敢な決定が間違っていたことがあきらかになってきたのである。サー・〔クロード・〕オーキンレック以下のイギリス軍指導部は、著しい損害を出しながらも、麾下団隊をトブルク地区攻撃に向かわせることに成功していたのだ。かくて、あらたな戦車戦が開始され、十一月二十五日より十二月一日まで続く。その結果、勝利と自らの損害という反動が、ともにもたらされた。なるほど、トブルク包囲は維持されていた。が、味方の戦闘力が減衰したこと、それゆえに情勢が不利に展開していること、さらには、イタリア軍最高司令部(コマンド・スプレーモ)〔Commando Supremo〕が、一九四二年一月まで増援と補給は見込めないと伝えてきたことなどを理由として、ロンメルは、一時的にトブルクを開放し、十二月七日から八日にかけての夜に、まずはガザラの線まで撤退すると決断したのである。

この場合、ロンメルが考えたのは、独伊装甲部隊を犠牲にすることではなかった。むしろ、広大なアフリカ地域を縦深を取って防衛するため、そして何よりも、戦車と燃料の輸送を待って、後手からの反撃に出るために、装甲部隊を温存することを望んでいたのだ。その際、ハルファヤとバルディアのあいだの拠点を連ねた正面の守備隊は取り残された。けれども、彼らは、一九四二年一月十七日まで、拠点を堅持したのである。

ロンメルとフォン・マンシュタイン

アフリカにおける作戦の展開を、南ロシアでのドン軍集団のそれと比べてみるのも興味深いことだろう。後者は、ちょうど一年後に、より大規模なかたちで遂行された。基本構想も同様である。機動、後手からの作戦、作戦理念「ちびちび遣うな――つぎ込め！」の担い手としての快速部隊だ。

二人の軍指導者（ロンメルとマンシュタイン）は、出自、性格、〔受けた〕軍事的な基礎教育が、まったく異なっていたにもかかわらず、同じ見解を抱いていた。両者とも、彼らの上官たる最高指導部（ヒトラーとムッソリーニに影響されていた）に抗しながら、多大なる困難のもと、自らの構想を実行しなければならなかったのだ。

反撃に出たロンメルによるキレナイカ奪取（一九四二年二月八日）

一九四二年一月十二日、ロンメルは、自ら選定した、大シルテ湾岸のメルサ・エル・ブレガ陣地に到着した。この六百キロ以上にわたる退却によって、ロンメルは、追撃する英軍に補給線延長の不利を負わせ、自らは補給港トリポリとの距離を縮めたのである。一月五日、戦車五十五両、偵察車二十両、また、補給物資が同港に到着した。早くも一月二十日には、ロンメルは、ドイツ軍戦車百十一両、イタリア軍戦車八十九両を以て、放棄されたキレナイカを解放するため、北東に進撃、その正面とアジェダビア付近にあった敵を駆逐した。一月二十八日には、ベンガジでインド軍一個旅団を捕虜とし、大量の鹵獲品を得た。味方団隊は、それら鹵獲品を装備したのだ。さりながら、相変わらず燃料不足が、ロンメルの果敢な作戦を妨げていた。ともあれ、二月六日までに、キレナイカは奪回された。敵は、ガザラ－ビル・ハケイム－トブルクの線に後退し、そこで、大規模な防御陣地を構築する。独伊軍部隊は、エル・メキリとテムラドのあいだで、キレナイカ東縁部をカバーした。快速団隊、DAKと快速軍団（コルポ・チェレーレ）（イタリア第20軍団）は、再び作戦予備として、縦深奥で待機したのである。

こうして、冬季会戦は終わった。この会戦により、砂漠の戦争で利用できるのは、自動車化団隊のみだということが、はっきりと証明されたのだ。ここで、戦車は、その三種類の特性——砂漠を走破する能力と速度、いつでも射撃可能な態勢にあり、火力を発揮できること、装甲による防護によって、決定的な役割を演じた。また、敵戦車撃滅に威力を示したのは戦車猟兵であったが（同じく、決定的に重要だったのは、多目的に使える八・八センチ高射砲だった）、長距離砲兵も効果があった。そもそも、掩蔽物がない砂漠では、射程距離と大口径砲の威力が、ことを左右するような影響をおよぼすのである。この二か月間に与えられた、さまざまな戦術的・作戦的任務は、部隊とその指揮官の教育訓練と能力を、根本から向上させていた。

予想される、さらなる戦闘、すなわち、宿願の目標であるトブルクをめぐる戦いに向けて、いまやもう、あらたな備えをしなければならなかった。費消されてしまった戦闘力を回復し、可能なかぎり強化するためには、予備の人員を含む、あらゆる種類の補給を充分に運びこむことが必要だったのである。イギリス軍との競争において、監視下のスエズに、つぎつぎと護衛船団が到着しているさまがみられたのは、憂慮の種であった。

異例なほど、強力なドイツ軍航空団隊がマルタ島に対して投入されたことにより、四月と五月には、これまでで最大の船舶輸送が、イタリアからアフリカに向けて遂行され、ドイツ軍諸師団の給養回復についても、満足すべき状態まで進めることができた。ロンメルもまた、三番目のドイツ軍自動車化師団を、手元で編成することに成功していた。第90軽師団である〔第90軽師団は、北アフリカにあった独立部隊や、兵力の一部しか届かなかった部隊を集めて、編成された〕。

一九四二年のドイツ軍夏季攻勢

枢軸軍指導部が計画した戦闘遂行要領では、まずトブルク要塞を占領し、しかるのちに、リビヤ－エジプト国境、おおよそサルーム一帯で、リビヤ防衛陣を布くものと予定されていた。

こうして、東方を掩護しながら、シチリア島より、海上要塞となっているマルタ島を奪取することとされたのである。それによって、マルタ島の英軍航空機と潜水艦が、独伊装甲軍〔アフリカ装甲軍 Panzerarmee Afrika のこと。北アフリカの枢軸軍を麾下に置く大規模団隊で、一九四二年一月三十日に「アフリカ装甲集団」（パンツァーグルッペ・アフリカ Panzergruppe

Afrika）より、改称された〕の後方連絡線に不断に与えている脅威を、ついに除去せんとしたのだ。そのため、ラムケ降下猟兵（ファルシルムイェーガー）〔Fallschirmjäger. 空挺部隊〕旅団が、シチリアに配置された。同様に、アフリカに投入されていた空軍の一部も、トブルクが陥落したら、ただちにマルタ島へ重点を移す予定であった。シチリア島の空軍地上組織も、この重要な企図に向けて、すでに広範な準備にかかっている。

マルタ島が奪取されたのちは、一九四一年六月三十日付のOKW命令により、当初からのはるか遠き目標、スエズ運河へと、また方向転換する計画であった。

一九四二年のトブルク征服▼22

対手の英軍の手中にあるトブルク要塞の価値は、リビヤ、つまり、枢軸軍部隊にとっての常なる脅威として存在していることにあった。この要塞は、攻防両面において、優れた作戦基地であった。トブルクが補給線を脅かしているかぎり、エジプト、さらには、スエズ運河をめざす独伊の攻撃は実行不可能だったのである。それは、一九四一年にイギリス軍が本要塞の防衛に成功したことで、証明されていた。

同様に、その港湾は一定の補給基地を構成しており、そこを保有していれば、後方連絡線を、およそ三百ないし七百キロも短縮できるのだ。とくに、あらゆる種類の補給物資を充分に輸送することに、成否が左右される砂漠の戦闘では、それは重大な意味を持っていた。

一九四一年には、ロンメルも、もともとはイタリア軍のものであった要塞を奪回することはできなかった。数か月にわたる戦闘ののち、イギリス第八軍は、アイン・エル・ガザラからビル・ハケイムに至る戦線を維持し、一九四二年春のうちに、そこに堅固な陣地を構築していた。トブルクを攻撃せんとするならば、この防御壁を最初に除去しなければならない。従って、トブルクをめぐる戦闘におけるロンメルのやりようは、時間的・空間的に相前後して片付けられていくような二つの段階から構成されていた。

要塞前地でガザラ陣地を覆滅する。しかるのちに、トブルク自体を攻撃するのだ。

そのためにロンメルが使えた兵力は、左の通りである。

イタリア軍には、それぞれ二個師団を麾下に置く第10および第21軍団、デ・ステーファニス将軍率いる第20快速軍団があった。第20快速軍団は、アリエテ〔Ariete. イタリア語で「牡羊座」の意〕およびトリエステの両自動車化師団から成り、のちに「リットリオ」装甲師団〔「リットリオ」は、古代ローマで団結のシンボルであった、斧を芯にして薪を束ねた「ファッショ」を武器とする要人護衛職「リクトル」の現代イタリア語型〕が増援された。

ドイツ軍には、ネーリング将軍指揮のドイツ・アフリカ軍団（DAK）があった。この軍団の麾下に、フォン・フェールストの第15装甲師団（フォン・フェールストの負傷後、クラーゼマン大佐が師団長となった）とフォン・ビスマルク少将の第21装甲師団〔第5軽師団が改編されたもの〕が置かれていた。さらに、クレーマン少将の第90軽師団があったが、これはロンメル直属とされた。

イギリス側では、中東方面総司令官のオーキンレック将軍が、リッチー将軍率いる第八軍を指揮していた。第八軍の麾下にあったのは、以下のような部隊である。ゴット将軍の第一三軍団は、第一南アフリカ師団とイギリス第五〇師団を有し、ガザラ陣地に配置されていた。トブルク要塞には第二南アフリカ師団（クロッパー少将）があり、ガンブート‐ビル・エル・ゴビ地区には第五インド師団が布陣する。ほかに、第一および第七機甲師団を配属された、ノリー将軍麾下の第三〇軍団がある。

ビル・ハケイム（ピエール・ケーニグ将軍指揮の「自由フランス軍」）、ナイツブリッジ（第二〇一近衛旅団）、エル・アデムとビル・エル・ゴビ（第五インド師団の一部）には、守備隊を配した拠点があり、第三〇軍団の南翼を掩護していた。

敵は、ドイツ軍の攻撃を予想していたから、第二二ならびに第三二戦車旅団、さらに三個歩兵旅団をガザラ陣地の背後に呼び寄せ、第一五〇旅団を以て、同正面のゴト・エル・ウアレブとシジ・ムフターに拠点を構築させていた。ドイツ軍指導部は、後者の事実を察知していなかったのだ。

純粋に数だけからみれば、以下のごとき戦力比になる。

ドイツ軍戦車約三百両およびイタリア軍戦車約二百両に対して、英軍戦車七百四十両。枢軸軍火砲三百五十門に対し、英軍火砲五百門。枢軸軍航空機約三百二十機に対し、英軍七百機。枢軸軍の兵員およそ十万人に対して、英軍将兵は十二万五千人。

イタリア戦車は、戦車戦においては無価値であった。イギリス軍戦車に劣っていたからだ。イタリア軍諸団隊の戦闘力は、多くの場合、戦闘意欲と教育訓練が貧弱だったこと、たいていは装備が不足していたことにより、イギリス軍に対して、不充分な状態だった。一九四〇年のイタリア軍の敗北に、すでに示されていた通りである。

ドイツ軍戦車は、イギリス軍のそれと、おおむね同等で、長砲身七・五口径カノン砲（L48）を装備した型のⅣ号戦車は優っていた。ドイツ軍の指揮、戦術、教育訓練は、ずっと優良で、無線通信装置や光学測距儀も上を行っているように思われた。ドイツ戦車の敵撃破数も、味方戦車の数がどんどん減少していったにもかかわらず、驚くほど高かったのである。

ガザラ陣地の構築はおおむね察知されていたが、同地域の縦深奥まで敷設された、巨大な地雷原の規模まではわからなかった。北部、第一南アフリカ師団とイギリス第五〇師団の戦区では、連続した強力な陣地が構築されており、南部も、さまざまな拠点によって固められていたのだ。ビル・ハケイムの南では、敵や人工障害物の存在は予想されていなかった。トブルクとガザラ陣地のあいだに、あらたに構築され、守備隊が配された拠点群は、確認されぬままだったのである。トブルク自体が強力な要塞であることは、一九四一年以来、よく知られていた。

枢軸軍最高司令部にあっては、敵情は必ずしも正確に把握されていなかった。ロンメルは、英軍の全戦力がビル・ハケイム－アクロマの線の西側にあるものと推測していた。だが、実際には、少なくとも、第七機甲師団がエル・ドゥダ北東に、また一個戦車旅団がビル・エル・ゴビ北方で待機していたのである。

要塞前地の戦い

ロンメルは、機動・装甲戦力で重点を形成し、その作戦構想を実施させると決断した。ビル・ハケイム付近で英軍南翼を包囲し、これとともに、戦線後方にあると予想される敵予備を撃破、しかるのちに、東西両面からガザラ陣地に集中攻撃を加え（イタリア歩兵軍団を用いる）、陥落させる。最終的には、敵野戦軍の殲滅後、全力を以てトブルク要塞を奪取することが目的だ。

ロンメルは、左のように下令した。

イタリア第10ならびに第21軍団、自動車化されていないドイツ軍第15狙撃旅団（メニィ大佐）は、クリューヴェル将軍の指揮のもと、五月二十六日、敵を拘束するために正面攻撃を仕掛ける。

重点となる集団は、DAKとイタリア第20快速軍団（コルポ・チェレーレ）で、セナーリ北地域から出撃、五月二十六日から二十七日にかけての夜間行軍で、ビル・ハケイム南方に達する。そこから、イタリア第20快速軍団が、四時三十分にビル・ハケイムを攻撃、これを奪取する手はずになっていた。

同時にDAKは、ビル・ハケイム付近で東方に旋回し、エル・アクロマ経由、海岸に至るまで北に突進する。五月二十七日にエル・アクロマに到達、バルボ海岸道のそこから北の部分を封鎖する予定だ。

増強された第90軽師団は、DAKの攻撃の東側に掩護幕を張るために、エル・アデムに向けて進む。

この命令を実施せんと、ロンメルとネーリングの装甲・自動車化師団は夜のうちに、勝手を知らない目標であるビル・ハケイムに向かって進発した。これらの師団は「横隊行軍」の陣形を組んでいた。前衛は捜索部隊、戦車が広正面に展開する。その後ろに砲兵と師団司令部が膚接し、さらに、その背後、もしくは側面で、狙撃兵大隊、工兵、戦車猟兵、高射砲や、他に配属された団隊が梯隊をつくった。第15と第21のあいだで、両師団の司令部よりも先に、DAK司令部が車行する。

多数の車輛が、月明かりに照らされた砂漠を進軍するさまは、壮大な舞台のようであり、同時に行軍技術の精華を示していた。道も目印もないなか、ただ、星々の位置と走行距離計、コンパスを頼りに、五月二十七日朝まだきのうちに、待機地域にたどりついたのである。

北方への攻撃

北に向かう攻撃は、命令通りに開始された。イギリス軍を奇襲することはならず、すぐに激烈な抵抗にぶつかった。両陣営とも、言うに足る損害は出ていない。イタリア快速軍団は、ビル・ハケイム前面で押しとどめられてしまった。DAKも、ナイツブリッジ付近のトリグ・カプッツォで停止させられた。そこで、北と南から、戦車団隊に攻撃されたのである。

DAKを指揮するネーリング将軍は、ヴォルツ大佐とともに骨折って、砲十六門（八・八センチ砲）から成る高射砲陣地を構築した。第15装甲師団の背後に対する危険な戦車攻撃を食い止めるためであった。さらに南では、ドイツ軍補給縦列が損害を受けている。DAKが北に突進するほどに、いっそう悪影響が出てくるような事態だったのだ。

情勢は緊迫し、五月二十八日もそんな状態だった。DAKが東、北、西から、事実上包囲され、南からの補給もビル・ハケイムのあたりで確実ならざるものとなっていたからである。また、あらたなイギリス戦車部隊が、エル・アデムから西方に前進中だった。にもかかわらず、ロンメルは楽観的であった。敵は、連関を欠いた攻撃を続けているが、いずれ消耗するだろうから、〔独伊〕装甲軍はすぐにまた反撃にかかることができると確信していたのだ。

五月二十九日、DAKの補給は、集中的に戦闘を遂行したために、危機的な状態になっていた。補給の前送も、負傷者の後送も失敗した。弾薬、燃料、水が不足している。攻勢は挫折した。

西方への突破

ドイツ・アフリカ軍団長と合意した上で、ロンメルは、英軍の地雷原を突破、西方へ後退すると決断した。有り難い情勢の進展のおかげで、この決定も容易になった。イタリア軍が西側から、狭隘で、なお射撃にさらされているとはいえ、地雷原内に通路を啓開していたのだ。

同日夜のうちに、DAKは西へと進発した。五月三十日黎明、後方に第15装甲師団を従えたDAK司令部は、シジ・ムフタ―付近で、堅固な野戦陣地に遭遇する。それには、これまで知られていなかったゴト・エル・ウアレブの英軍拠点も含まれていた。まったく予想もしなかった事態だ。同拠点を一撃で奪取することはできなかったから、いまやDAKは、前日に予想していたよりも危険な状況に直面することになった。

だが、この状況もまた克服された。推測されていたよりも、英軍の損害が甚大だったからである。五月三十日までに、敵はすでに、その戦車の五十パーセント以上を戦闘で失っていた。

六月一日になってようやく、包囲攻撃により、ゴト・エル・ウアレブ堡塁を奪取することに成功した。その際、ライスマン大尉指揮の第21装甲師団第104狙撃兵連隊第3大隊が顕著な働きをみせた。▼23

こうして、ロンメルの背後は再び開放され、西方からの補給も確保された。西への退却が、ただちに開始される。ロンメルは、DAKによって機動防御を行う一方、自ら兵力の一部を率いて、ビル・ハケイムを奪取すると決めたが、それはうまくいかなかった。イギリス軍総司令部の命を受けたフランス軍が、とうとう、その拠点から撤収したのは、やっと六月十日になってのことだった。この八日間というもの、DAKは、ナイツブリッジ周辺地域で、独自に機動防御をくりひろげ、英軍に大損害を与えたのである。

ロンメルは、第一南アフリカ師団とイギリス第五〇師団を殲滅するため、DAKを北に突進させるという、もともとの作戦構想を実行しようとしたのだが、その際、ビル・ハケイムを陥落させることに失敗していた。もし、アクロマ地区の敵が撃破されたなら、イギリス軍も必然的にガザラ正面から撤退するという結果になることが期待されたであろう。その後、陣地に配備された敵二個師団を捕捉するため、バルボ海岸道へと急進することが、装甲軍にとっての重要な課題となった。ゆえに、六月十二日から十三日にかけて、とくに激しい戦闘が生起し、それは英軍戦車団隊の潰滅につながった。戦車三百両のうち、二百三十五両が撃破されたのである。▼24

六月十四日のバルボ海岸道南方連丘、六月十五日の海岸への到達

敵は、どこが重要なのかを知っており、頑強な防御を行った。六月十四日の晩には、アクロマ地区の英軍部隊は、ほとんどすべてが捕虜になるか、潰乱、あるいは退却中であったにもかかわらず、残余の戦車が投入され、自動車化

された第一南アフリカ師団が海岸道路上で、東方、トブルクに向かって進発するまで、消耗しきったドイツ軍部隊の前進を遅滞させることに成功したのだ。しかし、ドイツ空軍は、この日、重要な海上目標に対して投入されており、ゆえに姿を現さなかった。

イギリス第五〇師団の大部分も、イタリア軍の戦線を抜けて、西方に突破することに成功し、広範囲にわたる襲撃を繰り返したのちに、第八軍との連絡を得たのである。

第15装甲師団が戦闘を実行しつつ、海岸に到達したのは、やっと六月十五日晩になってのことだった。五月二十五日のロンメルの計画が、初めて遂行されたわけだが、彼自身は、この結果に失望していた。おのが願いが満たされなかったからだ。ロンメルは、自分と麾下の軍が、敵戦力、なかでも、その戦車戦力を決定的に弱体化させたことに気づいていなかったのである。イギリス野戦軍は、もはやトブルク要塞を充分に掩護し得る状態になかった。もし、敵が迅速かつ決然と行動し、攻撃にかかってきたら、なすがままに任せるしかなかったのだ。早くも六月十五日、ロンメルは、エル・アデム（そこでは、第90軽師団とイタリア軍トリエステ師団が戦闘中だった）経由の敵を追い越しての追撃に向けて、第21装甲師団を進発させた。六月十六日、第15装甲師団とDAK司令部が、そのあとを追う。

敵側から一瞥すれば、事態の経緯が明快にわかるだろう。

「……アフリカ軍団は卓越した戦闘団隊であり、その指揮官の戦術思想は統一されており、非常に規律厳正だった。……一般的な傾向とは（イギリス軍の！）……逆で、命令は、単なる議論の土台とみなすべきであるとされていた。ロンメルとケッセルリング〔アルベルト・ケッセルリング（一八八五～一九六〇年）。ドイツ空軍の元帥。陸軍から空軍に移籍、第二次世界大戦では、航空艦隊の司令官や南方総軍司令官などを歴任し、北アフリカ戦線や西部戦線の指揮を執った〕の見解は、ときに異なっていたのだけれども……北アフリカで運用された部隊のすべてが、共通の目標に向けて、整え（られて）いたのだ。……ガザラ陣地戦と他のそれに関連した諸措置により、ドイツ軍の計画は紙一重で粉砕された。……イギリス軍の失敗は、あちこちで戦術的指揮に欠陥がみられたことに帰せられる。……五月二十七日の午前の時間が過ぎ去るころには、二個戦車旅団、二個自動車化歩兵旅団、第七機甲師団司令部が粉砕されていた。……ロンメルは……アフ

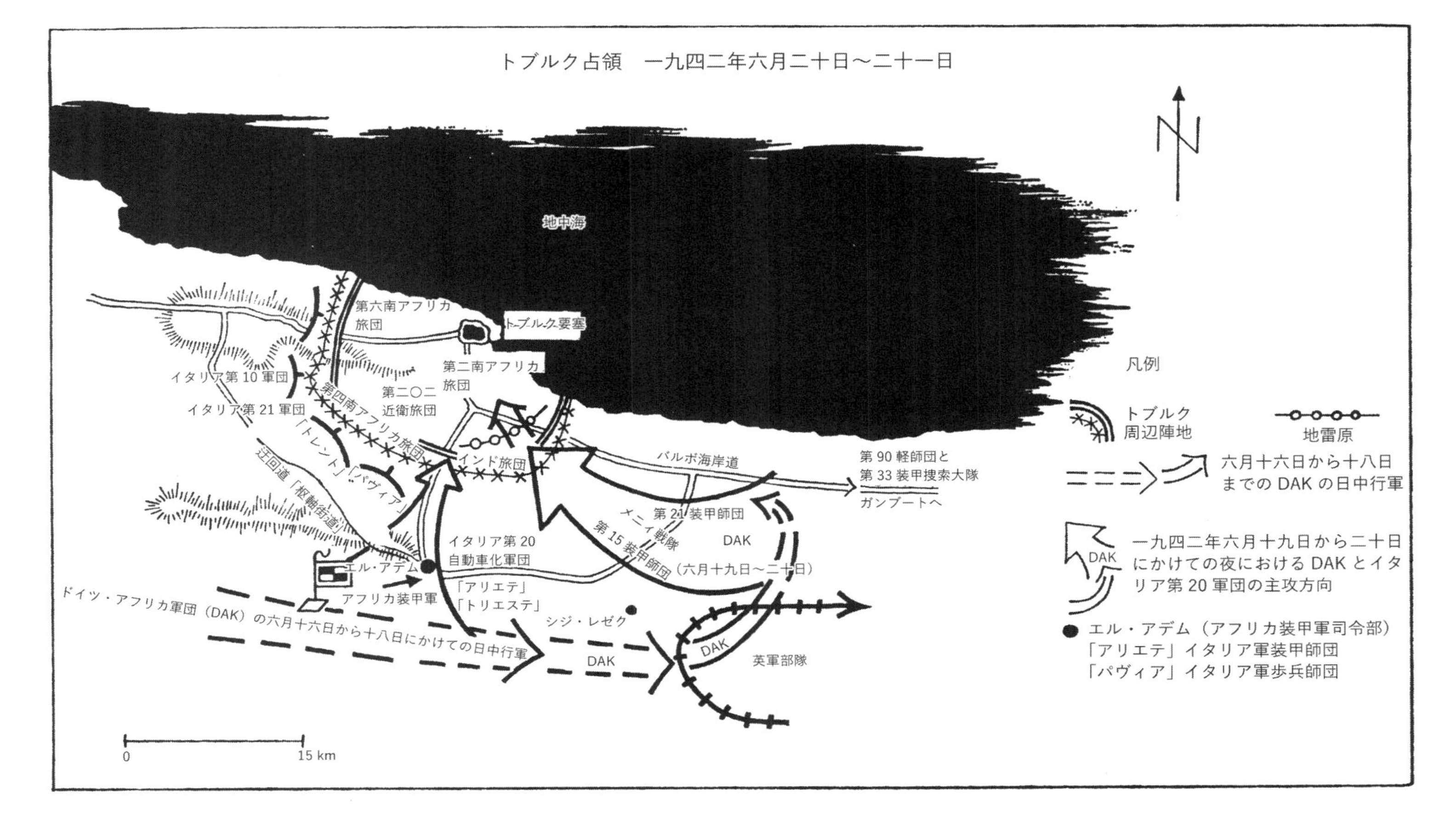
トブルク占領　一九四二年六月二十日～二十一日
地中海
トブルク要塞
第六南アフリカ旅団
第二南アフリカ旅団
第二〇二近衛旅団
第四南アフリカ旅団
インド旅団
イタリア第10軍団
イタリア第21軍団
「トレント」
「パヴィア」
迂回道「枢軸街道」
エル・アデム
アフリカ装甲軍
イタリア第20自動車化軍団
「アリエテ」
「トリエステ」
シジ・レゼグ
バルボ海岸道
第90軽師団と第33装甲捜索大隊
ガンブートへ
第21装甲師団
メニィ戦隊
第15装甲師団
DAK
（六月十九日～二十日）
ドイツ・アフリカ軍団（DAK）の六月十六日から十八日にかけての日中行軍
英軍部隊
0
15 km
凡例
トブルク周辺陣地
地雷原
六月十六日から十八日までのDAKの日中行軍
一九四二年六月十九日から二十日にかけての夜におけるDAKとイタリア第20軍団の主攻方向
エル・アデム（アフリカ装甲軍司令部）
「アリエテ」イタリア軍装甲師団
「パヴィア」イタリア軍歩兵師団

リカ軍団長ネーリング将軍の成功を祝福し、追撃を命じる。だが、喜ぶのは早かった。……イギリス戦車部隊は、最初の二日間で百五十両以上の戦車を失っていたものの、撃破されたわけではなかったのである。ドイツ側の困難すべてにかかわらず……ロンメルの指導力のもと、叩きのめされていた枢軸軍部隊が反応した。……六月五日、イギリス第三二戦車旅団は、なお保有していた七十両の戦車のうち、五十両を喪失した。午後には、ネーリング将軍が、英軍地雷原に開かれた間隙部を抜けて、第15装甲師団を追撃させると決断した。……第七機甲師団司令部は、十日間のうちに二度も蹂躙され、第五インド師団ならびに第一〇インド師団司令部も撃砕された。……英軍はまったく指揮官不在の状態になり、六月五日の残りの時間から六月六日にかけてのあいだ、大隊、砲兵中隊、さらには、諸中隊までが砂漠をさまよったのだ。……第八軍は、敵の攻撃も、完全に成功しているわけではないと、カイロに報告した。……一方、イギリス第七機甲師団は、その戦時日誌において、公然と認めている。……『こうして、格別に不運な一日が終わった』と。……六月五日から六日にかけての英軍の損害も付せられている。第一〇および第二一旅団は殲滅された。第九インド旅団の二個大隊は、大損害を受けている。砲兵連隊四個が殲滅され、戦車旅団三個は百七十両の戦車を失った。にもかかわらず、第八軍の戦車保有量は、六月十日には再び三百三十両を数えるまでになった。ＤＡＫのそれは七十両にすぎない。第15装甲師団が使用できる歩兵の数は六百六十七名（定数の三十五パーセントほどだ）、第90軽師団の歩兵は一千名程度だった。……かくて、重大な意味を持つようになった六月十二日が終わった。ガザラをめぐる戦闘の勝敗が、ついに決した日である。この日の晩には、英軍戦車部隊はもはや、かつてのおのれの影を保っているだけにすぎなかった。砂漠には、あらゆる種類の戦車がばらまかれていた……▼25」。

要塞攻撃

ロンメルは、一九四一年の経験をもとに、トブルクは奇襲で奪取すると決めていた。いまや実行されることになった攻撃は、快速部隊の大規模な欺騙運動によって、準備を整えられた。しかるのちに、敵が予想していない南東方（つまり、背後からということになる）より、要塞を占領せんとしたのだ。

その実行要領は、以下のように計画されていた。

要塞南方を通り、エジプトへ退却する英軍部隊を、あらゆる快速部隊を以て、追撃する。尖兵となるのは、第90軽師団、第33および第580捜索大隊である。これに、DAKとイタリア軍第20快速軍団が続く。敵を追い越しての追撃や英第八軍残存部隊を東に押しやるという、実際の目的とならんで、それにより、敵に左のごとき印象を持たせることになっていた。すなわち、枢軸側が、一九四一年同様、徒歩行軍で追随するイタリア軍歩兵が要塞を包囲することで満足する一方、最重要の自動車化団隊をエジプトでの決戦に召致しているものと思わせようとしたのだ。

だが、本当のところは、DAKとイタリア快速軍団を、ただ一日の行軍で、トブルク東方へと引き返させ、それらの戦力を結集、強力な空軍の支援を受けつつ、バルボ海岸道ならびにエル・アデムから通じる砂漠の小道（ピスト）数本の戦区で、攻撃を実行する予定になっていたのである。快速の機動によって得られる奇襲と、重点形成に合わせた戦車団隊の集中を利用し、トブルク市と要塞を一撃で奪取することとされたのだ。

英第八軍に対する背面掩護は、第90軽師団と捜索大隊群が、東方、バルディアへの突進によって引き受けていた。

この計画立案が進むなか、第21装甲師団は、早くも六月十五日に、ガザラ周辺地域より召致されている。六月十六日、第15装甲師団も、アクロマ経由で、エル・アデムへと追随した。全軍が、トブルクへの開進に投ぜられたのである。

イギリス軍

六月十四日、オーキンレック将軍は、要塞の包囲を妨げるため、アクロマ－エル・アデムの線とその南で、トブルクを守ると決定した。しかし、この線が破られれば、トブルク守備隊は、戦いながらの東方への突破を強いられることになる。オーキンレックに直属するリッチー軍司令官は、異なる意見を抱いていた。最終的には、チャーチルも介入し、以下のごとく強調した。「トブルク撤退など、いかなる場合においても問題外である。……必要とあらば、トブルクを確実に維持するため、たとえ（敵占領地のなかに）孤立した要塞となろうとも、多数の部隊をそこに残しておくのだ……」。

かくて、所与の状況のもと、要塞の運命はきわまった。こうした経緯は、同年晩夏のスターリングラードに関する、もしくは、その後の数年間における、ヒトラーの同様の指令を思い起こさせるものがある。

枢軸軍部隊

六月十七日には、DAKは、東方への追撃を継続していた。英軍の抵抗がくじかれたのち、軍団は、広正面の緩い横隊陣形で、砂漠のなかを突き進んでいたのである。

シジ・ムフター近くで北東に旋回、同夜のうちにガンブートに到達した。これで、敵は、バルボ海岸道東方で、トブルクから遮断されたわけだ。

十八日から十九日、また、十九日から二十日の夜にかけて、DAKは、敵に気づかれぬまま、要塞南東の出撃陣地に行軍した。一方、増強された第90軽師団が、英第八軍に対する掩護陣を布く。

六月二十日五時二十分、攻撃は計画通りにはじまった。急降下爆撃機(シュトゥーカ)による準備爆撃は、きわめて印象的で、また効果があった。

敵が奇襲と急降下爆撃から立ち直るには時間がかかったから、六時三十五分までに、敵の有刺鉄線による障害を抜けることができた。まもなく、支撑点(しとうてん)R五八、六一、六三、六九が奪取される。八時三十分には、第15装甲師団の最初の戦車が、準備された橋を使って、対戦車壕を渡った。いまや、英軍が予備を捻出することができるようになる前に、アフリカ軍団の戦車が敵縦深の奥まで迅速に突進することに成否が懸かっていたのだ。

DAKの西に配置されたイタリア快速軍団は、要塞正面への突入に失敗した。同軍団とのあいだに距離が空いたため、DAKは、左翼からの強力な側方射撃を喰らうはめになったのである。敵の抵抗が、しだいに激しくなっていく。常に現場に指示できるように、あらゆる指揮官が部隊の陣頭に立っていた。ロンメルは第21、ネーリングは第15装甲師団に同伴したのだ。十時から、激しい戦車戦が展開された。十二時には、第21装甲師団がバルボ海岸道に達する。

十七時より、トブルク市街地と港湾の攻撃が開始され、汽罐部に対戦車砲の直撃弾を受けた砲艦が撃沈された。十九時ごろ、第21装甲師団が町と港、また給水施設を占領した。二十三時には、エル・オウダのポンプ施設も、その手に落ちたのである。

第15装甲師団は、ピラストリーノ経由で突進、ガブル・エル・アブド付近で戦闘を遂行していた。夜には、両装甲師団は疲弊しつつも、西向きの正面を維持した。六月二十一日早朝、五時半より、バルボ海岸道の両側で、西への攻撃が継続される。DAKが開けた突破口を通じて、召致されたイタリア快速軍団も、その南から攻撃にかかった。

防御側の抵抗の意志はくじけた。そこかしこで局所的な抵抗がなされているだけの状態である。第21装甲師団の前面では、第三二戦車旅団の戦車四十両から成る戦車団隊が戦闘準備を終えていたのだが、それも投降してきた。九時、第15装甲師団がジャイダの支撐点を占領する。その直後、同師団は、トブルク要塞西縁部に到達した。かくて、五月二十六日に開始された、トブルク要塞をめぐる戦いは終了したのである。英軍司令官のクロッパー第二南アフリカ師団長の降伏申し出により、それが確定したのだ。

英第八軍は何をするであろうか？

トブルクを掩護するものとされていた軍隊は撃破された。その残存部隊は、東方に退却していたが、捜索部隊のみは引き続き、独伊軍の至近にいた。加えて、英軍指導部は、無線報告により、要塞の窮境を知らされていたのである。ロンメルの装甲部隊が攻撃に手いっぱいであることもわかっていた。ロンメルがなおトブルクで戦わねばならぬ以上、オーキンレックにとっては、軍を取って返して、敵の背後から襲いかかるチャンスだったのだ。

ドイツ軍総司令官〔ロンメル〕も、かくのごとき危険な状況にあることを承知していた。それに対処するため、ロンメルは適切に行動した。戦闘終了後、まずは、占領した要塞と他部隊の南東方への移動を掩護するため、ただちにDAKを行軍させたのである。

ゆえに、ロンメルは、六月二十一日にはすでに、十六時を期して、サルーム－ガンブートの線の南西方に置かれた準備陣地に進発するよう、第21装甲師団に命じていた。第15装甲師団も、六月二十二日に、それに後続するものとされた。エジプト進軍がはじまったのである……。

観察

一九四二年五月末、装甲軍の包囲翼における状況の展開は、ロンメルの楽観的に過ぎる期待を裏切って、全面的な危機に陥っており、敵を包囲する計画だったものが、おのれが包囲されるはめになりかけていた。しかし、ロンメルはあきらめない。彼は、おそらくは唯一の正解といえるような決断を下した。たとえ、それによって威信が失われることになろうとも、最短距離で、野戦築城がほどこされた敵戦線を背面から突破し、西方の味方補給システムと再び連絡を取るのだ。

けれども、こうした撤退の一挙も、ロンメルにしてみれば、おのが作戦計画の放棄を意味するものではなかった。いまや確保された補給支援を受け、敵が敷設した地雷原に翼を委託して、今度は自分の側から戦闘を強制できるようになった敵を、攻勢的な戦闘遂行によって撃破する準備を固めていたのである。

その際、ロンメルが、ガザラ正面の支点を外すため、北方、海へ向かって突進するという自分の目標を見失うことは、けっしてなかった。ロンメルが麾下の兵力を再び北に向けたとき、ビル・ハケイムは陥落寸前であった。彼は、五月二十六日に追求したことを、六月十五日に達成したのだ。ロンメルの望みがすべては満たされなかったとしても、イギリス野戦軍を決定的に弱体化させることに成功したのである。彼らはもう、ロンメルの攻撃に圧倒され、トブルク要塞を掩護し得る状態になかった。ロンメルがまたしても、素早く、かつ決然と、グデーリアンの原則「ちびちび遣うな——つぎ込め！」に従った行動に出たからだ。

驚嘆すべきは、ロンメルの図抜けた巧妙さである。彼は、麾下快速団隊が戦術・作戦の両面において、決定的な威力を発揮できるように、奇襲の時機を捉えたのであった。また、敵自動車化部隊に背後を脅かされるという作戦的リスクを自ら引き受けたロンメルの豪胆さも驚愕に価する。それは、おそらく、一九一四年のタンネンベルクにおけるリスクをも超えるものだったろう〔一九一四年八月、東プロイセンで、ロシア第一軍および第二軍の侵攻を迎え撃ったドイツ第8軍は、後者を殲滅した。その際、第8軍は、およそ一個騎兵師団ほどで第一軍を牽制し、残る兵力のすべてで第二軍を攻撃するという、大きなリスクを冒した〕。

グンビンネンのレンネンカンプフ〔グンビンネンは、タンネンベルク会戦の舞台となった地方の一つ。レンネンカンプフは、同会戦におけるロシア第一軍司令官〕と同じく、オーキンレック将軍に必要だったのは、ただ西方に進軍することだけだったのだ。そうすれば、ロンメルのトブルク作戦計画も台無しになったことだろう。二人の将軍〔一九一四年のロシア軍、そして、一九四二年の英軍の司令官〕は、大胆な指揮官ではなかった。両者とも、作戦的情勢が不分明であるのに、敢えて行動するような真似はしなかったのである。

イギリス軍は自動車化されており、従って、ロンメルの迅速な行動や奇襲追求の成功なども、同じことをやり返せるのであるから、相殺できたであろう。従って、英軍総司令官の決断と実行も、ずっと容易だったはずだ。

戦術的にみれば、トブルク戦は、快速部隊と空軍の協同の模範的実例であった。この戦域で、空軍はこれからも威力を発揮していくことになる。

一九四二年六月二十日から二十一日のことを顧みれば、DAKは自らを誇ってもよかった。これまで、DAKはとりわけ、戦闘の主たる負担を引き受けなければならなかった。DAKが、個々の将兵に至るまで、攻撃意欲と即応態勢を有していたおかげで、かかる大成功が得られたのだ。この地において、一個装甲軍団が、強力な要塞に奇襲攻撃を仕掛け、激戦の末に奪取するということに、初めて成功したのである。その際、空軍が、準備射撃を行う砲兵の役目を引き受けたのであった。

エジプト進軍（ロンメル、マルタ島攻略を断念）

六月二十二日、ロンメルはすでに、ガンブートの道路保全所（カントニエーレ）〔イタリアが植民地リビヤの道路整備のために置いた機関〕において、イタリア軍総司令官とケッセルリング元帥の反対を押し切り、その一方でヒトラーとムッソリーニの支持を受けて、口頭で追撃を下令していた。「東方に総退却中の敵に、立ち直るための時を許さぬことが重要である。……休養・回復の時間はない。DAKは、本日十九時三十分に進発する。……目的は、六月二十三日に、マッダレーナ砦北方、ピストの両側で、国境の金網柵を抜け、東方へ攻撃することである」。分離された状態になっている部隊を待つことはできなかったし、補給物資の配給も十二分になされたわけではなかった。

従って、最初にマルタ島を奪取する計画も放棄された。その影響が、あとになって効いてくることになる。第90軽師団とイタリア第10および第21歩兵軍団は、堅固にしつらえられた海岸道路を前進した。DAKは、およそ四十キロ離れて、砂漠を横断する。その右翼隣接部で、イタリア快速軍団が梯団を形成していた。かかる軍隊区分により、ロンメルは、道路沿いに待ち受けているであろう英軍の抵抗を迂回行軍するか、敵戦力の重点を包囲することを可能としたのである。それが成功したことは、六月二十七日に包囲され、六月二十九日に第90軽師団に奪取されたメルサ・マトルーの実例であきらかだった。

しかしながら、全体的に消耗が目立ちはじめていた。急速に低下していく稼働戦車数は、それを警告するきざしとして深刻であった。六月二十八日に、DAKがなお使用できた戦車は、四十一両にすぎなかったのだ。過去四週間、ほぼ毎日のように行軍と戦闘に投入されて、充分に整備を受けられず、気温と地形の困難にさらされて、技術的な故障が発生し、脱落する戦車が増大していたのである。

燃料不足も、追撃初日から悪影響をおよぼしていた。トブルクのイギリス軍は、念入りに破壊作業を実行していったからだった。燃料の不安は、ひきもきらずに続き、わずかな抵抗、あるいは、まったく抵抗がない場合にも、迅速な前進を妨げた。加えて、輸送距離が大きくなるごとに、補給隊の苦境もいや増していったのだ。

イギリス空軍は、ナイル地域に後退、再配置されたのち、きわめて活発な行動を再開した。一方、ドイツ空軍は、当初計画されていた対マルタ島作戦のため、シチリア島に基地転換していたこと、また、今となっては、対エジプト作戦のために再度、もとの基地に戻すことが必要になったため、初期には、ほとんど支援を与えることができなかったのである。

六月三十日の朝に、ＤＡＫは、エル・アラメイン南方、エル・クセイルに到達した。だが、ロンメルが計画していた作戦継続に関する指示は受領されていない。九時に、無線で軍命令が下達され、ＤＡＫは、七月一日早朝までにアラメインに移動することとされた。

砂嵐、砂丘、砂山のけわしく狭い山道等が、進撃を妨げた。また、英軍戦車部隊がしだいに、後方から攻撃してきたのだ。これを防ぐことで、酷使されつくした部隊の前進はまたも遅れた。その行軍中に、ＤＡＫは無線で、七月一日早くにアラメイン陣地を攻撃せよとの命令を受領した。

七月一日、六時四十五分ごろ、行軍が解かれ、攻撃を開始する。攻撃開始が過剰に急かされていたにもかかわらず、重要な拠点であるディル・エル・シェインは、第21装甲師団第104狙撃兵連隊によって、正午近くに奪取された。このとき、ＤＡＫは五十五両の戦車しか使えなかったのだが、その数は翌日晩までに、さらに二十六両に減少したのである。第90軽師団は、エル・アラメインの拠点付近で前進できなくなっていた。

七月二日および三日に、あらためて、何度も攻撃が実施された。その際、三日になって、急降下爆撃機が再び投入され、今回初めての支援を行ったものの、言うに足る成果は得られなかったのだ。イギリス軍も戦車を使って、攻撃してきた。第21装甲師団は、あらたに召致された英軍戦車八十両を前にした上に、敵の激烈な砲撃にさらされて、身動きがとれなくなってしまう。

ある無線傍受所が、イギリス軍高級将校の発言を捉えていた。「ドイツ軍の戦車を食い止めねばならん。さもなくば、何もかもが失われてしまう」。

しかしながら、ロンメルは、夜になるとともに、一時的に防御に移ると決断した。

転回点がやってきたのだ。

追撃を実行しているあいだにも、さまざまな戦闘によって、敵は、当初ロンメルが想定していたほどには打撃を受けていないことが、もうはっきりとわかるようになっていた。だが、六月三十日、ＤＡＫ参謀長バイエルライン参謀大佐に対し、七月一日に向けて、「ＤＡＫは最速のテンポで、エル・ファジャダ経由、カイロに向かうべし」との命令を発したときには、ロンメルはいまだ夢想的な願望に囚われたままだったのである。元帥〔ロンメル〕の〔装甲軍〕参謀長ガウゼ少将も、カイロ付近でナイル川の橋梁が爆破可能となる前に、DAKは急進すべきだと示唆し、この要求を強調した。

おのが作戦構想が失敗したことについて、ロンメルは落胆するばかりだった。彼は、すでに七月二日には、第21装甲師団の将兵や指導部を激しく非難していた。英軍がかくのごとく大打撃を受けているというのに、同師団の攻撃が失敗したのは理解に苦しむと述べたのである。

この場合の解決方法は、かなり簡単なことだった。将兵は、きわめて困難な気候による負担のもと、休む間もなく投入され、重要な給養物資も補給されぬまま、戦い抜いてきたのだ。だが、アラメイン戦線が強固に築かれたため、彼らは、その戦力以上の任務を課せられることになった。なるほど、敵は、決定的な会戦に敗れ、要塞を失ったものの、新団隊を増援され、しだいに疲弊していく追撃軍よりも強力になっていたのである。しかも、イギリス軍はいまや、ナイル渓谷地帯の策源や航空基地から程遠からぬ場所に、あらためて堅固に構築された陣地に入っていた。一方、ドイツ軍は、およそ五百キロの長さに補給線を「延伸」し、そのためのあらゆる配慮や不利を背負いこんでいたのだ。一時的ではあるが、空軍の支援も、ほとんど得られなかったのである。

アラメイン陣地の戦闘

ナイル方面への攻勢（八月三十日〜九月六日）

地中海の向こう側にいる独伊最高司令部は抑制的な態度を取っていたが、結局、ロンメル元帥の行動に関してだけは決定権を行使した。ロンメルは、あらゆる困難を充分に承知していたし、アラメイン陣地をめぐる戦闘の経験から、補給、なかんずく燃料の供給を懸念していた。イギリスの海軍・航空基地であるマルタ島から、枢軸軍の補給物資輸送路に対する作戦が、ほとんど妨害されることもなしに実行されるようになってからあとのことである。トブルク占領後、ロンメルの圧力により、当初の計画にあったマルタ島の無力化はなされなかったわけだが、それゆえの苦い報いを受けはじめていたのだ。

これまで、南方総軍司令官ケッセルリング元帥は、トブルク奪取後にエジプトへ攻勢をかけることに反対するとの見解を吐露していたのであるけれども、アラメイン陣地攻撃が頓挫したのちは、ナイル進軍を再興すべしと意見を変え、はっきりと表明するようになっていた。エジプトのイギリス軍が速やかに増強された場合、ナイル作戦の延期を続けていれば、結局はそれを放棄しなければならなくなることを恐れたのだ。ケッセルリングは、その立場から、今のところ、新攻勢にはなお目があるものと踏んだのである。

彼は、自らの意見を述べ、OKW、イタリア軍最高司令部、そして、ロンメル元帥にもはたらきかけた。

ケッセルリングは、無為にアラメイン陣地に留まっていることは、終わりのはじまりを意味するものとみていた。マルタ島の脅威が増大するがゆえに、継続的に充分な補給を維持するのは不可能だとしたのである。ロンメルは、西に引き返すか、東に突進しなければならないというのが、ケッセルリングの主張だった。

新攻勢遂行のための、もっとも重要な前提は、必要なガソリン補給の準備であった。手元の備蓄量は、およそ百六十キロの走行に足りるほどでしかない。それでは、英軍のアラメイン陣地を決定的なかたちで突破してから、スエズ運河に進むという、計画された作戦の遂行は不可能だった。ロンメル元帥は、いまだ海上輸送中の燃料がどれぐらい到着するかによって、決定を左右されるような状態を強いられていたのだ。バルカン南部の港に、船が二隻あり、それらがアフリカへの輸送を成功させてくれれば、攻撃に必要な物資が確保されるのである。

しかしながら、そのうち一隻は外洋で撃沈され、もう一隻は破損して引き返してしまった。だが、後者が八月二十七日に再出航するとの報告を受け、また、ケッセルリング元帥より、必要な燃料四百立方メートルを空路輸送すると約束されたロンメルは、そのタンカーが到着、荷を下ろすよりも前、八月三十日に攻撃を開始すると決断したのだ。

攻撃予定日をさらに延長するのは、夜間行軍に要する月光のぐあいを考えれば、不可能なことであった。それゆえ、ロンメルは、承知の上でリスクを引き受けたのである。

待ち望まれていた船は、幸いにもトブルクに到着した。ところが、イギリス爆撃機接近の報を受けた同船は、危険になった港から一時的に退避したものの、港外で潜水艦に撃沈されてしまった。それは、まさに装甲軍が攻撃にかかったときだったのだ。

敵側

八月末には、エジプトにあるイギリス軍の士気は、戦闘に向けて、再び高いレベルまで回復していた。かかる変化は、激戦ののちに、諸部隊が人員・物資の補充を受け、休養したためばかりではない。何よりも、最高司令官らが交代したことによっていたのである。彼ら将兵が格別の信頼を寄せた新司令官とは、中東方面総司令官サー・ハロルド・アリグザンダー元帥と第八軍司令官サー・バーナード・モントゴメリー将軍であった。二人は、ロンメルが戦力を刷新したとしても、イギリス軍のそれにはついていけないことを識っていた。よって、自軍の明白な優勢を利して、ただちに反攻に移るのは、理の当然だったのだ。けれども、イギリス軍は、さらに深謀遠慮をめぐらせていた。今度は、体系的かつ、より安全に前進したいと望んでいたのである。ゆえに、英軍指導部は、従来の作戦とは対照的に、圧倒的に優勢な兵力が集結するまでは、麾下部隊を極力控置しておくことにした。それが達成されたのちに初めて、決定的な反攻を実行する予定だったのだ。しかも、その反攻は、アイゼンハワー〔ドワイト・D・アイゼンハワー（一八九〇～一九六九年）。当時、大将で、北アフリカ戦域連合国遠征軍司令官。最終階級は元帥。戦後、第三四代アメリカ大統領〕が計画していたチュニジアにおける作戦と、時を同じくすることとされていたのである。

戦闘

一九四二年八月三十一日から九月六日の戦いは、装甲部隊の機動戦にはならなかった。モントゴメリーは、麾下の陸軍団隊を控置し、ＲＡＦ[▽23]の強大な戦力のみを投入したのだ。ロンメルの諸部隊は、燃料不足と、掩蔽されるところのない砂漠での絶え間ない航空攻撃に苦しめられた。

本会戦はおそらく、トブルク前面で油槽船が撃沈された八月三十一日にはもう、敗北と決まっていたのである。そこで、ただちに作戦を行うほうがよかったはずだ。ロンメル元帥は、その選択を常に検討していた。しかしながら、南方総軍司令官にあらためて燃料調達を保証されたものだから、踏みとどまることにしたのだ。が、それによって、攻撃集団、とくに、ほとんど動けなくなっていたDAKは、殲滅を受ける危険のもとにさらされた。もしも英軍指導部が機動的な指揮を執っていたならば、独伊の攻撃軍は間違いなく潰滅することになったはずである。

ロンメル麾下諸部隊の東側面は開かれたままで、そこが弱点になっていた。しかも、彼らは、アラム・エル・ハルファ正面に拘束されていたのだ。イギリス軍が防御兵器でルウェイサット峰を守りながら、軍直轄第八戦車連隊によって増強され、RAFの強力な諸部隊に支援された第七および第一〇機甲師団を投入、DAKの側背部深く攻勢を行ったならば、それは、戦闘力あふれる敵に対しても、成功の見込みが高い作戦となったにちがいない。ましてや、ほとんど移動不能になっているDAKを討つとあれば、なおさらのことだった。

一方、もしロンメルが行動の自由を有していたなら、この戦闘はいかなる経過をたどったことだろうか？　ロンメルとDAKは常のごとく、アラム・エル・ハルファ東方を包囲するようにして攻撃し、それにより、当初は堅固な陣地にこもった英軍第二二戦車連隊を放置しつつ、急行してくる第八戦車連隊を撃滅し得たであろう。しかるのちに、第二三戦車連隊を叩く。最終的には、第二二戦車連隊を含む敵を、背面から掃討することが目的だ。また、陣地に入った第二二戦車連隊を攻撃するのではなく、その比較的小さな攻撃範囲を迂回、それによって、この「エジプト最後の希望」を無力化することに意を注いだ、別の解決策を採ることも可能だったであろう。あらゆることが考えられるし、しかも実行可能だったはずだ。もし、ドイツ軍打撃部隊が動ければ、であるが。

サマケット・ガバラとアラム・エル・ハルファのあいだで起こったことは、ある種の悲劇だった。両軍ともに、本戦域の情勢を逆転させ得るような好機を提供されたのである。一方は、そうした機会を与えられながら、はなはだしいまでの小心さゆえに、それを拒否した。他方は、あらゆる手段を以て、そのチャンスを追求したのだけれども、技

▽23　Royal Air Force〔イギリス王立空軍〕のこと。

術的な理由から生かすことができなかったのだ。

イギリス軍が慎重なやり方で戦闘を遂行するとの見解を採っていること、ドイツ軍の諸兵科協同による戦闘要領へのきわめて過大な評価、また、さまざまな無線傍受報告から明示されているように思われたイギリス軍の弱みなどから、さらに、以下の結論を引き出せる。ロンメルの作戦全体は、純粋に戦術・作戦面からみた場合、充分成功の見込みがあり得たから、おそらくは彼の決断にも賛成することができたであろう。ただし、燃料の備蓄状態が不利であることを度外視すれば、である。

このとき、イギリス軍には、ロンメルはルウェイサット峰の南を通過し、直接カイロに進撃するのではないかという危惧が生じていたのだけれども、そんな可能性はあり得なかった。いわんや、ロンメルは、二つの課題、すなわち、カイロ奪取とアラム・エル・ハルファ陣地の無力化を同時に達成し得るほど、強大な兵力を自由にしているはずだと、恐れおののくなど、問題外のことだったのだ。そんな戦力は、実際には存在していなかった。敵方も、それは知っているにちがいなかったのである。

後方連絡線を確保することもなく、二百キロもの距離を突進するなどという冒険行〔カイロへの進撃〕など（その場合、全体的な状況からすれば、背後に強力な敵を残すことになる。まったく適切なやり方とはいえなかった）、自ら望んで殲滅されにいくようなものだった。

イギリス地上部隊の消極性は呆れるばかりだった。一方、本会戦におけるRAFの働きは対照的で、献身的で、多大な戦果を上げていた。彼らこそが、ほとんどすべての防衛戦を実行したのである。

かかる受動性は、左のごとき英軍指導部の決定から説明できる。麾下の未成の戦力を危険にさらすようなことはしない。誘惑にかられ、おそらくは部分的なものに終わるであろう成果を求めたりもしない。そんな行動は、損害を被り、来たるべき大反攻のポテンシャルを危うくしかねないのだ。こうしたやりようで、新しい道を行けば、たとえ多大なる時間を費消したとしても、とどのつまりは正しく行動したことになる。イギリス軍は、機動的な戦闘遂行をあきらめ、「安全第一」の処方箋（しょほうせん）に従って、巨大な戦闘マシンを用意したのである。

それにもかかわらず、イギリス軍の行動は、かように特別な状況にありながら、あまりにも硬直し、過剰に先入観に囚われ、そのため、有利な情勢にあることもわかっていないのではないかと思われた。英軍が、古い戦術の教えに依拠して、攻撃的な視点から、敵のありようを解明しようとしてみれば、その弱点をあばくことになったであろう。イギリス軍は、大きな成果を上げられるはずだったのだ。

もっとも、そのおかげでロンメルは、敵に向かって、側面を開いた装甲師団を、ほとんど動かさずに、地上では強力、空では、はるかに優越した敵に対峙させたまま、九月六日までに、もとの戦線に撤収することに成功したのである。

夜間においても、敵空軍の出撃は、驚くほど活発だった。注目すべきは、尋常でないほどの落下傘付照明弾と地上探照灯が使用されたことである。それに対する効果的な防御方法はなかった。高射砲は、明るく照らしだされた空間に眩惑されたようになり、まったく目標を捕捉できなかった。ましてや、敵機を撃破することなど不可能だったのだ。味方は、訓練された夜間戦闘機隊など有していなかった。駆逐機が、補助的な夜間戦闘機として投入されたが、搭乗員たちの戦果は皆無であった。味方のシュトゥーカ（とっくの昔に旧式機と化していた）を戦闘の焦点に投入することも、もはや不可能だったのである。急降下爆撃隊は、わずかながらでも味方戦闘機を護衛に付けてやることを必要とした。が、そのため、遊撃戦に当てられる戦闘機の数は減るばかりだったのだ。少数の戦闘爆撃機があったものの、戦闘機の代替にはならなかった。[26]

英軍の航空優勢が初めて、はっきりと示されていた。その前には味方は無力であり、より新しく近代的な戦力を投入しないかぎりは、それを排除できないのであった。しかしながら、国防軍指導部が有していた手段は、当時すでに不充分なものでしかなかったのである。

ロンメルは、今後の戦争の成り行きにとって、息を呑むような事態がここで生起したことを理解していた。彼はのちに、新時代の航空軍が持つ、会戦の勝敗を決めるような効果について、ヒトラーや他の指導的人物に理解させようとしたが、無駄だった。ヒトラーは、ロンメルは「ペシミスト」であるとみなしただけだったのだ。[27]

攻勢が終わるころ、独伊の戦闘機が大規模団隊単位で集中投入された。それによって、なんとか攻勢は貫徹されたのである。敵が意図的に、その航空団隊に多くの損害が見込まれる出撃を控えさせ、温存しているものと推測されたことはいうまでもない。

この会戦の結果は、独伊装甲軍にとって、不利というに留まらなかった。攻勢で成果が得られず、目的が達成されなかったばかりではない。これまで堅固だった軍の構造を動揺させてしまったのだ。装甲軍は、敵が完全に航空優勢を握っていることを見せつけられた。軍とその指揮官たちは、優越性のオーラを奪われてしまったのである。

会戦中止が決まった一九四二年九月二日は、歴史的に注目される日となった。それは、第二次世界大戦の転回点となった日付けを示していると思われるからだ。まさしく、この砂漠、新時代の攻勢的な装甲団隊のための古典的な戦域において、ドイツ国防軍の戦略的防勢への移転が刻印されたのである。

エジプト戦線の崩壊

十月二十三日、モントゴメリーが十二分に準備を整えていたアラメイン会戦が開始され、それは、アフリカにおけるドイツ軍の勝利の終わりにつながっていくことになった。モントゴメリーは、一九一七年から一九一八年の処方箋に従い、弾幕射撃の掩護のもと、着実に前進してきた。▼28 彼は、十二個師団およそ十五万人、戦車一千百両以上、航空機八百八十機を投入した。これに対したのは、ドイツ軍四個師団、イタリア軍七個師団、独伊合わせて戦車五百三十両、航空機約三百七十機だった。枢軸側の戦闘要員となると、もっと少なく、イタリア軍の兵器は、より威力に乏しかったのだ。

戦闘はきわめて激烈だった。敵戦車と航空機の爆撃が、枢軸軍部隊、その機材、拡張された地雷原までも叩いていく。

ヒトラーは文字通り、「勝利か死か!」を求める命令を下達した。それにもかかわらず、ロンメルは、十一月四日に陣地から撤収することを余儀なくされたのである。類例がないほど秩序だった退却により、彼は、アフリカ装甲軍の残存部隊を救い、二千キロ以上も離れたチュニジアに動かした。そこで、新編第5装甲軍が確保した橋頭堡に合流したのだ。こうしたロンメルの卓越した業績も、内外から批判されている。だが、他の退却戦の例が示すごとく、後退する軍隊は四散してしまうのが常だというのに、ロンメルの戦力は、後退中にも日に日に高まっていったものだ。充分に燃料を確保することが、最たる困難であったけれども、それも、ロンメルの組織的な措置と一定規模の空輸によって克服された。

独伊装甲軍指導部にとって、これまでの補給路だったバルボ海岸道上、また、それに沿ったかたちで退却を実行したことがプラスにはたらいた。それによって、後方地域に少量ながら備蓄されていた、あらゆる種類の補給物資を引き続き掌握し、おおむね利用に供することができたのである。アラメインからの撤退行軍は必然的に、補給基地のトブルク、デルナ、ベンガジ、トリポリを経由することになったが、これも大きな利点をもたらした。これらの地点には、補給物資、とくに必要不可欠のガソリンが貯蔵されていたり、荷下ろしされていたからだった。

同じことが、確保されていた、あるいは、放置されていたが、あらためて稼働状態にされた飛行場についても当てはまる。そうした飛行場のおかげで、シチリア島からの空輸が決定的に容易になった。というよりも、そもそも、それらがあってこそ、空輸は初めて可能になったのである。

モントゴメリーは、撃破されたドイツ軍諸団隊の追撃にかかったものの、きわめて慎重なやり方だった。そんな真似をしたおかげで、彼は時間を浪費し、アフリカ戦役、さらにおそらくは戦争全体を不必要に長引かせたのだ。

チュニジア▽24

英軍の作戦的勝利に続き、一九四二年十一月八日、アイゼンハワー率いる連合軍が、アルジェリアとモロッコに奇襲上陸した。両者は、戦略的に連関していたのである。その目的とするところは、アフリカの独伊軍部隊を一掃し、ヨーロッパの南側面を攻撃することだった。そこから、東方の同盟国ロシアや、のちに行われる西方進攻正面での連合軍作戦と同調させつつ、攻勢を進めるのが狙いだ。かくて、ヒトラーは集中攻撃を受けて、「ヨーロッパ要塞」〔ドイツ占領下のヨーロッパを難攻不落の要塞と化したという意味のプロパガンダ用語）から撃退され、戦略的防勢を強いられることになる。

枢軸側指導部は、たとえ命令に固執するかたちであったとはいえ、迅速に反応した。著者は期せずして、チュニジアの初代司令官に任ぜられ、縦深を取った橋頭堡を構築せよとの命令を受けた。少しばかりの独伊軍団隊で、最初の連合軍の攻撃を拒止することに成功し、十二月初頭には、とりあえずは「チュニスへの競走（the race for Tunis）に勝った」[29]のである。アフリカ装甲軍の残兵がエジプトから到着し、さらに両側面が強化された（フォン・アルニム大将の第5装甲軍による）のちも、戦闘は一九四三年五月十三日まで続いた。この日、独伊軍部隊が降伏したことで、終止符が打たれたのだ。連合軍は戦略目標を達成した。アフリカは解放されたのである。

一方、ドイツ側では、優秀な軍が二個も捕虜とされることになってしまった。作戦的思考に則っていたならば、今後のシチリア島防衛のため、同地に輸送されていたはずの軍隊だった。だが、ヒトラーは、別のやりようを望んだのだ。当時も今も、この件に関して、ヒトラーが何を考えていたのかは理解不能である。

「チュニジア橋頭堡」問題については、ロンメル元帥は最初から、そこを引き上げ、代わりにシチリア島防衛にあたるべきだという意見だった。それればかりか、一九四二年十一月二十八日には、兵器や機材をなくそうとも、航空機や潜水艦、小型艦船を使って、麾下部隊をリビヤから移すべきだと進言していたのだ。軍事的には目的にかなっていたであろうが、この提案は、政治的理由ゆえに峻拒された。

チュニジア橋頭堡司令官だったネーリング将軍[30]は、チュニジア退却に関して、ロンメルとは別個に、しかし、同じ結論に達していた。所与の状況にあっては、引き続き橋頭堡を保持することは不可能だったからだ。

ひたすら厳しくなっていくばかりの輸送・補給・戦闘状況を述べた情勢報告が祟って、ネーリングは十二月九日に解任された。この件については、ゲッベルスも『日記』一九四二年十二月十八日の条に書いている。[31]

両将軍の見通しは、あとからみても、正しかったものとみなされる。なるほど、最初のうちは、撤退してくるロンメル軍を受け入れるために、橋頭堡を確保することも重要だった。しかしながら、それが成功したからには、橋頭堡守備軍のすべてをシチリア島に持っていくことを考えなければならなかったのである。一方では、背後が海であり、何よりも、海路チュニジアに補給するという新しい困難がある、作戦的に難しい状況から解放されることが重要だった。シチリア島からチュニジアへの距離は相対的に短いものではあったけれど、連合軍が航空優勢を握った結果、補給の困難は、しだいに克服不能も同然の状態になっていたのだ。また他方では、そうした困難や海上進攻の必要を敵に押しつけ、最終的には、ヨーロッパをめぐる闘争にとって重要なシチリア島防御への確実な準備が保証されることが問題とされていたのである。

しかしながら、運命はさだめ通りに流れていった。その終幕にあっては、北アフリカ全土が失われ、あらゆる階級にわたる、歴戦の独伊軍将兵二十万以上が捕虜になったのだ。そのなかには、最後の司令官ハンス＝ユルゲン・フォン・アルニム上級大将も含まれていた。

観察

北アフリカにおけるドイツ軍の戦闘遂行は、一九四〇年六月以降、大英帝国にとって、アフリカが陸の主戦場になったという事実により、苦しめられた。が、ドイツにしてみれば、北アフリカは副次的戦域にすぎない。東部戦線の状況に鑑み、そこには、ごくわずかな支援しか与えられないのであった。ところが、戦略的には、両戦域のあいだに相互作用がはたらいていたのである。

また、地中海地域全般に、統一的かつ組織的な指揮を執る総司令官もいなかった。本地域においてのみ、大英帝国

▽24　一九四三年一月時点のチュニジア橋頭堡におけるアフリカ装甲軍戦闘序列については、付録、四二八頁をみよ。
一九四三年四月時点のアフリカ軍集団の組織と人事配置については、同四二九頁以下をみよ。
一九四二年十一月時点の連合軍遠征軍（第一波）については、同四三〇～四三一頁をみよ。
一九四二年十一月から十二月にかけて、ヒトラーにより定められた、北アフリカの独伊軍指揮系統については、同四五五頁をみよ。

と正面から向かい合い、打ち負かすことができたのだから、そういう職を置くことは、戦略的に重要だった。それがなかったために、両枢軸国の無数の課題や諸機関全般への、行き届いた調整ができなかったのである。地中海における制海・制空権が欠如していたことによる、尋常でない補給の困難は、ただの一度たりとも克服されなかったといっても過言ではない。**アフリカの補給は、すべての考慮の核心となる問題だったのだ。**ゆえに、マルタ島を排除しなかったのは、深刻な失敗だった。

地中海における、味方航空機、船舶、人員、あらゆる種類の補給物資の損失は、耐えがたいものであった。港から前線部隊までの行程は、とほうもなく長大なものだった。そうした輸送も、時間不足、燃料消費、敵の空からの攻撃に悩まされたのである。

対照的なことに、イギリス軍の補給は、ほとんど妨害されることもなく、アフリカの南を回って、スエズに流れこんでいた。それゆえ、英軍指導部は、エジプトとアルジェリアでの二つの作戦を、相当な確実性を以て、時間的に相前後するかたちで調整・実行することができたのだ。[32]

第三章　一九四一年から一九四三年までの対ソ戦における装甲部隊の運用に関する作戦的な個別観察

I．ドイツ軍の攻勢――一九四一年(「バルバロッサ一件」)

一九四〇年八月五日付「東方作戦構想」――一九四〇年十二月十八日付「総統指令第二一号『バルバロッサ一件』」――「バルバロッサ」の経緯――一九四一年七月十九日付「総統指令第三三号」――ロシア軍の抵抗――南方軍集団――モスクワ、それともキエフ？――OKH提案はモスクワ！――ヒトラーはキエフと命じる！――会戦――新決定モスクワ――一九四一年九月六日付「総統指令第三五号」――作戦指揮――ロシア軍――転回点となった一九四一年――一九四一年十二月八日付「総統指令」第三九号――一九四一年十二月十六日のヒトラーによる死守命令――第1装甲集団――観察――レニングラードか、モスクワか？――「ちびちび遣うな――つぎ込め！」

一九四〇年七月三十一日、ヒトラーは、イギリスはロシアに最大の希望をかけていると称して、一九四一年春に、軍事・政治的ファクターとしてのロシアを粉砕するとの決定を知らせてきた。ハルダー上級大将の日記には、ヒトラーの情勢判断について、左のように述べている。

「ロシアを粉砕するのは、早ければ早いほどよい。ただ、われわれが同国を一撃で粉々に撃破するという点にのみ、本作戦の意義がある。一定の土地を得るだけでは充分でない。冬季の停滞は容易ならぬ事態となるから、いまは待機するほうがよかろう。だが、ロシアを排除するという決定は下された……。

目標は、ロシアの生命力の根絶である。その解体のため、第一にキエフに突進、ドニエプル川に翼を委託する。第二に、バルト海沿岸諸国を、モスクワ方向に突進する。

最終的には、南北より兵力を集中する。のち、バクー油田地帯で、支作戦を実行……」。

一九四〇年八月五日付「東方作戦構想」

すでに一九四〇年八月五日には、命により、マルクス少将〔エーリヒ・マルクス（一八九一～一九四四年）。当時、第18軍参謀長で、対ソ作戦計画の立案を委任されていた。最終階級は砲兵大将〕がOKHに「**東方作戦構想**」を提出していた。以下、その抜粋を掲げる。

「……これらの地域のうち、モスクワは、政治的、経済的、精神的なソ連邦の中心を形成している。同市を占領すれば、ロシア帝国の団結は打ち砕かれるのである……。

戦場となる地域……大規模な道路が、ワルシャワと東プロイセンから、スルーツク、ミンスク、ヴィテプスクを経て、モスクワに通じている。……この国では、プリピャチ湿地北方に、大規模で良好な道路が多数在り、そこは移動に好適である……（一九四一年に、この記述は間違いであると判明した――著者）。

敵……ロシア軍は、一八一二年〔ナポレオンのロシア侵攻〕のごとく、いかなる決戦をも回避することは、もはやできない。百個師団にもおよぶ近代的な軍隊が、その戦力源を手放すことは不可能なのである……。

その戦力配分……ドイツ参謀本部第12部の判断によれば、ドイツに対して配置されているのは、歩兵師団九十六個、騎兵師団二十三個、自動車化、もしくは機械化旅団二十八個とされる。

プリピャチ湿地の北に重点が置かれているのは確実であると推定される（一九四一年に、この記述は間違いであると判明した――著者）。

軍直轄砲兵を含む快速団隊五十一個により、陸軍機動予備が形成されており、重大な影響をおよぼしかねない……（これについては、マルクス少将は、ドイツ側の数的優位を計算に入れている。一九四一年春の時点で、ドイツ軍は、二十四個装甲師団、百十個歩兵師団、十二個自動車化歩兵師団、一個騎兵師団を使用できた――著者）。

戦役の指導。戦域が広大であり、プリピャチ湿地[1]によって二分されていることから、ただひとたびの戦闘行動によって、ロシア軍に対する決勝をみちびくことは不可能である。当初、二分されたロシア軍主力に対して、別々に前進しなければならないだろう。……のちに、統合された作戦にかかるのだ。

作戦企図。ドイツ陸軍は、その主力を以て、北部ロシアにあるロシア陸軍の一部を撃破し、モスクワを奪取する。そこでは、ブレスト＝チェルニャホルスク〔ドイツ名インステルブルク〕の線に重点を置き、ロガチェフ＝ヴィテプスクの線に進撃する。

プリピャチ湿地南方では、比較的微弱な戦力で、ヤシ＝プシェムィシル＝フルビエシュフの線から、キエフとドニエプル川中流部に攻勢を仕掛け、敵南部集団のルーマニアへの前進を防ぎ、のちにドニエプル川東方で味方主力と協同する準備を進める。

作戦方針は、モスクワに直進する途上で……モスクワ（西方）で、ロシア軍北部集団の主力を殲滅することにある。しかるのちにモスクワを奪取、南方に旋回し、ドイツ軍南方集団と協同してウクライナを占領する。最終目標として追求されるのは、アストラハン＝ゴーリキー〔現ロシア領ニジニ・ノヴゴロド〕＝アルハンゲリスクの線までの地域を奪取することだ。

本作戦北翼の掩護のために、とくにドヴィナ川下流部に戦力を編合し、プスコフ＝レニングラードの線に前進せしめる。

兵力配分。ポーランド戦役や西方戦役のように、奇襲と速度によって、成功を追求しなければならない。従って、

▽1　一九四一年のプリピャチ湿地には、充分な道路網が存在しており、部隊の移動を絶対に妨げるというわけではなかった。

戦闘遂行要領として、あらゆる軍の攻撃第一波に快速部隊を配置し、ロシア軍の戦線を……突破、森林地帯の通路や渡河点に推進、空軍の支援を得て、それらを確保する。歩兵部隊は、快速部隊に膚接して、突破を受けた敵の寸断・殲滅を求め、また他には、快速部隊に追随、その戦果を確保・拡張する……。

加えて、攻勢進捗にともない、戦域正面がいよいよ拡大することに鑑み、あとから強力な陸軍予備を投入することが必要になる……」。

ＯＫＨは、この構想を基本的に承認した。

一九四〇年十二月十八日付「総統指令第二一号『バルバロッサ一件』」

ひと月ほどの検討を経て、ヒトラーは、一九四〇年十二月十八日に、必要な準備を開始させるため、指令第二一号「バルバロッサ一件」を発した。それには、左のごとき指示が含まれていた。

「ドイツ国防軍は、対英戦終結以前に、迅速なる一戦役の遂行によりソ連邦を屈服させるべく、準備を整えなければならない（バルバロッサ一件）。

一般企図。西部ロシアに存在するロシア軍主力を、装甲部隊のくさびを遠く先駆させる果敢な作戦によって殲滅すべし。

しかるのち、ロシア空軍がもはやドイツ本国を空襲できないようにするため、その基地となる線まで、追撃を進める。

作戦の最終目標は、おおむねヴォルガ川とアルハンゲリスクを結ぶ線より、アジア的ロシアに対する防御陣を展開することである。

作戦指導。Ⓐ陸軍（本職に提出された企図を承認す）。

プリピャチ湿地によって、南北およそ半分ずつに分割された本作戦地域にあっては、その北の領域に重点を形

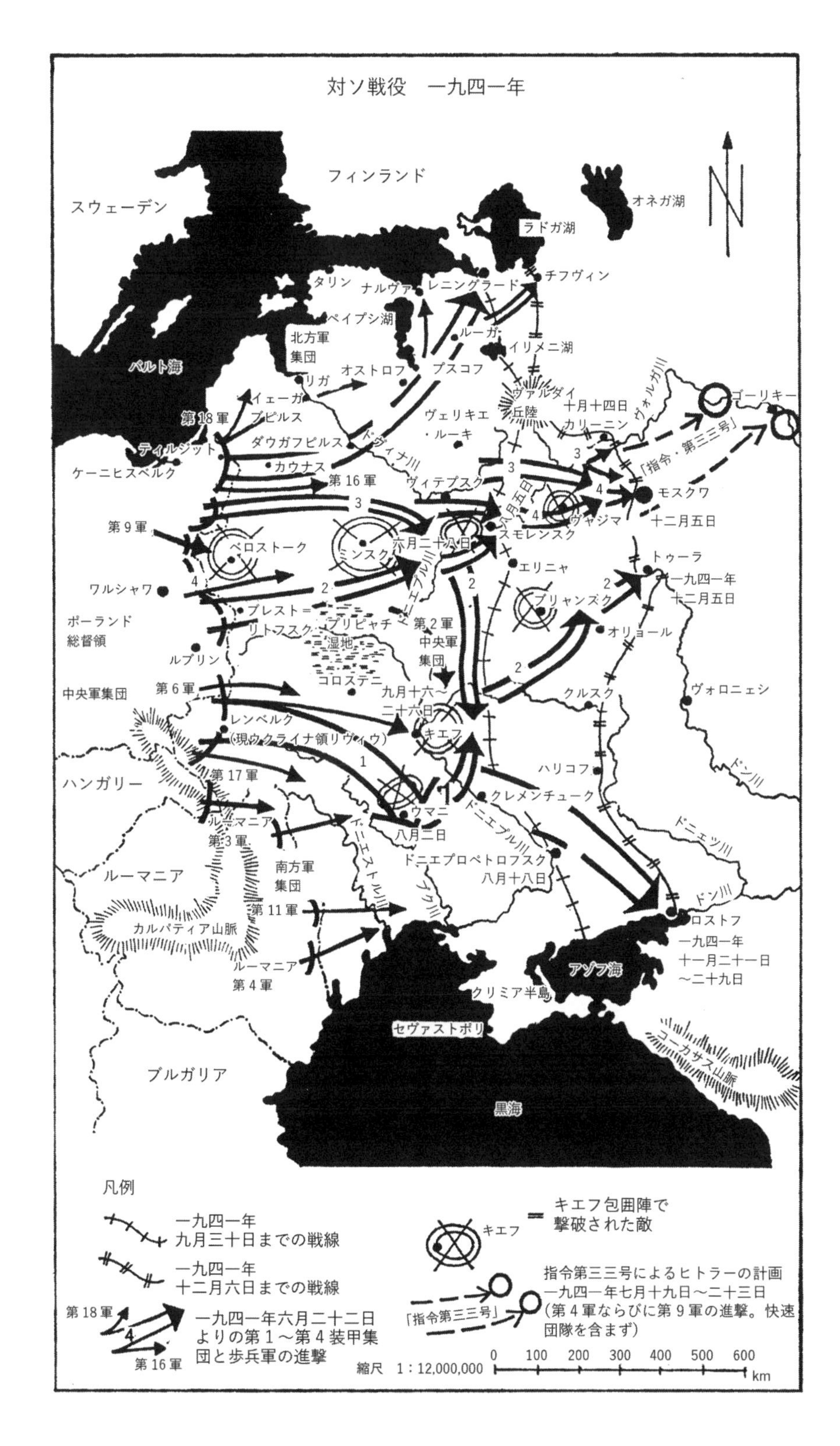
対ソ戦役　一九四一年
フィンランド
スウェーデン
オネガ湖
ラドガ湖
チフヴィン
タリン
ナルヴァ
レニングラード
ペイプシ湖
北方軍
集団
ルーガ
イリメニ湖
バルト海
リガ
オストロフ
プスコフ
ヴァルダイ
丘陵
十月十四日
カリーニン
ゴーリキー
ヴォルガ川
イェーガ
プピルス
第18軍
ヴェリキエ
・ルーキ
ティルジット
ダウガフピルス
ドヴィナ川
「指令・第三三号」
ケーニヒスベルク
カウナス
第16軍
ヴィテプスク
モスクワ
ヴャジマ
十二月五日
第9軍
スモレンスク
ベロストーク
ミンスク
六月二十八日
トゥーラ
エリニャ
ワルシャワ
一九四一年
十二月五日
ブリャンスク
ブレスト＝
リトフスク
プリピャチ
湿地
第2軍
オリョール
ポーランド
総督領
中央軍
集団
ルブリン
コロステニ
九月十六～
二十六日
クルスク
ヴォロニェシ
中央軍集団
第6軍
レンベルク
（現ウクライナ領リヴィウ）
キエフ
ハリコフ
ドン川
ハンガリー
第17軍
ウマニ
クレメンチューク
ルーマニア
第3軍
八月二日
ドニエプル川
ドニエツ川
南方軍
集団
ドニエストル川
ドニエプロペトロフスク
八月十八日
ルーマニア
ブグ川
ドン川
第11軍
ロストフ
一九四一年
十一月二十一日
～二十九日
カルパティア山脈
ルーマニア
第4軍
アゾフ海
クリミア半島
セヴァストポリ
コーカサス山脈
ブルガリア
黒海
凡例
一九四一年
九月三十日までの戦線
一九四一年
十二月六日までの戦線
第18軍
第16軍
一九四一年六月二十二日
よりの第1～第4装甲集
団と歩兵軍の進撃
キエフ
＝ キエフ包囲陣で
撃破された敵
「指令第三三号」
指令第三三号によるヒトラーの計画
一九四一年七月十九日～二十三日
（第4軍ならびに第9軍の進撃。快速
団隊を含まず）
縮尺　1：12,000,000
0 100 200 300 400 500 600
km

成する。そこでは、二個軍集団の配置が予定される。この両軍集団のうち、南部のそれには（戦線全体の中央部となる）、とくに強力な装甲・自動車化団隊を以て、ワルシャワ周辺および同市北部から先駆、白ロシアの敵戦力を撃砕する任務が与えられる。これによって、有力な快速部隊の一部を北へ旋回させるための前提を整えなければならない。その目的は、東プロイセンより、おおむねレニングラードに向かって作戦する北の軍集団と協同し、沿バルト海地域で戦闘する敵部隊を殲滅することにある。かかる前進任務ののちに、レニングラードとクロンシュタットを占領しなければならない。それが落着して初めて、交通・軍備産業の重要な中心地であるモスクワを占領するための攻勢作戦を継続できるのである。

二つの目標を同時に追求することが正当化されるのは、ロシアの抵抗力が予想外に速やかに崩壊した場合のみとする。

プリピャチ湿地南方に配置された軍集団は、ルブリン地区において、おおむねキエフ方面に重点を形成、強力な装甲戦力を以て、ロシア軍部隊の側面奥深く、また後背部にまで前進し、ドニエプル川流域に展開することを狙う。

プリピャチ湿地北方、もしくは南方での会戦が生起したなら、追撃の範疇（はんちゅう）で追求されるべきは、以下の目標である。南方では国防経済上重要なドニェツ盆地、北方ではモスクワ到達だ。

同市〔モスクワ〕の奪取は、政治・経済面における決定的な成功ばかりか、さらには、重要な鉄道結節点の無力化を意味するのである。

Ⓑ空軍（敵空軍をマヒせしめ、除去すべし！　陸軍作戦の重点、すなわち、中部の軍集団を支援すること！）。

Ⓒ海軍。……レニングラードに達したのちは、ロシア軍バルト海艦隊は最後の拠点を奪われ、絶望的な状態（になる）。……（かくして）陸軍北翼に対する海上補給もまた確保される……。

アドルフ・ヒトラー（署名）」

「バルバロッサ」の経緯

ここに掲げた指令は、一九四一年の陸軍作戦に対して、効力を有していた。ただし、それは、実行のほぼ半年前に発令されたものであり、その後、バルカン戦役によって、南の軍集団に予定されていた兵力は減らされ、また、五週間の作戦延期を余儀なくされたのである。

一九四一年六月二十二日、ドイツ東部軍（オストヘーア）（南翼の第11軍を除く）は、宣戦布告を行うこともなく、カルパチア山脈からバルト海に至る戦線で「ロシア本土」に奇襲攻撃を仕掛けた。

南方軍集団にあっては、**第1装甲集団**（フォン・クライスト上級大将指揮。五個装甲師団と四個自動車化歩兵師団を有する）に、第17軍および第6軍と協同し、その内翼において、ラーヴァ・ルーシカとコーヴェルを結ぶ線で、ロシア軍の戦線を突破する任務が付与されていた。しかるのちに、ベルディチェフ－ジトーミルの線を越えて、キエフより下流でドニエプル河畔に進むのだ。第1装甲集団は、西部ウクライナで戦闘中の敵がドニエプル川を渡って退却するのを封じる目的で、そこからただちに南東方に前進することとされた。しかしながら、七月三日になっても、同装甲集団は、敵深奥部に突進するために期待されていた作戦の自由を得られずにいたのだ。敵の抵抗が、予想以上に頑強だったからである。ロシア軍は、計画されていた包囲をまぬがれ、スルーチ川やブク川上流部の背後、さらに、ドニエストル川の後ろやモギリョフ南方で、あらためて防御陣を整えていった。

中央軍集団は、**第2ならびに第3の両装甲集団**（前者は、グデーリアン上級大将に指揮され、装甲師団五個と自動車化歩兵師団三個半を有していた。後者は、ホート上級大将に率いられ、四個装甲師団と三個自動車化歩兵師団を麾下に置いていた）を、軍集団の歩兵部隊の両翼で、ミンスクの両側を先遣急行させ[▽2]、スモレンスク周辺および同市の北方に進めた。そこに在る敵を殲滅し、以後の東方および北東方への作戦を継続するための基地を確保するのが目的である。第2装甲集団左翼は、

▽2　実例を挙げよう。第18装甲師団は、すでに七月一日には、ボリソフ付近でベレジナ川を渡河していた。一方、第23歩兵師団は、やっとベロストーク〔現ポーランド領ビャウイストク〕からスロニムへの途上にあるだけだった。

バラノヴィチ経由でミンスクに突進、第3装甲集団はヴィリナをめざしていた。これらは、まず、ベロストークとミンスクのあいだにいる敵を包囲することを狙っていたのだ。一方、第4および第9軍の諸歩兵師団は正面から追撃にかかっていた。

航空団隊の大規模な支援のもと、本計画は成功した。

六月二十七日、両装甲集団は、ミンスク付近で合流、ベロストーク＝ミンスク間の地域の東端部で、最初の大包囲陣を形成した。早くも六月十八日には、グデーリアン上級大将が、ネーリング指揮の第18装甲師団を、モスクワ高速道路上、ベレジナにまで先遣させた。同師団は激戦の末に、六月三十日にはもう、以後の作戦に決定的な重要性を持つボリソフの橋梁を占領したのである。

だが、こうした第一の大規模包囲作戦に際して、快速部隊をいかに運用するかに関する激しい論戦が発生していた。封鎖と包囲壁の維持を行うべきか、それとも、ごくわずかな敵しかいない、あるいは、いまだ敵影をみない地域の奥深くまで突進すべきか？　後者は、奇襲を受けて混乱した防御側が、あらたな対抗措置を取るのを、なお計画段階にあるうちにつぶしてしまうことを意味していた。グデーリアンの戦闘原則は、敵縦深奥をめざす。一方、砲兵出身のフォン・クルーゲ〔当時、第4軍司令官〕は、歩兵的に安全な進撃をなさんと欲していた。ヒトラーもまた、フォン・クルーゲの見解に与している。

七月三日、両装甲集団は、この二つの大規模装甲団隊の統合指揮を確保するため、フォン・クルーゲ元帥指揮の（第一次）**第4装甲軍**麾下に編合された。早くも七月四日には、第3装甲集団がヴィテプスク北でドヴィナ川を越える。一方の第2装甲集団は、モスクワに向かう重要な高速道路に沿って、ロシア軍の抵抗が激しくなったため、ようやく七月十日以降になって、オルシャ南方でドニエプル川を渡った。初めて装甲軍に編合されたばかりの両装甲集団は、遺憾ながら、このときより、ドニエプル川によって隔てられることになったのである。ドニエプル川とドヴィナ川のあいだ、オルシャ＝ヴィテプスクの陸橋地域を相携えて進撃することは、グデーリアンのモットー「ちびちび遣うな――つぎ込め！」にかなない、また、しだいに増強されていく敵部隊に対し、必要とされた味方の重点形成につながったはずなのだが。

北方軍集団には、二十個歩兵師団とならんで、**第４装甲集団**（司令官は、ヘープナー上級大将。三個装甲師団ならびに三個自動車化歩兵師団を有する）が配属されていた。同軍集団の任務は、以下の通りである。沿バルト海地域で戦う敵部隊の殲滅、バルト海諸港とレニングラードおよびクロンシュタットの占領。加えて、第4装甲集団は（歩兵に先駆けて）、「可及的速やかに」ダウガフピルス＝イェーカブピルス間で、ドヴィナ川流域一帯を奪取、「まず、同地域に橋頭堡を確保」する予定であった。「以後の進撃」については、のちの指示によるとされたが、その命令は「レニングラードへの迅速な前進」となったのだ。[1] 従って、北方軍集団の任務は矛盾したものとなり、「終着駅までの切符」は渡されなかったことになる。

他の二個軍集団前面の敵情とは対照的に、この戦域の国境地帯には、強力な敵部隊の存在は勘案されていなかった。むしろ、敵は、時間が得られるかぎりは、ドヴィナ川という河川障害の背後で、頑強に抵抗するだろうと思われていたのである。それゆえ、奇襲のチャンスをつかむために、ドヴィナ川に至る約三百キロの距離を速やかに走破することが重要だった。

ヘープナー上級大将は、決定的に重要な目標はダウガフピルスであると判断しており、それは正しかった。彼の参謀長だったシャール・ド・ボーリューの証言するところによれば、だからこそ、ヘープナーは戦術的な危険さえも敢えて冒したのである。

すでに六月二十六日には、第56装甲軍団（フォン・マンシュタイン将軍）の一部が、ダウガフピルスの重要な橋梁を奪取していた。同日、第41装甲軍団（ラインハルト将軍）も、ドゥビサ河畔ラセイニアイにおける戦車戦で、やはり大きな戦果を上げていたのだ。

極度の地形の困難と絶え間ないロシア軍の反撃にさらされながらも、第4装甲集団南翼は、七月十日にオポーチカ、また、その北翼は七月九日にプスコフに達した。ただ、相当量の敵部隊を撃滅するには至っていない。さらに、北方軍集団は、命じられたごとく、北東の遠心的な方向、レニングラード方面に進んでいたから、右翼に隣接する中央軍集団との距離は開いていくばかりだった。中央軍集団のほうも、スモレンスク方面、すなわち東方に成功裡に進撃しており、そのころにはドニエプル西岸に接近中であった。従って、「バルバロッサ」計画で予定されていたように、北方で速やかにことを決するため、快速部隊を北に移すことが充分可能な状態だったのである。

　この北方支援を行うには、ＯＫＨの許可を必要とした。だが、ＯＫＨはモスクワを作戦目標に設定していたから、支援策は却下され、北方軍集団も自力でやらざるを得なくなったのだ。

　七月十三日、第4装甲集団は前進を再開し、七月十五日、その右翼軍団はイリメニ湖南西地域に到達した。ペイプシ湖東縁部を進撃していた左翼軍団は、第1装甲師団エッキンガー戦隊の大胆不敵な突進により、ナルヴァ南東のルーガ川下流域を占領している。けれども、ロシア軍の抵抗が激しくなったため、道なき地域での攻撃は、ひとまず停滞した。とりわけ、味方歩兵の「接近は、がっかりするぐらい緩慢だった」。▼2

「快進撃の時期」が終わるかと思われたころには、追求されている目標、レニングラードまでは、およそ百キロほどもあった。二十三日間、自動車を使えない道路網を用い、難しい地形や補給の苦労を押して、縦深を組んで梯形に配置されているがゆえに、一つ、また一つと撃破していかなければならぬ敵と戦ってきた。が、そうした戦闘のうちに、七百五十キロを踏破したのである。

　同じ日の晩に、ヘープナー上級大将は、七月二十日から二十二日ごろに、ナルヴァ経由でレニングラード攻撃を継続すべきだと意見具申した。彼は、そのために、第56装甲軍団をイリメニ湖から召致したいと願い出ている。しかし、北方軍集団は、全般的な情勢の展開を理由として、この提案を認めなかった。ゆえに、第4装甲集団は、九月初頭まで、不利な状況のもと、歩兵から成る軍による激戦に投入されつづけたのだ。

　もはや、快速部隊の特性を作戦的に発揮することはなされなかった。その飛び抜けた戦闘力は、決定的なかたちで「つぎ込」まれるのではなく、この高速作戦の初期段階において早くも、動揺している歩兵の戦線に投入される火消し役として、戦術的に「ちびちび遣」われたのである。ヒトラーの命により、中央軍集団が八月なかばにようやく召致した（それは遅すぎたといえる）第39装甲軍団（シュミット将軍）も同様の使い方をされた。第16軍に生じた局地的な危機を解消するために、投入されたのだ。が、同軍団は、以後もそこに留まったままであった。従って、北方軍集団と麾下第4装甲集団の戦闘結果は、称賛に価する局地的な戦果のすべてにかかわらず、満足できぬものとなった。その際、困難な地形・道路事情が、甚大な悪影響をおよぼしていたのである。「バルバロッサ」計画で予定されていた、中央軍集団の強力な快速部隊による、早期の作戦的支援も実現しなかった。バルト海沿岸地域で戦う敵部隊の殲滅と、レニングラードおよび同地の諸港湾の占領は、当初、ヒトラーが喫緊の要があるとしていたことだったが、これも満たされなかったのだ。以後のモスクワに対する南北からの作戦の前提となるような、作戦レベルの成功も達成されなかった。モスクワ作戦の見込みがあるかどうかは、いまや、何よりも、全戦線における情勢の展開に懸かっていた。

では、**中央軍集団ならびに、その麾下にある第4装甲軍**（第2および第3装甲集団）の状況は、いかなるものであったか？　快速部隊をバルト海沿岸地域に振り向けることはできただろうか？

中央軍集団は、ミンスク包囲戦ののち、敵を東方に追撃していた。第4装甲軍の、ドニエプル川およびドヴィナ川の渡河も実行されていたのである。その後方では、距離的に著しく後れを取りながらも、歩兵より成る第4および第9軍が追随していた。かくのごとき「ミンスク包囲陣」、もしくは、ドニエプル西岸の戦い以後の時期においては、ヒトラーもOKHも、快速部隊を北方旋回させるための完全な作戦の自由が得られたとは考えていなかった。それは、本作戦計画の根幹的な企図であったはずなのだが。OKHは、モスクワが目標であると決めていた。ヒトラーは、介入すべきかどうか、まだ迷っていた。ヨードルは、OKHの見解に傾いていたようだ。彼は、モスクワ戦こそ、「本戦役」全般を「左右する決戦」になるとみなしている。[3]

ゆえに、第4装甲軍のつぎなる目標は、以後の作戦の出発点とするため、スモレンスク周辺地域を奪取することとされたままだった。現場部隊とOKHは、それによって、モスクワを直撃するものと理解していたのである。ところが、ヒトラーはなお、バルト海沿岸地域とウクライナという、互いに離れ離れになっていくような方向にある目標を追求していた。前者はイデオロギー・補給（バルト海経由）上の理由からであり、後者は国防経済上の考慮からだった。

攻勢は再び成功した。第2装甲集団は、なるほど、ヤルツェヴォ付近にあった第3装甲集団との間隙を埋めることこそできなかったが、早くも七月十六日には、第29歩兵師団（自動車化）と第47軍団（レメルセン将軍）を以て、スモレンスクを奪取していた。ただし、間隙部を閉ざせなかったため、ミンスク戦同様、包囲環はまたしても不完全なものに留まったのである。

七月二十日、第2装甲集団は、さらにヤルツェヴォの高地（スモレンスク東南方）を確保した。

一九四一年七月十九日付「総統指令第三三号」

かかる有利な状況に印象づけられて、ヒトラーも「総統指令第三三号」を発したものと思われる。これは、七月二十三日に補足された。本指令によると、**第1および第2装甲集団**は、ともに第4装甲軍（フォン・クルーゲ）の統一指揮下に入り、ハリコフ、さらにはドン川を越えて、コーカサスに突進することになっていた。南方軍集団の歩兵より成る諸軍が、それに追随するのである。

中央軍集団には、「スモレンスク周辺ならびに南翼の状況を安定させたのち……歩兵団隊（第4および第9軍）によるモスクワ進撃を継続……敵を撃破し、モスクワを占領する」任務が与えられた。

同軍集団麾下の**第3装甲集団**は、北方軍集団に配属され、左の訓令を実施するものとされた。モスクワ−レニングラードの連絡線を遮断、北方軍集団の右翼を掩護し、レニングラード周辺の敵軍包囲を支援するのだ。

従来、モスクワ前面に重点が置かれていたのだが、この二つの指令は、それを台無しにしてしまった。両者ともに、ヒトラーの空想的願望を暴露していたのである。ヒトラーは、互いに遠く離れたレニングラードとコーカサスという目標を追求していた。その際、敵も、四週間も戦闘と行軍を続けてきた味方部隊の状態も、重点形成という必要不可欠な原則も、いっさい顧慮されることはなかったのだ。ヒトラーは、実務を知らない作戦理論家として、[4]地図に依存しながら、命令を下した。地図の上では、いかなる困難も記されていなければ、距離も問題でないものと思われたのである。

ハルダーは、一九四一年七月二十六日、本戦役三十五日目に、このように記している。「かかる思考の過程には、これまでの躍動的な作戦の退潮のはじまり、わが部隊、わが快速団隊が有している衝力の放棄が包含されていると考える……」。

さらに、七月二十八日の記載は、以下のごとくになった。「いまや、決定済みになってしまった作戦の無意味さについて、あらためてＯｂｄＨに進言した。それは、兵力分散と、決定的な意味を持つモスクワ方面での停滞を意味する……」。

かような陸軍参謀総長の断定に付け加えることは何もない。敵がいまだ撃破されておらず、活動力にみちていることを考慮しつつ、ヒトラーによる遠心的な兵力分散策と比べてみれば、ハルダーの断言も手ぬるいものと思われる。

しかしながら、ハルダーは、七月三十一日に、驚くべき事実を突きつけられ、仰天することとなった。ヒトラーが、「指令第三四号」[5]を下達し、敵情、味方の補給状態、第2および第3装甲集団を休養回復させる必要があることなどを理由として、「指令第三三号」の実行を「当面」中止させるとしたのである。それについて、ハルダーは、このように記した。「本解決により、自らものを考える軍人すべてが、ここ数日の胸苦しさから解放された。……（そうしたことは）総統の非妥協的な姿勢から（生じていた）。……やっとのことで、再び光が差したのだ！」

七月二十八日には、ヒトラーは同様にして、六月二十六日に編成された（二六二頁には、七月三日とある。この日付のほうが正しい）クルーゲ元帥の第４装甲軍を廃止するよう指示した。その編合と指導は、相応の訓練もないまま、即席に行われたもので、編成された司令部も力を発揮しなかったのである。かかる即興措置も、そもそも目的にはかなっていたのだから、重点形成を行い、その機能を発揮させるために、グデーリアンに総指揮権を委ねるべきだったろう。

ロシア軍の抵抗[6]

装甲集団に突破された地域においても、ロシア軍の抵抗は、驚くほど頑強かつ執拗だった。第４装甲軍による「装甲のくさび」は、ドニエプル川からオルシャ南方まで、ロシアの深奥部に、およそ二百キロほども突出していた。敵は活発に、南、東、北東から、新編、もしくは、あらたに再編された部隊を絶えず召致していたが、彼らにとって、それは、絶好の攻撃対象地点となっていたのである。ゆえに、間隔を詰めてきた味方歩兵軍団が負担を軽くしてやれるようになるまで、両装甲集団は、スモレンスク包囲陣内部および外からの解囲攻撃による二重の圧力を受けて、深刻な状態に陥っていた。スモレンスク付近の敵の抵抗が撃破されたのは、ようやく八月五日になってのことだったのだ。

八月一日から八日にかけて、**第2装甲集団**は、ロスラヴリ地区にあったロシア軍の強力な新手部隊を殲滅した。続いて、八月九日から二十四日に、第2軍（男爵フォン・ヴァイクス上級大将）と協同し、クリンツィとゴメリのあいだに展開されていた敵の多重陣地を覆滅する。こうした諸戦闘が、のちにヒトラーがキエフ戦を決意する前提になったのである。

第3装甲集団は、ヴェリキエ・ルーキ地区で、同様の防御任務を遂行していた。八月二十二日より二十七日まで、それを担っていたのは第57装甲軍団であった。その際、追撃に移った同軍団は、トロペツ東方で、ヴォルガ川に達したのだ。第57装甲軍団は、そこで「一時的に」北方軍集団第16軍の麾下に入り、九月末まで、戦術的なレベルで激戦に投入され、大損害を被った。こうして、第3装甲集団、ひいては中央軍集団は、二個装甲軍団を「ちびちび遣いに」、北方軍集団に割愛することを余儀なくされ、相応の弱体化を来したのである。しかも、そうしたところで、北方においても作戦的な道が開けるわけでもなかったのだ。その間に、北方軍集団では、第57、第39、第56、第41装甲軍団があいついで、ただし、各個に投入され、同地域の戦闘で消耗してしまった。作戦的快速団隊の本質に従い、他の地点で使われることはなかったのである。その責任を負うのは、最高指導部であった。彼らは、「指令第二一号バルバロッサ」本来の方針に沿った行動を取らなかったし、作戦構想の担い手として、統合的に運用される装甲部隊の重要性も認識していなかったのだ。現在この場においても、また将来にあっても、強力なかたちで重点を形成するという、確固たる意志が往々にして欠けていたのである。

南方軍集団

南方軍集団においては、ロシア軍が頑強な防御を遂行し、きわめて精力的な反撃を行ったにもかかわらず、八月二十四日までに、情勢は有利に展開していた。七月五日、**第1装甲集団**[7]と第6軍は、軍集団北翼で攻撃にかかった。狙いは、「総統指令第二一号」の方針に従い、ドニエプル川西方の敵を、彼らが東方に撤退できるようになる前に、側背から包囲殲滅することであった。諸装甲軍団は、ノヴォグルト付近でロシア軍の陣地を突破し、数日のうちにベルディチェフとジトーミルに達した。ところが、土砂降りの雨が降り、このあたりの未舗装道路を泥沼に変えてしまったのだ。いかなるものであろうと、自動車化団隊の移動は困難をきわめた。ロシア軍にとっては有利にはたらいたことだが、それらの部隊は、ごく緩慢にしか前進できなかったのである。後続する第6軍（フォン・ライヒェナウ元帥）の助けを借りて、やっと南東への攻撃を継続することができた。七月なかば、全軍集団が攻勢に出た。第1装甲集団（フォン・クライスト上級大将）の目標は、西に正面を向けた敵の後背部にあるウマニだ。きわめて優勢なロシア軍は東方に突破せんとし、また、同時に東からの解囲攻撃を仕掛けてくる。このとき、非常に激しい戦闘が生起した。それにもかかわらず、長く延びきった両側面を掩護し、南方への決定的な突進を継続することができた。八月二日、第1装甲集団の先鋒は、ペルヴォマイスクの北で、西から攻撃していた第17軍（フォン・シュテュルプナーゲル大将〔歩兵大将〕）と手をつないだ。かくて、ドニエプル川とブク川のあいだで、「ウマニ包囲陣」が完成したのである。

ロシア軍は、大敗こそしたものの、適時にベッサラビアより撤退した。第1装甲集団は、退却する敵を追い、三集団に分かれて、ペルヴォマイスクを経由し、ブク川に沿って進む。さらに、キロヴォグラードを越え、ヒトラーが追い求めた工業の中心地クリヴォイ・ローク、また、クレメンチューク南方から、ザポロジェ〔現ウクライナ領ザポリージャ〕とドニエプロペトロフスク〔現ウクライナ領ドニプロ〕をめざした。そこでは、一九四一年八月十八日と二十五日に、今後の作戦に重大な意味を持つ橋頭堡が二個獲得されたのだ。

八月二十四日、南方軍集団の歩兵主体の諸軍による、ドニエプル川西方の戦闘が終わった。いまや、キエフ付近の強力なロシア軍橋頭堡に至るまでのドニエプル川流域すべてが、ヘルソンの河口も含めて、ドイツ軍の手中に落ちたのである。

モスクワ、それともキエフ？

重点に配置された中央軍集団（フォン・ボック元帥）の第2および第3装甲集団は、驚くほど早く、最初の遠隔作戦目標であるスモレンスク地域に達した。七月なかばまでに、スモレンスクをめぐる戦闘に勝利し、同地域を奪取したのだ。しかし、敵は、あとあとまで響くほどに弱体化していたものの、殲滅されてはいなかった。その抵抗力は、けっしてくじかれてはおらず、驚嘆に価するやり方で、常に、回復休養、改編、強化を進めていたのである。

あらゆる領域で、ロシア軍は過少評価されていたのだ。それは、ハルダー日記の七月二十三日および八月十一日の条で証明されている通りだ。ドイツ装甲部隊が敵地の奥深くに突進するほど、困難はいや増していく。ところが、防衛側の戦力は、祖国の兵力源や策源に近づいていくことにより、いっそう強化されていくのだった。また、歩兵のテンポに合わせて追随してくる諸軍との間隔が大きく開いたことによる不利も目立ちはじめていた。先鋒となった装甲部隊は、数的には、いよいよ優勢になってくるばかりの敵との戦闘で、過剰な消耗を被っていたのである。

それゆえ、七月なかばには、重点たる中央軍集団と北方軍集団（勲爵士フォン・レープ）にあっても、迅速な作戦遂行が滞る事態となったのだ。敵は、何が問題であるかを知っていたし、なお〔ドイツ軍の〕自動車化部隊と追随する歩兵が分離していることにつけこみ、前者を戦術的行動によって撃滅するか、少なくとも、来たるべき最終決戦のために弱体化させようとしていた。八月十一日、陸軍参謀総長は、麾下部隊の状態を概観した。[8]「かくして、きわめて広大な地域の要点に分散した、われわれの部隊は、まったく縦深を取ることもなく、つぎつぎと敵の攻撃にさらされている。かかる攻撃は、局所的な戦果を上げている。このとほうもないほど広い空間にあっては、間隙部が多数あろうとも、放置せざるを得ないからだ」。

南方軍集団（フォン・ルントシュテット元帥）においては、情勢は異なっていた。ここでは、同じころに、装甲・歩兵団隊の協同作戦により、ドニエプル川西岸で大戦果が達成されていたのだ。はるかに先駆する快速団隊と平押しに攻撃する歩兵が、効果的に互いを補完していたのである。

よって、この戦域では、なお機動作戦を実行しつづけることが可能であると思われた。

ヒトラーとOKHは、数週間にわたって、さまざまな報告を受け、明解に目標を示さぬ指令を出したあとになって、必要にかられ、とうとう新しい決定を下した。「指令第二一号」にヒトラーが示した「迅速なる一戦役の遂行によりソ連邦を屈服させる」という要求を満たすためであった。季節もまた、行動を促している。十月には、秋の泥濘期が訪れるものと予測されたのだ。あとには、極寒と豪雪をともなうロシアの冬がやってくる。それに対して、ヒトラーが事前に取った対策は、ごく限られたものでしかない。[9] 彼の見解によれば、本戦役は、秋には勝利のうちに終わるはずだったからである。ゆえに、冬季被服も、占領にあたる軍隊六十個師団分の限定された数量を用意すると予定されただけであった。また、占領軍の大半は、冬季用の施設で宿営するものとされていた。そのため、兵器や自動車機材用の冬季装備も繰り返し請願されたのだが、おそらくは、他の急を要する要求に押されて、放置されたのである。

OKH提案はモスクワ！

八月十八日、OKHは、中央軍集団を以て、モスクワへ決定的な突進を行うべきであると意見具申した。この道を進んでこそ、敵の軍事力を粉砕し、国家・軍備・交通などのすべての中心地〔モスクワ〕を占領して、ロシア軍の再編成や秩序だった国家指導を妨害することができるとしたのだ。加えて、国際世論に対しても、とほうもないほどの政治的成果を上げることも可能であろう。

ヒトラーが、バルト海沿岸地域に重点を形成するという、そもそもの作戦企図を遂行するのをおざなりにしてからのドイツ陸軍の状況からすれば、OKHの提案は目的にかなったものとみなされた。また、本提案は、過少評価されていた敵を「一戦役の遂行により……屈服させる」最後の可能性であるかと思われたのだ。が、この計画が成功するかどうかは判然としなかった。これまでの諸措置によって、快速部隊が分散しきっていたため、それらを以て、実際に重点を形成することはもはや不可能であるかにみえたからである。北方軍集団においては、極度に貧弱な道路網しかない地域に、快速師団九個が、主作戦との連関もなく、レニングラード包囲という戦術的な大枠のなか、つまり、受動的な任務に固着させられていた。本来の、狙う価値がある目標であるレニングラード奪取はなされていなかったのだ。南方軍集団では、六個快速師団が戦闘に投じられていたが、戦果が上がっていなかったことはいうまでもない。

一方、モスクワへの最終攻撃に使えたのは、わずか十二個快速師団のみだった。しかも、当時、それらはすべて戦闘力を消耗していたのである。さらに、それらの師団は、距離が離れた二個装甲集団に配属されており、八ないし四個師団をブリャンスク－ロスラヴリ地域、またはトロペツ地区から、左翼をヴォルガ川沿いに据えて、前進させることになっている。だが、およそ四百キロも間隔が開いているというのに、両装甲集団を協同させながら、統合指揮のもとに置くというのは、ほとんど不可能なことと思われたのだ。

加えて、南北の敵が以前同様に戦闘力を保持しているかぎりは、中央軍集団、とりわけ、その麾下の快速部隊の戦闘力を危険なまでに弱めることなしに、この攻撃の両側面を充分に掩護し得るかどうか。それも疑問であった。

ヒトラーはキエフと命じる！

八月二十一日、ヒトラーは、ＯＫＨの提案をにべもなく拒否した。ハルダー日記八月二十二日の条は、そのことについて、こう書いている。

「総統指令は……本戦役の成否を決めるものだ。陸軍の提案は……私の企図と一致しない。

私は、以下のごとく命じる。

冬の到来前に達成されるべき目標のうち、最重要なのはモスクワの占領ではなく、クリミア半島の奪取……北方におけるレニングラードの遮断である……。

ゴメリ－ポーチェプ線への到達（第2装甲集団が八月なかばに、そこまで前進していた。著者）によって生じた、作戦的に有利な状況は、南方軍集団および中央軍集団の内翼による集中作戦のために、ただちに利用されなければならない……。
中央軍集団より、のちの作戦に顧慮することなく、多数の兵力を同方面に配置すれば、本目標も……達成されるであろう……。

アドルフ・ヒトラー（署名）」

こうして、ヒトラーは、数週間にわたる遅疑逡巡ののちに、おおいに見込みはあるものの、多大な時間を喰うキエフ包囲戦に向けて、賽を投げたのである。ここで、ヒトラーがもう対ソ戦が二年目に突入するのを覚悟していたこと、あるいは、最低でも、大きな戦術的勝利を欲していたことが読み取れるだろう。

恐るべきは、ヒトラーと、彼の最高助言者たる陸軍参謀本部の人々のあいだの協力や合意形成のあり方だった。ほとんどは文書のやり取りで終わり、実情に即して、親しく意見交換を行うことなどなかったのである。ハルダー日記七月二十三日の条の記載は、その典型であろう。

「私は、作戦の最終目標について、問いかけてみた。ヒトラーは自ら目標を定め、敵のことや他者の異議など一顧だにしない。ゆえに、フォン・ボック（中央軍集団）は、装甲集団を割愛させられ、歩兵だけでモスクワへ繰り出そうとしている。……続いて、秋の雨期に突入しても、快速団隊だけでヴォルガ川まで到達し、コーカサスに進入することができる。ヒトラーは、そのように想定しているのだ。

彼が正しく行動することが望まれる。加えて、そんな攻勢に時間を費やすのは遺憾なことである……」。

八月二十一日のヒトラー命令についていえるのは、経済的な目標に対して、軍事的な優先性の高さが譲歩させられたことだった。だが、最初に敵を撃破するのが原則なのだ。そうすれば、経済的・政治的目標はのちに勝者の賞品となるからである。けれども、攻撃側が逆の手順を踏んだなら、防衛側が増強されはしないか、攻撃側が得た戦利品も取り返されてしまうのではないかと、常に怯えていなければならない。ヒトラーは多くの場合、この古い経験則を顧慮せず、それゆえに失敗したのであった。

情勢判断は正しかった。唯一ヒトラーがはっきりと認識しておかなければならなかったのは、この決断によって、戦線中央部、モスクワ前面で生起しつつあった決戦を、少なくとも六週間は引き延ばしたことなのである。かくして、ヒトラーは、部隊を新編する、あるいは、東方より呼び寄せるための時間を、防衛側にくれてやったのだ。他方、味方諸団隊とその戦闘機材はといえば、一大会戦を眼の前にして、よりいっそうの消耗を被ってしまった。さらに、ヒトラーは決戦延期によって、自然というロシアの同盟軍が、泥濘期や寒さと雪というかたちで、「祖国ロシア」の防衛、なかんずく快速部隊に対するそれに介入する機会を与えてしまったのである。

会戦

早くも八月二十五日には、第2軍および第2装甲集団が、ゴメリとポーチェプを結ぶ線を越えて、南東方、もしくは東方に前進を開始していた。第2装甲集団の最初の目標は、敵陣はるか後方にあるコノトプである。

ロシア軍は、強大な兵力を持つ諸軍を対峙させてきた。これらは、会戦の終わりまで、縦深奥への包囲をめざす突進というドイツ軍の企図を、強靭な抵抗によって迎え撃ったのであった。

九月十四日、グデーリアンの尖兵部隊はロムヌィに到達した。一方、第2軍はデスナ川を越えて前進している。九月十日、第1装甲集団(フォン・クライスト上級大将)も、クレメンチュークから、北方への進撃を開始した。両装甲集団は、激戦ののち、九月十六日にロフヴィツァ付近で邂逅したのである。だが、泥濘期がはじまっており、彼らの前進は著しく遅滞させられた。ともあれ、それによって、おおよそ、キエフ-チェルカッスィ-ロフヴィツァ間の地域を包囲する環が閉じられたのだ。この、ロシア第五、第二六、第三七、第三八軍に対する大規模な包囲戦の遂行は、歩兵より成る軍と協同しての快速部隊運用のお手本である。

包囲陣内の掃討は、なお二週間かかった。ロシア軍の司令官キルポノス大将は、突破を試みた際に戦死している。

九月二十六日になって、ようやく会戦は終了した。装甲集団が投入されなければ、かかる大戦果を得るのは不可能であったろう。この大成功は、ヒトラーの決断にプラス材料を提供した。しかしながら、戦役全体の帰結は、キエフの戦術的勝利の規模が、モスクワ前面での作戦的時間の空費を埋め合わせてくれるかどうかに懸かっていたのである。

新決定モスクワ

ヒトラーは、八月二十一日の峻厳たる命令により、総指揮と責任とを自ら引き受けていた。それゆえ、彼は、あらたな難しい決断の前に立たされたのだ。予想外に強力な敵であるロシア軍を、冬の到来前に、軍事的な権力ファクターとして排除することは可能だろうか。かかる企図を実現しそこねれば、ロシア攻撃は見通しのつかない失敗だったということになる。それは、戦争全体の行く末に、決定的な影響をおよぼすであろう。少なくとも、さらにもう一年の時間の費消、ドイツ軍部隊は無敵であるという名声の消滅、迫る多正面防衛戦の脅威。ヒトラーは、こうしたことすべてを、ソ連の覆滅によって回避しようとしていたのだ。

かような検討を頭に置きつつ、ヒトラーは、「モスクワ提案」に立ち戻ると決めた。もはや、他の逃げ道はなかったのである。

一九四一年九月六日付「総統指令第三五号」

九月六日、ヒトラーは「指令第三五号」を発し、以下のごとく指示した。

「……決戦を追求する作戦により……(〔東部〕軍中央部前面に確認されたティモシェンコ軍集団を) 冬季の気候になるまでに使用し得る、限られた時間内において、殲滅的に撃破しなければならない。ObdHの報告にもとづき、下命する。

軍中央部において、左のごとき作戦(「台風(タイフーン)」)を……準備すべし。その際、可及的速やかに(九月末)攻勢に着手できるようにすること。目標は、スモレンスク東方に在る敵を、おおむねヴャジマ方面に向かう進撃により(両翼に、強力に集中された装甲集団を配置する)、二重に包囲・殲滅することである。

右の方針により、快速部隊を以て、以下の重点を形成すべし。作戦南翼においては……中央軍集団（その北翼）より……北東方向に突進。北方軍集団からは……ビェロイ経由の突進方向を設定する。
空軍は……両翼に重点を置き……急降下爆撃団隊主力を以て、攻勢両翼の快速団隊を支援する……（両攻勢側面の掩護は、南方および北方軍集団の兵力により、実行する！）。

アドルフ・ヒトラー（署名）」

作戦指揮

作戦の指揮は、中央軍集団（フォン・ボック元帥）に委ねられた。その麾下には、相当量の兵力が置かれた。歩兵より成る軍としては、第2、第4、第9軍。十三個装甲師団、九個自動車化歩兵師団を擁する第2、第3、第4装甲集団も配された。また、二個航空軍が、本攻勢を支援したのだ。OKHは、まさしく重点を形成するため、全力を尽くしたのである。さりながら、快速部隊に残されていたのは、通常の建制兵力の三十ないし四十パーセントにすぎなかったことは注意しておくべきだろう。歩兵と空軍の事情も似たり寄ったりであった。

北方軍集団からの快速部隊の召致は、著しい規模の行軍を必要とし、それゆえ、あらたな兵器機材の消耗を引き起こした。が、かくして、レニングラード周辺の戦闘より第41装甲軍団、イルメニ湖より第56装甲軍団、ヴァルダイ丘陵より第57装甲軍団が呼び寄せられたのである。**第3装甲集団**（ホート）司令部が、北部攻撃集団の指揮を執る一方、**第4装甲集団**（ヘープナー）司令部はロスラヴリ地区に移動した。

南方軍集団は、キエフ会戦の終了が明確になりしだい、**第2装甲集団**（グデーリアン）を割愛することとされた。同装甲集団は、九月二十三日より新戦場に転進、これまで南を向いていた正面を、敵の圧力を受けながら北東に旋回させることを余儀なくされた。

これらすべてが、不都合な前提のもと、たび重なる配属替えを課されつつ、実行された困難な移動であった。かかる即興的な準備が成功し、参加部隊の一部は命令通りに九月三十日に、また、その主力が十月二日にモスクワ攻撃を開始できたのは、ただ快速部隊の優れた能力のたまものだったのだ。

中央軍集団は、スモレンスク東方で、ヴャジマめざす攻撃に着手した。同方面において、広範な包囲を実施し、モスクワ高速道路両側の防衛軍重点を排除するのが目的である。そのため、第4装甲集団は、ロスラヴリ地域から北東ヴャジマに向けて突破前進した。また、第3装甲集団は、高速道路の北側で、ホルムを経由し、同じ目標に投入された。両装甲集団とも、第4ならびに第9軍と協同している。

しかしながら、第2装甲集団は、本作戦において、南方およそ四百五十キロの地域で使えるにすぎなかったから、時間不足に鑑み、グルホフ地域よりオリョールを目標として、敵後背部に突進せよとの指令を受けた。従って、三個装甲集団すべてに再び作戦的協同を行わせ、麾下のあらゆる装甲戦力を以て、おおよそカルーガ-ヴャジマの線を越え、ボロディノ、モスクワ方向に、圧倒的に強力な重点を形成するということも、必然的にできなくなったのである。遠くキエフまで旋回した結果、こうした不利が生じていたのだ。かくて、モスクワに直接突進するにあたり、攻撃の中心部で、五個装甲師団ならびに四個自動車化歩兵師団を欠くことになった。これらの師団は、攻勢外翼の役割を引き受けたのだが、彼らの戦力だけでは、やはり、そうした任務に充分ではなかったのである。

その代わりに、戦区の広大さや敵の強さが誤認されたため、十月十日、第2装甲集団はトゥーラに投入された。それによって、第2装甲集団は、さらに重点から分離していき、期待された成功も得られなかったのだ。「つぎ込」むのではなく、快速部隊を以てする広範な二重包囲という作戦構想をもてあそんだのである。ところが、そんな課題をこなすには、快速部隊はあまりに弱体だった。きわめて活動的で、しぶとい防衛軍は、それらを拒止することができたのだ。

第2装甲軍（十月六日以来、そう呼称されていた）の突破は、好天に恵まれ、速やかに進められた。早くも十月五日には、左翼がカラチェフ（ここを押さえたのは、著者の第18装甲師団である）とブリャンスクに到達し、中央部は十月三日にオリョールに入っていた。一方、右翼では、第48装甲軍団（ケンプフ〔装甲兵〕大将）が追随、梯隊を組んで、ファテシュをめざしている。

すでに十月七日には、第4および第3装甲集団が、ヴャジマ－ホルム地域で包囲陣を形成していた。あらゆる兵科の部隊、なかでも快速部隊が、またしても大戦果を上げたのである。ヴャジマ付近では、四十五個ものロシア軍大規模団隊が失われ、さらに十月二十日までには、ブリャンスク－カラチェフ地域で十五個師団が撃滅された。

かくて、モスクワ前面の敵戦線に大穴を穿つという計画が現実となった。ドイツ装甲団隊は、あらためて作戦の自由を得たのだ。

けれども、十月六日に、在オリョール（カラチェフにもあった）ドイツ軍前線通信網によって、ヴャジマ付近ならびに、そのさらに北方で、国防軍の全自動車輛に対し、降雪・寒冷警報が発せられた。それが的中し、十月七日早くに積雪がみられたのである。凍結防止剤もなければ、兵器や自動車輛の冬季用オイルや冬季被服もなかった。だが、寒気はまだ厳しくはなく、防御陣を設置し、冬季攻勢の不利をロシア軍に押しつけるための時間はなおあった。多くの指揮官が、そうした措置を考慮したのである。

しかし、ヒトラーは、自らの意志を貫徹せんとした。以前同様、ロシアの政治・軍事指導部、かの国の汲めど尽きせぬも同然の資源を過小評価していたのだ。また、同じように、ドイツ軍部隊が達成した成功（実際、とほうもないものではあった）と能力を過大評価していた。ところが、彼らは、六月二十二日以来、絶え間なく酷使され、過剰な要求にさらされていたのである。

OKHと一連の高級指揮官たちも、よい結果を得るためには、まったく手をこまぬいているわけにはいかないというヒトラーの見解に与した。彼らは、一九一四年のマルヌ会戦を想起していたのだ。そこでは、ドイツ軍指導部が過早にあきらめてしまったのである〔第一次世界大戦開戦時に、ドイツ軍は西部戦線で猛進撃をみせ、パリに迫った。しかし、補給難や間隙部の生成などから、攻勢を断念したところに、マルヌにおいてフランス軍の反撃を受け、敗北した〕。

かくて、攻勢は継続された。

ロシア軍

ドイツ装甲団隊が十一月五日に、オリョール－カラチェフ－ブリャンスクの舗装された道路を越え、モスクワに向かったとき、スターリンは、のちに元帥になるゲオルギー・コンスタンティノヴィッチ・ジューコフに、モスクワ防衛を託した。▼10

ロシア「西正面軍」〔正面軍は、他国の軍ないし軍集団に相当する編制単位〕は撃破され、大きな間隙部が生じた。もはや予備はない。スターリンは、敗北の責任があるとされたコーニェフ軍司令官を解任しようとしたが、ジューコフの意見具申を受けて取りやめた。ドイツ装甲師団にとって、モスクワへの道が開けたのである。しかし、それらは、自分たちが取り囲んでいる巨大な「包囲陣」の掃討に拘束されていた。

ジューコフは、包囲された諸団隊が執拗な抵抗によって被った犠牲は、首都の防衛をいっそう強化する上で重大な意義を有していると認めた。ここで、精力的に介入したのである。スターリンの支持を受けて、西正面軍に「軍予備」からすべてが投入された。そのなかには、とくに、騎兵、海兵旅団〔海軍の要員を地上部隊に編成したもの〕、スキー大隊が含まれていたし、モスクワだけでも、五個師団に編成された労働者大隊群を提供していた。加えて、圧倒的な航空戦力だ。十二月六日、スターリンは総攻撃を命じた。その直後、十二月八日には、ヒトラーにより、ドイツ軍の攻勢は中止させられたのである。▽3 ジューコフの企図は、すべての戦力をモスクワ前面地域に結集して、ドイツ軍を決定的に叩くことにあった。ところが、スターリンは、全戦線にわたって攻勢に出るように命じた。そのため、めざましい成功を得られなかったのもたしかではあるが、モスクワへの脅威は排除されたのである。

▽3　すでに十二月五日には、第2装甲軍（グデーリアン）と第3装甲集団（ラインハルト）は、自らの判断で攻撃を中止していた。

転回点となった一九四一年[▽4]

ドイツ側からみれば、この間に、**第2装甲軍**〔一九四一年十月に、第2装甲集団が改称されたもの〕が、十月初めにオリョール経由でムツェンスクに前進していた。**第4装甲集団**は、シベリア狙撃兵〔「狙撃兵」は、ロシア・ソ連軍における歩兵の伝統的呼称〕[▼11]により、ボロディノ付近で撃退されている。**第3装甲集団**はカリーニンを奪取した。ドイツ軍はモスクワに肉迫していたのである。だが、その後、十月なかばに降雨があり、泥濘期がはじまった。ドイツ軍の進撃は、いまや泥のなかにはまりこんでしまったのだ。あらゆる分野で、補給がとどこおりはじめた。一方、ロシア軍は再び時間を稼いだのである。

ロシア軍の予備は、ひっきりなしに極東から召致されていた。ウラル山脈の向こう側にある工場は、大量の機材と兵器を供給している。合衆国からの給与も同様の状態にあった。[▼12]

十一月十七日になって、ようやくドイツ軍の攻勢が再開された。第2装甲軍が南と南東、第3および第4装甲軍が北と北東から、モスクワを包囲することになっていた。さらに第4軍が正面攻撃を行い、第2ならびに第9軍が側面を掩護する。

ところが、気温が急激に低下し、零下三十度になった。[▼13]またしても停止である。ハルダー上級大将は、一九四一年十一月十八日から二十二日のあいだのことを、以下のように日記に書いている。「……敵はもはや縦深を形成できず、その点で、われわれよりもまずい状況にあることはたしかである。……ロストフの北では、第1装甲軍が防御に追い込まれ、困難を来すことだろう。……頑張りぬくことだ。……ボックはさらに、自らモスクワ会戦を指揮している。……そこでは、部隊はもう終末点に来ているのだ。……しかし、第3装甲集団には、まだ成功の目がある」。

十二月初頭、装甲団隊はもう一度、攻撃を実行した。第2装甲軍はすでに東からトゥーラを包囲していたが、奪取できなかった。モスクワの北では、第4および第3装甲集団が、クリン付近とその南で、モスクワに通じる道路の先まで突進、同市の北三十四キロの地点まで迫っている。第7装甲師団の先鋒は、ヴォルガ－モスクワ運河を越えて、橋頭堡を確保していた。第2および第1装甲師団は、モスクワ北方三十キロ、運河の線で戦闘を行った。第4軍も攻撃を進め、モスクワの西四十キロに達したのである。しかしながら、結局のところは、冬季戦装備を有していない部隊の諸困難、補給不足、損害、自動車輛の稼働率低下、数か月にわたり、常に過剰な要求にさらされてきた将兵の肉体的消耗といったことが、一九四一年の戦役に、最高指導部が予想もしていなかったような転回点をもたらした。第2〔装甲軍〕ならびに第3装甲集団は、十二月五日、自らの判断で攻撃を中止せざるを得ないと考えたのだ。中央軍集団も、十二月六日に、両装甲集団の見解に同調し、全戦線で攻撃を中止した。

このドイツ軍モスクワ攻勢のあいだにも、ロシア軍は、彼らの首都の北と南に、それぞれ一個ずつ、新しい部隊群を配置し、大規模な反攻を準備していたのである。十二月六日、これらの部隊は奇襲にかかり、戦いに敗れたドイツ軍部隊の両翼に突入した。ドイツ軍部隊は、人員、兵器、機材の大損害を被りつつ、モスクワから困難な退却を行うことを強いられたのだ。▼14

ロシア軍は、コーニェフの「カリーニン正面軍」、ジューコフ率いる「西正面軍」、その北翼に隣接するティモシェンコの「南西正面軍」を反攻に投入した。総兵力は、八十八個狙撃師団〔歩兵師団〕（うち、二十個はシベリア師団）、十五個騎兵師団、二十四個戦車旅団である。

これに対したドイツ軍には、戦い疲れた六十七個師団があるのみだった。それらは、ほとんど動くことができず、予備兵力もなしで、およそ一千キロの戦線に展開していたのだ。加えて、非常に弱体化した空軍団隊があった。

早くも十二月一日に、中央軍集団司令官（フォン・ボック元帥）は、その明快な情勢判断をOKHに報告している。

「……当軍集団前面の敵を「撃破」するという案は、最近数日の戦闘が教えるごとく、単なる夢想にすぎない！……よって、味方の攻勢は無意味・無目的と思われる。……定期的な補給と備蓄が不可欠である。……適当な後方陣地を確保……構築すべきだ……」。

十二月五日の報告は、以下のようなものだった。

▽4　この節については、三三九頁の情勢・戦闘報告を参照せよ。

「戦力尽きたり。明日の第4装甲集団の攻撃は不可能である。後退が必要であるかどうかは、明日報告する」。

十二月七日の報告は、左のごとくになった。

「厳しい一日だ。第3装甲集団右翼は、夜のうちに退きはじめた。……ほかには、第2装甲軍(グデーリアン)の退却が計画通りに実行されている。諸師団(の戦闘力)は半減した。装甲部隊の戦力は、それよりもいっそう減衰している……」。

一九四一年十二月八日付「総統指令」第三九号

一九四一年十二月八日付「総統指令」第三九号は、とうとう、速やかに防御態勢に移行すべしと指示した。「それによって、一九四二年に、より大規模な攻勢作戦を再興するための前提条件を固め」得るようにするのが目的だった。深刻な事態は、いまだ把握されていなかったのである。

また、何よりも装甲・自動車化歩兵師団を、回復・再編のため、前線から引き抜くとされた。が、かくも危機的な状況にあるからには、そんなことは、ヒトラーと総統大本営の最高位の助言者たちが抱いていた、相変わらずの幻想にすぎなかったのである。

南方軍集団は、翌年春のコーカサスに対する攻勢の前提を満たすため、ドン川とドニェツ川を結ぶ線の下流部を奪取すべく、攻撃を継続することになった。北方軍集団も、最終的なレニングラードの遮断を確保するものとされた。

ところが、両軍集団にとっては、そもそも現在の陣地を維持することができるだけでも、喜ばしいことだったのである。

一九四一年十二月十六日のヒトラーによる死守命令

ヒトラーは、この間に、大いなる危険が迫っていることを察知していた。そうなれば、かくのごとき、非常に困難な状況下、雪と氷のなかで長距離の退却を実行することになりかねない。十二月十六日、彼は、すべての部隊に対し、現在位置を死守せよとの仮借ない要求を出した。なんびとたりとも、ヒトラーの許可なくして、撤退することは許されないのである。さりながら、この局面においては、それは成功した。追撃してくるロシア軍は、そんなことは予想しておらず、あらたな抵抗に不意を打たれたからであった。こうしてヒトラーが介入したことで、陸軍のパニックや潰滅が食い止められたことは、たしかであろう。ただ、ヒトラーがのちに、この「死守の処方箋」を万能薬であるかのごとくに振り回さなければよかったのである。だが、ヒトラーは死守命令を用いて、軍をまるまる犠牲にすることと引き換えに(一九四三年のスターリングラードやチュニジアでそうであったように)奇跡が起こると約束し、戦術的・作戦的には不可解、かつ強情な振る舞いをなしたのであった。

一九四一年から一九四二年にかけての冬におけるロシア軍に対する防御に際して、中部戦線のドイツ軍団隊すべてが示した頑強さと堅忍不抜さは、驚嘆に価するし、今後もさように評価されるであろう。かくて、十二月十五日になっても、クリンとカリーニンはなお保持されていた。装甲団隊は戦術的に、歩兵師団のかたわらで戦った。かかる危機的状況にあっては、使用し得る手段のすべてを投じて、戦線を維持することが重要だったのだ。続く数週間において、投入可能な最後の戦車、対戦車砲、機関銃を用いた結果、おおいに苦労しながらではあったが、オリョール-ユーフノフ-ルジェフ-ヴェリジ-ヴェリキエ・ルーキ-ホルム-デミヤンスク-レニングラードの線を維持することに成功した。これには、ロシア軍もまた、自らの戦力を過大評価していたことも与っていた。

十二月十九日、ヒトラーは、陸軍総司令官フォン・ブラウヒッチュ元帥を解任した。元帥は、自らの役目がしだいに無意味になっていくことに苦悩していた。ヒトラーは、一九四一年戦役(「バルバロッサ」)失敗の責任を彼に押しつけ、いまや、国防軍の最高指揮権とともに、陸軍の最高指揮権をも、おのれの手に握ったのである。

同日、フォン・ボック元帥も予備役に編入された。

十二月二十六日、ヒトラーは、声望高いグデーリアン上級大将を、その職から解いた。グデーリアンが、戦力を喰う戦線突出部より撤退し、兵力を節約したものの、それによって、「死守命令」に違背したからであった。ヘープナー上級大将は、グデーリアンの場合よりも、もっと不愉快な附随状況下で、同様のことを契機として、一九四二年一月八日、「不服従」と決めつけられた上で「陸軍を免官」させられた。[15]

そもそも、あの混乱の数週間のうちに、右のような事態に関して理解を示すような将兵は皆無だった（かかる、憤慨を引き起こすような経緯を知ることができた範囲内では、ということだが）。第47装甲軍団長レメルセン〔砲兵〕大将は、現在までも保存されている日々命令[5]において、自らの不満を公然とぶちまけていたのだが、それで不利益を被ることはなかった。OKWに至るまで、誰もが、彼の見解に与していたのである。

第1装甲集団[6]

第1装甲集団は、モスクワに対する作戦には、直接関わっていない。同装甲集団は、南方軍集団南翼で分散投入されており、モスクワを攻撃する装甲戦力との作戦的関係は、ごくわずかなものでしかなかったからだ。南方軍集団の枠内における第1装甲集団の任務は、コーカサスへの門であるロストフを奪取することであった。キエフ付近の諸戦闘が終わったのち、第1装甲集団は九月二十四日に南東への進撃を開始し、ドニエプロペトロフスク付近でドニエプル川を渡河、十月五日から十日までに、メリトポリから来た第11軍と協同して、「アゾフ海沿岸会戦」で敵二個軍を殲滅したのである。

十月二十日、第1装甲集団〔この月に、第1装甲軍に改称〕は、タガンロークとスターリノを結ぶ線に達したが、泥濘期が訪れ、補給と前進とを、ほとんどマヒさせてしまった。やっと十一月二十一日になって、同装甲集団は、激戦（もはや極寒のもとでの戦いとなった）の末に、ロストフを奪取することができた。しかしながら、十一月二十九日には、ミウス川後方への後退を余儀なくされている。ヒトラーが戦線を下げるのを禁止したことも、現実の前には、何ごとも変えられなかったのだ。軍が無意味に損耗することを防ぐためには、戦術的退却が必要だったからである。南方軍集団司令官（フォン・ルントシュテット元帥）は、ヒトラーに逆らったため、一九四一年十一月三十日に更迭され、フォン・ライヒェナウ元帥が後任となった。ルントシュテットは、名声ある指揮官たちのうち、ヒトラーが自らの失敗のスケープゴートとして選び出した、最初の将官の一人となったのである。

かような日々について、ハルダー上級大将は、日記の十一月三十日の条で伝えている。

「……連中（ヒトラーとOKWのことだと思われる）は、われらが将兵のありさまを理解せず、真空状態で考えたことによって動いている。……ObdHは……総統に話し合いを……申し入れた。……その際、総統は、非難と悪口雑言を浴びせただけで、無思慮な命令を下してきたのだ。……この日の東部軍欠員は三十四万人。これは、歩兵の兵力が定員の半分以下になっていることを意味する。中隊の戦力は、五十ないし六十名。自動車輛（の残存数）は、せいぜい五十パーセントにすぎない[16]」。

観察

一九四一年戦役の結果として確認されるのは、ヒトラーが今後の戦争全体のために立てた（軍事・政治的）戦略にもとづく、一九四〇年十二月十八日付の作戦計画が挫折したことであった。

ヨーロッパ大陸におけるイギリスの潜在的な同盟国を排除し、それによって、イギリスを講和に傾かせるため、単一の速やかなる戦役においてロシアを屈服させるというもくろみは失敗したのである。逆に、ヒトラーは軽率にも、第二の強力な戦線を生み出してしまった。だが、たとえ、作戦の担い手、すなわち、装甲部隊と空軍が、絶えざる過大な要求と分散投入により、打撃力を奪われていたとしても、最大限の努力を払ってさえいれば、迫り来る破局も、最後の瞬間で回避できたのだ。

いまや、追求されていた目標を達成するには、年単位で続く第二の戦役とあらたな軍備が必要となっていた。けれ

▽5　当時の著者は第18装甲師団長で、レメルセン将軍の麾下にあった。一九四一年十二月三十一日付命令のオリジナル版は、著者が所有している。

▽6　付録に、第1装甲集団、もしくは第1装甲軍の諸命令が、字句通りに翻刻してある。本節に描かれた経緯を明快に示すものとしては、付録、四四二頁以下を参照せよ。

ども、その場合でも、勝利のうちに、ことを終えられるかどうかは確実ではなかった。

おかげで、西側の敵による第二戦線は、自分たちの再武装のため、ぜひとも必要とされていた時間を稼ぎだした。ヒトラーは、この分野において、今までは優位を得ていたのだが、それも失われてしまったのである。その際、彼は、合衆国に宣戦布告し、あらたな敵を介入させるという、戦略的・心理的に重大な過ちを犯していたのだ。合衆国の潜在的な人的資源と工業生産能力は、国防軍、なかんずく装甲部隊に、のちのち圧力をおよぼしていくことになる。

ドイツ軍無敗の名声は消え、装甲部隊による「電撃戦」の時代も過ぎ去った。それとは対照的に、ロシア国民とその指導部の、自らの力に対する信頼は、防衛戦が成功裡に達成されたことにより、とほうもなく高まっていたのだ。[17]

一九四五年五月十五日、ヨードル上級大将は過去を顧みて、このように発言している。

「……一九四一年から一九四二年の冬に破滅が生起したとき、ヒトラーと自分は……この頂点を境として……もはや勝利が得られないことを、はっきりと悟っていた……」[18]。

ヒトラーは、本戦役できわめて大きな成果を上げたにもかかわらず、単なる揺り戻しばかりか、明白なる敗北を喫したのである。いまだ、戦争の帰結が決まったとは思われていなかった。しかし、あとからみれば、戦争全体の敗北に至る、重大な条件が定められたことはいうまでもない。一九四一年の結果は、一九三九年から一九四五年の戦争の劇的な諸事象において、先の推移を定めた転回点とみなされるべきなのだ。

ヒトラー自身もまた、この事実をはっきりと強調していた。ハルダー日記の一九四〇年七月三十一日の条にある、以下のごとき宣言をなしたときのことである。「……（対ロシア戦役は）（この）国家を一撃で粉々に撃破したときにのみ、意義を持つ。一定の地域を得るだけでは充分でない。冬季の停滞（は）容易ならぬ事態となる……」。

かかる負の結果は、どう説明されるのか？　第一に、おそらくはロシアに対する、度を越した過小評価であろう。それが、必然的な理由もなしに、ヒトラーを対ロシア戦争に駆り立てたのである。彼は、この戦争は「ソ連の劣等人種」相手のたやすいゲームだと確信していたのだ。今までの大きな成果にもとづき、快速団隊と航空戦力を組み合わせ、ロシアの無限の空間においても、再び迅速な勝利、それも、ひょっとしたら、従来以上に速やかな電撃的勝利を達成できるものと信じたのであった。これについて懐疑を示されても、ヒトラーは、敗北主義的であるとして拒否した。ロシアに交通網が欠けていることにも、明快な像を持っていなかったようである。彼は軽率にも、道路でのみ運用可能な自動車輌だけで、敵地の奥深く、数千キロも突入していったのだ。ウラル山脈の両側に、巨大な工業生産能力があるということも信用しなかった。ロシア軍がきわめて多数の戦車を有していることが判明しても、相手にしようとはせず、敵側はプロパガンダをはかっているのだとみなしていたのだ。

ヒトラーは、専門家の警告[19]にも耳を貸そうとしなかったし、一九四一年四月二十八日のフォン・ヴァイツゼッカー外務次官による、非常に説得力のある説明も聞き入れようとはしなかった。[20]一九四〇年十二月二十七日に、「どんなものであれ、兵力分散は最終的勝利を危うくする」と、海軍総司令官レーダー元帥が「深刻な疑念」を示した際も、これをしりぞけたのである。

H・グライナー〔ヘルムート・グライナー（一八九二～一九五八年）。元ドイツ国防軍の将校で、戦後、戦史・軍事史の研究や史料編纂にあたった。一九三九年から一九四三年まで、OKW戦時日誌の記載を担当している〕によると、[21]レーダー元帥は、すでに一九四〇年九月六日、同月二十六日、さらに十一月十四日に、ロシア計画に対する「強い」反対意見を表明している。加えて、一九四一年八月四日、前線部隊が報告してきた敵戦車の数に心を動かされたヒトラーが、常にあらずという調子でグデーリアンに白状したことも、その証左となる。「貴官が、その著書でかつて言明したロシア軍戦車の数がまさに正しいのだとわかっていたなら……この戦争をはじめはしなかったろう！」[22]同じ日にヒトラーは、中央軍集団〔司令部〕において、同様のことを発言していた。[23]

ヒトラーは、自分こそが「将帥」であると思い込み、おのが能力を過大評価した。また、一九三九年から一九四一年にかけて、国防軍、とりわけ、新しい種類の装甲部隊は大成果を上げた。これらのことから、ヒトラーは、対ロシア戦役の準備と遂行において、自らの直感に従うことにしたのだ。だが、そんな直感は、幻想、あるいは、それ以上の粗雑な指揮による錯誤であることが、たちまち証明された。けれども、将兵は、その直感に対して、責任を負わなければならなかったのである。作戦的軍事指導の分野ではディレッタントでしかないヒトラーには、かかる作戦の遂行について、あり得る限界を判断できるようにするための職業的な経験という基盤がなかった。

にもかかわらず、政治的な責任を負う指導的な政治家として（クラウゼヴィッツによれば、その職務は、政治的・戦略的目標の設定に限定されるべきなのであった）、まず一九四〇年には部分的に、そして、ロシア戦役では、ひっきりなしに、軍事指導の細目に、唐突に介入してくるようになった。そうして、任務を与える政治家と、軍事の枠内のことに自立的に責任を負って行動する軍指導者のあいだの信頼関係をぶちこわしにしてしまったのである。

ヒトラーの神経質で脈絡のない振る舞い[24]、右往左往する諸計画、どんな案であろうと、熟成するのを待つことができない堪え性のなさ、たちまち変わっていく企図といったことが、視野の広い、長期的な計画のすべてを台無しにしてしまった。それは、さまざまな文書や回想録、ハルダー日記から見て取れることだ。

バルカン戦役によって、約五週間の発動遅延が生じていたにもかかわらず、本戦役は秋までに成功裡に終わらせられるものと、ヒトラーは信じて疑わなかった。その際、彼に心服しきっていた総統大本営の側近たちも、そうした確信を後押ししたのである。驚くべきことに、ＯＫＨまでも同じ意見を抱いていた。この点については、グデーリアンの記述が証明している[25]。「ＯＫＷとＯＫＨは、いかなる異議も唱えなかった」。グデーリアンの主張は充分信用できる。著者を驚かせたことに、一九四一年当時、ハルダーの右腕であった作戦部長〔アドルフ・ホイジンガー（一八九七〜一九八二年）。第二次世界大戦では、陸軍総司令部作戦部長を務め、中将にまで進級した。最終階級は連邦国防軍大将〕が、一九六六年六月二十二日のテレビ番組で、それを証明したのだ。

同じく驚愕させられたのは、ハルダー上級大将が日記に書いたことである。一九四一年七月三日、戦闘十二日目の条だ。

「……従って、対ロシア戦役は十四日間で勝利したと主張しても、おそらく大言壮語にはなるまい。むろん、これで終わったわけではない。広大な空間、執拗な……抵抗ゆえに、なお数週間は必要であろう……」。

まさにこの日、著者の第18装甲師団は、ベレジナ川の彼岸で、イェレメンコ将軍麾下のＴ－34戦車に遭遇したのである。これは、武装の性能、装甲、路外走行能力において、はるかにドイツ戦車に優っていたのだった。ゆえに、われわれの判断は、当時すでに〔ハルダーのそれとは〕異なるものだったのだ。[26]
そもそも装甲部隊は、さまざまな点で、一面的な立場を取る最高指導部よりも、実務的な考慮をめぐらせていた。自分たちの部隊の弱点を知っていたからである。快速部隊の装備は、戦車や自動車輛の面からみて、対ロシア戦役向きとはいえなかった。その、フランスにおける迅速な勝利は、路上走行に適した自動車輛により、最高の道路を使って「達成」されたのである。かの地、ほとんど道路がないも同然の東方にあっては、戦闘・補給用の路外走行可能な車輛が不足していた。ほとんど、小路が分岐しているだけの野道しかなく、それもまた泥濘期にはぬかるみと化すためであった。

本戦役の作戦計画、一九四〇年十二月十八日付の「指令第二一号」は、きわめて重大な影響をおよぼした。この計画は、スイスの歴史家エディ・バウアーの判定によれば、[27]「極度の簡潔性と明解さを有している」。かかる評価からは、本職の歴史家といえども、軍事について批判的な見方をするのは、いかに難しいかということがわかる。つまり、本計画には、ひどい間違いがあるのだ。

この計画は、作戦構想の担い手としての快速部隊は、統一指揮のもと、使用し得るすべての兵力を集中投入する場合にのみ、決定的な価値を有するのだということを認識していない。それどころか、快速部隊を分散してしまったのである。

サン川下流域から北東プロイセンに至る、直線距離で五百キロ以上に広がった軍の戦線に配置された三個軍集団の麾下に、快速部隊が置かれたことで、そうした過ちは尖鋭化した。それによって、所属する軍集団の枠を超えた快速部隊の協同はすべて難しくなったし、時間を喰うものとなったのだ。

三個軍集団と、その麾下にある装甲集団の突進方向は、離れ離れになって、わが道を行くというような具合になった。なるほど、原則としては、分進すべきである。けれども、敵の前面に至れば、それを圧倒的な戦力で攻撃、包囲できるように、合一すべきなのだ。ところが、この原則に違背することが起こった。南翼はキエフをめざす進路を取り、北翼はレニングラードに向かった。かくて、攻撃正面は二倍以上に拡大し、防御側には、国土の深奥部から攻撃のくさびの側面に反撃を加える機会が提供されたのである。

本作戦計画からは、ただ弱敵のみを想定していることがうかがわれる。受動的にしか行動せず、分散し、たちまち潰滅してしまうがごとき敵だ。

この計画は、ある会戦の成功、すなわち、彼我の戦力比を確認することにより、追撃可能になるかという問題を、あらかじめ検証していなかった。最初から、追撃に着手するものとしていたのである。その代わりに、一九三九年から一九四一年の諸成功によって膨らんだ夢想、ヒトラーとOKHの誤った情勢判断が据えられた。ここにおいて、ロシアにおける失敗の核心がすでに読み取れる。

だが、敵情不分明であるならば、モルトケの訓えや有用な教範「軍隊指揮」（一九三六年版）〔『軍隊指揮』が二部に分けて公布されたのは、それぞれ一九三三年と一九三四年である。著者のいう「一九三六年版」とは、この二部を一冊にまとめた版かと思われる〕の条項に従い、「敵は、味方の行動にとって、もっとも不利な振る舞いをなすとの想定を基礎とし」なければならなかったのだ。

フォン・マンシュタイン元帥の見解に従うなら、[28]「ヒトラーとOKHのあいだに、統一された戦略構想を確立させることは」できなかった。「一九四一年に実行に移す過程においても、作戦全体の構想はいまだ存在していなかった。……ヒトラーの戦略目標は、圧倒的に、政治的・戦争経済的考慮にもとづいていたのである。……一方、OKHは、戦略的に最重要であることが明白な地域の占領と維持は、赤軍の殲滅を前提とすると主張しており、それは正しかった。……（マンシュタインの見解によれば）モスクワへの道を取ることである……。

ヒトラーは、軍事的には、両翼における決戦を追求した。しかしながら、その双方における敵の兵力比率や広大な作戦空間に鑑みれば、ドイツ軍の戦力は不充分だった。一方、OKHは、全戦線中央部（モスクワ）で成功を得るべく、努めていたのだ……」。

従って、戦争経済と政治の視点から指導にあたる政治家にして文民戦略家であるヒトラーと、参謀本部の流儀で思考するＯＫＨは、最初から国内的に妥協することなしに、対峙していたものといえる。両者とも、戦役遂行中においても、自らの見解に固執した。つまり、同床異夢のままだったのである。

レニングラードか、モスクワか？

とはいえ、「指令第二一号」に表明された、「快速部隊の有力な一部を北へ」（つまり、レニングラードまで拘束されるわけではない）旋回させるべしとのヒトラーの強い要求は、当を得ているように思われる。目的は、バルト海沿岸地域の敵を殲滅、モスクワ攻撃を継続する前に、〔東部〕軍の左側面につきまとう脅威を排除することであった。バルト海沿岸地域の占領は、多くの利点をもたらす。バルト海の制海権が得られるし、それによって、北から南、敵後背部への最終的突進のための厖大な国防軍用の補給が、海路で確保されるのである。また、死活的な重要性を持つ、スウェーデンからドイツへの鉄鉱石輸入も確実となる。加えて、共通の課題のために、きわめて重要なフィンランド軍との連絡も得られるのだ。最終的には、スカンディナヴィア全域における政治的安定が得られる。それは、ドイツにとって、すこぶる有利な事態をもたらすのである。

フォン・ルントシュテット元帥、ホート上級大将[29]、グデーリアン上級大将[30]も同様に判断し、賛成した。男爵レオ・フォン・ガイヤ装甲兵大将も、一九四一年九月、ある覚書に、このように記している。「常に繰り返されてきたロシア史の教訓によれば、モスクワ奪取は決定打を意味しない」。彼の言葉通りに引けば、「モスクワが第二のヴェルダンになることは許されない」のであった[31]。

ＯＫＨは当初より、別の見地に立っていた。その目標は、政治、戦争経済、交通・通信といった点でロシアの中心であるモスクワだったのである。そこに向かう途上、敵国の軍隊に遭遇し、はるかに優越している味方装甲部隊がこれを撃破することは確実だ。かくて、本戦役の勝利が得られるというのであった。この案も有望だったのだ。

しかし、ＯＫＨは遺憾ながら、戦役開始前の数か月におよぶ検討に際して、ヒトラーの要求に合わせてしまった。おそらく、事態が展開すれば、必然的にモスクワに向かうのであり、バルト海沿岸地域経由の回り道も避けられると期待してのことだったろう。いずれにせよ、中央軍集団全体が、命令と計画案の試演習により、目標をモスクワに据えていたのである。

けれども、このOKHの断念は、戦役遂行中、信頼関係や指導部の決定に重荷を課すことになった。

そのころ、当該地域で第3装甲集団を指揮していたホート上級大将の見解に従うなら、国境会戦が成功裡に進むうちに、飛び抜けた好機が生じていた。第2および第3の両装甲集団が、ミンスク周辺のロシア軍部隊を殲滅することで作戦の自由を獲得した際、当初求められていた、オルシャ＝ヴィテプスク＝ダウガフピルスの線を越える北方旋回の機会があったというのだ。有利な時機が、いくつも訪れていた。六月末のミンスク戦以降、あるいは七月初頭の第2装甲集団によるベレジナ川渡河、もしくは、同装甲集団がドニエプル川を渡る前、七月十日前後などの時点である。そうしたときには、追随する歩兵軍が北方への転進を掩護し得ただろう。

当時、ロシア軍は、モスクワの西、およそヴャジマに至る地域で、モスクワ正面を守る兵力を集めはじめていた。別の、カリーニン＝ルジェフ間に集められた兵力は、北側面および後背部において、ドイツ軍のモスクワ攻撃に対抗するものと思われていた。これら二つの集中された敵戦力は、結集された快速団隊には絶好の目標となったであろう。

右の提案を補完してみよう。装甲部隊により、真の作戦的重点を形成するため、南方軍集団の第1装甲集団も、第2装甲集団右翼後方に召致するよう検討するのである。行軍技術上は、かかる移動は可能だ。その際、南方軍集団はまず防御に移り、しかるのちに情勢の変化に従い、中央軍集団の進撃に続くことになろう。

おそらく、ヒトラーとOKHの不一致ゆえに、後者は、装甲団隊が勝利の進撃を重ねているあいだにも、今後、旋回を行うべきだという意見具申を行わなかった。奇妙なことに、ヒトラーもまた、計画をはじめたその日から、北方旋回をお気に入りのアイディアとしていたにもかかわらず、それを持ち出してこなかったのだ。ひょっとすると、第4装甲集団がバルト海沿岸地域で上げた戦果を過大評価し、七月十日時点でも、同集団は単独で充分強力だと思っていたのかもしれない。あるいは、中央部での両装甲集団がモスクワめざして迅速に進撃していたことで、ヒトラーが、OKHのモスクワ正面攻撃という提案に傾いていたということも考えられる。

しかし、彼は、七月四日になると、ひいきにしていた第二の計画を検討しだしていた。戦争経済上の理由から、ウクライナ、クリミア半島、コーカサスを奪取することだ。このとき、ヒトラーは、激戦のうちにすでに証明されていた防御側の軍事力を無視し、快速団隊に盲目的な信頼を置いていた。空間と時間という問題を忘れ、その指揮権を自らの手中に奪い取った陸軍を計画通りに動かすことが絶対に必要であるのを看過したのである。

ヒトラーは、この分野でもアマチュアであり、加えて、着想豊かな夢想家だった。ところが、実際の作戦指導においては、決定を下す前に、障害に屈するか、あるいは直感がひらめくのを待ち望んだのだ。神経質な性急さを以て、いちどきに多くのことをなそうとしたためである。そう考えれば、七月初頭から八月二十一日までの分かれ目の数週間において、彼がOKHの意見具申に対して遅疑逡巡したことも説明できる。これがなければ、おそらくは、本来予定されていた「北方作戦」を適宜進めたことだろう。ただ、当時の弱体なロシア軍といえども、「北方作戦」により、それを捕捉するのは、容易なことではなかったろうが。

ヒトラーの希望により、のち七月なかばにスモレンスクの背後で実施された旋回は、もはや問題にならなかった。そこで、ドイツ軍装甲戦力が敵の反撃によって拘束され、一時的なことであるとはいえ、少なくとも歩兵から成る軍が威力を発揮するまで、作戦の自由を失ったからである。分散し、個々に装甲部隊のくさびを組んだかたちで、快速部隊は平押しにかかった。だが、それは、中央ならびに北方軍集団の戦域において、撃破されたとばかり思われていた敵により、拒止されてしまったのだ。七月なかばには、敵に主導権が移っていた。作戦的には、最初の警報ともいうべき徴候であった。

「ちびちび遣うな——つぎ込め！」

以上、一九四一年の作戦計画を検討してきた。この計画は、当時、打撃力を有していた装甲団隊に、作戦の担い手としての威力を発揮させるため、それらを利用しつくすとの方針を取っていたようにみえる。これについては、六月末から七月初めにかけて、北東への旋回がなおざりにされた件のところで触れた。

正面からモスクワに進むのか、あるいは、レニングラード経由で片翼から行くのか。いずれの場合においても、歩兵に比して、いまだ数が少ない装甲部隊を統合指揮のもとに置き、独立した任務を与えることが必要だった。ＯＫＨ直属とし、たづなを付けて、まとめあげ、グデーリアンのいう「終着駅までの切符」を渡してやることが不可欠だったのである。そのためには、それぞれ二ないし三個の装甲軍団を麾下に置く「装甲軍集団（パンツァー・ヘーレスグルッペ）」〔Panzer-Heeresgruppe〕を編成するのも、目的にかなっていたことだろう。この関連で想起されるのは、フリードリヒ大王の会戦における騎兵の用法だ。その騎兵は、正面前方、決戦を主導する翼に、あるいは追撃のために、一人の司令官（フォン・ザイトリッツ）のもとに統合された。作戦的勝敗を決する威力を発揮できるよう、彼らの投入については、国王自身が命じたのである。つまり、最高軍指導部の作戦計画に従い、決戦を強要し得るのであった。

もう一度、一九四〇年の対仏戦役の計画を一瞥してみることにしよう。

そこでは、フォン・マンシュタインならびにグデーリアンの両将軍の発想が、ＯＫＨの練達の指揮機構とともに作用し、ヒトラーの要求を受けて、作戦計画に発展した。それは、お決まりの型を抜け出して、あらたな思考を指し示した。装甲部隊が、その特性に応じて、重点を形成するように使用され、作戦の担い手として、尋常でない成果を上げたのである。

残念ながら、一九四一年の対ソ戦役については、この、高い評価を受け、また、非常に実務に通じていた二人の将軍〔マンシュタインとグデーリアン〕があらたに協力することは、いわゆる機密保持上の理由から、見送られてしまった。なるほど、一九三九年から一九四〇年までは成果を上げたものの、一九四一年には、手の内を知られ、使い古されてしまった「装甲部隊のくさび（パンツァーカイレ）」〔Panzerkeile. Panzerkeil の複数形〕という処方箋で満足したのだ。

けれども、厳格かつ独裁的に指導されたソ連という大国と、その果てしない国土に対しては、ちがった戦法が必要だったのである。▽7

Ⅱ．ドイツ軍夏季攻勢——一九四二年（「青号作戦」▽8）

総統指令第四一号――両陣営の陸上戦力――指令第四一号遂行のための諸措置――攻勢実施――フォン・ボック元帥と男爵フォン・ヴァイクス上級大将の交代――ロストフ会戦――七月二十三日までのスターリングラードの状況――総統指令第四五号――軍事的解決――陸軍の損害――補給状況――七月末の敵情勢――総統指令第四五号の実施――第6軍のスターリングラード攻撃(「アオサギ」作戦)――A軍集団のコーカサス攻勢(「エーデルヴァイス」作戦)――観察

総統指令第四一号

一九四一年から一九四二年にかけてのロシア軍冬季攻勢は、一九四二年三月末には、限界に達していた。さりながら、それによって、ロシア軍は、モスクワに対する脅威を排除し、何よりも、ただ一度の戦役でロシアを屈服させるという、ヒトラーのそもそもの基本計画を封じたのであった。さらに、一連の戦術的成功が達成された。おかげで、ロシア軍夏季攻勢が可能となり、その発動に向けた状況も改善されたのだ。

すべての失望にかかわらず、また、一九四一年の敗北も顧みずに、ヒトラーは、一九四二年においても、コーカサスとレニングラードという互いに離れた目標を同時に追求すると決定した。陸軍参謀総長ハルダー上級大将は、ひとまず、消耗した東部戦線を固め、その一方で、遠距離作戦でも再び打撃力を発揮できるように陸軍を回復させるべきだと異論を唱えたが、ヒトラーは、作戦的、戦争経済的、政治的理由から、これを拒否したのである。ロシア軍は、冬季攻勢でその戦力を費消してしまったというのだ。コーカサスの油田を手に入れれば、戦争を決することになる。西方では、一九四三年に連合軍が進攻してくる恐れが高まっている。従って、東部の最終戦闘は、本年中に遂行され

▽7　この点については、付録、四五一頁以下。
▽8　「青号」、もしくは「ブラウンシュヴァイク」作戦中の高級指揮官の人事配置については、付録、四三一頁以下をみよ。

なければならない。ヒトラーがこうした見解を抱いていたことは、ヨーゼフ・ゲッベルス日記の一九四二年三月二十日の条によって証明されている。「……〔総統には〕際限なしに戦争を実行するつもりはない。その目標は、コーカサス、レニングラード、モスクワだ。われわれが、そうした目的を実現したなら……総統は、適宜冬営に移るであろう。……加えて、総統は、ソ連の戦争指導を相当高く評価している……」。

かくて、ヒトラーは、四月五日に総統指令第四一号を発した。[▼32] 以下、抜粋する。

「一般企図。……〔東部軍〕中央部の行動に際して、レニングラードを陥落せしめることが重要である。……ただし、戦線南翼においては、コーカサスへの突破を敢行する……。

作戦指導。……前提条件の確保。……これは……東部戦線全体の安定を必要とする。……目的は、それによって、主作戦のために、可能なかぎりの兵力を確保することだが、他の正面にあっても……いかなる攻撃にも対抗できるようにすべし……。

東部戦線の主要作戦。その目的は、コーカサス正面を占領するため、ヴォロニェシの南方、ドン川西部、もしくは北部に存るロシア軍戦力を決定的に撃破、殲滅することにある。そこで使用し得る部隊の到着状態ゆえに、本作戦は、一連の段階を踏んだ……しかし、相互補完的な攻撃を実行することになる。よって、これらの攻撃は、北から南へと、時間的に相前後するように調整しつつ、実施するため……大規模な航空戦力を確保することも可能である。……装甲、もしくは自動車化歩兵団隊が、過早に長駆先行することにより、追随する歩兵との連絡を断たれる。あるいは、装甲、もしくは自動車化歩兵団隊が、包囲されたロシア軍の後背部に直接威力をおよぼすことにより、前進せんと戦闘を行っている軍の歩兵部隊を支援してやる機会を失う。そういった事態が生じることを許してはならない……。[▽9]

作戦全体の導入となるのは、オリョール南方地域からヴォロニェシ方面への包囲攻撃、もしくは突破である。包囲のために、装甲・自動車化歩兵団隊を二つの集団に編合するが、そのうち、北の集団を南よりも強化する。突破の目的は、ヴォロニェシ自体の占領である。以後、歩兵師団群が……速やかに強力な防御戦線を構築する一方、装甲・自動車化歩兵団隊は、ヴォロニェシより、その左翼をドン川に依託しつつ、南方に攻撃を継続、第二の突破の支援にあたる。この突破は、おおむねハリコフ地域より、東方に向けて実行される予定……。

本作戦第三の攻撃は、以下のごとく実施される。ドン川下流域を突進する諸団隊が、スターリングラード周辺地域で、別の戦力と合流する。この支隊は、タガンローク‐アルテモフスク〔現ウクライナ領バーフムト〕地域から出て、ドン川中流域とヴォロシーロフグラード〔現ウクライナ領ルハーンシク〕のあいだでドニェツ川を渡河し、東方に突進する。同集団は最終的に、スターリングラードに迫る装甲軍との連絡を得る予定である……。

いかなる場合においても、スターリングラード自体に到達する、もしくは、最低でも、わが兵器の火制下に置くことにより、以後、軍需産業・交通の中心としての機能を停止せしめるよう試みなければならない。

とくに望ましいのは……のちに企図される作戦継続のため……ドン川南方に橋頭堡を獲得することである……。

季節的な条件に鑑み、ドン川渡河後、作戦目標到達のため、速やかなる機動の継続を確実たらしめるべし」。

このあとにも、指示が続く。

一、強力な部隊がドン川を越えて、南に逃れるのを阻止するため、装甲・快速部隊によって、タガンローク支隊を増強すべし。
二、攻撃作戦全体の北側面を強固に保持するため、さらに、ドン川沿いの陣地の構築と「もっとも強靭な対戦車防御」をほどこすことが予想される。その守備隊には、同盟国軍があてられる予定である。▼33

本総統指令の他の条項は、空軍と海軍、それらの軍種が企図している戦闘指導についての機密保持と示達に関するものであった。

前年の十二月十九日に、ヒトラーは熟慮の上、陸軍総司令官という重職に自ら就いている。当時の窮境からして、

▽9　つまり、一九四一年とは逆に「小包囲」が求められたのである。

自発的になったというわけではなかった。が、彼だけは、自分がこの課題をこなせると思っていたし、不信を抱いていた将軍たちに相談したり、「保護監督下に置かれる」のを望まなかったのである。おそらくヒトラーは、一九四〇年のダンケルク前面での介入や、一九四一年のロシア戦役中に、掣肘されていると感じていたのだろう。「ちょっとした作戦指導など、誰にでもできる」。フォン・ブラウヒッチュ元帥が辞任したあとで、ヒトラーは不遜にも軽蔑をこめて断言したものだ。[34]

その意味では、ヒトラーは、「総統指令第四一号」の重要な部分を、自ら起案したものといえる。[35] それゆえ、この指令は、いつもの簡潔で明快な参謀本部のスタイルを逸脱し、作戦指令、戦術的細目、戦闘遂行に関する指示の混淆(こんこう)物(ぶつ)となったのである。

ほかにも、この指令は、事前の配慮と事前配置を混同しており、予想される反作用を顧慮することなく、時間的にも空間的にも敵地奥深く突入するように命じていた。それゆえに、その実行計画はきわめて複雑なものとなったし、のちには、プランと異なる方向へ流れていったのだ。

とはいえ、作戦的な面からみれば、それは、ドイツ軍指導部にとって有利なヴォロニェシ－スターリングラード間の広大な地域で、まず戦闘の勝敗を決したのちに、コーカサスへの攻勢を継続するといった具合に、明解に組み立てられていた。そうすれば、側面や後背部を心配せずに、ヒトラーの南に向かう主要作戦に着手できるのである。ただ、その場合、ロシア軍の強力な予備が投入されることを計算に入れておかねばならなかった。

ヒトラーの念頭にあったのは、おおむね「バルバロッサ」一件同様の作戦を、再び行うことだった。だが、その際、いかにも素人くさいことに、空間、時間、両陣営の戦力といったことを互いに調整させていなかったのである。ヒトラーが、夢幻(ゆめまぼろし)のような願望を抱き、敵に度外れた過小評価を加え、味方、とくに快速部隊の戦力を過大評価して、またしても過剰なまでに多くのことをもくろんだのはあきらかだった。ただし、彼は、のちの情勢の展開に合わせて、目標を限定していった。コーカサスの油田、さらに、それよりも先に進撃するような成功が可能になるのは、つぎの場合、すなわち、敵が、一九四一年から一九四二年の冬季戦役ならびに一九四二年春のハリコフとイジューム地域の会戦で、[36] 実際に大損害を被り、計画されたドイツ軍の新攻勢によって撃破し得るほどに弱体化しているようなケースにおいてのみだったのだ。

だが、ヒトラーは成功を確信していた。指揮問題に関して、彼の親密な相談役だったヨードル上級大将も同様だったと思われる。陸軍参謀総長が反対しても、その甲斐はなかった。敵の戦力を示した文書は、ヒトラーにより、空想の所産であるとして退けられた。政治指導者、国家元首、国防軍および陸軍の最高司令官である独裁者であるという三重の性格を有するヒトラーが、最終的な決断を下したのだ。さまざまな意見の調整は、彼の性格的資質や圧倒的な権力のもとでは不可能だった。こうした要素は、局外者には理解し難いものに思われるかもしれないし、それも、もっともなことだ。けれども、そうした事実は、多くを説明してくれるのである。

ヒトラーの計画の、さらに大きな弱点は、ヴォロニェシからスターリングラードに至るドン川側面の守備を、のちに同盟軍に委ねるつもりだったことだ。それらの部隊に物質的・組織的な欠陥があることを知っていたにもかかわらず、ヒトラーは、そうしたのであった。[37]

総合的にみれば、当時、陸軍作戦部にいたアルフレート・フィリッピィ参謀大佐が述べているように、この指令は「心底、動揺させられる」ものだったのである。[38] もちろん、快速部隊にしてみれば、グデーリアンの原則による作戦的課題は、はっきりしていた。最高指導部が必要な前提を整え、目的にかなった運用をすることを心得ているかぎりは、快速部隊は、作戦構想の担い手として、決定的な影響力をおよぼすはずだったのだ。

両陣営の陸上戦力

(攻勢前)[10]

I．ドイツ軍

▽10　ハルダー日記、第三巻による。

一九四二年六月十六日時点で、東部戦線で使用できる兵力は左の通り。

南方軍集団　五十七個歩兵師団、九個装甲師団、五個歩兵師団（自動車化）
中央軍集団　五十四個歩兵師団、八個装甲師団、四個歩兵師団（自動車化）
北方軍集団　三十六個歩兵師団、二個装甲師団、二個歩兵師団（自動車化）
合計（保安・警察師団を含む）百四十七個歩兵師団、十九個装甲師団、十一個歩兵師団（自動車化）

他の戦線　四十六個半歩兵師団、六個装甲師団、一個軽自動車化歩兵師団
　　　　　他に二個警察師団

総計　百九十三個半歩兵師団、二十五個装甲師団、十二個自動車化歩兵師団

これらの兵力には、いまだ編成中だった三個装甲師団、すなわち、第25、第26、第27ならびに、SS師団「アドルフ・ヒトラー直衛旗団」、「帝国」、「髑髏」（これらの師団は、フランスで戦車の装備作業を行っていた）は含まれていない。快速師団の戦闘能力や装備はまちまちだった。保有戦車数、指揮官数、教育訓練の度合い、戦闘経験、自動車装備数についても同様である。

当時の文書によれば、一九四二年なかばの戦車保有状態は、以下のごとくであった。

第1、第2、第4、第17、第18、第20装甲師団およびSS師団四個（「ヴィーキング」を含む）には、それぞれ三個中隊編制の戦車大隊一個があるのみ。

第8（と第25および第27▽11）装甲師団は、それぞれ四個中隊編制の戦車大隊一個を有する。

第19装甲師団は、五個中隊編制の戦車大隊一個を有する。

第22（と第26）[12]装甲師団は、それぞれ三個中隊編制の戦車大隊二個を有する。

第5、第6、第7、第9、第10、第15、第21装甲師団は、それぞれ四個中隊編制の戦車大隊二個を有する。

第12装甲師団は、四、もしくは五個中隊編制の戦車大隊二個を有する。

第3、第11、第13、第14、第16、第15、第23、第24装甲師団は、それぞれ三個中隊編制の戦車大隊三個を有する。


これらの定数を完全充足すべく努力されたが、実現できなかった。しかし、定数でいえば、あらゆる型式の（三号戦車相当のシュコダ製戦車から、長砲身戦車砲装備のⅣ号戦車まで）徹甲弾発射可能の砲を有する戦車三千七百四十両を保有していたことになる。

II．ロシア軍（ドイツ側の資料による）

二百七十個師団。そのうち、二百十七個が前線にあり、五十三個が後方に控置されている。[13]
百十五個狙撃旅団〔歩兵旅団〕。そのうち、八十一個が前線にあり、三十四個が後方に控置されている。[14]
六十九個戦車旅団。そのうち、二十六個が前線にあり、四十三個が後方に控置されている。[15]
二個戦車師団。そのうち、前線にあるものは皆無で、二個師団とも後方に控置されている。[16]
右の兵力のうち、南方軍集団前面、ヴォロニェシ西方までのロストフ地域に在り、ティモシェンコ元帥の指揮下に置かれている部隊は、七十四個狙撃師団、七個狙撃旅団、三十五個戦車旅団、三個対戦車砲旅団、十一個騎兵師団と

▽11　編成中。
▽12　編成中。
▽13　ドイツ軍団隊より定数が少ない。
▽14　ドイツ軍団隊より定数が少ない。
▽15　編制と戦車の装備については、おおむね「城塞作戦」に関する作戦的観察の「付録」にある通り。
▽16　編制と戦車の装備については、おおむね「城塞作戦」に関する作戦的観察の「付録」にある通り。

推定される。さらに、ドン川南方のコーカサス地域には二十個団隊、トランスコーカサスにも同数の部隊が存在するものと思われる。

指令第四一号遂行のための諸措置

陸軍参謀本部は、陸軍総司令官ヒトラーの審査を受けつつ、指令第四一号遂行のための諸措置を整えた。[17] 三段階にわたる攻勢が命じられた。ヒトラーが、時間を得るため、攻勢向けに予定されていた団隊すべてが回復・補充される前、一部には、あらたに戦車が装備される（第3、第16、第29、第60自動車化歩兵師団）よりも前に、もう使用できる戦力を以て攻撃にかかることを望んだからだ。ロシア軍にしてみれば、これによって、広範な正面にわたるドイツ軍の統一的な攻撃が奇襲のモーメントを得るのをまぬがれたわけである。ドイツ軍の前線指導部、フォン・ボック元帥麾下の南方軍集団にとっては、数百キロにおよぶ範囲で、技巧的な作戦を計画通りに進捗させ、しかも成功させるのは、たやすいことではなかった。

作戦予定は、つぎのように組まれていた。

第一段階。六月二十八日、フォン・ヴァイクス上級大将が指揮する集団軍（アルメーグルッペ）［Armeegruppe. 臨時に編合される軍集団規模の団隊］が、第2軍、ハンガリー第2軍、第4装甲軍（ホート上級大将。第11、第17、第24装甲師団と第3、第16［自動車化］、「大ドイツ」［自動車化］歩兵師団を麾下に置く第24ならびに第48装甲軍団より成る）を以て、クルスク地域からヴォロニェシ方面に突破する。

第二段階。六月三十日、第6軍（パウルス［装甲兵］大将）が、配属された第40装甲軍団（軍団長はシュトゥンメ［装甲兵］大将、のち男爵フォン・ガイヤ。第3、第23装甲師団、第29［自動車化］歩兵師団を麾下に置く）を以て、ハリコフ東方地域より、東方に突破を行う。しかるのち、第4装甲軍は時間を合わせて、ドン川沿いに南方に旋回、第6軍と協同し、ドン川西方の敵を包囲・除去することとされた。

第三段階。四月九日ごろに、南部の集団により、突破を行う。ルオフ上級大将の集団軍は、第17軍（その南翼の置か

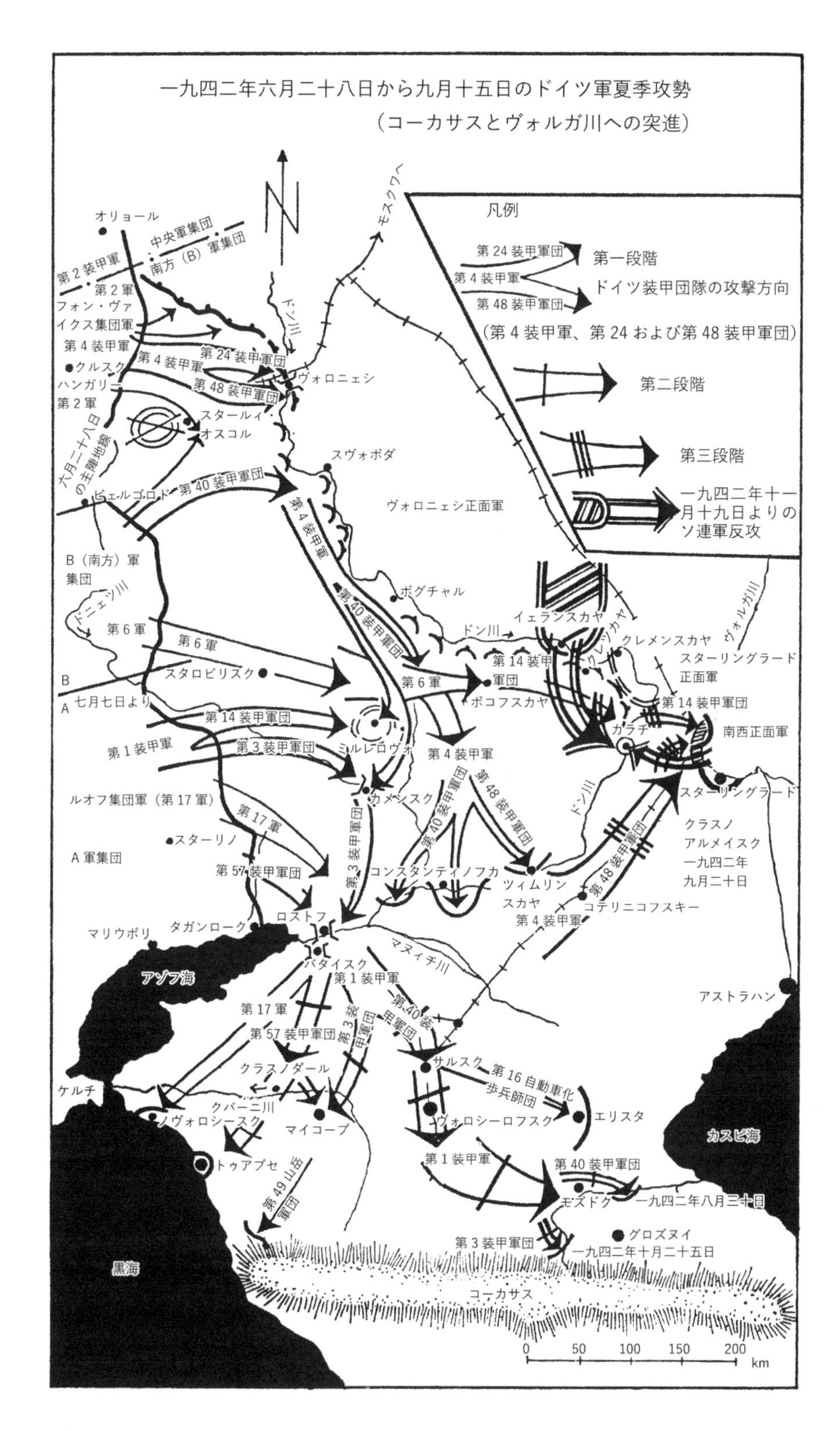
一九四二年六月二十八日から九月十五日のドイツ軍夏季攻勢
（コーカサスとヴォルガ川への突進）
凡例
第24装甲軍団
第4装甲軍
第48装甲軍団
第一段階
ドイツ装甲団隊の攻撃方向
（第4装甲軍、第24および第48装甲軍団）
第二段階
第三段階
一九四二年十一月十九日よりのソ連軍反攻
モスクワへ
オリョール
中央軍集団
南方（B）軍集団
第2装甲軍
第2軍
フォン・ヴァイクス集団軍
第4装甲軍
クルスク
ハンガリー
第2軍
第24装甲軍団
第48装甲軍団
ヴォロニェシ
ドン川
スタールィ・オスコル
六月二十八日の主陣地線
ビェルゴロド
第40装甲軍団
スヴォボダ
ヴォロニェシ正面軍
第4装甲軍
B（南方）軍集団
ドニェツ川
ボグチャル
第40装甲軍団
第6軍
第6軍
スタロビリスク
B
A
七月七日より
イェランスカヤ
ドン川
クレメンスカヤ
ヴォルガ川
スターリングラード正面軍
第14装甲軍団
第6軍
ボコフスカヤ
第14装甲軍団
南西正面軍
カラチ
第14装甲軍団
第1装甲軍
第3装甲軍団
ミルレロヴォ
第4装甲軍
カメンスク
ルオフ集団軍（第17軍）
第17軍
スターリノ
A軍集団
第57装甲軍団
第3装甲軍団
第40装甲軍団
第48装甲軍団
コンスタンティノフカ
ツィムリンスカヤ
ドン川
スターリングラード
クラスノアルメイスク
一九四二年九月二十日
第48装甲軍団
コテリニコフスキー
第4装甲軍
ロストフ
タガンローク
マリウポリ
アゾフ海
バタイスク
マヌィチ川
第1装甲軍
第17軍
第57装甲軍団
第3装甲軍団
第40装甲軍団
アストラハン
サルスク
第16自動車化歩兵師団
クラスノダール
ケルチ
クバーニ川
ノヴォロシースク
マイコープ
ヴォロシーロフスク
エリスタ
カスピ海
トゥアプセ
第49山岳軍団
第1装甲軍
第40装甲軍団
モズドク
一九四二年八月三十日
グロズヌイ
第3装甲軍団
一九四二年十月二十五日
黒海
コーカサス
0
50
100
150
200
km

れたフォン・ヴィータースハイム集団には、第13装甲師団とSS師団「ヴィーキング」より成る第57装甲軍団が配属されていた)、イタリア第8およびルーマニア第3軍の一部を以て、また、第1装甲軍(フォン・クライスト上級大将)は、第3ならびに第14装甲軍団を以て、タガンローク-アルテモフスク地域より東方に向かう。第4装甲軍と第6軍を、スターリングラード地域で「合流」させるのが目的だ。

この「合流」に関する作戦任務は、「指令第四一号」には記されていない。そこから読み取れるのは、ただ、コーカサスという遠隔目標に取りかかる前に、スターリングラード周辺の広範な地域にある敵を殲滅するということだけである。

指揮上の課題を軽減するため、南方軍集団は七月七日より、A軍集団(第17軍、フォン・ヴィータースハイム集団、ルーマニア軍とイタリア軍の諸団隊、第1装甲軍)とB軍集団(第6軍、第4装甲軍、ハンガリー第2軍、第2軍)に分割再編された。A軍集団司令官はリスト元帥、B軍集団の指揮を執ったのはフォン・ボック元帥であった。

攻勢実施

六月二十八日、北部の集団軍が攻撃を開始した。その際、第4装甲軍は、第48装甲軍団を投入、右翼にハンガリー第2軍、左翼に第2軍を従えて、クルスク-ヴォロニェシ道の南方を進撃した。第24装甲軍団は、第9、第11装甲師団、第3歩兵師団(自動車化)によって、右の道路の北側を攻撃、第2軍の北翼を支えるために、ティム川を渡河、ヴォロニェシ方面に進む。

六月三十日、第6軍も攻撃に加わった。このとき、同軍麾下の第40装甲軍団(男爵フォン・ガイヤ大将)は、ハンガリー軍とともに、スタールィ・オスコル付近で強力な敵部隊(四万人)を包囲した。七月三日のことだ。かかる成功に感銘を受けたヒトラーは、ハルダーの意見具申に従い、ヴォロニェシ奪取を断念すると決断した。その代わりに、第4装甲軍ならびに第40装甲軍団を、ドン川沿いに南進させ、いまだ固守されているロシア軍戦線の背後に回りこむことを狙ったのである。理にかなっており、大きな成功を約束する決定であった。

ところが、成功を収めた第24装甲師団と「大ドイツ」歩兵師団（自動車化）の一部は、もともとのヒトラー命令で指示されていた方針に従い、すでにドン川を越えて、ヴォロニェシに突進しており、戦闘に拘束されていた。従って、そこに交代用の歩兵を持ってきて、第4装甲軍を引き抜くために、貴重な時間が費やされることになったのである。

かくて、作戦第二段階、南東方への旋回開始に際して、当初投入できるのは、第40装甲軍団のみという事態になった。こうした戦役を左右するような大きな課題、第6軍前面で退却しつつあるロシア軍諸団隊の退路を断つという任務には、一個軍団ほどの戦力では弱体すぎる。その大部分が、燃料不足によって、しばしば動けなくなっているとあれば、なおさらだ。にもかかわらず、彼らは、驚くべき速度で進撃した。同軍団は、七月四日にコロトヤク、七月六日にモーヴァヤ＝カリトヴァ、七月七日にはカンテミロフスカに到達したのである。けれども、ロシア軍は、五月から六月にかけて、ハリコフの両側で殲滅を被ったことから、新しい任務に向けてその戦力を保持するため、地域を放棄するとの教訓を学び取ったものと思われた。抵抗はほとんどみられず、捕虜や鹵獲された大型兵器の数も、ごくわずかなものでしかなかったのだ。一九四二年七月七日より初めて、犠牲を払っても陣地を固守するという、ロシア軍が従来使っていた戦術が変更された。後退と頑強な防御を適宜使い分ける柔軟な作戦が、その特徴となったのである。

ところが、ヒトラーはといえば、一九四一年十二月末、そのころの例外的状況において、死守策が、あり得たドイツ軍の崩壊を防いでからというもの、この、敵が放棄した原則を、戦術上の金科玉条に祭り上げていくことになる。

七月八日、第4装甲軍の快速団隊二個は、とうとうヴォロニェシ地域から解放され、南に投入された。第9および第11装甲師団は、激戦を続ける第2軍のもとで戦術的に運用されたが、さらに二個団隊が後続している。が、おかげで、この二個装甲師団は南方への大規模な作戦にあてることができず、最初に進発した二個団隊も、七月九日、燃料

▽17　一九四二年四月五日、ヒトラーの戦史担当官シェルフ参謀大佐は、ＯＫＷ戦史部の戦時日誌に、こう書いている。「総統は、『指令第四一号』の草案を徹底的に修正し、大半の部分に、自ら起草した文章を組み込んだ。……おもに、主作戦に関する部分が、総統によって、あらためて起案されたのである」。

不足のため、チハヤ＝ソスナ河畔で停止することになった。これらがボグチャルに到着したのは、ようやく九月十三日になってのことであった。ここにおいて、指揮上の深刻な過ちが犯されたのだが、[39] ヒトラーは軍集団に責があるとして、非難したのである。

第24装甲軍団司令部（男爵フォン・ランガーマン〔装甲兵〕大将）は、七月十一日、唯一使用できた第3歩兵師団（自動車化）を南方に前進させた。全体的にみれば、本夏季攻勢の第一・第二段階においては、滑り出しこそ、素晴らしい成功を収めたものの、攻撃正面とドン川のあいだにいる敵を速やかに排除するという目的を達成してはいなかった。敵は、比較的わずかな損害を出すだけで、機敏に後退することを心得ていたのだ。

第40装甲軍団の先鋒が、七月九日にカンテミロフスカに到達したことは、ドニェツおよびミウス河畔のロシア軍正面に影響をおよぼした。かくて、攻勢第三段階開始の時機が到来したのである。

同日、攻撃がはじまった。アルテモフスク東方の第17軍はヴォロシーロフグラードをめざし、第1装甲軍（第14、第16、第22装甲師団、第3、第60歩兵師団〔自動車化〕を麾下に置く第3および第14装甲軍団より成る）は、リシチャンスクの北からドニェツ川を渡河し、北東に進む。このとき、同装甲軍は、北から突進してくる第4装甲軍と協同して、第6軍前面にあるロシア軍を二重包囲せんとしていたのである。しかし、その企図も達成されなかった。敵は、ここでもまた、時宜に応じて、包囲のもくろみを逃れ、後衛部隊のみに抵抗を行わせたのだ。

第1装甲軍は、七月十一日晩に、同じく第6軍右翼の目標となっていたスタロビェルスク南方の地域に達した。一方、B軍集団は、ヒトラーの断固たる命令により、ドン川に沿って、南東方、遠くスターリングラードに向かう、敵を追い越しての追撃から、第40装甲軍団を外さなければならなかった。同軍団はいまや、第4装甲軍司令官直率で、ボコフスカヤから、南方ミルレロヴォに向かって急旋回することになったのである。ヒトラーは、それによって、第1装甲軍ならびに第6軍前面で潰走している敵を殲滅することを望んだ。しかし、かかる希望も、やはり見かけだけのことだった。強力な部隊はもう後退していたし、残る部隊も、第40装甲軍団麾下の両装甲師団によって維持されているだけの薄い封鎖線を、ミルレロヴォとカメンスクのあいだで、東方に向かって突破していたからであった。

ドニェツ川南方にあった第17軍は、同じ日に、ヴォロシーロフグラードに進撃している。他方、南翼のイタリア第8軍および第57装甲軍団（第13装甲師団とSS師団「ヴィーキング」）はいまだ、その陣地で停止していた。従って、ヒトラーが計画した、ドン川沿いに東方に向かう挟撃は、ここでも実現されなかったのである。

七月十五日までに、捕虜の数は一万四千にすぎないとの報告がなされた。攻撃第三段階が終わったというのに、期待がかけられていた、ドニェツ川とドン川のあいだにおける「追撃」が成功しなかったことを思い知らせてくるような数字であった。しかし、ヒトラーは、広大な地域が迅速に獲得されたことで自己欺瞞に走り、大戦果が得られたものと信じて疑わなかったのである。

それに対し、陸軍参謀総長ハルダー上級大将は、日記の七月十六日の条で、ヒトラーが命じたミルレロヴォ周辺の会戦は「紛糾・錯綜した戦闘」、「大混乱」だったとしている。最高指導部の好事家流儀のやり方に特徴的なことだったといっても、さしつかえあるまい。

フォン・ボック元帥と男爵フォン・ヴァイクス上級大将の交代

本会戦遂行中にも、B軍集団司令官フォン・ボック元帥は、従来の作戦遂行のやり方について、もっともな疑義を呈していた。いつでも常に遅すぎるということになりかねなかったからである。B軍集団司令官がすでに第48装甲軍団を投入したのと同様に、第4装甲軍も、モロゾフスカヤ地区より、ドニェツ河口上流のドン川流域に進めねばならないはずだとしたのだ。狙いは、急ぎ東方に退却している敵を追い越して、有効な追撃を行うことであった。この意見具申は、ヒトラーの逆鱗に触れた。それは、小包囲を命じた「指令第四一号」に反する提案だったからである。ロシア軍の新戦術が、早期の退却により、小包囲の危険に対処するものになっていることを、ヒトラーはいまだに理解していなかったのだ。しかも、ヒトラーは、七月十三日に、そんな戦闘は無益だとする陸軍参謀総長の意見を否定し、は東プロイセンの大本営から、ロストフ周辺の包囲戦を差配しはじめたばかりだった。つまり、ヒトラーは、B軍集団ととはまったく逆の方向、西方へ進撃しようとしていた。これは逆進ということになる。彼は、これまで、本攻勢の遂行行中に生起した、さまざまな摩擦（大部分は、前線の状況に即さぬヒトラーの指令に起因するものだった）にいらだっていた。ゆえに、早くもその日のうちに元帥は更迭され、男爵フォン・ヴァイクス上級大将が後任となったのである。[40]

ロストフ会戦

ヒトラーは、「指令第四一号」にもとづき、おのが作戦構想を遂行している第1および第4の両装甲軍を、作戦目標スターリングラードへの途上で転進させるように求めた。ロストフ付近の会戦に参加するためであった。軍の情勢判断によれば、そこには、まだ脆弱な敵陣地と後衛しかいないはずだったのだ（実際、その程度の備えしかなかった）。かような敵は、ルオフ集団軍（第17軍、イタリア第8軍、ルーマニア軍諸師団、フォン・ヴィータースハイム集団、キルヒナー〔装甲兵大将〕の第57装甲軍団）だけで攻撃・撃破できたし、また、そうしなければならなかったのである。

八日前にドニェツ川を渡河し、東方へ進撃していた第1装甲軍は、いまや「小包囲」の幻を追い求め、今度は逆の方向、西方のロストフ方面へと、同じ川の渡河点を戦い取った。

第4装甲軍はといえば、その一部を以て、ドニェツ河口の北でドニェツ川を渡河、ロストフを攻撃することとされた。別の一部は、ドニェツ河口の東側で、南に向かってドン川を渡る。しかるのち、西方に旋回し、ドン川越えで南への退却を行うであろう敵を捕捉するのが目的であった。

B軍集団は、この間にロストフ後背部で包囲陣を完成させることに努め、かつ、奇襲によりスターリングラードを奪取するか、さもなくば、同市の南で、ボルガ川の水上交通を封鎖するものとされていた。そのために、B軍集団には、第16装甲師団、第3、第60歩兵師団（自動車化）を擁する第14装甲軍団（フォン・ヴィータースハイム〔歩兵〕大将）が配属されていた。

ここで注目に価することは、ヒトラーが、作戦全体のそもそもの担い手である快速軍二個に、渡河と戦術的な戦闘を命じたことである。一方、それらは、本来の任務、すなわち、夏季攻勢第一の遠隔目標として追求されていたスターリングラードならびに、ドンとヴォルガの両河川間の陸橋部への迅速かつ作戦的な突進から、外されてしまった。

こうした突進の際には、退却するロシア軍を決定的に撃破することも可能だったのだ。

さらに、東プロイセンから、あたかも連隊教練であるかのごとくに諸軍を動かし、作戦に合致した補給を行う困難を理解していないヒトラーと、軍事専門家であるハルダー上級大将のあいだに、好ましからざる対立が生じていた。ハルダーが、もともとの作戦目標と本戦役の一般構想を堅持することを願ったのは正しかった。彼は、カメンスク－ミルレロヴォ間での第1装甲軍、そして、第4装甲軍方面における、作戦的にきわめて有利な状況を利用し、ドン川後方で退却中の敵部隊を叩き、それによって、スターリングラード付近の陸橋部を占領せんとしていたのである。かような作戦は、当時のソ連軍指導部とその部隊が慎重な姿勢を取っていたことを考えれば、さしたる困難もなしに成功したことだろう[▼41]。

天候の状態が、ハルダーに幸いした。七月十七日から十九日にかけて、猛烈な雷雨が生じ、あらゆる部隊の移動をマヒさせ、ロストフに対する作戦を遅滞させたのである。ゆえにヒトラーも、二個装甲師団および二個歩兵師団（自動車化）を投入することで満足し、三個装甲師団と一個歩兵師団（自動車化）を、ドニェツ河口東方のドン川渡河点に向かわせることにした。ハルダー日記の七月十八日の条によれば、ヒトラーは同時に、あらたな急転進を行い、「スターリングラード会戦の開幕」とすることを求めていたのであった。

しかし、ヒトラーは、この時点で、予定よりも早くコーカサスへの突進に着手すると固く決意していたものと推測される。それは、ヴォロニェシからの五百キロにおよぶ、開かれたままの東側面が掩護されるのを待つこともなく、軍の判断するところ、ごく軽微な損害を受けただけの敵に、作戦不能になるほどの決定的な打撃を加えることもなしに実行されることになるのだった。

七月二十一日、第4装甲軍は、コンスタンティノフスカヤからツィムリャンスカヤに至る地域で、ドン川に三つの橋頭堡を築いた。麾下の第40装甲軍団は、七月二十五日までにオルロフスカヤ付近でサル川を越えて、前進している。それによって、以後の南・東方への作戦を実施する前提となる状況が整ったのである。第4装甲軍西翼の一部は、命令通り、西に向かってドン川を越え、第1装甲軍同様にシャフトゥイを攻撃した。彼らを出迎えたのは、ルオフ集団軍であった。

七月二十三日、西からは第125歩兵師団、SS「ヴィーキング」師団、第13装甲師団、北東からは第22装甲師団の攻撃を受けて、ロストフが奪取された。

しかし、あらゆる努力が注がれたにもかかわらず、攻撃の第三段階もまた失敗していた。陸軍参謀本部が予想したように、ロシア軍は適宜、南の裏戸であるドン川河口を使って、ヒトラーが企てたロストフ包囲陣から脱出していたのだ。その殿軍の装備が原始的であったことが、かえって幸いし、悪天候のもとで退却することを可能としたのである。

アルフレート・フィリッピィが書いているごとく、ヒトラーが七月十七日に命じた「ロストフという点の目標に対する、ルオフ集団軍、第1装甲軍、第4装甲軍西翼の投入は、馬鹿げた兵力集中につながった」のだ。[42]

ハルダーは、日記の七月二十三日の条で、こうした状況をわかりやすく描きだしている。「……もう（ヒトラーの）素人目にも、ロストフにおいて、快速団隊の無意味な兵力集中がなされ、ツィムリャンスカヤ（スターリングラード南方）付近にあった重要な外翼の（誤った）弱体化がもたらされたことがあきらかになっていた。両方とも、私が強く警告したことだ。現在、戦果がはっきりしたところでは、（部隊）指揮に対する激しい非難をともなう躁狂発作が生じている」。

七月二十九日の条は、このようなものだ。「預かり知らぬ過誤に対する、耐えがたいまでの罵詈雑言。それは、彼〔ヒトラー〕自身が下した命令を遂行しただけのことなのだ（ロストフ付近での兵力蝟集）」。

七月二十三日までのスターリングラードの状況

七月二十日、第6軍の前衛は、ボコフスカヤ付近でチル川を渡った。そこは、一週間前、ヒトラーによって南に旋回させる前に、第40装甲軍団が待機していたところである。第6軍に配属された第14装甲軍団は、七月二十三日、クレメンスカヤ南方のドン川屈曲部に達していた。一九四二年の大規模な夏季攻勢に向けた「指令第四一号」の方針に従い、ロストフ地域から解放された第1および第4装甲軍を作戦の担い手として、コーカサス作戦への明確な前提条件を整えるために、しばしば言及されてきた目標、スターリングラード周辺の広範な地域に投入する好機が、ついにまた到来したのだ。上げられてきた敵の〔鹵獲〕文書によれば、敵はスターリングラード地域で戦闘を行うものと見込まれた。従って、ここでは、あらたな可能性があった。集中され、それゆえに圧倒的になった兵力を以て、のちのちまでも響くほどに敵を叩くか、殲滅する。それによって、ヒトラーの遠大な計画も、ようやく可能になろう。

総統指令第四五号

かような状況下、驚くべきことに、ヒトラーは七月二十三日、新指令を発した。その指令は、陸軍参謀本部の実際的な情勢判断とは反対に、ヒトラーが、一九四二年夏季戦役は、すでに味方の勝ちと決まったものと確信していることを明示していた。そう考えなければ、彼が兵力を分割し、一九四一年同様に、てんでばらばらの方向、夢想的な目標に投入するとの措置を取ったことは理解できないのだ。

A軍集団は、ルーマニア軍によって増強された第17軍を用いて、コーカサス西部のロシア軍を殲滅、黒海東岸を奪取し、しかるのちに南東（すなわちバトゥミ）へ突進することとされた。

第1および第4装甲軍は、山岳師団群に支援され、マイコープとグロズヌイの油田を奪取、コーカサス山脈の峠を封鎖し、その後、カスピ海沿いのバクー周辺地域を占領する予定であった。本作戦の秘匿名称は「エーデルヴァイス」である。

B軍集団は、すでに命じられていたように、同盟国軍によるドン川防衛線の構築とともに、スターリングラード付近に形成されつつある集団を撃破し、同市を占領、ドン川とヴォルガ川のあいだの陸橋地帯を封鎖するとの任務が与えられた。これに続き、快速団隊は、ヴォルガ川沿いにアストラハンに突進する。この作戦は「アオサギ」の秘匿名称を得ていた。

コーカサスでの行動に向けて、クリミアで待機していた第11軍（フォン・マンシュタイン）は、レニングラード奪取のため、二千キロも離れた北方軍集団のもとへ五個師団を移動させた。同様に、快速師団二個がフランスに移される。ヒトラーが、第二戦線のことを常に案じていたためである。空軍と海軍は、あらゆる作戦を支援しなければならなかった。

この新しい指令第四五号は、ヒトラーが作戦的な任務を遂行しようとする際の、落ち着きのない、気まぐれな流儀に相応していた。時間を必要とする案件がはじまり、それが静かに熟成するのを待つことは、彼には不可能だったのだ。また、緊急の場合に、そのつど、情勢の展開に応じて、ただし、予定されている最終目標を見失うことなしに、フォン・モルトケ元帥がすでに「当座の助力」と特徴づけているような介入を行うことも、ヒトラーにはできなかった。彼は、堪え性がなく、アイディアに富んではいたものの、軍事については好事家にすぎなかった。願望だらけで、空想力にみちみちていたのだ。そうしたことが、しばしば、第一歩の前に第二歩を踏み出したり〔ドイツ語で、首尾一貫しないという意味〕、それを必要とする理由も不分明なままに、突如、専制的に決定を変えるという方向に、ヒトラーを駆り立てたのである。根っから他人を信用せず、傷つきやすい人物であったヒトラーは、たとえ充分な根拠がなくとも、たいていの場合は、反対案に飛びついたのであった。

この指令に反対していたハルダー陸軍参謀総長は、同じ日に、そうした気分のまま、こう記載している。「敵が有する可能性について、いつでも過小評価されてきたが、それが、しだいに奇怪なかたちを取りはじめ、危険になりつつある。耐えがたいことになるばかりだ。真面目な仕事など、もはや成り立たない。その場かぎりの印象に対する病的な反応や、指揮機構やその可能性の判断がまったく欠如している。そういったことが、いわゆる『指揮』に刻印されているのだ」。

フォン・マンシュタイン元帥は『失われた勝利』[43]で、「一九四二年のドイツ軍攻勢は……二つの相異なる方向〔コーカサスとスターリングラード〕に分裂していた。両軍集団とも、延びきった戦線を維持しなければならなかったのだが、そのためには、それらの麾下戦力はあまりに弱体だったのだ。敵の南翼が実際には撃破されていなかったという事実を、とくに考慮に入れれば、なおさらのことである。……加えて、敵はなお強力な作戦予備を使用できた。結局のところ、カルムィクのステップに、三百キロ幅の間隙部が口を開けたのであった。代替策となるのは……第11軍を東部戦線南翼から引き抜き、あの一九四二年の夏に決戦を求められる（場所）に投入することではなかったか？　が、かかる決定を下せるほど、われわれの立場は強固ではなかった……」。

陸軍参謀本部ならびに、情勢を概観した諸軍集団の司令部では、コーカサスにおけるA軍集団の遠心的運用は時期尚早であるとみなしていた。同様に、B軍集団の兵力は、コーカサス作戦の側面や後背部を攻防取り混ぜて掩護するという重要な任務には弱体に過ぎるとも考えていたのだ。同時に展開される二つの作戦について、充分に補給をほどこせる可能性は皆無だった。ハルダー上級大将は、指令第四五号は危険な兵力分散を引き起こすとみていた。リスト元帥は、ヒトラーが「格別に信用できる対敵情報を持っているにちがいない」との前提でのみ、この新しい計画は理解できるとの意見であった。[44]

エディ・バウアーも、その著作『戦車の戦争』において、同趣旨の判定を下している。「ヒトラーは（それによって）、自らの、そして、おのが軍隊とドイツ国民の死刑判決書に署名したのであった」。[45]

軍事的解決

ヒトラーの夢想にみちた指令第四五号とは逆に、同盟国軍を含む、あらゆる団隊を結集、ドン川とヴォルガ川湾曲部の広範な地域に重点を形成して、ティモシェンコの正面軍とスターリンの作戦予備に対する会戦を、はっきりと結着がつくまで貫徹すべきだったのであろう。そのための諸軍の準備は整っていた。装甲軍麾下の諸師団は、密に集結させておくべきだった。第4装甲軍はドン川南岸に置き、その右翼後方に、梯団を組んだ第17軍を配して、アルマヴィル方向に前進させるのだ。北側面は、強化された第2軍が掩護する。第11軍（在クリミア）は、作戦予備として、南翼背後で追随する。会戦の統一指揮は、OKHが引き受けなければならない。

作戦目標は、のちにコーカサスに突進する際に、側面および後背部にいかなる脅威も残らないようにし、安定した防御戦線を築いておくことであった。

そのあとになって、ようやく、情勢、補給、季節といった点からみて、一九四一年の冬のごとく、将兵に過剰な要求をなし、あらたなる敗北にみちびくようなことをせずに、コーカサス作戦を発動することが可能かどうかの決定を下すことが許される。それ以上に、指令第四五号が発せられる前に、最高指導部の責任意識を明快にしておかねばならなかったのである。

陸軍の損害

一九四一年六月二十二日の対ロシア戦役開始以来、陸軍の損害は相当な量になっていた。その数は、一九四二年七月三十一日までに、百四十二万八千七百八十八名にまで達していたのだ。ハルダー日記に特記されているごとく、これは、一九四一年の陸軍兵力の四四・六五パーセントに相当する。深刻だったのは、こうした損害の半分も補充できなかったことである。とりわけ、経験を積んだ指揮官要員が不足していた。応急的な訓練を受けただけの指揮官要員を編入することで、部隊の教育訓練状態、実戦経験の度合いは低下し、従って、その能力も減衰してしまった。だからこそ、彼らが示した功績は驚嘆に価するのであるが。

補給状況

一九四二年の攻勢作戦が進むにつれ、補給が問題になってきた。早くも七月初頭には、第4装甲軍麾下の諸師団は、燃料不足により、ラゾシュ付近で数日間、足踏みすることになった。速やかにスターリングラードに突進するため、第6軍に配属された第14装甲軍団は、七月十三日以降、何日も燃料の到着を待たねばならなかったのである。ハルダー日記は、この南部戦線における恒常的な補給不足を証明している。どこでも、燃料はぎりぎりだった。「車輛の燃料タンクに小型缶で」補給するだけであったから、自分でやりくりするしかなかったのだ。

ドイツからドン川までの距離は、およそ二千五百キロに達し、鉄道連絡も貧弱だ。そこで、第52軍団参謀長を務めていたハンス・デェル大佐は、燃料移送の停滞だけでも、ヒトラーの計画を破綻させかねなかったと判断している。▼46

一般的な物資供給よりも、根本的に重要だったのは、尖兵部隊への補給だった。縦列行動の余地がわずかであること、劣悪な道路、土砂降りの雨、ヒトラーが予想外の作戦移動を命じたこと、重点形成が戦闘に左右されたことなどにより、尖兵部隊の困難はいやが上にも増し、作戦的決定や戦闘遂行に、あとあとまで響くような影響を与えたのである。

とくに七月二十三日以降、状況は危機的になった。このとき、指令第四五号にもとづき、B軍集団向けと決まっていた大量の輸送手段が、補給物資ごと、A軍集団の遠隔目標への進撃を支援するため、そちらに渡されてしまったのだ。それによって、第6軍は十日間も動けず、また、打撃力を失ったままに置かれることになった。そのため、敵は、いまだドン川西方にあるうちに、第6軍に会戦を強いることができ、スターリングラード周辺の広範な地域に防御陣を構築するための貴重な時間を稼いだのである。

スターリングラード周辺の会戦が進み、A軍集団が距離にして七百五十キロ、タマン半島からグロズヌイまで正面幅およそ九百キロの突進を行うにつれ、補給情勢は悪化した。空輸による援助も焼け石に水でしかなく、空軍の戦闘ならびに捜索への即応能力への負担となっていく。

マイコープ周辺の油田を得たことも助けにならなかった。ロシア軍が、徹底的な破壊を実行していったからである。

七月末の敵情勢[47]

ドイツ陸軍参謀本部が一九四二年八月十五日付で作成した敵部隊・団隊概観は、その特徴をよく示している。当時のドイツ軍文書によれば、ロシア軍の兵力は以下の通りであった。

四百六十二個師団相当の戦力を有する団隊六百二十四個。

百三十一個戦車旅団相当の戦力を有する戦車団隊百六十五個。

総計は、完全編制の戦闘団隊五百九十三個に相当する団隊七百八十九個になる。

このうち、ドイツ軍東部戦線に配置されていたのは、次頁のごとくになる。

	予備	他戦線
350個団隊　戦力にして188個師団相当	159個団隊	115個団隊
68個　戦力にして34個戦車旅団相当		
戦車団隊	86個戦車旅団	11個戦車旅団
計　418個団隊　+222	+245	+126=
総計=完全編制の戦闘団隊593個相当		

七月十三日、モスクワで国防会議が開催され、必要とあらばヴォルガ河畔まで後退するが、スターリングラード地域ならびにコーカサスは固守し、ドイツ軍に、ヴォルガ河畔で冬を迎えることを余儀なくさせるとの結論が出された。[18]

七月三十一日、スターリンは、一種の日々命令を発した。それは、きわめて深刻な情勢を描きだし、ゆえに、ロシア軍がドン河畔でドイツ軍を拒止し得ないような事態が生起するかもしれないとしていたのだ。従って、いかなる後退も、ロシアの終わりを意味するというのである。そこには、非難も脅しもなく、ただ、苦い真実があるだけだった。ハンス・デェルは、この日々命令の効果は、八月十日ごろから感じ取れるようになったと断言している。[48]

一九六六年の『国防学概観』[49]において、ロシア軍のミハイル・カザコフ上級大将は、一九四二年夏のドン川正面でのロシア軍部隊の戦闘を批判した。

一九四二年春、ブリャンスク正面軍司令部は、麾下五個軍を以て、ベレフからオスコルに至る四百キロ幅の戦線を守っていた。六月六日より、同司令部は、以下の予備を使えるようになった。六個戦車軍団ならびに四個独立戦車旅団を有する第五戦車軍、二個騎兵軍団、四個狙撃師団である。戦車の総数は一千六百四十両となり、そのうち、百九十一両はKV型、六百五十両はT－34であった。さらにまた、八個独立戦車旅団が、狙撃軍〔歩兵軍〕の麾下に配属されている。ただし、戦車団隊が速成された結果（一九四二年三月から五月までに、十五個以上の戦車軍団、二個戦車軍が編成されている）、作戦的・戦術的な教育訓練は、必要とされる水準に達していなかった。

ヴォロニェシ地域におけるドイツ軍の攻撃企図については、十二分に知らされていた。撃墜された航空機から、「青号」作戦に向けた第40装甲軍団の作戦命令が発見されたのである。もっとも、ロシア軍最高司令部〔スタフカ〔赤軍大本営〕〕は、この書類は欺騙措置だとみなしていた。

ドイツ軍の攻勢が開始されてからは、ブリャンスク正面軍司令部は、右記の部隊に加え、さらなる戦車軍団七個と第五戦車軍を麾下に置いた。だが、ロシア軍指導部は、この戦車の大集団を集中的に運用することに失敗したのである。六月三十日、スターリンは自ら電話をかけて、戦車軍団の投入に関する指示を与えた。「考えてみたまえ。貴官はいまや、一千両もの戦車を前線に有している。ところが、敵は五百両ほども持っておらんのだぞ……」。

ついで、カザコフは、ロシア軍戦車団隊の戦闘遂行を描きだす。

「……第四戦車軍団は、東方への後退を開始した。第一七および第二四戦車軍団も、ほとんど戦闘に参加することなく、ドン川の後ろに撤退する。……〔一個戦車軍団あたり、百二十ないし百五十両の戦車を有する〕……味方の側面や後背部への配慮から、戦車軍団は、狙撃団隊〔歩兵団隊〕から分離されなかった。……しかしながら、第五戦車軍の運用が失敗した本当の理由は、その規模が過大だったためではなく〔その麾下にあった第五戦車軍団は、戦車六百両を保有していた〕、当時のわれわれが、強大な戦車団隊による戦闘や会戦を理解していなかったことにある。まるまる一個戦車軍のそれについては、もっとわかっていなかったのだ。戦車部隊も、そうした運用に対する用意がいまだできていなかった。これらすべてのことが、あとになって、ようやく効いてきたのである……」。

このあと、カザコフは、ロシア軍の兵力、とくに戦車が圧倒的でありながら、ドイツ軍の攻勢を初期段階で破砕できなかったことを批判している。

「……その主たる要因は、スタフカから戦車軍団司令部に至るまで、部隊の指導部が失敗を犯したことにある。スタフカの誤謬とは、攻勢作戦『青号』がはじまるまで、クルスク－ヴォロニェシ方面が攻撃される可能性を信じていな

▽18　一九四二年七月十五日付陸軍参謀本部東方外国軍課文書。

かったことだ。……敵の夏季攻勢の主たる目標は、再びモスクワになると想定していたのである。かくて、味方団隊は……露骨にいってしまえば、敵戦車団隊に対する戦闘での『怯懦』をなお克服できていない時期に、戦闘を行うことになった……」。

ドン正面軍司令官ティモシェンコが七月末に出した指令は、ソ連軍の戦術を特徴づけている。「……包囲されてしまうことは許されない。寸土を譲らぬ防御は、すぐに大損害を被ることを余儀なくされるのだから、〔包囲をまぬがれるという〕前提条件を満たすことは、ずっと重要である……」。

ティモシェンコの将兵は、この指令に従い、ドニェツ川とドン川のあいだで作戦を行った。最初期のオスコルでの戦いを措けば、もはや大部隊が包囲されることはなかったのである。捕虜や鹵獲された戦闘機材といった損害は、比較的わずかであった。撤退についても、ときに兵器や機材を失うことがあったとはいえ、おおむね整然と行われたように思われる。ところが、ドイツ側は、そうした損害をもとに、誤った敵情判断を下しがちであった。

当然のことながら、ティモシェンコは、軍作戦予備に反攻準備を整えさせる時間と機会を最高指導部に与えるという目的から、かかる戦法を限定的に採用することができたのである。[19]

八月三日付のOKW経済局の概観によれば、ロシアは最近三か月間に、著しい数の戦車を完成させていた。KV型四百十両、T-34型一千二百両、T-60型一千五十両が生産されたのだ。

外国から供給されたものは、月あたり四百両を数えていた。つまり、ひと月につき、およそ一千両の戦車が供給されるという記録が達成されたことになる。ただ、ロシア軍の七月の損害は、戦車三万九千両となっていた。[20]

総統指令第四五号の実施

B軍集団に与えられたのは、二重の任務で（「アオサギ」作戦）[50]、全体的にみて、敵が消極的であった場合にのみ、満足のいくかたちで遂行できるものであった。そうでないとすれば、B軍集団の兵力は充分に強力であるとはいえなかったのである。同軍集団の戦線は、一千キロ以上の長さにおよび、ヴォロニェシの北からマヌィチ、のちにはアストラハンまで延びていたのだ。

Ｂ軍集団（フォン・ヴァイクス）麾下には、七個軍があり、うち三個は同盟国軍であった。経験的には、一つの高等司令部が指揮できるのは、三ないし四個軍である。さもなくば、その指揮活動には、あいにくなことに、特別の配慮を必要とした。同盟国の諸軍が所属しているとあっては、なおさらだ。

はなはだしいまでの敵の過小評価さえ控えるならば、かかる延びきった戦線を長期にわたって維持できるかは、最初から疑わしかった。ヒトラーは、さらなる過ちを犯していたのである。第6軍と第4装甲軍というＢ軍集団の攻撃力を、スターリングラード市内およびその周辺の戦闘に固着させてしまう一方で、ドン川沿いに深く食い込んだ北側面と南の外翼の守備を同盟国軍に任せてしまったのだ。八月十六日に、そうした正面への懸念を示していることから証明されるように[51]、それら同盟国軍の戦闘力がわずかであることは、ヒトラーにもわかっていた。つまり、彼は、コーカサスという夢を追うために、はなはだしいリスクを冒したのであった。

しかし、数週間にわたる膠着とドイツ軍団隊（歩兵と快速部隊）の消耗によって、主導権はロシア軍指導部に移った。ヒトラーは、この正面の主導権を放棄したのである。ソ連の「スタフカ」は、こうした基盤の上に、大規模な冬季攻勢作戦を構築していく。

フォン・マンシュタイン元帥が証言しているごとく、Ｂ軍集団司令官は、ヒトラーがひっきりなしに命令系統に介入してくるため、両手を縛られているようなものだった。男爵フォン・ヴァイクス上級大将は、一九四三年二月十日、

▽19　これについては、ハルダー日記七月十八日の条の記載と比較されたい。「北と北東から、ヴォロニェシに向かう（ロシア軍）兵力移送は、なお続いている。諜報員の情報によれば、スターリンは、スターリングラードを保持し、その部隊に無傷でドン川を渡河させ、維持するために、すべてを投じているとの由である……」。この情報は、スターリン自身が九月七日に出した、「もはや一歩たりとも退くなかれ！」とする無電命令によって確認された。

▽20　ドイツ軍前線部隊の報告によってのみ、計算されたとすれば、この数字は疑わしい。二重カウントが避けられないからである。しかも、そのなかには、旧式戦車が含まれていた。

ポルタヴァにおいて、著者に対し、「行動の自由などない。私はＯＫＷの囚人だよ」と認めてみせたものだ。

第6軍のスターリングラード攻撃（「アオサギ」作戦）

七月二十日、第6軍に配属された第14装甲軍団（フォン・ヴィータースハイム大将。第16装甲師団、第3および第60歩兵師団［自動車化］）の前衛は、東方に向かって、チル川を渡った。

第6軍は、今後の進撃のため、第14装甲軍団を北部支隊、ドニェツ川下流域より接近してくる第24装甲軍団（フォン・ランガーマン大将。第24装甲師団）を南部支隊とした。

両支隊は、ドン川に沿ってカラチをめざし、その途上に在るであろう敵部隊をドン川大屈曲部で包囲、そこでドン川を渡河して、スターリングラードを合撃する予定であった。

ところが、敵はもう、ドン川を渡る、あわただしいばかりの撤退を中止していた。彼らを追撃していた第40装甲軍団が、七月なかばにヒトラーの命により、南方に旋回させられたばかりか、新部隊までもドン川を越えて、西に移動したためだった。これによって、ドイツ軍戦力のすべてを必要とするような会戦が、カラチ付近で生起するものと予想されていた。

だが、この時点までに、深刻な補給困難が発生している。第6軍向けとされていた大量の補給物資、とりわけ燃料が、コーカサス方面に回されてしまったからである。いまやヒトラーは、そちらに重点を置くことにしたのだ。かくて、第6軍は停止することとなった。

それゆえ、ロシア軍は七月三十一日に攻撃にかかり、当初は成功を収めた。大戦車戦が起こったが、八月七日から十一日にかけて、第6軍は、ロシア第一戦車軍と第六二軍に対し、完全な勝利を得た。第6軍にとっては、開豁地の野戦における最後の勝利である。

けれども、第6軍がドン川を渡河したのは、やっと八月二十一日になってのことだった。防御側は、右記の戦闘で、またしても貴重な時間を稼いだのだ。八月二十三日、第16装甲師団を先鋒とする第14装甲軍団は、敵の戦線をもう一度突破し、同日、スターリングラード北方、ヴォルガ河畔のルィーノクまで突進した。ここで、同装甲軍団は、南方からの第4装甲軍の攻撃が功を奏し、八月三十一日にロシア軍がスターリングラード市内に退却するまで、味方歩兵から約四十キロも離れた地点で、危機的な状況にありながら、八日間も頑張っていなければならなかったのである。

七月三十日にはすでに、ヒトラーは、そのコーカサス決定を変更し、第4装甲軍を再びB軍集団麾下に置いていた。同装甲軍が、第48装甲軍団（ケンプフ大将。戦車二十四両しか持たぬ第14装甲師団と第29歩兵師団［自動車化］より成る）しか使えなかったことはいうまでもない。かつて麾下にあった第24装甲軍団は、七月二十三日にはもう、第6軍に配属されていたからだ。第4装甲軍麾下の第40装甲軍団は、A軍集団のもとに留まっていた。「大ドイツ」歩兵師団（自動車化）は、フランスに向かう移動を開始している。従って、第4装甲軍が麾下に置いたのは、ドイツ軍とルーマニア軍のそれぞれ一個軍団であった。

八月一日、ホート上級大将率いる第4装甲軍は、ツィムリャンスカヤ橋頭堡から打って出て、サリスクからの鉄道沿いに、スターリングラードに向かった。目標は、ヴォルカ川を瞰制するクラスノアルメイスクの高地である。第4装甲軍は、B軍集団による挟撃において、南の刃を形成することとされていた。B軍集団は、南と西からスターリングラードを包囲し、同市を奪取せんとしていたのだ。八月十二日、第4装甲軍に、さらに第24装甲師団（フォン・ハウエンシルト大将［正確には中将］）が配属された。同師団は、第4装甲軍の北側で、すでに投入されていた。

同じく燃料不足とロシア第六四軍および第五一軍の反撃に妨害されながらも、第4装甲軍は、八月二十日までにトウンドゥトヴォ駅に前進していた。が、そこで防御に移らざるを得なくなったのである。同軍の戦力は、なお進撃を続けるには、もはや充分でなかった。この状況ゆえに、ホートは、アフガネロヴォ、セトィ、プランタドールを越えた地域で、第48装甲軍団を再編するとの決断を強いられた。第6軍の南に隣接して進み、第24装甲師団と協同、西と南西より、同じくスターリングラードを攻撃するためであった。八月三十一日、三個師団すべてが、バサルギノ付近で第6軍南翼を支援する。早くも九月一日には、ルーマニア第20師団が、その隣に到着した。九月三日、第48装甲軍団は、ヴォロポノヴォ付近で、スターリングラード西縁部にあるヴォルガ川の高地に達した。九月十日には、エリシャンカおよびクペロスノエのロシア軍基地を占領、スターリングラード南方、ヴォルカ川の河岸で第6軍と手をつないだ。

かくて、九月十五日には、第4装甲軍司令部の任務は完了したのである。外郭地帯を含むスターリングラードの占領は、第6軍単独で行うべき任務だった。それゆえ、第48装甲軍団の諸団は、同軍麾下に移されたが、第48および第24装甲軍団司令部は、のちに抽出された。

いまや、第14装甲軍団（フーベ〔装甲兵〕大将）とともに、貴重な快速団隊六個が、市街や家屋をめぐる戦術的な戦闘に拘束されていた。これらが、どんな目に遭うことになったかは、よく知られている通りである。かかる部隊が作戦的に有意義な使われ方をしたなら、のちに、ドン河畔の同盟国軍の戦線を突破したロシア軍を捕捉し、スターリングラード戦の結果を変えるか、あるいは、ずっとうまくやって、機動的な運用により、敵の開進をあらかじめ撃破していたことだろう。

このとき、第4装甲軍の任務は、第4軍団およびルーマニア第6軍団を以て、スターリングラードから、A軍集団との指揮境界線があるマヌィチ川までの戦区を保持することだった。ルーマニア軍北翼は、トゥンドゥトヴォ駅近くにあった。また、百八十キロの距離を置いて、第4装甲軍に配属された第16歩兵師団（自動車化）が、エリスタ付近で、絶え間ない敵の突進に対し、アストラハンに至るまでのカルムィク・ステップ、その正面幅三百キロの掩護にあたっていたのである。九月二十九日から十月九日まで、第14装甲師団が一時的にまた第4装甲軍の指揮下に入った。同師団は、軍予備、「火消し役」として、プロドヴィトエ地区に置かれていたが、結局、スターリングラードで使われてしまった。同様に、第29歩兵師団（自動車化）も、九月二十九日から十一月十八日まで、軍予備として、スターリングラードの南方約五十キロのステップ地帯で運用されていたものの、十一月二十一日以降、ロシア軍が同市南方において突破したのちは、再び第6軍麾下で使われることになった。

第4装甲軍ならびに第6軍の戦闘経過からは、最高司令部が七月後半にはまだ目的を意識した行動をしており、充分な補給を得れば、わずかな犠牲でスターリングラードを奪取可能であるとの「青号」作戦本来の判断・決定が堅持されていたことを読み取れる。だが、ヒトラーは、ミルレロヴォならびにロストフ周辺で、遅きに失した「小包囲」を行い、コーカサス作戦向けに過早に補給をまわすことにより、防衛側に、決定的な意味を持つ時間をくれてやったのだ。彼らは、増援部隊召致のために、その時間を有効に活用した。そんな真似さえしなければ、スターリングラード市外でもう決戦が生起したかもしれない。かかる蓋然性は、非常に高かったのである。

A軍集団のコーカサス攻勢(「エーデルヴァイス」作戦)

リスト元帥は、九月なかばまで、ヒトラーに要求された遠大な目的を達成することができずにいた。それが実現される展望など、もはやなかったのだ。第17軍は、激戦の末にノヴォロシースクを征服していたが、トゥアプセ前面で止められていた。第1装甲軍(三個装甲師団および二個歩兵師団[自動車化]を擁する、第40ならびに第3装甲軍団より成る)は、なるほど、マイコープの小油田地帯を占領したものの、そこに見いだされたのは、完全に破壊された油田とボーリング塔だけだった。これらが再稼働可能になったのは、やっと一九四七年になってのことである。以後、戦線は、キスロヴォツク南方から、さらにモズトク(ここに、第13および第23装甲師団を麾下に置く第40装甲軍団が配されていた)へと延びたが、そこでは、テレク川南方にドイツ軍の大橋頭堡が存在していた。斥候隊はカスピ海沿岸に達し、軍集団の指揮境界線であるマヌィチ河畔のソスタ付近で、エリスタのB軍集団麾下第16歩兵師団(自動車化)と、かすかな接触を得たのだ。

作戦的な検討からは、コーカサスに撤退するロシア軍部隊の追撃は容易であると思われていたが、八月なかばごろには、それが激しい攻撃戦闘に変じていた。しかも、燃料供給が常に懸念されたことから、戦闘の困難は、いよいよ深刻になっていったのである。また、かかる広範囲にわたる作戦であるのに、空軍の支援は充分でなかった。スターリングラードに重点が置かれていたためだ。将兵は消耗し、損害が補充されることはなかった。戦線は遠く延び、予備はなく、地形は厳しいものだった。従って、九月初頭に、攻撃が停止に至ったのは、必然だったのである。

ヒトラーは、この峻厳な現実を理解しようとはしなかった。ヒトラーと、彼の側近協力者であるヨードル上級大将の関係も、おおいにこじれた。ヨードルは、将兵とその指揮官たちに対するヒトラーの非難に反駁（はんばく）したのであった。

A軍集団司令官リスト元帥は、九月九日、ヒトラーの求めに応じて、職を辞した。ヒトラーは（戦史上、ただ一度かぎりのことになったが）、他の責務とならんで、一千四百キロも離れ、しかも難しい状況に陥っているA軍集団を直率するとの決断を下したのである。信頼できるA軍集団司令部は、公式には、単なる「報告端末所兼命令伝達所」と称されることになった。このヒトラー決定は、彼が依然として軍隊指揮と指揮機構の扱いには素人で、まったくわかっていないのだということを、あらためて証明したのだ。ヒトラーは、そばにいる参謀総長や現場で軍集団を指揮している司令官や部隊長たちに相談しなくとも、地図卓で細目を読み取り、迅速かつ的確な決定を下すことができるし、それで部隊や指揮官が苦しまなければならないということもないと、信じて疑わなかったのである。

観察▽21

コーカサスとスターリングラード周辺における、戦術・作戦的に不利な状況からすれば、ヒトラーは、あらたな決定を余儀なくされるはずであった。厳しい季節が迫っているのだから、一九四一年から一九四二年の冬、あの半年間のような事態に陥らないようにするためには、なおさら、決断が必要だったろう。敵の抵抗が激化していることや、他の対敵情報が入っていたから、ヒトラーとても、敵に関する従来のごとき認識に固執するのは危険だと警告されていたにちがいない。その夏季攻勢は挫折したと認めざるを得なかったはずなのである。

あらたな反動を被る条件ができあがっており、それは、前年に生じたのと同様の状況だった。つまり、人員・物資ともに消耗しきった部隊、当初は七百キロだったのが、およそ二千五百キロにまで延びた長大な戦線（ケルチ－ノヴォロシースク－ツアプセ－マイコープ南方－アストラハン－スターリングラード－ヴォロニェシ北方を結ぶ線）、ドイツ本国から約二千五百キロの距離を隔てる補給の極度の困難、過大な戦闘正面幅、ヒトラーが下級部隊の指揮の細目にまで、絶えず干渉してくることによる軍隊指揮の阻害といったことだ。

加えて、三同盟国（イタリア、ルーマニア、ハンガリー）の軍勢の指揮と扱いに関する困難もあった。これらは、クレツカヤからヴォロニェシに至る、重要なドン川正面に配置されていたが、ロシア軍と同等というわけにはいかなかったのである。

おそらく、政治家ヒトラーとして考えられる代替的解決策もあったはずだった。かかる状況にあるのだから、工業の中心地としてのスターリングラードが、事実上機能しなくなるまで破壊したのち、同市の占領をあきらめるのだ。その代わりにドン川の防衛を強化、そこに、スターリングラードから引き抜いた快速師団六個を待機せしめる。事実、B軍集団は、九月末に、この案をOKHに提示していた。▼52

いわば抵当物件となってしまったコーカサスも、戦線を短縮して、防衛にあたるべきだったろう。その際、ノヴォロシースク、マイコープ、エルゲニ連山はなお保持することが可能であった。

加えて、翌年に向けた休養・回復を行うこともできただろうし、妥協による講和を推進すべきでもあった。実際、十二月一日には、ムッソリーニが、この策を推奨してきたのである。

作戦的な経験に沿うならば、B軍集団との連結を得るために、コーカサス戦線をドン川下流域まで下げることは、目的にかなっているはずだった。それによって、およそ一千キロもの顕著な戦線短縮が達成され、必要な予備の捻出や防御線強化が可能となったであろう。

しかし、ヒトラーは、いっさい変更しないとの決断を下した。状況に即して、賢明な判断を下し、譲歩するつもりなどなかったのである。つまり、そうすることで、他の地点における有利に代えるというような作戦的思考を持ち合わせていなかったのだ。ヒトラーは、おのれが唯一無二の能力を有していることを確信していた。国防軍という巨大な機構は、ただ自分という起動力を必要とするだけで、しかと機能しているし、ロシア大陸が持っていた力も、きっと消尽されてしまったにちがいないと、信じて疑わなかったのである。

▽21　一九四二年のドイツ軍夏季攻勢全体については、中立スイスの視点からみた、ハウザマン大尉の一九四二年八月十六日付情勢判断を参照されたい。付録、四五一頁以下。

かくて、すべてが、従来通りのままに留め置かれた。十月六日になっても、なおスターリングラードは「他のあらゆる利害に優先される」「B軍集団の最重要目標」とされたのだ。これが、九月末のB軍集団による反対提案への回答だった。十月十四日、ヒトラーは、全東部戦線に対する命令を発する。「到達した線は……一九四三年のドイツ軍攻勢のため、いかなる場合においても……維持すべし。……いかなる作戦的後退も不可である……」[53]。

こうして、諸部隊は、決定的な成果を上げることもなく、延びきった戦線で消耗していった。その専制的な姿勢ゆえに、最高指導部は機能しなかった。面白からぬ警告を出しつづけていたハルダー上級大将は、九月二十四日に解任され、年若のツァイツラー〔歩兵〕大将と交代した。いまやヒトラーは、よりいっそうの制約をまぬがれて、おのれの企図と間違いだらけの決定を貫徹できるようになったのである。

Ⅲ. ロシア軍冬季攻勢――一九四二～一九四三年

一九四三年三月なかばまでの情勢の展開――ロシア軍冬季攻勢第一段階――ドン軍集団の編合――スターリングラード「解囲攻勢」（「冬の雷雨」作戦）――ロシア軍冬季攻勢第二段階――一九四三年一月のコーカサス撤退――第4装甲軍によるA軍集団のコーカサス撤退掩護――スターリングラード――ロシア軍冬季攻勢第三段階――一九四三年一月なかばのマンシュタインによる偉大な決断――一九四三年二月二十二日のマンシュタイン反攻――観察

一九四三年三月なかばまでの情勢の展開

運命は動きだした。固定観念にしがみついたヒトラーは、B軍集団の長大な側面に関する警告となるようなきざしのすべてを無視し[54]、スターリングラードの成功を待ちつくした。ところが、ハルダー上級大将は、九月二十日に、そこで「〔ドイツ軍〕攻撃部隊は燃え尽きつつある」と断言していたのだ。

ロシア軍は、一九四二年十一月なかばまでの数か月間において、当初、モスクワならびにオリョール東方地域に待機していた作戦予備を、遠くB軍集団正面まで、察知されることもなしに[▽22]集結させることに成功していた。

B軍集団の軍隊区分は、ヒトラーの厳格な命令により、麾下にあるドイツ軍攻撃団隊（三個歩兵軍団と第14装甲軍団）を、スターリングラード付近の著しく突出した狭隘な地域に固着させている点で特徴的だった。その右側面は、ホート集団軍のドイツ第4軍団とルーマニア第4軍団によって掩護されていた。クレツカヤからコロトヤクまでの長大な左側面は、同盟国の三個軍（ルーマニア、イタリア、ハンガリー）、ドイツ軍軍団司令部二個（うち一個は、第24装甲軍団司令部）、いくつかの師団により守られている。そこから先につながっているのは、ドイツ第2軍であった。

予備は、ホート集団軍後方、スターリングラードの南に、第29歩兵師団（自動車化）があった。第16歩兵師団（自動車化）は、きわめて行動的になった敵に対して、エリスタ周辺の遠隔部を守っている。

ルーマニア第3軍の背後では、第22装甲師団とルーマニア第1装甲師団を擁するドイツ第48装甲軍団（ハイム中将）が、軍集団予備として、十一月なかば以来、クレツカヤの西に置かれていた。イタリア第8軍の後方には、第24装甲軍団司令部、ドイツ軍歩兵師団二個があった。ロッソシ地区には、第27装甲師団が配されたが、この師団にあるのは基幹要員のみだった。

ロシア軍冬季攻勢第一段階

ロシア軍冬季攻勢の第一段階は、一九四二年十一月十九日に開始された。まさしく、ヒトラーの軽率な指揮上の措置こそが、本攻勢の作戦的土台をスターリンに提供してしまったのである。敵は、スターリングラードのドイツ軍兵力を正面から拘束し、同市の南北において、ドン川沿いに布かれていた両側面（ルーマニア軍諸師団が守っていた）を、強力な戦車部隊により、一撃で突破したのだ。

▽22　一九四二年十一月六日付の陸軍参謀本部東方外国軍課による敵情判断を参照せよ（OKW戦時日誌、第二巻、一九四二年分、一三〇五頁）。

突破した敵団隊は、攻勢発動四日後の十一月二十二日に、ドン川西岸のカラチで手をつないだ。かくて、ドイツ軍二十個師団とルーマニア軍二個師団が、スターリングラード市内および、その周辺地域で囲まれたのであるが、包囲環はまだ密ではなかった。第48装甲軍団が、クレツカヤ－ブリノフ間に投入されたものの、成果は得られない。[23] ようやく、十一月二十六日になって、同軍団は、著しい損害を出しながら、スターリングラード西方、チル川沿いに味方が布いた新防御線に再び接続することができた。

B軍集団は、大きな危険が迫っていると認識し、早くも十一月十九日に、第14装甲軍団（フーベ大将）を投入して、クレツカヤ付近の敵突破部隊に対するよう、第6軍に命じた。この企図は適切だったけれども、事態の進展が速かったため、もはや実現できなかったのである。

十一月二十日、ホート集団軍（第4装甲軍）も、麾下ルーマニア第4軍の左翼、トゥンドゥトヴォ駅北西部を突破された。第29歩兵師団（自動車化）は、戦車を中心とする支隊（増強された第129戦車大隊）を以て、ただちに反撃、敵を撃退したが、その後、南正面掩護のために、第6軍麾下に置かれた。同じく、ドイツ第4軍団も、カラチ方面に旋回するため、ザーラからアフガネロヴォに突進してきたロシア戦車部隊にぶつかっていた。集団軍司令部も、その司令所に敵戦車の砲撃を浴びせかけられていたのだ。

ドン軍集団の編合

第6軍が包囲されたことに影響されて、ヒトラーはとうとう十一月二十二日に、B軍集団を分割する決定を下した。新編されたドン軍集団は、撃破されたルーマニア第4軍、弱体の第4装甲軍（ホート）、スターリングラードの第6軍、殲滅されたも同然の状態だったルーマニア第3軍を包含していた。

その司令官は、フォン・マンシュタイン元帥と決まったが、麾下第11軍とともに、北方正面（第16軍）に召致されていたため、ドン軍集団の指揮を執ることができるようになったのは、ようやく十一月二十八日になってのことだった。

コーカサス方面でも人事異動があった。十一月二十二日、ヒトラーは、九月九日以来、自らが握っていたA軍集団の「指揮権」を、フォン・クライスト上級大将に譲り渡すことに決めたのである。第1装甲軍司令官の後任は、これまで第3装甲軍団長を務めていたフォン・マッケンゼン〔騎兵〕大将になった。

ヒトラーの命により、ドン軍集団に与えられた任務は、「……敵の攻勢を停止せしめ……いまだ占拠されている陣地を再確保する……」ことであった。そのため、一個軍団司令部ならびに一個師団が増援されるものとされた。ヒトラーと側近たちは、またしても事態の深刻さを把握しそこねていたようである。ヒトラーは、第6軍に対し、快速部隊で正面を掩護しつつ、突破した敵をただちに攻撃し、西方への連絡線を確保せよと命じるのではなく、軍事的には不可解な指令を無線発信したのだ。「全周陣地に立てこもり、待機すべし！」[55]

スターリングラード「解囲攻勢」（「冬の雷雨」作戦）

この間にも、スターリングラードとドン川西方の情勢は、日に日に悪化していた。フォン・マンシュタイン元帥は、接近行軍中の第57装甲軍団（キルヒナー大将）麾下第23装甲師団と、フランスから駆けつけてきた第6装甲師団（ラウス少将）を以て、スターリングラードへの「回廊」啓開に着手すると決心した。それによって、マンシュタインは、第6軍を救出するため、はかりしれないほどのリスクを甘受したのである。全体の指揮は、第4装甲軍司令部が引き受けた。今では、フォン・クノーベルスドルフ〔装甲兵〕大将の指揮下に置かれている第48装甲軍団（麾下に第11装甲師団があった）も同様に呼び寄せる企図であったが、これは、ふいになってしまった。チル河畔の戦線が寸断された状態だったため、そちらに投入することが必要になったからだ。

▽23　これについては、Carell, Paul, »Unternehmen Barbarossa«［パウル・カレル『バルバロッサ作戦』全三巻、松谷健二訳、吉本隆昭監修、学研M文庫、二〇〇〇年］, Nannen Verlag, Hamburg, 1958, 五〇七頁以下、五一二頁以下、五二八頁以下における記述を参照されたい。

第6装甲師団は、戦車百六十両と突撃砲四十両を保有していた。第23装甲師団〔フォン・ボイネブルク大将〔正確には中将〕〕のほうは消耗しきっていたものの、あらたに到着した戦車二十二両を受領し、これまでの状態に復活した。第57装甲軍団は、鉄道沿いに重点を形成し、コテリニコヴォからトゥンドゥトヴォ駅を攻撃する予定であった。第6軍が、南西からそこに突進してくることが期待されたのである。攻撃の両側面は、ルーマニア軍、さらに北方ではドイツ軍団隊によって、掩護されるものとされた。攻撃縦深は、およそ百二十キロにおよぶ。敵は、反撃に備えており、数的な優勢を誇っているのだ。なんとも過酷な要求ではあった。二個装甲師団で、敵一個軍の陣を抜き、包囲された味方の軍に連絡をつけ、ヒトラーが強く要求したように、その連絡路を開放されたままにしておけというのである。

十二月十二日に開始された攻撃は、当初成功を収め、その日の晩にはアクサイに達した。だが、ロシア軍が速やかに対応してくる。続く数日間、ヴェルフネ・クムスキー地区において、激烈な戦車戦が展開された。これは、敵の歩兵のため、困難な様相を呈した。十二月十七日、さほど戦闘力豊かではないものの、さらに第17装甲師団〔フォン・ゼンガー・ウント・エターリン〔装甲兵〕大将〕が中央軍集団より到着した。これら、第6および第17の両装甲師団は、十二月十九日にヴェルフネ・クムスキー奪取に成功する。ミシュコヴァ地区の戦闘は、十二月二十三日まで続いた。敵が絶え間なく、新手の戦車部隊を召致してきたからである。そこに、予想だにしなかった軍集団命令が到着した。他の方面に緊急投入するため、ただちに一個装甲師団を抽出する一方、第57装甲軍団の残余を以て、アクサイを奪回すべしと指示されたのだ。軍集団全体の状況が絶望的であることに鑑み、ホート上級大将は、麾下最強の師団である第6装甲師団を差し出すことに決めた。かくて、「解囲攻勢」は中止されたのである。

こんなことを余儀なくされた原因は、ロシア軍があらたに、ドン川中流域でイタリア第8軍の戦線を深く、かつ広範囲に突破し、ロストフに向かったことにあった。彼らの、より遠大な作戦目標は、南部ロシアにあるドイツ軍ならびに同盟国の部隊すべてを遮断することだったのだ。実はヒトラーも、すでに八月の時点で、そのような展開になるのではないかと懸念を表明していたのだが、かかる不安に対応するような指揮は行われなかったのである。ヒトラーはあらためて、破局を回避し得るような決断を強いられた。ところが、強力な作戦予備など、ありはしない。ヒトラーは、快速団隊をグロズヌイまで分散させるか、あるいは、スターリングラードの市街戦につっこんで、身動き取れなくさせていたのだ。

ロシア軍冬季攻勢第二段階

ロシア軍冬季攻勢は、第二段階において、十二月十六日には、ドン川正面、ヴェシュエンスカヤからノーヴァヤ・カリトヴァ北方に至る地域で、イタリア軍の戦線を突破していた。ロシア第五戦車軍は、九日間で百八十キロを踏破、タチンスカヤまで突進した。ここからロストフまでは、わずか百七十キロでしかない。

もし、敵がロストフ付近でドン川下流域を確保し、渡河点を封鎖したならば、コーカサスにいるA軍集団の後方連絡線は遮断され、同軍集団も、ドイツ東部軍から分断されてしまうだろう。

ホート集団軍麾下のルーマニア軍諸団隊も、あらたな攻撃を受け、突破、殲滅されている。それ以後の情勢は、ドイツ軍指導部にとって、いまや極度に危機的なものとなっていた。しかし、潰走するイタリア軍とルーマニア軍の混乱に巻き込まれながらも、ドイツ軍部隊は、この数週間にわたる戦闘において、格別に優れた能力があることを示したのであった。あらゆる種類の応急処置を行いつつ、西方への退却中に、完全に寸断された戦線を繕い、それによって、いくぶんなりと連続した正面を形成することに成功したのである。

十二月末の状況は、おおよそ以下の通りだった。

第4装甲軍（ホート）は、ドン川の南、サル川とマヌィチ川のあいだで、ロシア軍自動車化軍団三個の前進を拒止している。ドン川の北では、新編されたホリト軍支隊（アルメーアプタイルング）〔Armeeabteilung. ある軍団の指揮下に他の軍団を置いて、臨時編成された、軍規模の団隊〕が、ツィムリア河畔で東に正面を向けて、ロシアの歩兵軍三個と戦っていた。ツィムリア川上流域では、ドイツ軍の戦線が、天然の障害もなしに急角度で西方に曲がっていたが、敵戦車軍団四個と狙撃軍団一個が、同戦区を精力的に攻撃中だった。この戦区の西隣では、やはり急場しのぎに編合されたフレッター＝ピコ軍支隊が、ミルレロヴォの両側で大きく湾曲しているカリトヴァ川の背後で、ドニェツ盆地を守っている。スタロビリスク東方においては、増強された第19装甲師団が、非常に巧妙な機動防御を行い、イタリア軍の崩壊によって生じた間隙部をふさいでいた。ずっと北では、さらなる封鎖部隊が戦闘しており、なおドン川の線を維持しているイタリア山岳軍団との連結を保っていた。この山岳軍団は攻撃されていなかったのである。

敵の圧力がとくに大きかったのは、ドン軍集団とB軍集団麾下のフレッター＝ピコ軍支隊に対してであった。ロシア軍指導部が、作戦目標であるドニェツ盆地とロストフを奪取し、それによって、ドン軍集団ならびに、ヒトラーが執拗にコーカサスに張り付けているA軍集団を包囲殲滅しようとしていたからである。

一九四三年一月のコーカサス撤退

彼自身が責任を負わねばならぬような事態の進展に、十二月二十八日には、ヒトラーも決断を余儀なくされた。陸軍参謀総長〔ツァイツラー〕の絶えざる圧力に譲歩し、コーカサスから撤退することにしたのだ。A軍集団東翼は（第3および第13装甲師団を麾下に置く第40装甲軍団）いまだモズドク地域にあった。つまり、ロストフ渡河点の橋梁から、およそ六百キロも離れているということだ。しかも、サル川南方を進むロシア軍は、その橋から約百キロのところまで接近していた。弱体な第4装甲軍が、この地域で突破されれば、第1装甲軍と第17軍は、西に通じる陸橋部すべてから遮断されてしまうのである。ヒトラーは、神経を苛むような賭けを進めたが、もはや何ものをも得られず、非常に多くを失おうとしていたのだ。彼の動機はわからなかったし、今でも知られていない。が、そうした動機は、ただディレッタント的であるとか、「犯罪的」という決まり文句で、特徴づけることができるわけではないのだ。それはむしろ、一九三九年から一九四〇年の大成功以来、彼が抱いていたと思われる、病的な脅迫観念であったろう。

ヒトラーにいちばん近かった軍事助言者のヨードルやカイテル、副官のシュムントらもまた、物事をあるがままに判断することができなくなっていたのは、驚愕に価する。エディ・バウアーが「ＯＫＷによって実施された作戦のあり方」を「罵った」のは正しい。[56]

第4装甲軍によるA軍集団のコーカサス撤退掩護

かくて、前線の諸部隊はまたしても、困難な条件と時間的な圧力のもと、激戦の重荷を背負わなくてはならなくなった。はるかに優勢な敵に対して、貧弱な戦力になった第4装甲軍（第17および第23装甲師団を擁する第57装甲軍団。のちに、SS師団「ヴィーキング」、さらにそのあとに第16歩兵師団［自動車化］が増援された）は、有能さで定評のある司令官ホート上級大将の指揮を受けて、左の行動を掩護していた。第1装甲軍の撤退とロストフ付近でのドン川渡河、そして、クバーニ川両側における第17軍麾下の八個歩兵師団とルーマニア軍三個師団の、あらたに構築を命じられた「クバーニ橋頭堡」（その後方連絡線は、ケルチ海峡を越え、クリミア半島に通じていた）への退却である。これらをめぐる、きわめて激しい戦いについては、第23装甲師団史がよく伝えている。[57] ロシア軍最高指導部は、ドン川の南でロストフに向かって突破せんと企図し、そのために、第二八、第五一、第二親衛軍を投入した。これらのうち、第五一軍と第二親衛軍だけでも、戦車軍団一個、自動車化・機械化軍団三個、狙撃軍団三個、騎兵軍団一個を有していたのである。かかる兵力と、ドイツ軍の兵員・兵器数とを比べてみなければなるまい。そうした戦力の貧しさは、ときに、グロテスクなまでの悪影響をおよぼしたのだ。そこに、燃料・弾薬不足と、あらゆる移動を著しく妨げる雪と氷結が加わる。将校と下士官兵が、どれだけのことをやりとげ、また、いかなる犠牲を払ったことか。それは、ほとんど信じられないほどだったのである。かくて、一九四三年一月十六日までにはマヌィチ川東岸に、一月二十一日から二月三日にかけては、サルスクよりロストフに至る鉄道の両側に拠点を確保し、ロストフ南方に橋頭堡を築くことに成功したのであった。

かような激戦によって、一九四三年一月三十一日、ロストフ付近における第1装甲軍麾下の快速師団群の渡河が可能になった。これらは、マンシュタインの掌中に収められた切り札となったのだ。ただし、ヒトラーが最後の瞬間にクバーニ橋頭堡に配置した第13装甲師団は例外だった。それによって、ヒトラーは再び、装甲戦力は集中せよという試験済みの原則に抵触したのである。A軍集団と第17軍は命に従い、同橋頭堡に退却しなければならなかった。クバーニ橋頭堡は、コーカサスに作戦的脅威を与えるものとして、十一個歩兵師団と第13装甲師団によって維持されることとされた。しかし、そのような脅威を現実に与えることは、二度となかったのだ。一方、アゾフ海北方に現出した、厳しい戦闘には、これら十二個師団を欠くことになったし、遠く、困難な海上輸送路は、さなきだに過負荷がかかっている補給組織をいっそう苦しめたのである。

二月初頭、第4装甲軍も同様にドン川の背後に撤退した。同軍は、来たるべきマンシュタインの反撃において、再び、決定的な役割を演じることになる。

ドン川とミウス川のあいだで強く圧迫されているホリト軍支隊を支援し、しかるのち、マンシュタインの新しい作戦企図を遂行するために、両装甲軍の快速師団は、まさに時機を得たかたちで移動したのであった。

スターリングラード

しかしながら、包囲されたスターリングラードにおける味方の陣は、あらゆる対案が出されたにもかかわらず、ヒトラーの命令に従って、維持されなければならなかった。それ以前に、強力な第6軍を、その快速師団六個とともに適宜引き上げ、作戦的に適切な運用にあてることはなされなかったのだ。代わりに、作戦的には無意味になった都市付近の狭隘な地域に、同軍を縛りつけることになったのである。これは、ただ威信上の理由からの行動にほかならなかった。けれども、今となっては、ヒトラーの頑固な死守命令によって、事態は、はるかに進んでしまった。それゆえ、第6軍は、この間に、おのが持ち場を固守することによって、強力なロシア軍部隊を拘束し、彼らをロストフ周辺の決戦から遠ざけていくという使命を、否が応でも引き受けることになったのであった。

もし、大規模団隊およそ九十個を有するロシア包囲軍が解放され、一月初頭にドン川の両側で、ロストフに向かって投入されたとしたら、いったい何が起こったことだろう？　それによって、クルスクとヴォロニェシを結ぶ線までのドイツ軍南翼がすべて殲滅され、全東部戦線の背後が開くといったことも、相当な確度であり得たはずだ。この、ときに議論の対象となるスターリングラード固守問題について、エディ・バウアーは、このように書いている。▼58

「……第6軍がこの任務をなしとげ、パウルス上級大将が、百回元帥杖を与えられるほどの働きをしたことを確認しなければならないし、それはまた正しい……」。

フォン・マンシュタイン元帥とホート上級大将も、同じ見解を抱いている。ほかに、当時パウルスを包囲していたソ連の将軍二人、イェレメンコとチュイコフも、かかる意見に与しているのである。

ロシア軍冬季攻勢第三段階

一月十二日、ロシア軍は、ヴォロニェシ南方でドン川を越え、冬季攻勢第三段階に突入した。ドニェツ正面に対する攻撃を継続し、かつ、十二月なかばから進行していた、コーカサスで退却中のA軍集団に対する作戦に連結するのである。ロシア軍最高指導部は、ウクライナとコーカサスのあいだで一大殲滅戦を行い、成功裡に完了させることができると確信していたし、それは正しかった。かかる考慮に至るには、ロシア包囲軍のイェレメンコ大将が、早期にスターリングラードを降伏させると明言したことが、おおいに与っていたのだ。

ロシア軍は、カリトヴァの南にあったイタリア第8軍の戦区ならびに、コロトヤクの両側のハンガリー第2軍戦区中央部を突破し、防御側をカオスに陥れた。そのなかで、ドイツ第2軍南翼も遮断され、直接攻撃されなかったイタリア山岳軍団および、ドイツ軍歩兵師団二個を麾下に置く第24装甲軍団司令部も同様に分断された。この司令部は、一九四二年から一九四三年にかけての冬季戦で、四人の軍団長（フォン・ランガーマン、ヴァンデル、アイブル、ヤール）を喪っている。ドイツ軍高級指揮官が、わが身を投じることで、上層部が責を負うべき事態を収拾しようとしたことを示す、一つの証左であった。

一九四三年一月二十三日、ドイツ軍諸団隊は、ヴォロニェシより撤収しなければならなかった。さりながら、スタ一ルィ・オスコルは二月四日になっても、なお保持されている。その後、おおむねヴォロシーロフグラード方面からドニェツ正面に向けて、新しい戦線が布かれた。わが将兵は、命により、輜重隊、応急編合された隊、休暇中の要員をかき集めて編成された中隊により、この線を守らんとしたのである。なお、寸断された旧戦線の幅は、三百五十キロにおよんでいた。

この時期のことは、フォン・マンシュタイン元帥が、その著作『失われた勝利』で、わかりやすく伝えている。▼59

一九四三年一月なかばのマンシュタインによる偉大な決断

かかる困難な数週間にあって、ホリト軍支隊は、麾下部隊を極限まで酷使することによってのみ、ロストフに向かうロシア軍の進撃をドン川北部で停止させ（第6、第7、第11装甲師団が投入された）、同川の南で、第1および第4の両装甲軍が遮断されるのを防ぐことができた。ほぼ同じころ、ヴォロニェシの南で、ハンガリー軍とイタリア軍の戦線が崩壊している。そのため、AおよびB軍集団南翼に、またしても幅広の間隙部が生じた。それによって、北から、はるかに追い越されるかたちで、Aおよびドン軍集団が包囲されかねないことになった。あらたな危険である。

こうした情勢下、マンシュタイン元帥は、これまでドン川南方に投入されていた第4・第1装甲軍の兵力を、ロストフ経由でドニェツ川中流域に動かすと決断した。そこで、西に進撃している敵を、南から攻撃することを狙ったのだ。

グデーリアンがいつでも要求していた装甲部隊の集中という掟にかなった、気宇壮大な解決案であった。この提案は、一九一四年のタンネンベルク会戦で、ヒンデンブルクとルーデンドルフが取った計画に似ている。中央部で後退しつつ持久戦を行いながら、両翼に強力な部隊を召致し、反撃するのである。

「しかし、最高指導部は、（マンシュタインの）意見（に）まったく同意しようとはせず……コーカサス地域を最終的に放棄することを、いまだに認めようとしなかった……」。▼60 彼らはなお「ちびちび遣い」、すべてを守らんとし、防御を命じられたクバーニ橋頭堡に、第1装甲軍の強力な部隊を放置しようとしていたのである。ヒトラーとの激論の末、一月二十四日になってようやく、第13装甲師団を除く、第1装甲軍のすべてをロストフ経由で撤退させる許可をもぎ取ることができた。かくて、ようやく転回点が訪れた。展望豊かな反撃に希望をつなぐのだ。とくに、ロシア軍を弱体化させねばならなかった。

ドン川とドニエプル川のあいだにおける情勢の展開
（一九四三年一月十二日～三月末）
中央軍集団
ブリャンスク
オリョール
中央軍集団
ヴォロニェシ正面軍
第２装甲軍
Ｂ軍集団
デスナ川
ドン川
ソ連軍の突破
一九四三年一月十二日より
ルィリスク
クルスク
第２軍
第２軍
ヴォロニェシ
プショール川
スタールィ・オスコル
南西正面軍
スヴォボダ
レベディーン
ビェルゴロド
ハンガリー第２軍
中央軍集団
南方軍集団
Ｂ軍集団
ランツ（のち
ケンプフ）軍支隊
イタリア第８軍
カリトヴァ
ハリコフ
ロッソシ
ポルタヴァ
オスコル川
ポポフ戦車集団
ドン川
ドニエプル川
クラスノグラード
イジューム
スターリングラード
二月二日降伏
ドニエプロペトロフスク
スラヴァンスク
Ｂ軍集団
ドン軍集団
第６軍
パヴログラード
第１装甲軍
ヴォロシーロフグラード
南方軍集団司令部
一九四三年二月二十一日
ホリト軍支隊
ヴォルガ川
ザポロジェ
第４装甲軍
二月二十二日より
スターリノ
第６軍〔第二次〕
第57装甲軍団
南方軍集団
タガンローク
ロストフ
サル川
ドニエプル川
第４装甲軍
ルーマニア第４軍
一九四二年十二月十二日から二十三日の第４装甲軍第57装甲軍団による解囲攻勢
Ａ軍集団
サルスク
第16軍
アゾフ海
マヌィチ
ドン軍集団
Ａ軍集団
クリミア半島
Ａ軍集団
第17軍
クラスノダール
マイコープ
第17軍
一九四三年
一月一日より
第１装甲軍
黒海
コーカサス山脈
テレク川
縮尺　1：9,000,000
0　50　100　200　300　400　500
km
凡例
一九四三年一月初頭のドイツ軍戦線
一九四三年三月末までのソ連攻勢
ドイツ軍の反攻
重要な橋梁
第４装甲軍
戦線短縮のためのドイツ軍退却
一九四三年三月末のドイツ軍戦線
Ａ／Ｂ／南方＝ドイツ軍軍集団
第２装甲軍／第２軍／第６軍＝ドイツ軍の諸軍　イタリア第８軍／ハンガリー第２軍＝同盟国の諸軍

一九四三年二月二十二日のマンシュタイン反攻

二月十四日、ドン軍集団は、南方軍集団と改称された。指揮を執ったのは、フォン・マンシュタイン元帥である。第4装甲軍から第2軍の南翼までの全部隊が、その指揮下に入り、指揮範囲も中央軍集団の一部にまで踏み込むことになった。南方軍集団はいまや、ホリト軍支隊（のち第6軍に改称）、フレッター＝ピコ軍支隊（のち第1装甲軍に編入）、第1装甲軍、第4装甲軍、ハリコフ地域を守っていたケンプフ軍支隊（のち第8軍に改称）を麾下に置いたのである。ただし、これらの大規模団隊五個は、いずれも消耗しきっていた。

同じころ、ロシア軍の作戦全体が、また動きだしていた。目標となる地域は、ハリコフ、ドニェツ盆地、ドニエプロペトロフスクとザポロジェのドニエプル川にかかる橋梁であり、作戦の目的は、戦力の限界に達したと推定される南方軍集団の殲滅である。

この間、ドン軍集団〔当時〕は、ヒトラーから、ホリト軍支隊をミウス川の陣地に退却させる許可を取り付けることができた。それによって、ドニェツ盆地の第4装甲軍が自由になったのだ。ヒトラーは同じく、同軍をスターリノとザポロジェのあいだの地域に「王の入場（ロシャーデ）」〔チェスで、王（キング）と城（ルーク）の駒を入れ替えること。一手で二つの駒を動かせる唯一の手である〕させることにも同意した。この機動は、二月なかばごろまでに実行し得たのである。すでに投入されていた第1装甲軍（第3および第40装甲軍団）は、その時期にドニェツ川中流域で戦い、さまざまな戦果を上げていた。が、B軍集団が防御していたハリコフ地域の状況は、しだいに危うくなってきた。だが、そこには、西方にあった部隊が続々と到着しつつあったのだ。

ドン、もしくは南方軍集団の状況は、日に日に危機的になってきた。当時、攻撃するロシア軍に対する兵力比は一対八だったからである。

一九四三年二月十六日、ハリコフは失陥した。敵はレベディーンに到達する。ハリコフ南方では、メレファを越えてクラスノグラードに至る戦線が保持されていた。さりながら、そこから、かつてのフレッター＝ピコ軍支隊、現在の第1装甲軍の左翼までは、百五十キロにわたる大穴が開いていたのだ。ヴァトゥーチンとポポフの両将軍が率いるロシア軍戦車戦力は、この間隙部において、ほとんど妨げられることなく、パヴログラードとドニエプロペトロフスクを越えて、二月十九日には、ザポロジェの手前付近にまで突進していた。同市には、南方軍集団の司令部が置かれていたのである。

二月十九日、元帥は、ドニエプル川をめざしているロシア軍突破部隊の側面深く攻撃するよう、第4装甲軍に命じた。一方、ホリトが指揮するミウス川沿いの東部正面が、持ち場を維持し、作戦の脊柱を掩護し得るかどうかが重要となっていた。二月二十日、第4装甲軍は、きわめて重要な、シトニコヴォを経由する鉄道とドニエプル川にかかる二つの大橋梁に対する脅威をまず排除すべく、その左翼〔第48装甲軍団〕を以て、パヴログラードに前進した。右翼装甲軍団〔第57〕は、イジューム方面を攻撃する。同軍団の右翼側では、第1装甲軍の両装甲軍団〔第40および第3〕が戦闘していた。ハリコフ南方地域からは、SS装甲師団「帝国」〔装甲擲弾兵師団と称されていたが、多数の戦車を有しており、実質的には装甲師団だった〕が、ロシア第六軍の北側面に向かって進撃しており、尖兵部隊はシトニコヴォ駅まで達していたのである。ケンプフ軍支隊は、ラウス軍団により、ハリコフ方面から来る敵に対し、本作戦の掩護にあたっていた。

続く数日間のうちに、待ち望まれていた成功がもたらされた。三月二日までに、敵「南西正面軍」麾下の諸軍は撃破され、もはや攻撃を続けられなくなって、ドニェツ川の後ろに後退したのであった。とくに損害を被ったのは、ロシア第六軍、グリシノにあったポポフ戦車集団、第一親衛軍である。そのうち、第二五戦車軍団と狙撃師団三個が殲滅された。さらに三個戦車および他の団隊四個が撃破された。加えて、二個戦車軍団と八個狙撃師団が打撃を受けた。また、戦車六百十五両、火砲四百二十三門が鹵獲されている。

こうして、ドイツ側は、ついに主導権を奪回した。戦術的・作戦的に運用された装甲部隊は、それに決定的に貢献したのである。目的を意識した練達の指揮官のもとに、強力な装甲戦力を集中すれば、これまでの戦役同様、ずばぬけた効果を発揮することがあきらかになったのだ。ヒトラーは、フォン・マンシュタインの「後手からの作戦」を、完全に拒否していた。頑強なる固守しか、眼中になかったからであった。しかし、「後手からの作戦」には、大きな威力があることが証明されたのである。

続く第二の作戦により、南西から攻撃するケンプフ軍支隊と協同した第4装甲軍は、三月六日、ハリコフ南方で、敵第三戦車軍の強力な支隊を撃砕した。三月十四日、ハリコフが、ハウサー武装SS大将率いるSS装甲軍団によって、再び奪取される。その直後に、「大ドイツ」装甲擲弾兵師団の攻撃により、ビェルゴロドが奪回された。かかる成功に影響されたロシア軍は、賢明にもドニェツ川の背後に退却した。これによって、南方軍集団の戦線はすべてつながったのである。

装甲部隊と他のあらゆる兵科の部隊は、一九四二年五月以来、春季、夏季、冬季攻勢において、絶えることなく酷使され、損害を被ってきたにもかかわらず、あらためて、輝かしいまでの能力を示したのであった。装甲部隊は、さまざまな退勢を経験したが、それでも、自分たちは依然として敵に優っていると感じていたのである。ただし、そのためには、戦術的に、また、兵器や機材の面でも、常に進歩発展についていくことが必要だったが、これも実現したのだ。とはいえ、作戦的には、従来の経験や考察から発展した、大規模な部隊の指揮運用に関する戦術を重視しなければならなかった。かかる原則は、新兵器が出現しても、変わることはなかったのである。ところが、ヒトラーは、なんとも幼稚きわまりないやりようで、この原則に違背したのであった。

かくのごとき状況について、エディ・バウアーは、以下のように記述している。「……いまや、ここに激変が生じた。フォン・マンシュタイン元帥は、驚くべきやり方で、われわれに示したのだ。理性に制御された放胆さにより、とほうもないことであろうと不可能とはみなさず、しかし、単なる衝動と精力的な活動を取り違えないような人物が、装甲部隊を指揮すれば、その機動性と火力がどれだけのことを可能にするかということを見せつけたのである。……ともかく、ドイツ軍が、最悪の窮境から救われたことはたしかであった……」▼61。

一九四二年のドイツ軍夏季攻勢は、一九四一年から一九四二年の戦役によって、ドイツ軍装甲部隊が弱体化していたにもかかわらず、彼らに、グデーリアンの主張に従って、作戦上、決定的な効果を発揮する好機を与えた。もし、こうした作戦原則を重んじて、「指令第四一号」に定められた主要目標、スターリングラード地域にあるロシア軍のドン正面軍部隊殲滅に向けて密に集中され、まずは、それだけに目的を限定していたならば、ドニェツ川とドン川のあいだ、スターリングラード付近のヴォルガ川屈曲部に至る大作戦の成功は確実であったものと思われる。一九四二年五月におけるハリコフ南方イジューム地域でのドイツ軍のずばぬけた成功ののち[24]、一九四二年六月二十八日の初期状況は、実際、右の通りであった。ゆえに、ロシア側も認めている、その新編戦車・歩兵団隊の「消極性」に鑑みれば、速やかに、目的を意識して、重点を形成するように、しかも、敵を過小評価せず、あらゆる軍事指揮の経験に背かぬように行動してさえいれば、成功を得られたのである。

第一に予定された目的、敵戦力を決定的に排除することが達成されたなら、状況、空間、時間に応じて、コーカサスへの第二撃が成功するかどうかを検討することも可能だった。加えて、「指令第四一号」の構想を練る際に、北方、ドン川上流部のドン大屈曲部、リペツクを越えて、リャザンに至るあたりで、期待された殲滅的勝利を得ることはできないか、考えてみるべきだったろう。その目的は、ロシア軍の戦線すべてとモスクワから接近してくる予備を、側面から撃破することにあった。それは、撃破された敵に再び戦闘準備を整える可能性を与えず、彼らを殲滅して、敵指導部に講和を強制する、古典的な解決策となったはずである。さらに、一九四一年に計画されながら、当時は実施されなかった、レニングラード経由でモスクワに向かう包囲作戦も可能であったろう。だが、ヒトラーは、こうした新提案を拒否した。また、意見具申されなかった案についても、それを拒んだであろうことは確実だ。そのような作戦案は、彼が戦争経済と政治の面から固執していた、コーカサスを得ようとする努力に合致していなかったからであった。

▽24　二十三万九千の捕虜が取られ、戦車一千二百両・火砲二千門以上が、破壊されるか、鹵獲された。

そうする代わりに、ドン河畔やスターリングラード周辺の情勢が完全に安定するのを待つことなく、遠心的にコーカサスに旋回したことは、作戦的には軽率であり、指揮の面からは大失敗だった。それは、苦い報いを受けることになったのである。

一九四二年戦役が敗北に終わったことが、重くのしかかってきた。ドイツ軍は大損害を被ったのだ。クルト・フォン・ティッペルスキルヒ〔一八九一～一九五七年。ドイツの軍人、最終階級は歩兵大将。軍事史に関する著作多数〕の推定によれば、ドイツ軍および同盟国軍の師団七十五個が失われていた。あらゆる犠牲が空しかった。ヒトラーは、ただ一つとして、その目的を果たさなかったのだ。ことは逆だった。九か月にわたる戦闘の末に、ひたすら苦労して再建した南方戦線たるや、かつて彼が大いなる希望を持って踏み出したスタートラインと同じものにすぎなかったのである。ヒトラーはまたしても、一九四一年から一九四二年の冬同様の敗北を喫した。ドイツ陸軍は「そこから二度と立ち直れないことになった」のだ。▼62

対手のロシア軍は称賛に価する。彼らは、賢しいやりようで、一九四一年以後、ドイツ装甲部隊によって試行済みの作戦・戦術原則を受け入れたし、有能な軍事指導者たり得る人物を配することも心得ていた。また、一九四一年よりも前から、卓越した戦車機材を生産していたのである。一九四二年には、ドイツ軍とは逆に、その空軍の勢力増大がはっきりわかるようになり、かくして、総体としてのロシア軍は、質量ともにドイツ国防軍に近づいたのだ。続く戦時の数年間に関する予想比較を行えば、ロシア側の数的優勢は危険なものになりかねなかった。加えて、ドイツ側の最高統帥権は、たった一人の男の手に握られていた。二度の戦役〔バルバロッサ作戦と青号作戦〕によって証明されたように、彼には、軍隊指揮の適性がなかったのである。

ともあれ、敵国ロシアは、大きな敗北と損害に苦しんでいた。それはまた、遠大な目的をより限定されたものとすること、あるいは、そうした狙いを放棄することを余儀なくさせていたのだ。

ドイツ軍が防衛に成功したことは、ドイツ軍すべて、また、ひっきりなしに投入された装甲部隊と、それを支援する空軍の偉大な戦功の証左であった。

かくのごとく認められた功績を上げた部隊には、中央および北方軍集団麾下の諸装甲師団も含まれる。それらは、二千キロにおよぶ長大な戦線において、「火消し」流に、何度も戦闘の焦点に投入され、そうした重大な正面の保持に貢献することができたのである。

フォン・マンシュタイン元帥は、その著書『失われた勝利』で、これらの師団すべてを評価している。[63]「……われらが装甲部隊指揮官の柔軟性、われわれの戦車乗員の優越は、かの日々にあって、輝かしいばかりに真価を発揮した。装甲擲弾兵の勇猛さ、対戦車防御部隊の巧妙さも同様である。……しかし、わが装甲師団群がいつでも時宜に応じて、危機に瀕した地点に駆けつけるということがなければ、それらの防御戦もけっして切り抜けられはしなかったろう。最初は、迫り来る包囲の危険に対応し……のちになって、脅威となる敵突破部隊を捕捉する。装甲師団が、敵の攻撃準備陣地に奇襲的に突入し……危機の到来を予防する……。こうしたこととならんで、諸装甲師団が、いまだかつてみられなかったほどの柔軟性を以て戦い、今日はここ、明日はそちらというふうに敵を叩いてまわり、その威力を倍加しなかったとしたら、本冬季戦役の遂行は絶対に不可能だったはずだ。……ドイツ軍将兵は、敵に対して常に優越感を抱いており、この最悪の危機をも乗り切ったのである……」。

Ⅳ．一九四三年のクルスク会戦(「城塞」作戦)

前史――一九四三年三月十三日付ＯＫＨ作戦命令第五号――一九四三年四月十五日付作戦命令第六号(「総統」)――ドイツ軍諸団隊の状態――敵情――「城塞」計画――「城塞」作戦準備――攻撃正面の諸軍ならびに第2軍による情勢判断――六月十五日ならびに七月三日のＯＫＨによる情勢判断――ヒトラーが催した会議――会戦――オリョール突出部へのロシア軍の攻撃――会戦中止――観察――他の解決策の検討

前史

ひたすら力を尽くしたおかげで、一九四二年夏に攻勢を発動した線で、ドイツ軍の戦線を固めることができた。だが、ヒトラーは、それによって、連合軍部隊がシチリア島やイタリア、あるいは、他のヨーロッパの海岸にただちに上陸することが予想されるようになって以降の戦争遂行をいかに計画するかという戦略的問題の検討を強いられたのだ。そうした方面には、すでに快速団隊が派遣されていたし、この新しい脅威に対応するには、さらに多くのドイツ軍団隊を送らなければならなかった。しかも、一九四二年から一九四三年の冬に被った莫大な損害ということもある。そのため、ヒトラー、OKWと、同じく彼が直率していたOKHは、いまや東部戦線では防御に移行するべきであるとの結論で一致した。おのれの指揮上の失敗ゆえに、ヒトラーが今後も責を負うことになる事態であった。

ところが、一九四三年二月から三月に、フォン・マンシュタイン元帥の南方軍集団が反撃を行い、大きな成果を上げたことに、感銘を受けたヒトラーは、その局所攻勢が終わる前にもう、同様に限定された目標に対し、さらに攻勢を行うと自ら決断していたのである。後々まで影響が残るほどに敵を弱体化させることによって、少なくとも、この夏のあいだ、あわよくば冬季にも、味方の反撃に対応できない状態にしておくことができるだろうと考えたのであった。同時に、そうした攻勢により、味方戦線を短縮、占領地の戦略的防御を機動的に遂行するための予備が得られるものと思われた。

それ以上に、ヒトラーはまた、政治的な理由から来る強制を受けていた。中立国や同盟国、さらにはドイツ国民のあいだで、自分や軍事的情勢に対する安心感が揺らぎはじめたのを、広範囲に、はっきりとわかるような成功を収めることで、再び安定させようとしたのである。フィンランドの国家元首は、スターリングラードの降伏以来、すでに「戦争は決定的な転回点に達し」、フィンランドは、ただちにそこから離脱しなければならないとの見解を取っていた。[1]ムッソリーニも、早くも一九四二年十二月初頭には、これ以上戦争を継続することに関して、警告を発していたのだ。

従って、一九四三年に東部戦線で限定攻勢を行うとのヒトラー決定は、世界大戦の情勢ならびに、必要とされる戦略的防御の枠内で、今後の行動のため、背後の安全を確保する目的で、もう一度主敵を叩いておくべきだとする重圧から生じたものだったのである。

一九四三年三月十三日付OKH作戦命令第五号▼2

一九四三年三月十三日付OKH作戦命令第五号は、ヒトラーの考慮の暫定的な所産であった。この「つぎの数か月間における戦闘遂行への指令」が発せられる前に、ヒトラーは、南方軍集団（マンシュタイン）および中央軍集団（フォン・クルーゲ）の両司令官に対し、三月十日と十三日に、自分の計画に関する協議を行うことを求めていた。スターリングラードの災厄以降、彼もまた、前線司令官の意見を聞き、活用する方向に傾いていたものと思われる。

命令第五号の抜粋は、以下の通り。「ロシア軍は、泥濘期の終了ののち……一定の回復休養を経て……攻勢を継続するものと推測される。従って、われわれにとっては、機先を制して敵を攻撃し、それによって（少なくとも、一定の戦区正面において）、行動の掟を示す〔ドイツ語で、「主導権を握る」の意〕ことが重要となる。そのための準備は、とくに攻撃団隊の人的、物的、肉体的回復休養や教育訓練にまで拡張されなければならない……。

南方軍集団。……軍集団北翼に、ただちに強力な装甲軍を編合するよう、準備すべし。その集結は、四月なかばまでに完了しなければならない。目的は、泥濘期終了後、ロシア軍に先んじて、攻撃に着手できるようにすることである。本攻勢は、北方からハリコフ地区へ、第2装甲軍の攻撃集団と協同して突進することにより、第2軍前面の敵戦力の殲滅を企図する……。

中央軍集団。まず、第1および第2装甲軍のあいだの状況を整理する。……しかるのちに、南方軍集団北翼と協同攻撃を行う攻撃集団を編合すべし……。

北方軍集団。……夏季後半（七月初頭以降）に、対レニングラード作戦を企図する……。

アドルフ・ヒトラー（署名）」

本命令に従い、南方軍集団は三月二十二日に、あらたな軍隊区分と回復休養地域の細目について報告した。さらに……

「強力な装甲軍の編合は……第4装甲軍司令部のもとで……四月なかばまでに、おおむね完了する予定。しかしながら、同軍は、五月初めより中ごろまで作戦不能である。麾下諸師団が後方回復休養地域へ移動したのちになって、ようやく……完全に大規模な攻勢を実施し得るようにするための再編成が遂行できるからだ。……のちの作戦に向けた……同装甲軍の集結は、欺騙上の理由から、作戦発動直前に実行すればよい。……その際、同軍は、補助的な任務にあたる歩兵師団を使えないことになろう」。

この装甲軍は、左の団隊を編合することになっていた。第16歩兵師団（自動車化）（伯爵フォン・シュヴェリーン）と第23装甲師団（フォン・フォアマン）を擁する第24装甲軍団（ネーリング）、第3および第19装甲師団より成る第3装甲軍団（ブライト）、第7、第17装甲師団（フォン・ゼンガー）、ＳＳ装甲擲弾兵師団「ヴィーキング」を麾下に置く第40装甲軍団（ハインリーチ）、第6、第11装甲師団、「大ドイツ」歩兵師団（自動車化）を有する第57装甲軍団、ＳＳ師団「アドルフ・ヒトラー」、「帝国」、「髑髏」を集めたＳＳ装甲軍団（ハウサー）である。すべて合わせれば、装甲軍団司令部五個で、その指揮下に、装甲師団七個、歩兵師団（自動車化）二個、ＳＳ師団四個が置かれていた。

同様に、中央軍集団も三月二十四日に報告した。「命令された、オリョール南方からの攻勢作戦への開進は、第9軍（モーデル上級大将）が以下の兵力を以て行うものと見込んでいる」。

攻撃軍団は、第41、第46、第47装甲軍団。第二線には第23軍団、西翼には第20軍団を配する。

攻撃師団。第2、第4、第9、第12、第20装甲師団、第10歩兵師団（自動車化）、第78突撃師団〔強化された歩兵師団〕、第7、第86、第258、第292歩兵師団。

南方軍集団は、第9軍の開進を五月一日までに完了する予定であった。

一九四三年四月十二日、中央軍集団は、その「城塞作戦構想」をＯＫＨに提出した。

「敵情判断」の箇所には、ロシア側は、作戦方向をゴメリに取った、第2装甲軍に対する攻撃を企図しているとの情報が言及されている。中央軍集団自身も、味方が攻勢を実施した場合、第2装甲軍が東と北の正面から、ロシア軍の反攻を受けるものと予想していた。また、提示された情報すべてが、敵は、あらたに獲得されたビェルゴロド－クルスク－トロスナの線の西側を固守するであろうことを示していたのだ。「敵は、第2軍前面にある部隊が包囲を受けることを妨げるため、全力を尽くすだろう」ということだった。

もっとも早い攻勢発動予定日としては、五月十日にするとの提案がなされているが、より望ましいのは五月十五日である。さもなくば、戦車の修理、戦車の配備、補充人員の移送を完了させることは不可能だというのが、その理由だった。攻勢それ自体に必要な時間は、直線距離で約七十キロの地点にあるクルスクに到達するまで、六日かかるものと予測されていた。

中央軍集団は、五月十日までに、さらに二個師団を要求している。「多数の課題のためには、当初投入される兵力だけでは……不充分になる」からであった。同軍集団は、第2装甲軍ならびに第4軍の「戦線の一部は非常に脆弱になっており、いっそう暴露されて危険になっていること」と「装甲師団の戦車装備は応急的なものにすぎないこと」を、おおいに強調したのである。さらなる突撃砲と戦車、「できるかぎりはティーガー型」の配備が請われていた。すでに約束されていた「最低限の必要物資は、成功のための絶対条件であるとみなされなければならない」。補充要員の教育訓練が作戦発動までに完了することは見込めないから、「よりいっそうの予備人員・兵器の増援が必要である。作戦構想の数か所で補給状況を扱ったが、これは満足な状態に置かれるものと判断される。空軍の支援、急降下爆撃機、戦闘機、燃料については、ＯｂｄＬ[▽25]に請願される予定である」。


一九四三年四月十五日付作戦命令第六号（「総統」）


早くも四月十五日には、ヒトラーは、「総統」の頭書〔レターヘッド〕のもとに、作戦命令第六号を発した。その文面の要約を左に掲げる。

「私は、天候が許すかぎり速やかに、本年の攻勢の第一弾として、『城塞』攻撃を実行することに決定した。

▽25　ＯｂｄＬは、Oberbefehlshaber der Luftwaffe〔空軍総司令官〕の略。

よって、この攻撃には、決定的な意義が付与される。

本作戦は、迅速かつ力強い成功を収めなければならない。それによって、今春・今夏の主導権を握らねばならぬのだ。……クルスクの勝利は、全世界に対する狼煙(のろし)として、作用しなければならないのである。この攻撃について、以下のごとく命じる。

攻撃の目的は……ビェルゴロドおよびオリョール南方地区から行う一個攻撃軍の速やかなる突進の遂行によって、クルスク地域にある敵を包囲殲滅することである。

本攻撃の遂行において、ネシェガ－コローチャ戦区から、スコロドノエ－ティムを経て、シグリ東方－ソスナの線に……兵力を節約できるような……戦線が勝ち取られる。

奇襲モーメントを……保持することが……重要であり、速やかに新戦線を構築し、今後の任務のため、味方戦力、なかんずく快速団隊を早期に自由にすべし。

南方軍集団は……ビェルゴロド－トマロフカの線から進発、プリレプィ－オボヤンの線を越える突破を行い、クルスク東方ならびにその周辺で、中央軍集団の攻撃軍との連絡を得るべし。東方の掩護には……また西方には……〔略〕。

中央軍集団は、トロスナとマロアルハンゲリスクを結ぶ線から攻撃軍を進発させ、その東翼に重点を置きつつ、ファテシュ－ヴァレイテノヴォの線を越えて、突破前進させるべし……。

両軍集団の兵力準備は……出撃陣地より遠く離れた地点で行い、四月二十八日の命令示達より六日後に……攻撃に着手し得るようにする。これに従えば、もっとも早い攻撃発動日は五月三日になる。……出撃陣地への行軍は……偽装のため……夜間行軍とすべし……。

機密保持。▼3 ……今回は、いかなる場合においても、不注意や無頓着な言動によって、味方企図の一端たりとも洩れるがごときことがないような水準を達成しなければならない……。

攻撃部隊は、地域的に熟知した目標を攻撃することに配慮し……絶対に必要でない車輛はすべて……後置しなければばならない。他の車輌はすべて……攻撃衝力増大に……広範に使用し得る。

攻撃成功のため、敵が、南方、もしくは中央軍集団所轄の別地点で攻撃を行うことにより、『城塞』発動を延期させたり、早期に攻撃団隊を引き抜くことを強制されぬようにすることは、決定的な重要性を有する。

それゆえ、両軍集団は……今月末までに計画的に……防御戦を……準備しなければならない……。

本作戦終了後の最終目標としては……他の正面に投入するため、本戦線から快速団隊すべてを引き抜くことを企図している……。

アドルフ・ヒトラー（署名）
ホイジンガー中将、文面を証明す」

ドイツ軍諸団隊の状態

三月十九日付の第4装甲軍司令部による判断書には、当時のドイツ軍諸団隊の状態が特徴づけられている。そこでは、将兵は数か月も戦闘を継続しており、三月九日付総統命令に従うなら、ハリコフ周辺作戦終了後、一定の回復休養期間を与えることが望ましいとされていた。部隊は消耗し、一部は気力をなくしている。自動車輌も長期間休止し、修理を行うことを要した。[4]

一九四二年から一九四三年にかけての非常な酷使と消耗のあとになっては、南方および中央軍集団麾下の諸団隊の回復休養は、喫緊の要だったのである。それゆえ、三月十三日付の「命令第五号」は、ハリコフ周辺作戦の遂行中にも回復休養を行うよう、強く命令しており、「攻撃団隊の人的、物的、肉体的回復休養や教育訓練……」、つまり、部隊を再び投入可能とするために考慮されるべき前提条件を含んでいたのだ。

また、四月初頭の諸文書は、クルスクの戦線屈曲部西正面にあった第2軍麾下の歩兵師団の状態に関する明快な像を与えてくれる。それらによれば、同軍には、五万四千二百名の欠員があったが、六月一日までに、わずか六千名ほどが補充されただけであった。大隊数も師団によって異なり、第323歩兵師団は四個大隊、第327歩兵師団は八個大隊を有している。麾下に置かれた八個師団のうち、「攻撃に適する」のは一個師団のみで、四個師団は「条件付きで適する」、一個師団は「防御に適する」と判定されていた。残り二個師団については、「条件付き」で防御に「適する」とみなされていたのだ。とくに不利だったのは、軽砲百十九門、重野戦榴弾砲三十二門が欠損していたことで、そのために、各砲兵中隊の保有砲数は、それぞれ三門になると見込まれていたのである。▼5 これらの団隊が、かように劣悪な状態に置かれていたのは、ほとんどすべてが一九四二年から一九四三年の困難な撤退戦で損害を被っていたためであった。よって、「城塞」作戦にあって、第2軍に任せることができたのは、基本的に防御任務のみだったのだ。

北から決定的な攻撃をかけることになっていた第9軍についていえば、四月末の時点で手元にあった六個装甲師団のうち、攻撃に適するとされたのは一個師団だけで、三個は限定攻撃任務、二個は防御に適するレベルと判定されていた。最後の防御のみできるもののなかには、第18装甲師団第101装甲擲弾兵連隊も含まれていたが、この連隊に至っては、輓馬編制だったのである。

第9軍が四月二十三日に、Ⅳ号戦車五十両を有する一個戦車大隊を増援されたのは成功であった。さらに成果が上がり、陸軍参謀総長ツァイツラー上級大将は自ら、二十両の「ティーガー」戦車を持つティーガー大隊一個、Ⅱ号戦車二十五両、突撃砲四十両より成る一個大隊、「ゴリアテ」〔遠隔操作式の小型爆薬運搬車。敵陣で自爆させ、障害物を排除する〕団隊数個を指揮下に渡すと、モーデル上級大将に告げた。

同軍麾下の十個歩兵師団に関しては、一個師団（第86）のみが「いかなる任務にも適する」と判定されただけで、七個は「限定された攻撃に適する」、一個は「いかなる防御にも適する」、もう一個は「条件付きでのみ、防御に適する」と評価されていた。

五月一日時点の欠員は、ドイツ人二万六千四百四十二名、補助員〔おおむね志願により、占領地から集めた外国人〕一万一千五百七名を数えた。

こうした事情に促され、四月十七日、モーデルは総統大本営において、ヒトラーに対策を請うた。その際、教育訓練が不充分であり、歩兵師団と弾薬が不足していることを示したのである。また、モーデルは、その強度と部隊の兵力に照らして、敵戦線が高度な防御状態にあると強調したが、これは正しかった。

モーデルは実際に、一定の約束を得た。ヒトラーはのちに、四月三十日から五月九日に作戦発動を延期したのだ。四月二十五日から七月十八日のあいだに、第9軍は格別の増援を得た。Ⅲ号戦車六十九両、Ⅳ号戦車二百二十八両、Ⅴ号戦車（パンター）十一両、突撃砲四十七両、装甲自走榴弾砲四十二両、火焔放射戦車四十七両が配属されたのである。もっとも、ロシア軍の戦車数と比べ、また、味方が成功を必要とすることを考えれば、これも少なすぎたのであった。

敵情

ロシア側が、ドイツ軍が被った損害をはるかに超える打撃を受けていたにもかかわらず、その国家指導部は、よりいっそう大きな規模で人的資源を軍事的に組織し、戦時経済上、きわめて重要な地域の多くを失陥していながら、その戦時経済を驚くほどの規模まで拡張することに成功していた。本章第二節で、一九四二年八月十五日時点の敵諸団隊の状態を示したが、一九四三年三月二十五日付の陸軍参謀本部作戦部が作成した情勢図によれば、その数はもう数倍になっていた。

当時のドイツ軍文書に従うなら、そのうち、戦線後方に予備として待機していたのは、八十九個狙撃師団、五十五個狙撃旅団、十六個騎兵師団、百二十四個戦車旅団、五十五個戦車連隊、三十二個機械化旅団である。

ロシアにとっての西部戦線には、十一個軍集団（正面軍）、六十二個軍、三個戦車軍、二十個戦車軍団、八個機械化軍団、七個騎兵軍団が集中されているとの由であった。▽26 ただ、ここに三個戦車軍しかいないのは、少なすぎると思われたものだ。このほかにも、十三個航空軍が配されている。

現在では、ロシア軍の戦車数は建制で一万五千両にも達していたと推定することができる。そのうち、およそ三分

▽26　付録、四五八～四六〇頁。

の二が作戦予備として控置されていたのだ。戦車生産の予定数においても、ドイツ軍装甲部隊に対して、とほうもない優位が得られていたことがわかる。ロシア軍の月間戦車調達数は[6]、一九四三年三月の時点で、一千五百両に上っていたのである。うち五百五十両は、連合国から供給されたものであった。こうした月間供給数と最近の敵の損害を勘案すれば、たとえドイツ側の生産数がそう高くなくても、ドイツ軍が五月初頭に攻撃するなら、なお成功の見込みがあるということになるのだった。

とはいえ、かかるロシア軍の数的優位とともに、彼らが、ドイツ軍の作戦的見解に倣った戦車団隊の指揮原則を習得しはじめていることは、とくに将来的に危険であった。

このような作戦的進歩は、編制面においても、適切なやりようで応用されていた。ロシア軍が、不幸な経過をたどった戦時の二年間での困難な条件下で、かような実績を上げたことは、格別の評価に価したのである。

一般的にいえば、ＯＫＨは引き続き、積極的になった敵について、驚くほど正確な像を描きだすことができていた。ロシア軍は、一九四三年三月から四月にかけてのあいだ、ドイツ軍団隊同様に「消耗している」とみなされていたのだ。ただし、春の泥濘期が過ぎたのちの作戦企図に関しては不分明だったことはいうまでもない。敵が、その団隊を回復休養させたのち、決定的な攻勢に打って出るつもりなら、当面は限定された作戦で満足するか、戦力を冬まで控置し、軍備を完全に整えた上で、「行動の掟」〔主導権〕を取りにくるのではないだろうか？　だが、ロシア軍はまた、ドイツ軍の攻勢を後手から撃破するのではないかと、ＯＫＨが検討しはじめるのは、ずっとあとになってのことだったようだ。けれども、ロシア軍は、一九四二年から一九四三年に、ドン＝ドニェツ両河川のあいだの大規模な冬季攻勢において、同様の行動を示していたのである。

「城塞」計画

一九四三年三月のハリコフをめぐる冬季戦の結果、ビェルゴロドの北、南方軍集団と中央軍集団の指揮境界線のあたりで、遠くルィリスクまで、戦線が西方に突出したかたちの屈曲部が生じ、それがロシア軍の手中に残っていた。

その中心部にあったのがクルスクである。戦線の長さは約五百キロ、正面幅はおよそ二百キロにおよび、ゆえに、本戦区の保持には多大なる兵力を必要とした。この突出部は、南方軍集団の北側面に作戦的脅威を擬しており、それは、中央軍集団の南側面にとっても同様だった。だが、両軍集団による挟撃を行えば、強力な敵部隊を包囲するとともに、約二百キロの戦線を短縮・整理し、味方の兵力を節約することができるかもしれない。さらに、敵が、彼らにとっても重要な突出部の防衛にあたり、同戦区東方に待機させている軍予備を投入してくることも、おおいにあり得た。それらの敵を撃滅するとも可能であろう。

かかる構想は、一九四一年のキエフ会戦前の作戦的な情勢に似て、充分、成功の見通しがあった。しかし、議論の余地が多々あったこともまた類似している。まず、ロシア軍よりも早く、必要とされる兵力を準備できるかどうかが疑問であった。また、この計画はごく自然なものであるから、ロシア軍指導部も、そのような事態を計算に入れ、対抗措置を取るはずだったのである。加えて、攻撃側の危険や不利という点では、いささか、一九一六年のヴェルダンで予定されていた消耗戦を想起させるものがあった。敵が、多大なる人員を投じて、およそ二十キロの縦深を有する要塞並みの陣地と、それに附随する後方作戦陣地多数を構築しているとあっては、なおさらのことだった。なるほど、〔ヴェルダン戦〕当時とは、戦術的・兵器技術的な事情も異なってはいるものの、それは防御側も同じである。ましてや、防御側は数的な優位を有しているのだ。従って、おそらくは、他の攻撃方法、もしくは攻撃方向を選ぶべきであったろう。そうすれば、わずかな成功しか約束されなかったかもしれないが、リスクはずっと減ったはずなのである。実際、ルィリスクの両側で西から攻撃する策は、二度検討された。けれども、一度は、地形が不都合であるとした第2軍司令部によって拒否されてしまったのだ。さりながら、ひょっとすれば、そうした事情であるがゆえに、逆に成功したかもしれない（一九四〇年のマンシュタインとグデーリアンによるスダン渡河攻撃を想起されたい）。

二度目は、ヒトラーその人が、軍隊区分の再変更には、もう遅すぎるとして、本案を拒否した。▼7

中央軍集団ならびに、その麾下に置かれた第2、第9、第2装甲軍の司令官たちも、同時にオリョール屈曲部にロシア軍の反攻が向けられれば、大なる危険を意味すると認めていた。そうした反撃に対する守備にあたるのは、味方第2装甲軍（ルドルフ・シュミット上級大将）の弱体な戦力のみだったのである。ここで敵が成功することができたなら、クルスクめがけて突進している味方の側面ならびに背面奥深くまで進撃するはずだ。ところが、中央軍集団が持つ装甲部隊のほとんどすべてが、南方に向かう戦闘に投入され、それによって拘束されているという状態にある。つまり、ドイツ側にとっては、大きな危機が生じかねないのだ。

南方軍集団の、アゾフ海に至る六百五十キロもの長大な戦線にも、同様の脅威が存在していた。ここでも、戦線が凹凸を描いて、いくつかの突出部をつくっており、攻撃側が作戦レベルで効果を上げるのに好適な突破地区を提供していたのだった。

両軍集団ともに、陣地構築によって、こうした危険に対処しようと試みていた。だが、その場合にも各師団の担当正面幅が過剰に大きくなっていることが、非常に不利に作用したのである。

かくのごとく多くの懸念があったにもかかわらず、両軍集団とその麾下の諸軍は、フォン・マンシュタイン元帥の言葉によれば[8]、「可能なかぎり多数の戦力を決定的な地点に投入することによって、『城塞』の成功を確実たらしめるべく、最善を尽くした」のであった。もちろん、彼らは、ロシア軍の攻撃準備が完全に整う前に、早期かつ迅速に行動したいと願っていたのだ。この点については、ヒトラーも、最初から指摘されていたのである。

「城塞」作戦準備

それぞれ、一九四三年三月十三日と四月十五日に出された作戦命令第五号および第六号、そして、絶え間なく口頭ならびに文書で行われた意見交換や無数の報告、要請、会議、情勢判断、命令起案、地形偵察などを基礎とし、「城塞」作戦準備は、細心の注意を払って実施された。軍事史研究局の原文書による研究『行動の掟――一九四三年の「城塞」作戦』は[9]、作戦が成功裡に進捗することを確保するため、諸部隊や司令部が担った、大規模な頭脳的・実際的な作業について、印象深い概観を与えてくれる。

攻撃発動の時機は、本作戦遂行にとって、重大な意味を持つことになった。対ポーランド戦役や対仏戦役の前と同じく、ヒトラーは何度もそれを延期した。なるほど、そうして延期すれば、諸団隊の人的・物的再編成には有利に作用する。しかしながら、作戦的には、著しい不利が生じるのだ。なぜなら、かかる延期は、敵にも同じように好都合にはたらくばかりか、彼らはすでに数的優位にあるのだから、その何倍もの有利を得ることになるからだった。さようなことは、作戦準備のあらゆる分野にみられたが、とくに敵の陣地構築において顕著であった。作戦延期のおかげで、それは、おおいに進んだのである。ソ連が、ひと月あたり、およそ二千両の戦車を配備していることも確認された。ドイツ軍指導部側にしてみれば、生産能力上、とても歩調を合わせることができない数字であった。しかも、ドイツ側は、その生産物を、ヨーロッパ戦線のすべてに（一九四三年五月までは北アフリカにも）供給しなければならなかったのだ。

かくて、ロシア軍戦車団隊は、四月から七月初頭の数か月だけで、あらゆる型式の戦車約六千両を受領していた。それに対して、南方軍集団が攻撃発動までに使用できるようになった戦車は、全部合わせても、わずか一千百三十七両にすぎなかったのである。そのうち、Ⅲ号およびⅣ号戦車七百六十二両、Ⅴ号戦車（パンター。初期生産型であるため、限定された運用しかできなかった）、Ⅵ号戦車（ティーガー）二百両が稼働状態にあった。▼10 中央軍集団は、六月十日までに、あらゆる型式の戦車八百七十八両を装備する予定であったから、▼11 総数二千両の戦車を投入できるはずだったのである。

この大きな不利は、ドイツ側においても認識されていたから、「城塞」は、可能なかぎり早期に発動するものとされていた。そのため、ヒトラーは四月十五日に、作戦発動予定日を五月初頭と定めたのだ。

しかし、早くも四月十二日には、中央軍集団がＯＫＨ宛の報告で、作戦準備に欠落があることを指摘して緊急請願を行い、作戦期日もまた、ずっと遅く、五月十五日が望ましいとした。ところが、それに応じた改善がなされなかったことから、攻撃軍司令官モーデル上級大将が、四月二十七日にヒトラーのもとで報告を行いたいと願い出た。

この会議は、ヒトラーに強い印象を与えた。報告内容が、新しく開発された型の戦車の高い戦闘力に関する彼の観察に相応するものだったからである。五月四日の会議において、ヒトラーは、新型戦車「パンター」と「ティーガー」をより多く装備することによってのみ、モーデルが述べたてた諸困難に対応できるとの結論に達した。その準備は、六月に完了するであろう。フォン・マンシュタインとフォン・クルーゲの両元帥、ツァイツラー陸軍参謀総長[12]、空軍参謀総長〔ハンス・イェショネク上級大将〕らが反対したにもかかわらず、ヒトラーは攻撃発動の延期を決めた。最初は六月十二日、数日後には六月二十日とされ、最終的には七月五日に定められたのだ。

ヒトラーの決断に、大きく作用したのは、五月三十日までの部隊新編に関する文書[13]（「パンター」、「ティーガー」、「フェルディナント」〔重駆逐戦車〕、「スズメバチ（ホルニッセ）」〔自走砲〕が、それぞれ二個大隊ずつ新編される予定だった）と、軍需・戦時生産省の資料だった。

同省の予想によると、あらゆる種類の装甲車輛が、四月には九百三十九両、五月には一千百四十両、六月には一千五両、七月には一千七十一両が供給されることになっていた。そのうち、一九四三年四月には「ティーガー」四十六両、五月には「ティーガー」五十両と「パンター」三百両、六月には「ティーガー」六十両、七月には同型六十五両が配備される。加えて、四月から五月にかけて、「フェルディナント」八十五両が生産されるものとされた。Ⅳ号戦車についても、最終的には、四月中に二百三十一両、五月に二百三十五両、六月には二百五十五両が供給される予定になっていた。ヒトラーは、そもそも国家元首、全戦線を指揮する国防軍最高司令官、東部戦線を担当する陸軍総司令官を兼任し、もっと重要な検討や決定の重責を負っていたにもかかわらず、こうした生産予定の車輛に関しては、自ら差配したのである。

作戦に関する助言者や部隊指揮官の疑念や意見具申を押し切って、ヒトラーは、「城塞」発動を一九四三年五月五日から六月十二日に延期するとの決定を下した。巧緻で経験豊かな前線や司令部の戦士たちには不都合なことに、単に技術的手段の数だけが過大評価されたのだ[14]。

ヒトラーは、「戦車」という機械を、人間に代替できると信じていたようである。だが、それは危険な誤謬であった。戦車の強みは、今も昔も、その乗員の質と、他のすべての兵科と互いに補完し合い、戦術的に緊密に組み合わせられることにある。

六月五日、攻撃発動日は、あらためて六月十二日に延期された。戦車生産に障害が生じたためであった。結局、最終的な攻撃予定日は七月五日に確定される。この間に、チュニジア失陥から、七週間以上の時間が過ぎ去っていた。以前にヒトラーが断言したところによれば、連合軍がシチリア島に取りつくことができるようになるまで、八週間を必要とするはずであった。従って、この期限もすぐそこに迫っていたのである。

攻撃正面の諸軍ならびに第2軍による情勢判断

ケンプフ軍支隊は五月に、作戦延期は不利にはたらくものと意見具申していた。「準備は充分な程度まで完了している」としたのだ。ケンプフ将軍とその参謀長シュパイデル少将、第4装甲軍参謀長ファングオールは、作戦延期に「衝撃を受けていた」。「モーデル上級大将は攻撃を望んでいなかった」と、ケンプフは一九五八年に書いている。

第4装甲軍（ホート上級大将）も六月二十日に同様の趣旨で、オボヤン‐クルスク周辺地域に強大なロシア軍戦車部隊が存在するとはいえ、『城塞』作戦を成功裡に遂行することはいまだ可能である。ただし、本作戦は……以前想定されていたよりも長期にわたるであろう……」と判断していた。戦闘中、クルスク東方で展開されるはずの戦車戦を貫徹、成功させるために、第4装甲軍は、ケンプフ軍支隊支援のため、東方に旋回しなければならないだろうともされている。それがうまくいって、初めて第9軍との連結がなされるのである。

戦線屈曲部を（東方に向けて）奪取するのではなく、強力な敵団隊を殲滅することが重要だというのが、第4装甲軍の見解であった。

同じ日に、モーデル上級大将も、その情勢判断を提出した。彼もまた、クルスク周辺地域に活発な輸送活動がみられることを強調した。そうした動きから、オリョール屈曲部、あるいは、おおむね南西方向へのロシア軍攻勢があり得るものと判断できるとしたのだ。ロシア軍の陣地システムは、戦線前方に入念に構築されており、強力な守備隊を置いて、厚い縦深を組んでいるはずである。その背後には、強力な戦車団隊が立ちはだかっている。突破が成功したのちも、「敵が続けて激烈な防御戦を展開するものと予想」されるのであった。

オリョール前面の状況はあきらかではないが、攻撃の実行は、いちばん有利な解決策であると思われる。作戦がうまく進めば、現状の戦力で充分であろうとされた。しかしながら、従前通りの一連の要求が繰り返されたのだ。

これらを比べてみると、ケンプフ軍支隊の判断は楽観的、第4装甲軍のそれは、きわめて現実に即したもの、モーデル上級大将は大きな留保と批判的な姿勢を示していたといえよう。モーデルは、オリョール屈曲部の情勢が見通せないことを懸念していた。正しい判断であり、おそらくは、それが、彼の作戦全体に対する拒否的な態度にも影響していたのである。

第2軍司令官ヴァルター・ヴァイス歩兵大将は、わずか七個の「物資・人員ともに定数を満たしていないような師団で……空軍と装甲部隊の支援なしに」[15]、クルスク突出部の西面、直線距離にして百六十キロ以上を守らなければならなかった。そのヴァイスは、早くも六月十六日に、自分の情勢に関する見通しを報告していた。「おそらく、ひと月以上にわたる大規模な会戦になるのは間違いない。『城塞』が直撃するのは、敵戦線のごく一部にすぎないのだ。従って、（わが方の）攻撃が成功したあとでも、敵が、作戦予備と攻撃されていない他の正面から、続々と戦力を召致して、反撃に出ることを計算に入れておかねばならない。さらに、敵は防御戦を……長期間、二カ月ほどにわたって、継続できるはずである。……当第2軍の立場からすれば、『城塞』は、遅くとも七月初頭に実行することが、おおいに望ましい」。ヴァイス将軍の見解によれば、その際、第2軍の任務は、その作戦能力不足ゆえに、多かれ少なかれ、防御的なものに留まらざるを得ないというのであった。

六月二十一日には、第2軍はまた、オリョール屈曲部へのロシア軍の攻撃があるだろうとの予想を立てた。その場合に、支攻撃が第2軍に向けられたとしても、これは拒止し得るとの観測だった。他方、ロシア軍がハリコフ地域に攻勢を行い、プショール川とヴォルスクラ川のあいだの戦車向きの地形で、スームィを越え、作戦的縦深の奥まで攻勢を推進してきたなら、第2軍の状況は危機的なものになろう。

かかる可能性は、敵指導部も同様に承知しており、八月初頭の大反攻発動後にそれを利用して、多くの成功を収めたのである。

六月十五日ならびに七月三日のＯＫＨによる情勢判断

六月十五日ならびに七月三日のＯＫＨによる情勢判断は、敵大規模団隊の戦力を、おおむね的確に確定していた。作戦予備は増強された。南方軍集団戦域では、第6軍および第4装甲軍に対する攻撃が予想される。これは、ドニェツ盆地方面ならびに、クピャンスク地区からハリコフ方面をめざす攻撃のかたちとなり、両攻撃軍〔第6軍と第4装甲軍〕の側面奥深くを狙ってくるであろう。中央軍集団の戦域においては、第2装甲軍の東・北側面、オリュール方向に強力な攻撃が指向されるものと予想される。その攻撃目標は、第9軍の後背部になろう。

こうして、今まで提示されてきた各軍集団・軍の情勢判断も確認された。ＯＫＨも、ソ連軍最高司令部〔スタフカ〕は、自らの行動を〔西側〕連合軍のそれと同調させ、後手から打って出るだろうとの見解を採ったのである。

ヒトラーが味方の作戦を延期したことが、ロシアと連合国の協同にとって、時間的に好都合な前提条件をつくりだしていたのだ。いまや、三つの期日が合い重なって、迫りつつある。「城塞」作戦、予想されるロシア軍反攻、七月半ばに実行されるものと予測されていた連合軍のシチリア島上陸であった。加えて、国家元首にして国防軍最高司令官たるヒトラーは、五月なかば以来、大西洋におけるＵボート戦や、ドイツの大都市に対する連合軍の空襲にあって、戦略的敗北を喫していたのである。

ヒトラーが催した会議

七月一日、ヒトラーは、作戦に参加する軍集団・軍の司令官、軍団長たちを、東プロイセンの総統大本営に招集した。そのなかには、第24装甲軍団長だった著者も含まれていた。同軍団は、ＯＫＨ予備として〔南方軍集団後方地区に控置〕、会戦が頂点に達したときに初めて、突破のために投入されることになっていたのだ。

この会議は、軍事・政治的な命令の示達、もしくは、ヒトラーの独り舞台に等しかった。攻撃発動日が何度も延期されたのは、補充要員供給の必要と、新型戦車「ティーガー」、「パンター」、「フェルディナント」の生産上の困難に由来するとされた。

注目すべきは、ヒトラーが、自ら「攻撃のリスク」と特徴づけたことに関して、腰の引けた態度を示したことであった。ヒトラーのありさまは、確信にみちたものでも、人を魅了するがごときものでもなかった。一九三九年十一月二十三日、陸軍総司令官〔フォン・ブラウヒッチュ〕が、軍指導部を代表して、対仏攻勢計画への警告を発したのちに、ヒトラーが歴史的な演説を行った際の、要求と命令と恫喝がないまぜになった、推進力にみちあふれた姿とは、まったく異なるようすを示していたのである。

会戦▽27

七月五日朝、会戦は開始された。攻撃は、ロシア軍諸軍の正面に巧みに構築された陣地網の奥深く、およそ二十キロの地点にまで推進された。だが、その背後には、ドン川後方に至るまで、さらに正面軍〔軍集団〕の作戦的な陣地が在った。防衛戦の脊柱となったのは対戦車砲である。加えて、三ないし四門の砲と、あらゆる兵科から成る少数の守備隊によって構成される対戦車拠点があった。それらが合い重なって、対戦車地区を形成していたのだ。あたかも、ロンメルがアラメインで行った陣地構築の経験を生かしているかのようであった。また、反撃による攻勢防御の任が、すべての予備、とくに、クルスクとその東方で待機している、戦車を中心とした大規模団隊に割り当てられていた。しかも、局地的には、戦車の小集団多数が地中に埋め込まれていたのである〔防御力を高める措置〕。

ロシア軍最高指導部は、攻撃するドイツ軍とその予備を、こうした陣地システムにおいて減少・消耗させることを企図していた。よって、味方予備を過早に投入すれば、野戦築城がほどこされていない後背地への突破が妨げられることになる。ドイツ軍の戦闘力が費消されたのちになって、敵は初めて、数的優位を生かし、作戦的縦深の奥にまで至る、後手からの反撃に着手する予定だったのだ。

南方軍集団の攻撃集団右翼に位置するケンプフ軍支隊の任務は、「東方に向かって攻撃的な戦闘を遂行し、本作戦全体を掩護」するものとされていた。加えて、第42軍団は、これまでのドニェツ戦線を保持しなければならなかった。ラウス将軍が指揮する軍団〔臨時編成〕は、二個歩兵師団を以て、グラフォフカとソロミノ間にある渡河点を実力で奪取することになった。一方、第6、第7、第9装甲師団ならびに第168歩兵師団を擁する第3装甲軍団は、ビェルゴロド橋頭堡から、コローチャならびにスコロドノエに向けて、突破前進する手はずである。

突破地区の縦深奥深くで生起すると予想される戦車戦に備えて、装甲団隊の戦闘力を維持するため、ケンプフ軍支隊は、麾下の諸装甲師団を、一般に、まず敵戦車団隊に対して投入するように指示されていた。

第4装甲軍は、計画通りの攻撃により、ビェルゴロド北西からコロヴィノに至る高地地区にある敵の第一陣地を突破しなければならなかった。続く攻撃は、敵第二陣地を突破、オボヤン東方を迂回して、クルスクとその東に指向するものとされたのである。

攻撃要領は左の通り。

SS装甲軍団は、ベレソフ＝サデルノエ地域を越えて、さらにルーチキ＝ヤコヴレヴォ間の第二陣地に向かい、のち北東へ進撃する予定だった。第167歩兵師団の三分の一より成る戦隊が、その左側面の掩護にあたる。

第48装甲軍団は、午後にはもう、戦車を投入することなしに、ブトヴォ周辺の高地とゲルゾフカを奪取、ついで七月五日にはブトヴォ街道の両側を行き、ドゥブロヴァ方向、のちにはプショール河畔のシプィめざして進む。第167（兵力三分の二）および第332歩兵師団が、軍団の両側面に投入されることとされた。

第52装甲軍団は、前日に特別命令を受領した上で、その右翼を以て、ドミトリエフカに進む。

こうした攻撃に使用できたのは、以下の師団であった。

SS装甲軍団（ハウサー）は、SS師団「アドルフ・ヒトラー直衛旗団」、「帝国」、「髑髏」（三個師団合わせて、戦車三百四十三両、突撃砲九十五両を保有）、第167歩兵師団（隷下兵力の三分の一）を麾下に置いている。

▽27　ソ連側からみた叙述は、»Geschichte des Großen Vaterländischen Krieges der Sowjetunion«〔ソ連共産党中央委員会附属マルクス・レーニン主義研究所編『第二次世界大戦史』全十巻、河内唯彦訳、弘文堂、一九六三〜一九六六年。ロシア語版からの邦訳〕, Deutscher Militärverlag, Berlin, 1964, 第三巻、二八三〜三二八頁を参照されたい。

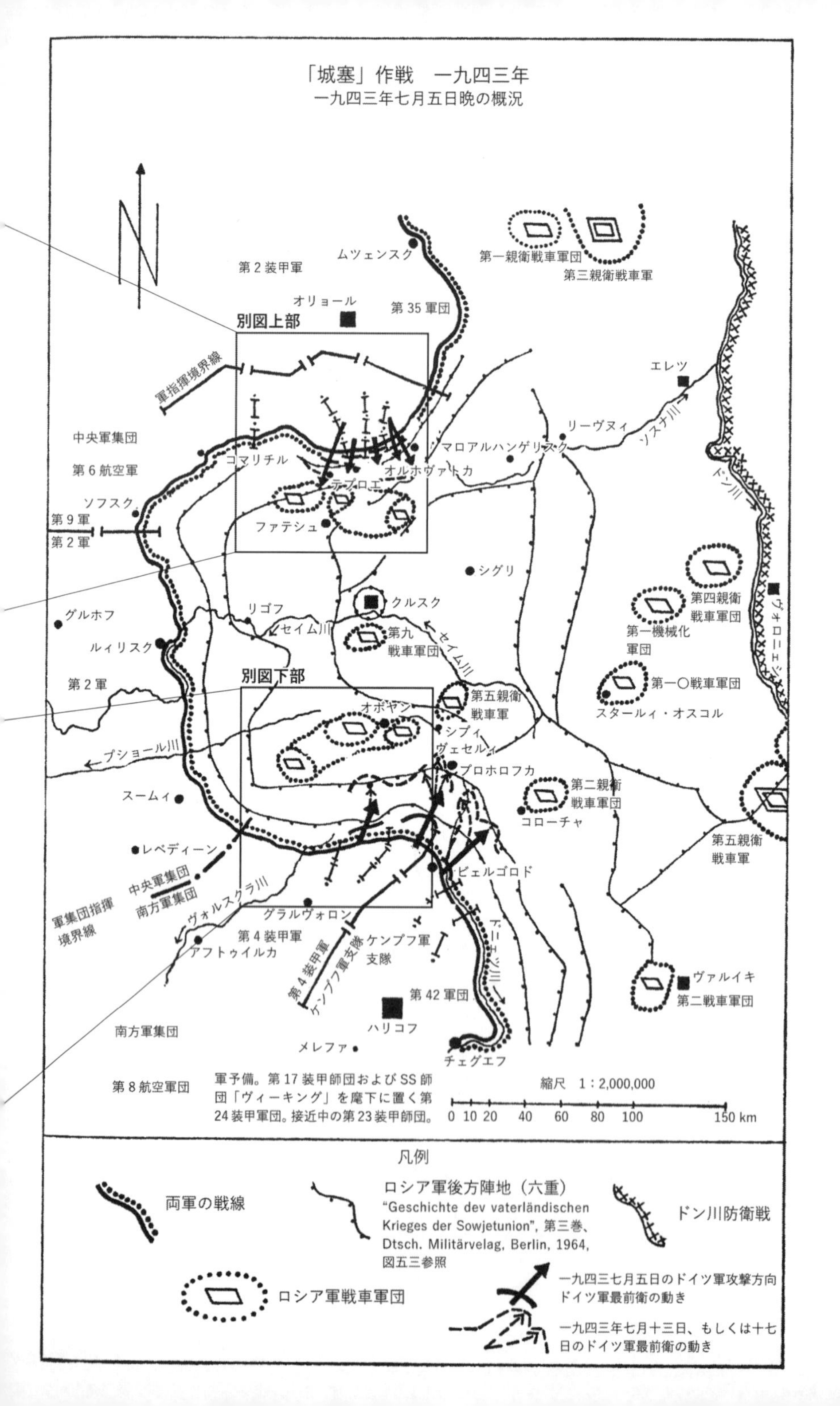

「城塞」作戦　一九四三年
一九四三年七月五日晩の概況
第２装甲軍
ムツェンスク
第一親衛戦車軍団
第三親衛戦車軍
オリョール
第35軍団
別図上部
軍指揮境界線
エレツ
リーヴヌィ
ソスナ川
中央軍集団
コマリチル
マロアルハンゲリスク
オルホヴァトカ
ドン川
第６航空軍
テプロエ
ソフスク
第９軍
第２軍
ファテシュ
シグリ
クルスク
第四親衛戦車軍団
グルホフ
リゴフ
セイム川
第一機械化軍団
ルィリスク
第九戦車軍団
ヴォロニェジ
別図下部
第一〇戦車軍団
第２軍
オボヤン
第五親衛戦車軍
スタールィ・オスコル
シプィ
ヴェセルィ
プショール川
プロホロフカ
第二親衛戦車軍団
スームィ
コローチャ
第五親衛戦車軍
レベディーン
ビェルゴロド
中央軍集団
南方軍集団
軍集団指揮境界線
ヴォルスクラ川
グラルヴォロン
第４装甲軍
ケンプフ軍支隊
アフトゥイルカ
第４装甲軍
ケンプフ軍支隊
ドニェツ川
ヴァルイキ
第二戦車軍団
第42軍団
ハリコフ
南方軍集団
メレファ
チェグエフ
第８航空軍団
軍予備。第17装甲師団およびSS師団「ヴィーキング」を麾下に置く第24装甲軍団。接近中の第23装甲師団。
縮尺　1：2,000,000
0 10 20 40 60 80 100 150 km
凡例
両軍の戦線
ロシア軍後方陣地（六重）
“Geschichte dev vaterländischen Krieges der Sowjetunion”, 第三巻、Dtsch. Militärvelag, Berlin, 1964, 図五三参照
ドン川防衛戦
ロシア軍戦車軍団
一九四三七月五日のドイツ軍攻撃方向ドイツ軍最前衛の動き
一九四三年七月十三日、もしくは十七日のドイツ軍最前衛の動き

別図上部

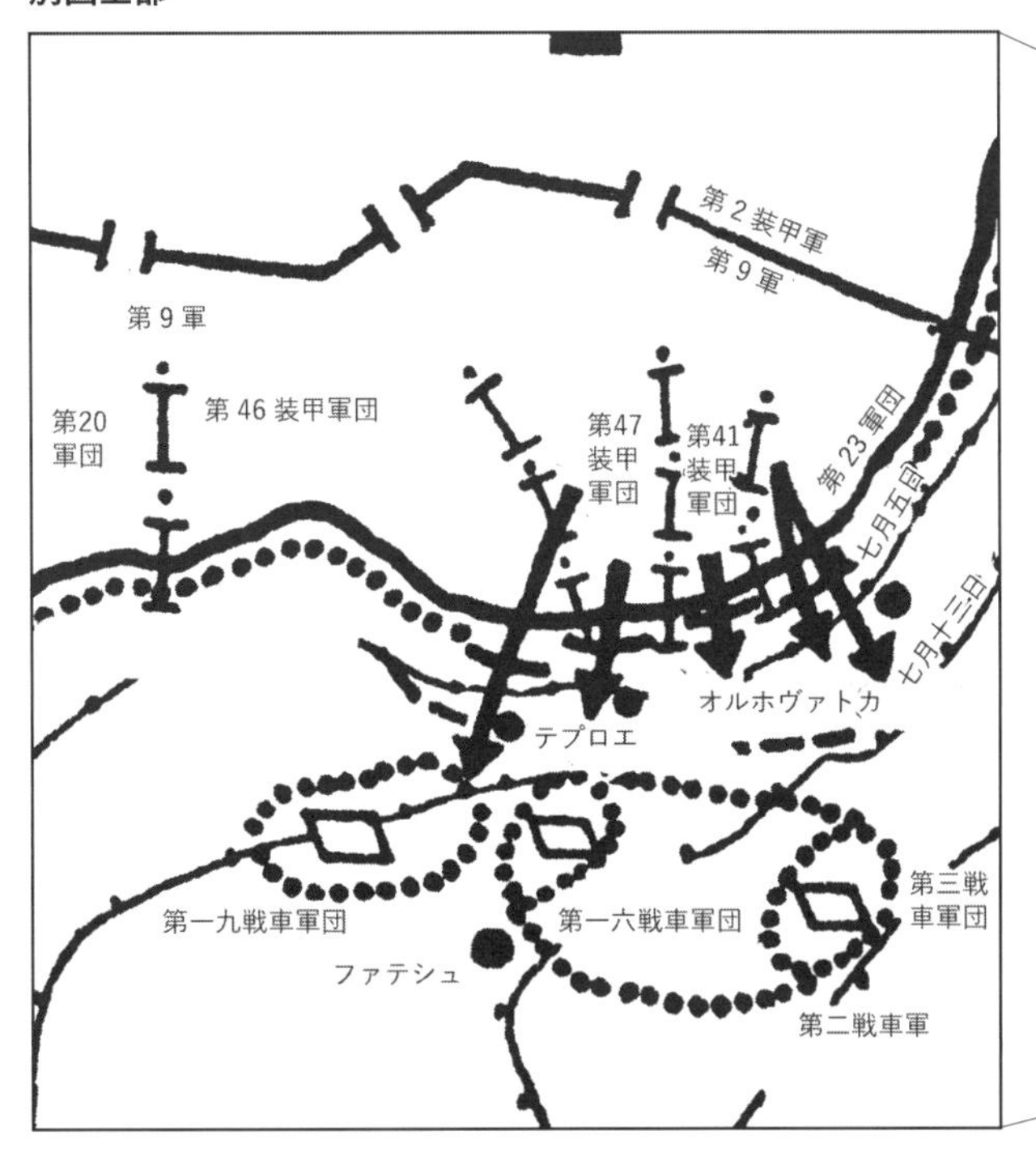

第2装甲軍
第9軍
第9軍
第20
軍団
第46装甲軍団
第47
装甲
軍団
第41
装甲
軍団
第23軍団
七月五日
七月十三日
オルホヴァトカ
テプロエ
第三戦
車軍団
第一九戦車軍団
第一六戦車軍団
ファテシュ
第二戦車軍

別図下部

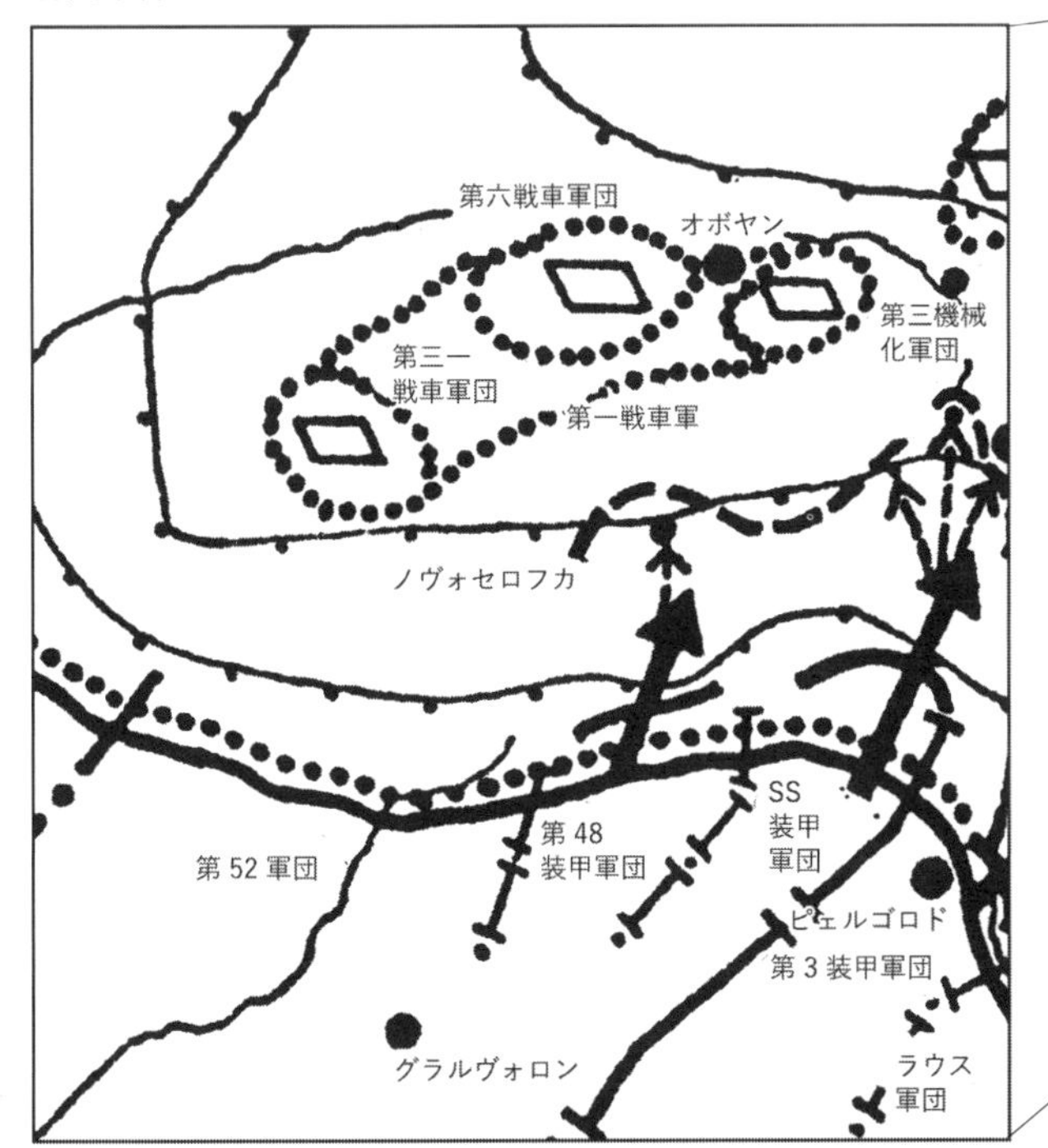

第六戦車軍団
オボヤン
第三機械
化軍団
第三一
戦車軍団
第一戦車軍
ノヴォセロフカ
SS
装甲
軍団
第48
装甲軍団
第52軍団
ビェルゴロド
第3装甲軍団
ラウス
軍団
グラルヴォロン

第48装甲軍団（フォン・クノーベルスドルフ）の指揮下には、第3装甲師団、「大ドイツ」装甲擲弾兵師団、第11装甲師団、第167歩兵師団の主力（隷下兵力の三分の二）、第232歩兵師団があった。加えて、この軍団には、あらたに増援された、戦車二百両を有する第10戦車旅団が配されたのである。

攻撃の細目はすべて、先の数か月間に、細部まで準備・検討されていた。

ケンプフ軍支隊の課題は困難だった。同軍支隊は、攻撃的な戦闘遂行により、「城塞」作戦の東側面を掩護しなければならなかったのだ。その際、右翼を担う第42軍団は、最初から、従来の防御正面に固着されていた。ラウス将軍の軍団と第3装甲軍団（ブライト）は、攻撃劈頭（へきとう）、戦闘を実行しつつ、ドニェツ川を渡河しなければならなかった。これらの軍団は、第42軍団とは関係せず、任務が成功するとともに、互いに遠ざかっていくことになる。それは、一方の端を固定して、絶えず伸びていく帯のようなものであった。加えて、正面には敵の狙撃師団二十個、その背後には、戦術予備として、十二個師団が立ちはだかっている。さらに先には、強力な作戦予備も控置されていた。

渡河は、二時二十五分に開始される予定だった。ところが、すでに二時から、味方の待機陣地は、強力な敵砲兵の射撃にさらされたのである。敵は、攻撃開始を知っていたか、もしくは、事前に情報を得ていたものと思われた。▽28
最高司令部の空気も、以前のように自信満々とはいかなくなっていた。攻撃予定の延期によって得られた時間で、敵は著しく強化されていたからであった。

第4装甲軍の任務は、三か月以上をかけて、要塞のごとくに構築され、強力な守備隊を配して、厚い縦深を取った陣地に対する装甲・装甲擲弾兵師団の攻撃であるという点に特徴があった。一荷（いっか）四分の三個師団の歩兵を配属するだけでは、この困難な作戦には、まったく不充分だったのだ。装甲部隊は、強力な歩兵が開けた突入口を突破に拡張するのではなく、自力で突破した。第4装甲軍の課題は、装甲部隊の指揮に関する従来の原則や経験に相反していたのである。

作戦的な装甲戦力が、突破後の開けた空間において、召致されてくる同種の敵軍直轄部隊との決戦に応じられるようになる前に、それを稠密な対戦車防御システムのなかで費消してしまうことには、大きな危険があった。これぞ、敵指導部が獲得せんと努めた目標だったのである。ヒトラーその人が取った措置は、そうした敵の願いにかなうものであった。

しかしながら、第4装甲軍司令部は、一定程度、成功の確信を抱いていた。だが、早くも七月五日の晩には、今までの経験とは裏腹に、陣地を守る敵師団の戦闘精神と教育訓練程度が良好であることが認められた。その指揮官たちも、適切な行動を取っている。続く八日間に、防御側、なかんずく戦車団隊多数の戦闘力が高いことが、あらためて示された。かような戦闘において、攻撃するドイツ軍が前方の地を占領し、あるいは、敵戦車の攻撃を撃砕できたのは、いつでも、空軍の支援があった場合のみであった。とくに、初めて投入された対戦車攻撃中隊の威力は顕著だったのである。[16] 激しい降雨と地雷原の拡張も、迅速な前進を妨げた。

第10戦車旅団は、ある地雷原で大損害を被った。さりながら、あらゆる困難、頑強な対抗防御にもかかわらず、この二個軍は、北東、プロホロフカ方面[29]へと突破前進していく。第4装甲軍のオボヤンへの突破を防ぐため、ヴォロニェシ正面軍司令官ヴァトゥーチン将軍は、七月六日、劇的な手段に訴えた。麾下第一戦車軍（カトゥコフ大将）に命じて、戦車を地中深く埋め込ませ、一種の対戦車砲陣をつくらせたのだ。この措置は成功を収めた。[17] ジューコフ元帥は猛烈に反対したのだが、スターリンは、ヴァトゥーチンの決断を例外処置として是認したのである。

ケンプフ軍支隊の東側面には、ロシア軍の反撃が絶え間なく反復されており、麾下歩兵師団はすべて防御を余儀なくされていた。第3装甲軍団もまた、敵の激烈な抵抗を前にして、命令されたコローチャ方向への前進を、北方向に旋回させている。七月十二日朝、同装甲軍団は、ルシャヴェツでドニェツ川の渡河点を奪取した。それによって、第五親衛戦車軍の側面と後背部が深刻な脅威にさらされているとみたヴァトゥーチン将軍は、軍予備の第二六親衛戦車

▽28　前掲、»Geschichte des Großen Vaterländischen Krieges...«, 第三巻、三〇八頁では、捕虜と脱走兵が自白したものとされている。
▽29　前掲、»Geschichte des Großen Vaterländischen Krieges...«, 第三巻、三二五～三二七頁を参照せよ。

旅団と第五親衛機械化軍団を投入、対抗させることにしたのだ。にもかかわらず、ドイツ第3装甲軍団は、七月十五日までに、同軍団とSS装甲軍団のあいだに在った第四八狙撃軍団の主力を排除することに成功した。かくて、いまや南方軍集団麾下のすべての装甲軍団が北を向いて、横並びになったのである。ただし、第3装甲軍団が構成する翼は、急角度で南に折り曲げられていた。これら装甲部隊の大集団の長く延びきった側面を掩護しているのは、弱体の歩兵師団一個だけであり、この状態で行動しているかぎりは、自動車化された敵が不安の種になる。

中央軍集団方面における情勢の展開に関する知らせも、おおいに安心というわけにはいかなかった。

七月五日以来の中央軍集団第9軍の攻撃は、いかなる経緯をたどっていただろうか？

第9軍の任務は、トロスナ（オリョールからクルスクに至る街道沿い）とマロアルハンゲリスク北方を結ぶ線から、南のクルスクに突破進撃し、同市とその東方で、南方軍集団の攻撃軍とのあいだに連絡線を確保することであった。

第9軍の戦闘序列は、つぎの通りである。

麾下に四個歩兵師団を置く第20軍団。

四個歩兵師団を擁する第46装甲軍団。

第2、第9、第20装甲師団、第6歩兵師団、第505戦車大隊ならびに第312戦車中隊（無線誘導戦車装備）▽30を指揮下に置く第21戦車旅団司令部を麾下に配した第47装甲軍団。

第18装甲師団、第653ならびに第654戦車猟兵大隊（それぞれ、「フェルディナント」四十五両を保有）を麾下に置く第656戦車猟兵連隊本部、第216突撃戦車大隊（自走十五センチ榴弾砲〔IV号突撃砲「不平屋（ブルムベーア）」〕四十五両）、第313および第314戦車中隊（いずれも無線誘導戦車装備）、二個歩兵師団を有する第41装甲軍団。

三荷三分の一個歩兵師団を指揮する第23軍団。他に、第185ならびに第189の二個突撃砲大隊、第811および第813工兵装甲工兵中隊（「ゴリアテ」中隊）が配属された。

これらの背後に、軍集団予備として、第4、第12装甲師団と第10装甲擲弾兵師団を指揮下に置くフォン・エーゼベック装甲支隊があった。

第9軍は、任務遂行のため、麾下の諸軍団に詳細な命令を与えている。作戦の基本構想は、以下のようなものであった。

第47装甲軍団（レメルセン）は、重点となる支隊として、最前衛を務め、第20装甲師団と第6歩兵師団を用いて交戦、突破を強行する。かくて開かれた突破口より、第二波の第2および第9装甲師団がクルスク北方の高地に前進、第4装甲軍との連絡を確立する。状況によって、第三波として、軍集団予備を後続させるかどうかが検討されるのだ。

第46装甲軍団（ツォルン）は、この装甲部隊のくさびの西側面を、ファテシュに向かう攻撃によって掩護するとともに、これを奪取する。

第20軍団は、敵を拘束するため、攻撃企図があるかのごとく欺騙する。ただし、敵の反撃があることを予想しなければならない。

第41装甲軍団（ハルペ）は、第23軍団とともに、装甲部隊のくさびの東側面を掩護しなければならない。その際、シグリ－ソスナ川の線に、あらたな防御正面を確保すること。

第23軍団は、第41装甲軍団と緊密に協同し、モクロエ－パンスカヤの線を奪取・保持することを目的として、マロアルハンゲリスクの両側で攻撃すべし。

第9軍の計画できわだっていたのは、敵戦線に、格段に集中された攻撃のくさびを打ち込み、その両側面を攻撃によって掩護しつつ、突破せんとしたことであった。

第一波が、くさびの尖端として攻撃し、第二波は、啓開されるものと予想された突破口の奥深くに、ただちに突入する。第三波の追随は、状況の展開しだいである。側面に投入される軍団は、およそ二十ないし三十キロの縦深にわたって掩護するという、広範な課題を与えられていた。くさびの刃にあたる装甲部隊の成功が期待されるにあたり、敵戦車部隊が側面攻撃してくるのを、可能なかぎり広い幅で防ぐのが目的である。

▽30　爆薬運搬車として使用される無線誘導戦車。

味方部隊が消耗する前に、敵陣深く突入することができるように、攻撃集団は充分なだけの縦深を取っておくべしとの要求に従って、重点を形成する第47装甲軍団は区分されていた。しかし、著者のみるところ、第9軍は最初から第一波の第47装甲軍団に重点を置き、もっと増強しておかなければならなかったはずである。目的は、何よりもまず、時間を空費せずに、作戦的成功への門を開くことだ。「一九一八年のフランス大会戦」前に、同様の状況に置かれたルーデンドルフが判断したように、第一に戦術を作戦の上に置くべきだった。

最前衛に一個装甲師団（第20）、それに歩兵師団一個を足すだけでは、おそらくは少なすぎたのだ。快速師団六個のうち、五個師団が予備に置かれていた。これは過剰であった。なるほど、予備なしに戦闘を行うことはできない。だが、グデーリアンがときに強調したごとく、予備は、宝の持ち腐れになりかねないのだ。二個歩兵師団を直接支援する任を帯びた装甲師団二個を、あらかじめ前方に用意しておくほうが適切であったろう。陣地を構築した防御側に対して、効力を発揮するのは確実な戦法であった。両兵科が、互いに補完できるからである。

また、弾薬を統合的に運用し、計画的に効果を発揮するため、ここに、第653および第654大隊の「フェルディナント」重駆逐戦車九十両、第216突撃戦車大隊の自走十五センチ重榴弾砲四十五両、第21戦車旅団麾下の第313ならびに第314遠隔誘導中隊の双方を集中するのも有利であったことは間違いなかろう。

他方、厚い縦深構成を取ったのは、中央軍集団ならびに第9軍の、オリョール屈曲部をめぐる、絶えることなく、しかも正当であった懸念に応じてのことであった。それも看過されてはならない。

オリョール屈曲部における敵の強みと味方の弱点、両陣営の作戦的状況に関する現実的な判断は、ヒトラーが、敵の再武装と教育訓練のために貴重な二か月間をくれてやったがために、いっそう細心の注意を払ったものにならざるを得なかったのである。

七月五日の朝、三時半から六時半まで、いくつかの段階に時間を区切られた攻撃によって、会戦は開始された。▽31 第41装甲軍団と第23軍団の戦区では、無線誘導の爆薬運搬車が、ロシア軍地雷原に進路を啓開する。

当初、抵抗は微弱だったが、すぐに強固となった。七月六日、第二波の第47装甲軍団が、第2ならびに第9装甲師団を投入したが、ごくわずかな地域を得たのみであった。グニレツ付近でのロシア軍の猛攻に対し、第47装甲軍団の側面が守られていたのは、第46軍団がひたすら尽力したおかげである。第9軍東翼でも、激戦が生起していた。晩になるころには、戦闘は、作戦命令で予想されていたよりも、もっと長く続くものと、モーデル上級大将にもあきらかになっていた。それゆえ、彼は、第4装甲師団に「クルスクへの突破を……遅滞なく継続させる」よう、中央軍集団に要請したのである。

七月七日には、軍両翼が敵の猛攻を受け、これを拒止したが、中央部で得られた地域は僅少であった。この時点で、軍の損耗は一万人を数えている。戦車砲弾の消費量は、驚くほど大きかった。また、翌日には、ロシア軍が強力な反撃を加えてくるものと予測される。

七月八日、第4および第2装甲師団の戦車を編合した第21戦車旅団が、テプロエ南方の高地を奪取したものの、そこで、南西と南から到来したロシア第二戦車軍によって、停止させられてしまった。この日、敵は、全正面にわたって、第9軍を食い止めることに成功したのだ。味方諸部隊は、四日間の戦闘で手痛い損害を被っており、身体的にも消耗していた。よって、モーデルは、七月十日に攻撃を再興するため、七月九日を攻撃休止日とするという難しい決断を下したのである。

モーデル上級大将は、さらに攻撃を継続するにあたり、「新しい戦車戦術」を用いるように指示した。多数の戦車大隊を集中するのを見合わせることにしたのだ[18]。それをやるには、もう教育訓練水準が不充分で、戦車の数も少ないからというのが、彼の見解であった。そこで、戦車の運用は、装甲擲弾兵との緊密な協同のもとに実行されなければならないと命じたのである。戦闘は、「激烈な物量消耗戦」の性格を帯びはじめていた。

フォン・クルーゲ元帥は、それに同意したが、いよいよ強力になるばかりの敵予備を撃破するため、会戦を継続す

▽31　これについては、一九四三年七月五日から七月十五日までの、第292歩兵師団戦闘報告、付録、四五六～四五八頁を参照せよ。

る必要があることを強調した。

モーデルのやりようは適切だったけれど、新しいものではない。そもそも、装甲部隊の編制は、最初から、そうした方法、つまり、装甲擲弾兵と戦車の協同に依っていたのである。そのために、擲弾兵を自動車化したばかりか、一九三九年からは、装甲に守られたＳＰＷ（Schützenpanzerwagen〔歩兵装甲戦闘車〕）を配備したのだ。加えて、あらゆる戦車長は、「城塞」作戦開始時には、ここでは、一九四〇年から一九四一年の模範に則った装甲部隊の作戦ではなく、歩兵の領分での激烈な戦闘、すなわち、突撃砲の流儀に従った運用が重要になるということを、はっきりと認識していた。かかる運用が適切か、必要なのか、あるいは不可欠なのかといった問題は、最高指導部が決めなければならないことであった。装甲兵総監[▽32]は、一九四三年五月十日に、この点についての警告を発していた。マンシュタイン元帥は、砲兵不足とならんで、歩兵師団も不足していたことから、最前線の陣地システムを突破するために装甲師団を投入しなければならなかったのが、「本作戦の弱点」だったとみている。[▼19]

七月十日、攻撃は再興された。突破は成らなかった。第47装甲軍団は、午前中に出撃陣地に戻ることを余儀なくされたのだ。

第9軍司令部は、七月十二日に、つぎの命令を出した。「いかなる犠牲を払っても、（至近に設定した）目標到達を可能たらしめるため、攻撃目標は近距離のもののみとすべし……」。

かような戦術的決定は、実質的には、迅速に作戦的な決戦を行うことを放棄することになった。しかし、ロシア軍の頑強な防御に遭っては、自らを「蚕食（さんしょく）」していくことにつながったのである。

オリョール突出部へのロシア軍の攻撃

ロシア軍は、七月十一日にはもう、オリョール屈曲部の第2装甲軍に対して、最初の部分的攻撃を仕掛けていた。その前日、中央軍集団は、トロスナ経由でクルスクに向けて投入すべく、最後の快速師団二個（第5および第8装甲師団）を、同軍集団両翼の軍（第4軍ならびに第3装甲軍）から抽出することを検討していた。これを実行すれば、最後の予備装甲部隊が費消されることになったであろう。

一九四三年七月十日、連合軍は、チュニジアからヨーロッパの地、すなわちシチリア島に上陸した。七月十二日、敵は、オリョール屈曲部への攻撃を、一大攻勢へと拡張する。数的に優った団隊を有する敵は、クルスク突出部で、強力な部隊を以て南北両面を成功裡に防衛し[33]、猛烈な逆襲を実行しながら、同時にオリョール方面で攻勢に出ることが可能だったのである。

中央軍集団は、ほとんどすべての装甲部隊と予備兵力を「城塞」攻勢に集中していたから、ロシア軍は、薄く守備隊を配しているだけの第2装甲軍の戦線深奥部まで突入し、これを危険な状態に陥らせた。それゆえ、第9軍も、すでに七月十二日において、第12および第20装甲師団、第36歩兵師団を同方面に割愛せざるを得なくなったのだ。かくて、今までも大きな成功を上げていたとはいえない、「城塞」挟撃作戦の北の刃たる攻撃軍の戦力は、さらに弱められてしまった。ここに、決定的な事態が生起したのである。オリョール屈曲部の脅威は、第9軍の補給組織に悪影響をおよぼした。その作業の安全を確保してやらなければ、同軍の運用は不可能であった。よって、中央軍集団の戦域では、「城塞」作戦を最終的に断念せざるを得なくなる。

フォン・クルーゲとモーデルの時宜にかなった懸念が、ゆえなきものではなかったことが証明されたのだ。残念ながら、両者とも、その点についてヒトラーを説得することはできなかったのである。

会戦中止

早くも七月十三日には、オリョール屈曲部の作戦的状況と地中海戦域における戦略的情勢をもとに、ヒトラーは「城塞」作戦をすべて中止すると決断した。

▽32　グデーリアン上級大将。前掲、»Erinnerungen...«、二八一～二八四頁。
▽33　前掲、»Geschichte des Großen Vaterländischen Krieges...«、第三巻、三二五～三二七頁。プロホロフカの戦車戦の箇所。

フォン・マンシュタイン元帥は、それに反対した。[20] なぜなら、南方軍集団にあっては、「会戦はいまや決定的な時点に達しつつあった。最近数日間、敵が戦闘に投入した作戦予備に対する防御戦のほぼすべてに成功したあとでは、勝利は、手を伸ばせばつかめるところにあった……」からだというのだ。また、三個装甲師団（第17、SS「ヴィーキング」、第23装甲師団）を擁する第24装甲軍団（ネーリング）も、ハリコフ南方で待機していた。なかでも、第23装甲師団は接近行軍中だったのである。

しかしながら、ヒトラーは、それによって、他の方面に転用する兵力を抽出できるようにするため、フォン・マンシュタインの攻撃集団が、対峙している敵に限定的な打撃を与えるのに有利と思われる状況を利用することにのみ、同意しただけであった。

七月十六日、右の趣旨に沿った南方軍集団命令が下達された。ところが、七月十七日になると、ヒトラーはもう、おのれの自由になるように、SS装甲軍団を即刻引き抜くべしと命じてきたのであった。同様に、第24装甲軍団も南方に行軍させられた。こうして、マンシュタインの企図も台無しになってしまったのだ。

SS装甲軍団はなお、Ⅱ号戦車四両、Ⅲ号戦車八十両、Ⅳ号戦車六十九両、Ⅵ号戦車三両、指揮戦車二十両、T-34戦車（鹵獲品）十一両、突撃砲六十四両を有していた。第48装甲軍団も、Ⅲ号戦車四十二両、Ⅳ号戦車五十六両、Ⅴ号戦車四十三両、Ⅵ号戦車六両、火焔放射戦車十二両、突撃砲四十両を持っている。が、七月五日の状態から測ると、著しいばかりの戦車の喪失が生じていた。戦闘の激しさと諸部隊の投入可能性の程度をうかがわせる数字である。

南方軍集団の人的損害も、およそ二万人に達しており（うち三千三百人は捕虜となった）、そのほとんどは補充できなかったのだ。[21]

観察

ヒトラー、そして、おそらくは東部軍の指揮に関する、もっとも密接な協力者である陸軍参謀総長ツァイツラー上級大将も、「城塞」作戦遂行に希望をかけていたのであろうが、それは満たされなかった。本作戦の指揮に関して責を負わず、従って、客観的な観察を許される立場にあったはずのグデーリアン上級大将は、「決定的な敗北（という失敗）」だったと特記している。ヴァーリモント〔砲兵〕大将の判断も同様だ。[22]

フォン・マンシュタイン元帥の見解はちがう。敵の作戦予備の大部分をひどく弱体化させることに成功したからだというのである。彼のみるところでは、本会戦は、地中海戦域の戦略的情勢と第9軍の戦術的失敗ゆえに、決戦に至る前に過早に中止されたのであった。

あるロシア軍司令官の「城塞」は「ドイツ装甲部隊の白鳥の歌」[34]〔白鳥は、死の直前に、もっとも美しく鳴くという伝説から来た表現で、死に花を咲かせるぐらいの意〕であったという言葉は、的を射ていない。そうであったとしたら、ドイツ装甲部隊がなお二年間、あらゆる戦線における抵抗で、多数の成功を収めることはできなかったろう。

各部隊や軍の中間指揮官は、攻撃中止について、最高指導部ほどには衝撃を受けていなかった。もし、「城塞」作戦によって、ロシア戦車団隊があとにまで響くような打撃を受けていなかったら。のちの九月になって、ドイツ軍がドニエプル川の背後に撤退した際、現実にそうであったような成功を収めることは不可能だったはずである。そう断言してもよかろう。

「城塞」の失敗は、戦争の転回点につながるような会戦に負けたということではなかったのだ。むしろ、第二次世界大戦の戦略的展開が進んだことを確認する、特徴的な瞬間であった。戦争は、あらたな段階に入ったのである。ヒトラーが戦略的攻勢を行う時期は終わった。いまや、ロシア軍と連合軍が攻撃をかける手番になったのであり、ヒトラーに残されていたのは、戦略的防御の可能性だけであった。だが、ヒトラーは、「勝負なし」、フォン・マンシュタイン元帥が述べている「千日手」に持ち込むために、戦略的防御を利用するすべを心得ていなかったのである。

ロシア人にしてみれば、「城塞」により、その自信を非常に高めることになった。本会戦前に、ヒトラーが各級司令官宛日々命令において、その結果は「ソ連軍将兵の空気や態度に……決定的な影響をおよぼすことになりかねな

▽34　前掲、»Geschichte des Großen Vaterländischen Krieges...«, 第三巻、三二八頁。コーニェフ将軍の評価。

い」としたのは正しかったのだ。

この予言は、たとえ逆の意味であるとしても、いまや現実となっていた。「城塞」は、ロシア軍将兵とその指導部に、注目すべき弾みを与えたのである。それは、今なお彼らの前に立ちはだかっている困難な課題をも容易にするものであった。

ドイツ側にとっては、「城塞」は、時間と戦力、人員と兵器、希望と自信の消費であるばかりか、将来の戦争遂行へ大きな禍根を残すような無駄遣いだった。その詳細は、ここまでで検討してきたが、まだ、いくつかの強調すべき点があろう。

新型重戦車の配備を待つとの理由から、二か月以上も作戦が延期されたことは、ヒトラーを悩ませた。だが、本当の理由は、彼の遅疑逡巡にあった。苦労して再建した陸軍の戦闘力、何にも増して装甲部隊のそれを、ただ一度の大規模攻勢に賭けるべきなのか、ということである。ヒトラーは、麾下の陸軍司令官たちの多くが抱いている拒否感を察していた。一九四三年五月十日にグデーリアンに吐露した言葉によれば、彼は「この攻勢のことを考えると、いつでも落ち着かなくなる」のであった。▼23

攻撃の延期は、クルスク周辺のロシア軍戦線の要塞に近いような野戦築城、驚くほどの部隊と指揮官の教育訓練水準の改善、予想だにしなかった規模の兵器・物資の配備を許した。▽35 このドイツ側における時間の空費こそ、敵が、第9軍に対する戦線防衛に成功するための基盤となったのである。また、かかる激しい抵抗は、ロシア軍最高指導部に、オリョール屈曲部への攻勢を同じく成功させるために、十二分に強力な部隊を召致することを可能とした。それによって、「城塞」作戦は、少なくとも北部正面では挫折を余儀なくさせられたのだ。

ヒトラーが犯した過誤はもう一つ、新型重戦車を過大評価したことにある。これらは、充分な生産数を得て供給されたわけではなかったし、即時運用可能な隊として増援されてもいなかったのである。そうした隊を組み、教育訓練をほどこして、戦闘経験を得るには、時間も乗員も不足していた。ヒトラーが奇跡の兵器とみなしていたV号戦車「パンター」も、前線に投入できるほどには完成していなかった。時間のかかる技術的試験がいまだ終了していなかったからだ。グデーリアンその人も、一九四三年五月四日のヒトラーとの会見において、「城塞」作戦延期に賛意を示している（いつまで延期するかについては、期限を切っていない）。彼は、本作戦は無意味であるとみなしており、「戦車の再編補充が完了したばかりだというのに、予定されるような流儀の攻撃、その一度だけで」撃破されてしまうことを危惧していたのである。一九四三年中に、あらためて東部戦線に戦車を配備・補充することは不可能だった。また、「西側列強の上陸作戦に対応できるよう、いまや西部戦線に新型戦車を送ることを考えねばならなかった」。

六月十六日、グデーリアンは、もう一度、ヒトラーに対して、「パンター」の投入に関する技術的な疑念を呈した。[24]この日、二百両のうち、ようやく六十五両が駆動技術的に使用可能になったのである。グデーリアンは、「このような新型の重量級戦闘機材は、おおよそ五百両を戦場で使用し得る状態になった時点で、初めて投入すべきだ」と意見具申した。

七月五日からの「パンター旅団」の失態は、グデーリアンの懸念を証明することになる。攻撃初日の晩に出撃可能だったのは、投入された二百両のうち、四十両にすぎなかったのだ。作戦中止までの「パンター」の稼働数も、そのつど、十六ないし四十両にすぎず、百二十六両が脱落していた。[25]のちの退却中にも、「パンター」戦車の多くが失われた。修理作業が行き届かなかったために動けなくなり、敵手に落ちたからである。

ヒトラーが「戦争を決する兵器」として、これらの戦車を待ったことは、何ら成果を上げなかったばかりか、時間を空費したために決定的な不利をもたらした。こうして、今まではいつでも効果を発揮してきた「装甲兵科」は、総統の誤った決断により、逆しまの悪影響をおよぼしたのであった。

五月四日のヒトラーとの会見に際して、グデーリアンはしばしば、「すでに提案された方法による攻撃」を拒否している。そのとき、彼の念頭にあったのは、ロシア軍の堅固で地雷に守られた陣地に対して、ほとんど歩兵の支援なしに行われる装甲師団の攻撃だった。そのためには、近代的な装備をほどこし、突撃砲に支援された歩兵師団が必要

▽35　前掲、»Geschichte des Großen Vaterländischen Krieges...«, 第三巻、二九八頁以下を参照されたい。

だったのだ。それなら、敵陣突入を敢行することも可能である。しかるのち、装甲師団が支援し、歩兵の突破口を活用すれば、追求されている作戦的突破に拡張することができる。かかる陣地突入用の師団が、北と南の両方で欠けていた。少しばかり手元にあった歩兵師団も、大部分は消耗しており、自らの陣地を保持し、装甲団隊の側面を応急的に掩護するには、まず不充分だった。

グデーリアンは、こうした攻撃要領の弱点を承知していた。が、異議を唱えたとはいいながら、何ごとも変えられなかったのだ。近代的な装備をほどこし、攻撃能力を得た歩兵師団は、ごくわずかしかなかった。ロシアにおける困難な戦争の二年間は、徒歩で戦う将兵の隊伍をごくまばらなものにしてしまっていたのである。彼らが損害を出しても、もはや補充されなかった。ゆえに、ヒトラーは、よりいっそう広範に戦車を投入することで、それらを埋め合わせられるのだと、自らに信じ込ませたのだ。

その際、ヒトラーは、実務担当者たちによって、敵情やそのとほうもない実力、堅固な陣地、兵器生産量について、的確に教えられていた。けれども、一九四一年や一九四二年にそうであったように、そんな知見は当たっていないとして、それらを拒絶し、おのれの感性をもとにした思考のままに行動したのである。

なお理解し難いのは、自らに迫り来る三つの期限、すなわち、味方の攻勢、ロシア軍の攻勢、もしくは反撃、連合軍のシチリア島上陸に対するヒトラーの受動性であった。

彼が長く待てば待つほど、東西からの戦略的挟撃の危険は、いよいよ高まっていく。

ヒトラーの相談役や陸軍の司令官たちは、行動に出るように慫慂した。しかし、ヒトラーは、試験も済んでいない二百両の戦車という幻を追うために、繰り返し行動期日を引き延ばしたのである。他の「奇跡の兵器」〔Wunderwaffen. V1号やV2号など、戦勢を逆転させると称された新兵器のプロパガンダ上の総称〕と同じく、その威力を過大評価していたのだ。

一方、この両陣営合わせて数千両になる戦車の戦いには[26]、ドイツ空軍も介入し、最後の成功を収めた。出撃回数という点でも高い数字を達成し、多くの戦果を上げたのだ。

南方軍集団に協同したのは、第4航空軍だった。同航空軍麾下の第8航空軍団（ザイデマン）は、およそ一千百機以上の航空機を保有していた。[27]

中央軍集団を担当するのは第6航空軍で、主として、航空機約七百三十を擁する第1航空師団を以て支援していた。爆撃団隊の攻撃は、「攻撃渦巻（アングリフスヴィルベル）」〔Angriffswirbel. 目標となる陣地や敵縦隊の上空で旋回しつつ、繰り返し攻撃を加える戦法のこと〕で頂点に達する。これは、装甲部隊の突入と同時に実行されることになっていた。また、陣地突入に膚接して、戦闘爆撃機、戦闘機、偵察機が、爆弾と機上火器で支援攻撃を行った。

直接支援措置はすべて、陸軍団隊との綿密な調整の上で実施されたのである。

初めて投入された対戦車攻撃中隊五個は、敵戦車に対する戦闘で、空飛ぶ戦車猟兵として、味方部隊を継続的に支援した。[28]

他の解決策の検討

一九四三年三月十五日付の「作戦命令第五号」には、敵に「行動の掟を示す」必要について言及されていた。かかる確認も、当時は賛成し得るものだったのだ。これをどう実現するかについて、フォン・マンシュタイン元帥は繰り返し、後手からの反撃をなすべきだと意見具申したが、ヒトラーは、これを拒否した。七月一日、彼は、あらためて意見を表明している。「長い待機は無力化を招く。……加えて、拘束されかねない。……損害を受けて、とどのつまり、諸部隊は作戦不能になってしまうだろう。従って、自ら主導権を握り、攻撃するほうがましというものだ」。[29]その待機期間が四月から七月まで続いたことを考えれば、驚くべき発言であった。

しかし、フォン・マンシュタインは、異なる見解を抱いている。[30]ヒトラーには「剛勇や自らの指揮のわざ、もしくは、麾下の将軍たちに対する信頼が欠けていた」というのだ。ともあれ、フォン・マンシュタインの提案は拒絶された。当時のヒトラーの見解によれば、ドニェツ盆地の保持は戦争遂行に不可欠であり、機動的な戦闘遂行により、それを危うくすることは許されないからであった。戦争経済からみるならば、このヒトラーの主張の後半部分は間違っていないかもしれない。けれども、主導権を維持する、もしくは奪回するための、他の可能性はなかったのだろうか？

ハリコフ地域から、南東、クピャンスク方向への攻撃は、考慮に価した。それによって、ドニェツ地域西方の情勢を安定させ、クルスク屈曲部を守るロシアの防衛軍の側面を、奥深くまで脅かすことができたはずなのである。この可能性については、作戦に参加した各級司令部すべてによって、詳細に検討された[31]が、結局のところ、それは見合わせることになってしまった。「城塞」作戦が計画中であり、両方の策に必要な兵力を用意することは不可能だったからだ。ただし、後知恵でみれば、当時、あらゆる作戦の発動日が、四月末、もしくは五月三日と設定されていたことは注目すべきであろう。ヒトラーが作戦発動日を七月五日まで延期したことで、三月に「城塞」作戦を行うと初めて決定したときには、まったく妥当なものとみられていた前提条件が、すべて変わってしまった。「城塞」は、有益な作戦構想がいかに正反対の方向に変じてしまうかを示す反面教師となったのである。最高指導部が、前提条件が変化したことを詳細に知らされていながら、それを認めなかったか、あるいは、認めたがらなかったためだった。

著者はまた、別の可能性があったと考える。四月末に、オリョール屈曲部より撤退、すでに、コマリチ－ブリャンスク－キーロフの線に予定されていた「ハーゲン陣地」まで下がり、追撃してくるロシア軍を、装甲部隊を以て機動的に捕捉し、これを殲滅すべきだったのだ。その際、別の利点も得られたであろう。戦線の直線化、つまりは短縮によって、著しい兵力の節約がなされ、予備が形成されただろうし、クルスク屈曲部からの後退により、第2装甲軍の南側面に対する作戦的脅威も排除されたはずだ。最後に、おおよそ新しい戦線上に位置することになる、強力な人員を擁し、広範囲に存在していたパルチザンの拠点を排除することも見込める[32]。この種の後退作戦の好例としては、一九四三年三月一日から十六日にかけて、ルジェフ南方で実施された「水牛機動（ビュッフェル＝ベヴェーグング）」〔Büffel-Bewegung〕があった。それによって、戦線を二百三十キロ短縮し、二十一個師団を節約した。この作戦こそ、他の措置とともに、第9軍を「城塞」作戦の北部攻撃翼とするために抽出することを可能にしたのである。

さりながら、デミヤンスク、ルジェフ、ヴャジマ撤退に対するヒトラーの抵抗を、おおいに苦労して克服したばかりとあっては、オリョール屈曲部からの早期撤退案が実行されたとは思えない。

もっとも、いちばん適切だったのは、国防軍統帥幕僚部（ヨードルとヴァーリモント）[33]が、六月十八日に、ヒトラーに対して行った意見具申だったろう。彼らは、「全体的な情勢が明確になるまで、『城塞』を手控え、その代わりに、東方ならびに本国において、最高指導部の強力な作戦予備を用意すべき」だと提案したのである。これはおおむね、フォン・マンシュタインの後手からの攻撃という考えに相応していた。だが、ヒトラーは、その日のうちに、自らの統帥幕僚部が献じた策を拒否し、「城塞」発動日を七月三日と決めた。最終的には、それが七月五日と確定されたのだ。

ここで、「城塞」に関する一章を閉じるべきであろう。装甲部隊の歴史における悲劇的な一章である。本作戦は、装甲部隊の実力を超える課題に取り組んだ。そして、その最高司令官、さらには、彼の相談役たちの一部も、装甲部隊の能力を適切に評価することを心得ていなかったのだ。[34]

第四章　一九三九年から一九四五年までの期間に関する結論的観察――将来への展望

ヒトラーが、将軍たちの忠告を聞かずに開始し、拡大させた第二次世界大戦に敗れた理由を指し示すのは、本書の意図するところではない。むしろ、一九三九年から一九四五年の「慈悲なき歳月」[▼1]における困難な状況下、快速部隊が引き受けた決定的な役割の概略をあきらかにするべきであろう。

この数年間にわたった闘争において、常に確認されたことが一点ある。快速部隊、なかでも戦車団隊は抜きん出た戦闘正面の後ろ盾、脊柱だったということだ。その組織、その作戦原則、その戦術は、最後の日々に至るまで、真価を発揮しつづけたのである。

第1装甲軍の諸装甲師団は[▽1]、一九四五年五月八日にもなお、メーレン地域において、文字通り、戦車砲弾の最後の一発、燃料の最後の一滴まで戦いぬいていた。第4SSならびに第3装甲軍団も、ライヒ南東国境で戦闘中だった。第4および第7装甲師団はダンツィヒ周辺、第12・第14装甲師団はクールラントの死地で、第5と第24装甲師団は東プロイセンで戦っていた。だが、降伏を防ぐことはできなかったのだ。しかしながら、彼らが、他兵科と協同して、粘りぬいたことにより、その戦線の背後において、故郷を逐われた者たち〔旧ライヒ領以外に居住していたドイツ系少数民

▽1　メーレンにおける第1装甲軍（Pz. AOK 1）の職官表は、付録、四三四～四三七頁をみよ。

族、ナチスの政策に従い、占領地などに入植していた人々のこと。彼らは、戦争最終段階で本国に逃れた〕が西方へ逃れるのを容易にしてやるという成果を上げた。また、アメリカ軍が進撃してくるまで、南ドイツに赤軍が突入するのを妨げることもできたのである。

装甲部隊の悲劇は、一九四四年八月十五日のグデーリアンの発言[▼2]に、よく表されている。このとき、彼は、装甲部隊に対する、ヒトラーの謂われなき非難に反駁し、「装甲部隊だけでは、国防軍の他の二軍種〔海軍と空軍〕における損害を埋め合わせることはできません」と言ったのだ。

一九一八年の英軍総司令官サー・ヘイグが、イギリスの戦車について述べたことは、ドイツ快速部隊にも当てはまるものと、著者は確信する。「戦車は、いかなる戦場にも投入されるし、その役割の重要性は、いくら強調しても誇張にはなり得ない」。

「作戦的観察」に関しては、ヒトラーの多数の過誤も指摘しなければならなかった。それは、好事家的で、感情を強調した指導者が、包括的な権能を持ったことによって、もたらされたのである。その際、総統大本営にいたヒトラーの軍事的相談役たちが、作戦的な理解からすれば、しばしばナンセンスであった彼の指示に屈服したことは、ほとんど信じ難いことに思われる。彼らは、そうした指令が誤っているとわかっていたのだ。前線は、そんな命令を受けて驚愕したが、さりとて全体像をつかんでいるわけでもなく、きっと重大な理由があるのだろうと推測するだけで満足しなければならなかった。ヒトラーが、いかに硬直し、過ちにみちた指揮を行っていたか、それがあきらかになったのは、ようやく大戦後になってのことだったのである。

ヒトラーの相談役たちの振る舞いは、あの時代の歴史的空気から、一定程度は説明される。だが、さような雰囲気は、今日、後世の人々からすれば、ただ理解不能ということになるだけだろう。それを察するためには、戦時日誌や関連文書から、明白ではあるが、無味乾燥な事実を述べるだけでは充分ではない。面と向かって、あるいは、電話で検討されたこと、行間に記されていること、行動の瞬間に、いかなる事象が決断やその実行に影響をおよぼしたか――こうしたことすべては往々にして解明されず、歴史を批評する者に対しても、たいていの場合は隠されたままになっている。最高司令部における仕事の流儀を体験したこともなく、自分が批判的に観察しようとする行動者と同様の状態に置かれたこともないとあれば、なおさらだ。

ニュルンベルクの獄中でヨードルが記した覚書は、現在では、とてもわからないかと思われる、多くの経緯を理解するためのカギを与えてくれる。ヨードルは、当時、このように記述していた。[3]「……彼（ヒトラー）は、他の意見など聞きたがらなかった。……国民と戦争を指導する者としての、ほとんど神秘的なまでの無謬性への確信から、軍人には理解できないようなあつれきが生じたのである……。

この男は、海を制していたイギリス艦隊の眼前で、ノルウェーを占領することに成功した。また、劣勢の戦力を以て、四十日間の戦役により、恐れられていたフランスの軍事力を、カードでつくった家のように崩壊させてしまったのだ。かような成功を収めたあとではもう、以前から、そのような軍事力の過剰な展開に警告を発していた軍事的相談役の言うことに耳を貸すはずもなかった。（いまや）彼が、そうした人々に求めることといえば、決断のための単なる技術的な資料と、その決定を実行するために、軍事機構を円滑に動かすということだけだったのである。

……西方攻勢（一九四〇年）は、（ヒトラーの）決定だった。陸軍総司令官の望みではなかったのだ。……あらゆる将軍が抵抗したが、誰一人として警告する者はなかった。何の役にも立たなかったのである。……それから、敵の戦線が崩壊した。……軍人たちは、奇跡を突きつけられた……。

ヒトラーは（また）、兵器・弾薬の月間生産量、方向性、規模を、そのつど、微に入り細を穿って、決めていった……。

対ソ戦役、『バルバロッサ』計画は、彼が決定した。ただ、彼一人だけで決断したのだ……。ベオグラードの軍事クーデター（一九四一年三月）。……ヒトラーは、三軍総司令官と外務大臣を呼びつけ、自分の決定を口述筆記させた。検討などという真似は許さなかったのである……。

本戦役（一九四二年の「青号」作戦）は大きな成果を上げたかと思われたが、ドン河畔とスターリングラード前面における破局で終わった。それによって、ヒトラーの戦略家としての活動は、本質的には終わりを告げたのだ。いまや彼は、ますます作戦的決定に、また、しばしば戦術的な細目にも干渉するようになっていった。おのれの野放図な意志を押しつけるためだ。彼のみるところ、将軍たちはそうしたことを理解したがらないと思っていたのである。その意志とは、将兵は戦うか、さもなくば死ななければならないとか、一歩でも、自らの意志で退却することは罪悪であるといったことだった……。

ところが、彼の軍事に関する相談役は、戦争は負けたのだと、もっと早くヒトラーに明言しなければならなかったはずだとされる。昨今、よく聞く発言だ。なんと素朴な考えだろう！ それは、世界中の誰であろうと、ヒトラーが戦争に敗れると予測する、あるいは、そうとわかるようになる前のことなのだ……」。

ヒトラーの指揮スタイルの特徴については、ロタール・レンドゥリク上級大将の観察がある。彼が『国防知識』〔Wehrkunde〕誌に寄稿したものだ[4]。一九四四年六月二十四日、彼は、総統主催の会議に出席した。その際、レンドゥリクの見解からすれば、正しくない決定が下されたのだ。会議のあと、彼は、どうして、こんな誤った情勢判断を許しておくのかと、ヨードルに尋ねてみた。ヨードルは答えた。「われわれは、二日間、総統と論戦を交わした。議論で疲れ切ったころに、総統はおっしゃった。『私にまかせたまえ。私は、自らの直感に従っているのだ』。そんなとき、貴官はどうするかね？」

以下に示す、男爵レオ・ガイヤ・フォン・シュヴェッペンブルク装甲兵大将による評価は[5]、こうした事情からして、とくに興味深いものである。「回顧とともに批判を加え、責任の所在をたしかめようとするとき、問題とせざるを得ないことがある。ヒトラーとドイツ国防軍の指導部による[6]、傲慢で自惚（うぬぼ）れた素人臭さと、敵および前線の状況への無知の混合物ともいうべきやりようだ。また、専門的な訓練を受け、ヒトラーの側近となった軍人たちに、あまりに多くのイエスマンを集めたこともある。かくのごとく、共同責任を負っているというのに、性格的に無能だった軍人たちのもとにあっては[7]、ハルダーのごとく、専門知識という点では申し分のない人物でさえ、自らの意見を貫徹できなかったのだ。

政治のみならず、戦争指導も可能性の芸術である〔「政治は可能性の芸術である」というビスマルクの言葉をもじったもの〕。

だが、ここでは、不可能なことが要求されていた。戦争に経りた、忠実なる部隊の力を過剰に要求したこと、また、物質的なことに関する無理解を措いても、もろもろの作戦（一九四一年）は、補給を後回しにしていた。専門家筋が警告したにもかかわらず、一九四二年にも、同様のことが繰り返された。……とうとう、軍人精神の世界にも、鉄のカーテンが引かれ、事務所の将軍たちと、戦場に出た経験を持つ前線指揮官を隔ててしまったし、現在もなお隔てている。多くの国々の軍隊が、昔から、戦時平時のわかちなく、その代価を払ってきた。ドイツ軍もまた今日まで、その支払いを続けているのである」。

　本論考の最後に、エアハルト・ラウス上級大将の腹蔵ない言葉を添えておこう。一九四五年二月十三日、ラウス上級大将は、プレンツラウのヴァルトラーガー工場で、キンツェル中将臨席のもと、当時ヴァイクセル軍集団司令官だったハインリヒ・ヒムラーと協議した。ラウス上級大将は、とくに以下のことを述べている[8]。

「われわれの戦争指導は、スターリングラード以来、あらゆる階級の指揮官に深刻な疑念を引き起こすばかりのかたちを取ってきたし、最近数か月では、もはや理解できないところまで行っている。

　ドイツ陸軍が、ヴォルガ河畔やコーカサスにまで進撃し、それによって、三千キロ長の戦線にわたる防衛戦を条件づけられたことは、ただ空間の面からみても、ドイツ国防軍と同盟国軍が発揮できる実力の限界を超えていたのは、はっきりしている。弓を過剰に引けば、おのずから壊れるに決まっていた。スターリングラード周辺の兵力を喰い尽くすような戦いは、広範囲に影響をおよぼし、巨大な規模の軍事的敗北につながっていったのだ。東部戦線の三分の二が動揺した。同盟国軍は粉砕され、一掃されてしまった。全面的な戦線の崩壊が刻まれたのである。ただ、ドイツ軍指揮官と戦士たちが、最後の力を振り絞り、勇猛さと頑強さにおいて、奇跡のごとき能力を示したからこそ、破滅は食い止められたのだ。

　最高指導部は、そこから必要な結論を引き出すでもなく、しだいに、執拗で厳格な命令を下すようになった。それが、多くの大規模団隊、最大級の部隊が除去され、殲滅されることにつながったのである。

　かかる酷使が、われわれを深淵のふちに追いやった。今まで国民に示してきたような奇跡が訪れないのであれば、そこへ落ち込んでしまう危険があろう。最高指導部は、空間、時間や戦力関係など、いかなる尺度に照らしても、敗北したのだ。にもかかわらず、両手を縛り、首に縄をかけたかたちでしか指揮が執れないほどに、麾下の軍司令官たちを拘束している。彼らは、与えられた命令を、死刑覚悟で遂行しなければならないからだ。不都合な結果となった場合は、恥辱とともに解任され、大逆罪を犯した人間であるとの判決を受けることになるのである」。

将来への展望

戦争最初の二年間における装甲部隊の実績から、戦争に突入した列強のすべて、とりわけ、ソ連、合衆国、大英帝国は教訓をくみ取った。第二次世界大戦は、地上にあっては、戦車の戦争であった。その数的戦力は、戦争遂行中の国々の潜在的な工業力、そして、連合軍の海上輸送能力に依るものだったのである。[9]

世界がそうならないようにと用心しているものの、(通常戦争として開始される)第三次世界大戦が起こったとして、戦車がそこで、一九一七年から一九一八年までの、あるいはまた一九三九年から一九四五年までの時期におけるのと同様に、包括的な役割を演じるのは間違いなかろう。いまや、相対する敵同士が、同等の装甲兵科ならびに、きわめて強力で、戦車の威力を相殺するような対戦車兵器を使えるという留保がつくとしても、である。

かかる思考から、両陣営指導部のモーメントは、教育と訓練、編制、数といったことを前面に押し出している。その際、もっとも重要な前提となるのは、敵よりも優れた、戦争において運用しやすい戦争機材を使用できるようにすることだ。[10] ちょうど、われわれが戦争最後の数年間に、その高性能を常に証明してきたⅣ号戦車とならんで、傑出した「ケーニヒスティーガー」型や「パンター」型の戦車を保有したのと同じことである。

装甲部隊を持たない陸軍は、空において充分な守りがなされていないのと同様で、防衛準備がないに等しい。空の無防備は、一九四四年から一九四五年にかけて、われわれが苦い思いをさせられ、骨身にしみたところだ。原子力を有する同盟国の核兵器による威嚇がなければ、それは今日なお後景にしりぞこうとはしない。

開戦したのちに、大規模な装甲団隊を編成することは困難であり、時間もかかる。そんなことが考慮の対象になるのは、おそらく、海外か、大陸の奥深くにおいてのみであろう。従って、常備軍の主力を作戦規模の装甲団隊（旅団、師団、軍団）に、残りは大規模な自動車化歩兵団隊に編合することが考えられるはずである。脅威を受けている地上国境部防衛のため、強力で即応性に富み、容易に移動し得る団隊を、いつでも使えるようにするのが目的だ。

かくのごとき、効果的な威嚇という動因により、平和の維持に奉仕することになる、新時代の陸軍にかかるコストは高い。だが、戦争の費用、さらには、敗北した戦争のそれは、はるかに高価につくのである。[11]

一七六八年のフリードリヒ大王による軍事面に関する遺書の文言を忘れてはならない。

「わが国境が開かれており、優良な軍隊を持っているかぎりにおいてのみ、われわれは存在し得るということを、とくに考慮せよ。しからば、汝らも理解するであろう。軍隊に関する案件はすべて、名誉に懸けて実行すべきであり、また、軍隊を適切な状態に維持することをなおざりにするのは許されないのだということを……」。

伯爵ヘルムート・フォン・モルトケ元帥は、大王の意見を支持し、その『回想』で、左のように述べている。

「ある同盟は、たしかに価値あるものだが、すでに日常のなりわいにおいて、外国の助力に身を委ねるのは良からぬことである。従って、われらの最良の安全は、われわれの陸軍が傑出していることに依存するのだ」。

付録

I．一九三三年から一九四五年までの装甲部隊の組織、教育訓練、戦法

組織

ⓐ装甲・装甲擲弾兵師団の戦時編制に関する解説

装甲師団と装甲擲弾兵師団（一九四三年五月十九日以来、これまでの歩兵師団（自動車化）に換えて、このように呼称された）の編制は、さまざまに変化したが、ドイツ陸軍に関するスタンダードな文献すべて、グデーリアンの『回想』、当該の部隊史などに印刷された図表などから、あきらかにすることができる。それゆえ、ここでは、いくつかの基本的な手がかりのみをまとめておくことにする。

一九三五年の装甲師団は、ごく控えめな装備しか有していない。装甲車輌は、戦車と装甲偵察車のみで、歩兵装甲戦闘車（SPW）はまったくなかった。狙撃兵（自動車化歩兵）では三個大隊、砲兵は二個大隊、工兵では一個中隊のみが、装輪車輌を持っていたのである。

一九四〇年から一九四一年の改編は、根本的な改善をもたらした。しかしながら、そのおかげで、師団の運用はやりづらくなった。戦車は強力な型に更新され（II号戦車、III号戦車、短砲身戦車砲装備IV号戦車）、狙撃兵にあっても、一ないし二個大隊の増加がみられた。砲兵も同様に一個重砲大隊が増強され、工兵も、一部が装甲車輌に乗った一個大隊に拡張されたのである。

さらに、高射砲大隊一個（一部は、空軍より移管された）と近接捜索用航空中隊一個も加えられた。

一九四一年の冬に多大な物的損害を被ったのち、一九四二年の編制は、狙撃兵大隊が五個に増えたことと、戦車の生産量が足らなくなった結果、戦車大隊がただ一個に減らされたことが特徴になっていた。航空中隊と高射砲大隊は、

たいていの場合、配属されなくなった。

こうして、装甲師団は戦闘力を失い、装甲師団というよりも、装甲擲弾兵師団相当の存在になってしまったのだ。

だが、「一九四四年型装甲師団」によって、あらたな改編が加えられた。一九四三年から一九四四年にかけて、戦車の生産数が著しく高まった結果、良好な装備をほどこすことが許されるようになったのである。長砲身戦車砲を有するⅣ号戦車、Ⅴ号戦車（パンター）、Ⅳ号駆逐戦車が配備され、装甲擲弾兵大隊一個と歩兵装甲戦闘車に搭乗する捜索大隊、自走榴弾砲十八門から成る軽砲兵大隊が建制内に置かれた。おかげで、装甲師団は再び、高い打撃力を持つ作戦的団隊に戻った。ただし、かように良好な装備を得られた装甲師団は何個あったのか、いつ配備が実行されたか、絶え間ない激戦のうちに、そうした装備がどのぐらい長く保ったのかは、さだかではない。

一九四五年三月二十五日付で出された「装甲・装甲擲弾兵師団の一九四五年型基本編制」は、戦争の経緯とともに生産能力が必然的に制限されたため、またしても戦車大隊一個と重駆逐戦車大隊一個の配備のみを予定するものとなった。そのほか、SPWに搭乗する装甲擲弾兵一個、路外走行可能な車輌に搭乗する装甲擲弾兵（自動車化）四個と、他の兵科の部隊があった。従って、敵が機甲部隊を増加させ、空を制する空軍を使用できたのに対し、味方の作戦的攻撃力は、著しく減少したのである。

定員も、一万三千二百十三名から一万一千四百二十二名に、つまり、約十五パーセントほど減らされた。さりながら、戦車の定数は百六十五両から、たった五十四両だけになったし、歩兵装甲戦闘車も、二百八十八両から九十両のみになったのだ。駆逐戦車二十二両と装甲偵察車十六両の定数は変更されないままだった。その他の自動車輌（兵員訓練用、指揮車、輜重隊、補給用など）は、たった十パーセント減少したのみで、定数二千百七十一両となった。つまり、激減した戦車定数に比して、高すぎる数字を維持していたのである。戦争中、戦闘部隊が少なくなったことは、常に不利にはたらいたというのも事実だった。

このような、指令こそ出されたものの、もはや全面的に実行することはできなかった編制について、注目されるのは、戦車大隊と歩兵装甲戦闘車大隊により、「混成戦車連隊」を編成しようとする企図があることだ。かくて、数年前から、前線での運用にあっては普通のことになっていた「装甲戦隊（ゲパンツェルテ・カンプフグルッペ）」〔Gepanzerte Kampfgruppe〕が、いまや建制上でも編合されることになったのである。一九四五年三月二十五日の編制に関する記述から、すでに見て取れるように、かつての一九三九年当時には「装甲師団」、「歩兵師団（自動車化）」〔一九四三年以来、完全に装甲車輛のみで編成されているわけではないにもかかわらず、装甲擲弾兵師団に改称された〕など、さまざまなタイプがあったものが、非常に近似するようになり、一方では擲弾兵の配属、他方では装甲戦力の擲弾兵側への配属が行われたことにより、その組織と任務は、さらに統合されてきたのだった。また、一九四五年の戦況に応じて、これらの編制は防御的になっていた。

一九三九年から一九四五年までの期間に存在した快速団隊〔この場合は、師団相当の部隊の意〕は四十九個、すなわち、全国防軍のおよそ二十五パーセントである。近代的な装備を有し、完全に運用可能な師団数としては、充分な割合であったろう。

ⓑ作戦的装甲団隊に関する追加説明

一、独立戦車旅団　一九四四年

一九四四年晩夏、大損害を被ったのちに応急処置として、手元にあった部隊の残余から、十三個独立戦車旅団が編合された。これらは、装甲戦隊と同様に構成されていた。だが、組織的な面からみれば、独立戦車旅団が効果を発揮することはなかった。分散使用され、装甲師団の確たる指揮・補給の枠内で運用されることがなかったからである。よって、これらの部隊はたちまち消耗してしまい、すぐに師団に編入されてしまった。▽1

二、装甲軍団

戦争中、作戦行動を行うために、入れ替わり立ち替わり、さまざまな師団が、軍団司令部の麾下に置かれた。一九四四年末、戦闘序列を固定した装甲軍団が実験的に編成された。それゆえ、著者の第24装甲軍団は、第16および第17

▽1　一九四四年における戦車旅団の戦時編制については、付録、四一七頁を参照せよ。

装甲師団から成ることとされた。第40装甲軍団は第19と第25装甲師団より、「フェルトヘルンハレ」装甲軍団は同名の「フェルトヘルンハレ」第1ならびに第2師団（従来の第13装甲師団）より構成されることになったのである。「大ドイツ」および「ヘルマン・ゲーリング」装甲軍団も、すでに同様の編制とされていた。その基本構想は、再び一定の作戦的攻撃力を獲得し、また、管理・補給団隊を節約するために（麾下二個師団の後方業務は、ともに軍団司令部によって遂行される）、「小型化された」師団二個の戦闘力を集中的に運用することにあった。しかし、こうした試みも遅すぎた。味方はもう防勢にあり、「火消し」として、戦術的に危険な戦線の穴をふさぐべく、新編団隊を分散投入することが常態になっていたからである。ただし、大枠では、かかる考えは正しかった。つまりは、小型の師団から成る大規模団隊か、非常に使いやすい戦隊に編合された普通の師団かということだったのだ。

一九三九年から一九四五年までの時期に存在した快速部隊の軍団は以下の通り。[2]

a．陸軍

第3――第4――第5――第7（一九四五年編成）――第12（一九四三年の臨時編成？）――第14――第15――第16――第19――第22――第24――第39――第40――第41――第46――第47――第48――（第54？）――第56――第57――第58[4]――第59――（第66）――第76――第90（一九四二年十一月から十二月にかけて、チュニジアで編成された）――ドイツ・アフリカ軍団（DAK）――「大ドイツ」――「フェルトヘルンハレ」。

b．武装SS

五個軍団司令部＝第1――第2――第3――第4――第6。

c．空軍「ヘルマン・ゲーリング」降下装甲軍団司令部

装甲師団、もしくは歩兵師団（自動車化）指揮のために編成された軍団、あるいは軍団司令部は、一九四一年から一九四二年ごろまで、その軍隊呼称のあとに（自動車化）と付すことになっていた。以後は、部隊名称に「装甲」を

付けることとされた。たとえば、「第14装甲軍団」や「第14装甲軍団司令部」といったぐあいである。さらに戦時の数年を経るにつれ、大規模装甲団隊を指揮するという任務が少なくなるとともに、装甲軍団の概念も水増しされた。そうした任務に備えて、通信技術や車輛の面で完全装備をほどこされていた装甲軍団司令部は、ごく少数だったのだ（たとえば、南方軍集団の第3および第4装甲軍団、A軍集団、もしくは中央軍集団麾下の第24、第56、第57装甲軍団）。

三、装甲集団

一九四〇年春、一定の作戦的任務を果たすために、「フォン・クライスト装甲集団」、「グデーリアン装甲集団」、「ホート装甲集団」が編合された。ただし、早くも一九三九年九月には、北方軍集団が、敵を超越して、ブレスト＝リトフスクに向かう作戦的包囲に向けて、グデーリアン麾下の快速師団四個を装甲集団に編合したことがある。

装甲集団の大きな利点は、それが快速部隊のみで構成されており、局所的な任務を負担せずに済むところである。装甲集団は、自らの戦闘任務にすべてを投じることができた。一方、交通や補給に関して、現場の軍司令部に一定程度依存することは、その著しい欠点であった。装甲集団は、そのつど、各軍の戦区に投入されるか、それを予定することになったから、あつれきが生じかねなかったのだ。

このような理由から、当時、「戦車街道」や「戦車軌道」が定められた〔いずれも、快速部隊専用、もしくは、快速部隊が優先される道路〕。それらは、快速部隊の前進を容易にし、補給や後送にも使われたのである。

四、装甲軍

一九四〇年に装甲集団が効果を発揮したため、一九四一年にも、四個装甲集団の編合が予定され、また、実際に投入された。しかしながら、この年の冬に、装甲集団司令部は、装甲軍司令部に改称され、歩兵軍団や局地的な組織も、その指揮下に入ることになったのである。快速部隊という純粋な概念は、たとえ、一九四二年の南部ロシアと北アフ

▽2　軍団および、その司令部の番号は、ローマ数字で記すのが原則である。しかし、本書では、読みやすさを考慮して、アラビア数字を使うことにした。

リカにおける攻勢でなお実行されることになったとしても、希釈（きしゃく）されることになった。続く数年にあっては、麾下にわずかな快速部隊があるだけか、あるいは、まったく有していない装甲軍や装甲軍団も存在していた。

第2および第3装甲集団は、一九四一年六月二十六日から七月二十八日にかけて、中央軍集団（フォン・ボック）の負担を軽減するために、第4軍（フォン・クルーゲ）の指揮下に置かれた。同軍の歩兵軍団の指揮は、他の軍が引き受けたのである。かかる措置により、当時すでに、実質的には装甲軍が編合されていたのであり、それが、またしても、フォン・ボック元帥のイニシアチヴによって実現したことはたしかであった。軍集団の戦域における作戦の担い手を、作戦的に統一運用するためには、この発想は、まったく適切だったのだ。ただ残念なことに、各級指揮官のすべてにおいて、その実行が不充分であったこと、そして、何よりも、ヒトラーの作戦目標があちらこちらに揺れたことにより、本案は挫折したのである。よって、装甲集団を〔通常の軍に〕隷属させることは、取りやめになった。

なお、以下の装甲軍司令部が存在していた。


第1装甲軍司令部（第22装甲軍団司令部より編成）。

第2装甲軍司令部（第19装甲軍団司令部より編成）。

第3装甲軍司令部（第15装甲軍団司令部より編成）。

第4装甲軍司令部（第16装甲軍団司令部より編成）。

第5装甲軍司令部（チュニジアにて、第90装甲軍団司令部より編成）。

「アフリカ」装甲軍司令部（アフリカ装甲集団より編成）。

第5装甲軍司令部（西方装甲集団よりの第二次編成）。

SS第6装甲軍司令部。

第11装甲軍司令部（一九四五年一月二十八日から、三月五日［?］まで、東部戦線に存在した）。

ⓒ装甲兵総監

開戦以来、グデーリアン将軍は、第19装甲軍団長[▽3]、「グデーリアン」装甲集団司令官を歴任、一九四一年には第2装甲軍司令官に就任した。この間、大なる戦果を上げてきたのである。彼は、おおいに満足し、自らの装甲部隊の真価を発揮させ、一九三九年から一九四一年の成功に決定的な貢献をなしたと断言することができたのだ。けれども、グデーリアン上級大将（一九四〇年七月十九日進級）は、一九四一年十二月の困難な冬季戦において、作戦的にヒトラーと異なる見解を抱いていたから、すげなく軍司令官職を解任され、以後、前線で用いられることはなかった。

一九四二年秋から一九四三年初頭にかけての大敗に心動かされたヒトラーは、ながらく躊躇したのちにではあったが、装甲部隊の打撃力を回復・改善するために、グデーリアンを再起用すると決めた。そのため、一九四三年二月二十八日を以て（発効日は、同年四月一日）、これまでの「快速部隊」という兵科を廃止した上で、新兵科「装甲兵」が置かれることになった。グデーリアンは、軍司令官相当の役職である同兵科の総監に任命されたのである。この措置により、装甲部隊を持続的に成長させるのに適した、包括的な権限を有する中央省庁が設立されたのであった。戦争終結まで、その参謀長を務めたのは、のちに中将に進級したトマーレだった[▽4]。

総監の任務には、編制、教育訓練、軍備弾薬大臣と密接に連絡を取った上での装甲兵科用兵器の開発が含まれていた。

いまや、以下の部隊が、装甲兵科に属することになったのだ。

一、戦車兵、戦車猟兵、重駆逐戦車隊（ただし、突撃砲隊は除外される）〔突撃砲は砲兵科に所属する〕、装甲捜索隊、装甲列車。兵科色はピンク。

▽3　正式名称は、〔第19〕軍団（自動車化）。
▽4　彼は、一九六八年まで、自動車産業連盟の総裁を務めていた。

二、装甲擲弾兵。兵科色は緑色。

三、第24装甲師団（もとの第1騎兵師団）隷下の第4戦車連隊、装甲擲弾兵連隊、装甲捜索大隊。ただし、旧騎兵の兵科色である黄金色を使用。

従来、「快速部隊」に属していた騎馬・自転車部隊は、歩兵科に移管されたが、兵科色は黄金色のままだった。

グデーリアンの行動力、そして、シュペーア大臣の活動が成功を収めたことによる、あらゆる種類の装甲車輛の生産数増大は、きわめて好ましい影響を装甲部隊におよぼした。しかし、それは遅すぎたのである。ドイツの戦争遂行はすでに、その頂点を越えてしまっていたのだ。

ⓓ通信連絡

通信連絡は、装甲部隊の神経系統といえる。ルッツ将軍とグデーリアン大佐は長年にわたり、兵器用の優れた光学機器と装甲部隊内で安定して使用できる無線連絡機器の開発を、倦まずたゆまず進めてきた。かくして、これらは、決定的な戦闘・指揮手段となったし、現在でも、そうした地位を占めている。

それゆえ、一九三五年に師団長となったグデーリアンは、隷下の通信大隊長であるプラウン少佐に、等しく能力のある戦闘部隊になるように将兵を教育し、しかるのちに、「機動中においても、指揮官たちやあらゆる兵科の部隊のあいだに、杜絶することのない連絡をつなぐ」という課題を解決することを、一貫して要求したのである。

これぞ、グデーリアン流の明確な指示であった。新しい種類の指揮のため、無線連絡を、これまでになかった主要通信手段としなければならない。グデーリアンの要求に対応するには、有線通信や伝令による通信から、無線へと脱却し、また、符牒や暗号を使った無線通信を訓練の際に叩きこまねばならなかったのだ。のちに、それが実現されたことにより、ドイツ装甲師団は、敵に対して、極度の優勢を得たのである。

一九三九年、グデーリアンは、装甲指揮車を導入した最初の軍団長となった。戦場において、麾下の戦車に随伴し、そぐざに介入・指示できるようにすることを狙ったのだ。装甲指揮車は無線機器を装備し、常に参謀長のネーリング大佐や麾下諸師団との連絡を確保できるようになっていた。おかげで、グデーリアンの直接指揮は、いつでも保証されていたのである。この実例が刺激となり、一九四〇年以降、グデーリアンが、あちらこちらに無線や電話で指示を与える姿は、快速部隊にとっては、当たり前のことになった。

優れた機器によって、周波数の安定が得られたため、当時すでに、あらゆる周波数帯で、明快な連絡が取れるようになっていた。おかげで、一個装甲師団あたり、およそ五百台の無線機器が（これは、一九一四年におけるドイツ陸軍の全保有台数を超えていた）、相互に雑音なしの通信を実行し得たのだ。こうして、グデーリアンが一九三五年に出した包括的な要求が満たされたのである。この事実は、通信部隊ならびに工業界にとっては、素晴らしい功績証明になった。大きな戦果を上げるにあたり、通信部隊が、根本的かつ決定的な貢献をなしていることを確認するのは、彼らとともに戦う部隊の義務となったのだ。

高級指揮官のやりように準じて、戦車中隊に至るまでの最下級部隊の指揮官も同様に行動した。各戦車が無線機器を装備し、いつでも互いに会話することが可能だった。それによって、戦闘中の指揮も、厳密かつ機敏に行うことができたのだ。しかも、たいていの場合は、敵のほうが数的に、また、しばしば物質的にも優越していたにもかかわらず、将兵に対手への優越感を与えたのである。

グデーリアン麾下にある戦車兵は、操縦、無線通信、射撃の三和音を、しかと理解していたのだ。

ⓔ修理業務

戦車の修理と補給に関する業務は、装甲部隊にとって、特別の価値がある。ルッツとグデーリアンは、すでに平時において、そのことを心得ており、基本的な組織を準備させていた。平時には、装甲部隊の駐屯地内に、部隊固有の修理所が設置されていた。これは、隊付の技師（技術将校）と技工長に指揮され、熟練工が軍属として配置されていたが、動員時には、当該部隊の修理隊となった。

各中隊にあっては、入隊前に関連する職業教育を受けていた将兵から修理隊が、大隊、もしくは大隊規模の隊にあっては、簡単な修理のためにI部隊〔Iは、Instandsetzung 修理の略〕が編成された。大規模な修理作業は、修理中隊が行う。この中隊のうち、二個小隊が、絶え間ない修理業務にあたった。また、第三小隊は、損傷した戦車を牽引する装甲救援小隊であった。[▽5]

修理・救援業務にあたった、あらゆる階級の将兵の功績は、最大級の称賛に価する。彼らの迅速で信頼できる仕事ぶりにこそ、部隊の即応能力が懸かっていたのだ。悪天候のもと、もっとも原始的な環境において、また、敵の射撃を浴びながら、あらゆる戦線で達成されたことを思えば、驚嘆するばかりだ。修理業務は、部隊の戦力の重要な源泉だった。それなくしては、戦闘力を維持することはできなかったろう。

そうした関連では、装甲部隊への補給業務についても、同じく称賛を以て言及しなければならない。もし、この補給を行う機構が（そこには、たとえば、アスター大佐、ホルタン少佐、ケールトゲ大尉がいた）、早期に、つまり適時に、装甲部隊補充廠、装甲部隊補給廠、履帯倉庫に、必要とされる予備部品を準備し、装甲部隊修理隊に渡してやらなければ、多くの場合、修理を実行することは不可能だったろう。彼らは、後方にありながら、その疲れを知らない働きによって、前線の事象に大きな影響をおよぼしたのである。

第二次世界大戦の戦士ならば誰でも、エンジン、駆動機構、兵器ほか多数に関して、必要とされる、あらゆる種類の補充部品の調達に、どれだけ大きな配慮がなされたかを知っている。なるほど、銃後において、一九四二年春から、新型車輛の生産数は著しく増大した。しかしながら、それらにとって必要不可欠な補充部品の生産パーセンテージを維持することはできなかったのである。

戦車生産に関する註釈

一、陸軍兵器局（H Wa A）職官表（一部のみ）

陸軍兵器局長

一九二八年以前は、ヴルツバッハー中将（一九二六年一月二日の死去まで）、のち、マックス・ルートヴィヒ砲兵大将（一九三九年五月三十一日まで）。アルフレート・フォン・フォラート・ボッケルベルク砲兵大将（一九二九年六月一日から一九三三年十二月三十一日まで）。リーゼ歩兵大将（一九三四年一月一日から一九三八年二月四日まで）。カール・ベッカー中将（一九三八年二月五日から一九四〇年三月一日の死去まで）。エミール・レープ砲兵大将（一九四〇年四月六日から一九四五年一月三十一日まで）。一九四五年二月一日より、国防軍兵器局が新設され、ヴァルター・ブーレ歩兵大将が局長に就任、国防軍装備局長を兼任した。

審査第6部（WaPrüf 6）長

オスヴァルト・ルッツ中佐（一九二五年ごろから一九二七年まで）。ガイセルト大佐（一九二七年ごろから一九三〇年まで）。ゲオルク・キューン大佐（一九三〇年末から一九三四年一月三十一日まで）。工学士ヴィルヘルム・フィリップス中佐（一九三四年二月一日から一九三七年九月三十日まで）。ゼバスティアン・フィヒトナー大佐（一九三七年十月十一日から一九四二年九月十五日まで）。フリードリヒ・ヴィルヘルム・ホルツホイザー大佐（一九四二年九月十六日から一九四五年五月八日まで）。

審査第6部戦車課

ⓐ将校

ピルナー少佐（一九二五年から一九二八年まで）。デルファー少佐（一九二八年から一九三〇年まで）。シュトライヒ少佐（一九三〇年夏から一九三五年九月三十日まで係長）。工学士シュテングライン少佐。フォン・ヴィルケ大尉（一九三四年四月一日から一九三六年十月三十一日。一九四〇年十一月一日から一九四三年五月三十一日まで再勤務）。工学博士オルブリヒ少佐（一九三四年四月一日から一九四〇年まで）。技師W・エッサース大佐（クンマースドルフ実験場長）。工学士クローン大佐。

ⓑ職員および軍属

▽5 »Geschichte der 3. Pz. Division«〔第3装甲師団史〕, 三百六〇頁。

工学士クニープカンプ参事官（一九二五年と一九二六年の交より戦争終結まで）。工学博士フランケ教授（一九三三年ごろから一九四三年まで）。工学士テオドール・ブラースベルク上級設計監督官（一九三一年から一九三六年まで）。工学士アウクスティン教授（一九三三年から一九四五年まで）。ヘック工学博士（一九四三年死去）。ディンクラーゲ工学士（一九三〇年ごろから一九三六年まで）。ベース技師。ハンス・イェーガー工学士。工学士ラウ設計監督官。ヘニング・テルツ工学士。

また、以下の者が、各勤務分野で働いていた。

I号～IV号戦車（一九三六年末まで）

車台。シュトライヒ――ブラースベルク――フォン・ヴィルケ――ベース。

上部構造物および武装。オルブリヒ――クローン。

V号～VI号戦車および、その特殊型開発（一九三四年から一九三六年ごろより作業継続）。

車台。クニープカンプ――イェーガー――フランケ。

上部構造物および武装。オルブリヒ（一九四〇年まで）。のち、フォン・ヴィルケ。

I号～VI号戦車の操縦室。ラウ。

二、戦車生産に関する若干の数字

ⓐ一九四〇年から一九四四年までに要求された戦車生産数[6]

OKWによる一九四〇年度生産目標。突撃砲を含む戦車生産を月産六百両とする。

実際の生産数。戦車二百両以下。

OKHによる、軍備大臣への一九四一年度生産要求。突撃砲を含む戦車一千二百五十両。

却下される！

その結果、突撃砲を含む戦車六百両の生産が目標とされた。

一九四二年（一月）、ＯＫＨは再度、突撃砲を含む戦車一千二百五十両の生産を要求。戦車の価値を疑いだしたヒトラーにより、生産期日が引き延ばされる（一九四一年十一月二十九日）。

一九四二年七月、ヒトラー、突撃砲を含む戦車一千四百五十両の生産を決定。

ⓑ一九四〇年から一九四四年までに実際に生産された装甲車輌の数

シュペーア報告による。

数量。一九四〇年＝二千百五十四両。一九四二年＝九千二百八十七両。一九四四年＝二万七千三百四十両。

合計重量（トン）。一九四〇年＝三万七千二百三十五トン。一九四二年＝十四万四百五十四トン。一九四四年＝六十二万二千三百二十二トン。

ⓒ一九四三年十二月一日より一九四四年十二月三十日までの装甲車輌の損害（自走対戦車砲、装甲砲兵、自走重歩兵砲、装甲偵察車）▽7

一九四三年十二月一日〜一九四四年六月三十日	三千六百三十一両
〜一九四四年七月三十一日	四千六百七十四両
〜一九四四年九月三十日	五千五百六十九両
〜一九四四年十月三十一日	五千四百六十三両
〜一九四四年十一月三十日	五千六百二十六両
合計	二万四千九百六十三両

ⓓ一九三九年から一九四五年までの合衆国による装甲車輌（全種類）総生産数

I．戦車（Pz.Kpfwg.）八万八千両

▽6　Mueller-Hillebrand,»Das Heer 1939/1945«〔陸軍　一九三九〜一九四五年〕, 第三巻による。
▽7　»Feldgrau«〔灰緑色〕, 一九六四年第三号による。

うち、中型戦車五万七千二十七両
うち、「M4シャーマン」戦車（重量三十ないし三十四トン。七・六二センチ口径砲、もしくは、十・五センチ口径砲搭載）四万九千二百三十四両
II．あらゆる型式の装甲車輛の生産数は、一九四四年だけで約九万両に達している。

ここまでの数字を比較するだけで、事態はおのずからあきらかになろう。

一九三九年から一九四〇年までの戦時陸軍の人員数▽8

一九三九年から四〇年に動員された陸軍の兵員数は（OKH, Gen.St.d. H/2.Abt.III B, Nr.6591/39 g.K.〔OKH、陸軍参謀本部、総局第2部第III課B、六五九一・三九号、機密統帥事項〕による）三百七十五万四千百四名（野戦軍と国内軍を合わせたもの）。

ⓐ動員された兵員の部隊毎配属数

歩兵師団（自動車化）　六万五千八百九十六名
軽師団　四万三千六百四十二名
装甲師団　五万八千三百十九名
歩兵師団　百三十万五千七百六十六名
（動員第一波から第四波まで）

ⓑ階級・兵科ごとの増員

歩兵（自動車化歩兵も含まれるものと思われる）　百三十六万七千九百十一名
うち、将校三万五千七百八十一名

騎兵および捜索部隊（軽師団も含まれるものと思われる）　九万八千三百三十九名
うち、将校二千九百一名
装甲部隊（戦車兵のみと思われる）　三万二千六百五名
うち、将校一千二百七名

おおよその平均増員。

戦車一両の乗員（五名）。騎兵十五名。歩兵二百名

「カーマ教程」参加者の証言二つと一九二五年から一九三三年の戦車生産

I．テオ・クレッチュマー少将が回想した、一九三三年の「カーマ教程」に関する印象の覚書。著者筆記。

一、一九三三年のソ連における戦車教程の期間

ⓐ一九三三年一月初めから一九三三年五月中旬まで。ベルリンのモアビート地区にあった自動車教導司令部で、準備講習を受けた。

ⓑ一九三三年なかばから、一九三三年八月末まで。ソ連のヴォルガ河畔カザン（「カーマ」）において、戦車学校での教程を受ける。一九三三年八月末、本教程は、政治的理由により中止された。

これまで実行されていた教程については、その後も約二年間続いた。その際、集中的に与えられた年次休暇のあい

▽8　Keilig, »Das deutsche Heer 1939/45«〔ドイツ陸軍　一九三九～一九四五年〕, Podzun Verlag, 1956 による。

だも含め、ベルリンにおいて、理論的教育が進められた。

戦術教官は、コンツェとバウムガルト（故人）であった。講堂での戦術講義、計画演習、現場での議論が課題とされた。

二、**組織と実施のありさま**

ⓐ「カーマ」においては、教程第一年目に、戦車中隊・大隊規模の戦術的教育訓練が行われた。

通信技術の教育訓練を担当したのは、ケーン（故人）だった。

加えて、ロシア語、ロシアに関する人文地理、この滞在国の習慣、さらには「政治の流儀」についての授業も行われた。実に重要で、意味あることと思われたものである。

ⓑベルリンでの準備講習は、よく組織されており、それに応じて、実施もうまく進んだ。かつての教程の欠点も報告されて、除かれていたのだ。充分な技術的知識を以て、つぎの「カーマ」における実習に臨むことができるわけである。指揮官（衛戍地司令官）は、ハルペ「監督官」（少佐）だった。

三、**教程における実習**（五月なかばから八月末まで）は、戦車の専門家を育成し、熟達させることに主眼が置かれていた。教程用の装備として、「クルップ」社の戦車二両と「ラインメタル」社の戦車一両があった。それらを使って、実際の操縦訓練、あらゆる部分に関する戦車整備、演習場での戦車射撃、兵営での小火器射撃、戦術的に適切な運動などの訓練が進められたのである。さらに、戦車長、操縦手、無線手、照準・装填手等の各部署についても、集中的な教育訓練が実施された。加えて、遠隔通信機器に関する技術教育もなされた。

本教程の参加者は、予定の一年目しか「カーマ」にいなかったため、ロシア軍戦車隊と協同しての演習は行われなかった。以前の教程では、そうした演習が二年目に開催されるのが通例であった。

きわめて有益だったのは、戦車の車内、また、そのかたわらでなされる実践的教育訓練、とりわけ、技術的なそれであった。本国で、将校に同様の形態の教育訓練をほどこすことは、まず不可能だったろう。われわれは、完璧に教育された戦車兵になったのだ。

こうしたことは、われわれが「カーマ」から戻り、ツォッセンの自動車教導司令部、ついでオールドルフで、新編される戦車隊向けに、最初の教官として配置されたときに、はっきりした。また、私自身がその実例であるのだが、一部は、中隊新編のために配属された。これらの中隊は、「カーマ」教程に参加しなかった将校が引き受けることになったのである。それら、当時は「教導隊」と偽装されていた最初の戦車隊は、戦車の本質について、充分に「洗礼を受けている」とはいえなかった。これは、たいていの将校に当てはまる。

「カーマ」教程参加者が受けた技術教育も、のちに装甲団隊を編成するにあたり、おおいに好都合だったものだ。

四、ロシア人による「カーマ」教程の利用

われわれの教程（一九三三年）にいたソ連将校は、三、四人だった。彼らは、戦術の授業にも出席していた。そのドイツ語の知識程度はさまざまだったから、成績を上げられたかどうかは、判断が難しい。

実践的な訓練では、ソ連将校はきわめて熱心で、とくにFM（通信）機器に関心を抱いていた（なお、このFM機器はすべて、当時の「カーマ」に残された）。

ソ連側は、われわれの戦車の武装についても、おおいに関心を示した。こちらが固定式の機関銃を使っていたのに対し、ロシア軍の戦車は、車内に機関銃を懸吊してあるだけだったのである。ただ、われわれの戦車砲は、一九三三年にはまだ魅力的なものではなかった。

五、ロシア人との関係

ソ連の招待者側との関係は、教育訓練業務においても、また将校食堂（カジーノ）にあっても、戦友意識にみちた良好なものであった。もちろん、機密保持に多大なる価値を置くソ連流のやり方が取られていたから、われらがロシアの戦友たち

の本当の名前を教えられていたかどうかは怪しいにちがいない。しかも、われわれの側でも、ドイツ軍衛戍地司令官で、のちに上級大将にして装甲部隊の司令官となったハルペのことを、「ハッカー監督官」と呼んでいたのである。われわれの軍人としての地位については、ドイツ側の教程参加者は「軍を辞した」ものとされていた。それにもかかわらず、われわれがカザンに到着してから数日を経たところで、イギリスの新聞に参加者の氏名が掲載されたのだ。「渡り鳥再び来たる」というタイトルの記事だった。なんと、そこには、われわれが最後に所属していた部隊や階級等、知りたいと思うようなことがすべて記されていたのであった。

ロシア側の教程参加者には、一九四一年から一九四五年のあいだに、赤軍の指導的な地位に就いた人間もいただろうが、もう憶えていない。

六、全般的な確認事項

一九三三年八月に「カーマ」教程が中止されたことについて、われわれが知っているロシア人はみな、非常に嘆かわしいことだと、異口同音に述べていた。彼らが、これまで語ってきたような意味で、今後の協力により、さらに多くが得られるものと約束されていたのはあきらかだった……。

彼らは、われわれを、軍人として評価していた。私が、多くの会話から感じ取ったことだ。当時、ロシア人もおそらく、緊密な軍事協力が続くことを当てにしていたはずだ。表向きは「イェレシェンコフ将軍」として振る舞っていた人物との会話から、そのような印象を受けたことが思い出される。たぶん、彼は、党幹部か、政治将校だったのだろう……。

Ⅱ．ヤーコプ・エンゲル技師（ラインメタル社社員。一九二九年から一九三三年まで、監督第6部に出向）の私的メモにもとづいて伝えた、一九二九年から一九三三年までの戦車生産と「カーマ」に関する個人的回想

A．**一九二五年**。以下の企業が、陸軍兵器局より、戦車開発の発注を受けた。

一、ラインメタル社（レンベルク主任工学士、ガウニッツ上級工学士、エンゲル技師）。

二、在エッセン・クルップ社（ミュラー主任、ハーガーロッホ登録設計士、ヴェールフェルト工学士）。

三、ダイムラー＝ベンツ社（F・ポルシェ博士、R・マーツ工学士）。

これらに関する文書や証言は残されていない。

ただ、陸軍兵器局が出した詳細な要求が伝えられており、それは以下のようになる。

総重量二十トン、全長約六メートル、最低時速三キロ、最高時速四十キロ、全幅約二・六〇メートル、超壕能力一メートル、渡渉可能深度八十センチ、毒ガスに対する気密性を有すること、接地圧はとくに一平方センチあたり〇・五キロとすること、車高は約二・三五〇メートル、水陸両用性を持たせること。

加えて、十分の一の縮尺で、実物通りの「大型トラクター」模型が製作された。この模型には、計算されたメタセンター高と設計上の喫水線が記されていた。それが、ハンブルクの実験所で試験され、スクリューの適切な形態が定められたのだ。操縦用に、取り外し可能のスクリュー二基が設置されることになった（実務担当者はピルナー大尉。陸軍兵器局長は、フォン・フォララート・ボッケルベルク）。

一九二七年。在ウンターリュスのラインメタル社のホールで、開発された車輛すべてが、極秘裡に組み立てられた。その際、監督第6部代表として、勲爵士フォン・ラードルマイヤー少佐が派遣された。

一九二九年末。全参加企業により、最初の「大型トラクター」（偽装名称）が完成される。鋼鉄製で重量二十トン。全車輛が、七・五センチ砲と前方機関銃としてMG15型を装備、三百六十度回転可能の砲塔、後部に機関銃塔（水冷式機関銃）を装備するものとして試験された。乗員は六名で、車長、操縦手、照準手、装塡手兼無線手、機関銃手二名である。

これらの車輌は六両あり、試験と教育訓練のため、偽装されたかたちで「カーマ」に運ばれた。

B．**一九二九年のカーマ**

「カーマ」戦車学校の初代監督官は、マルブラント退役中佐であった。一九三〇年に勲爵士フォン・ラードルマイアーが後任となり、一九三一年からは、ヨーゼフ・ハルペが監督官に就任した。歴代の教程指導官は、フリードリヒ・キューン（故人）、ブルン、レンドルである。射撃教官はバウムガルト退役中佐（故人）、技術実験指導官は、のちに工学士となったW・エッサース（ダイムラー＝ベンツ社）であった。技師として参加したのは、ヴァルター技師（クルップ社）、マーツ工学士（ダイムラー＝ベンツ社）、エンゲル技師であった。無線技術の教官は、W・ブルクハルト技師が務めた。

一九二九年から一九三〇年の教程参加者は十名、ヘニング、クレーバー、リナーツ、マテルネ、ニープマン（故人）、ラインハルト、シャンツェ、シュテファン（故人）、テーゲ（故人）、ヴァーグナー（故人）であった。

一九三一年から一九三二年の教程参加者は十一名、コンツェ、エーベルト、ゲバウアー、ゲールビヒ、コル、ケーン（故人）、レンドル、フォン・ケッペン、ザイツ（故人）、フォルクハイム、ゲルトだった。

一九三三年の教程参加者は九名、ボナーツ、ハールデ二世、クレッチュマー、マルティン（故人）、ミルデブラート、クラウス・ミュラー、ネートヴィヒ（故人）、シュテックル、トマーレである。

一九二九年より、「トラクター」の技術的審査が集中的に行われた。

一九二九年十月三十日、渡渉・潜水運航審査において、ラインメタル社の「トラクター」が事故を起こし、その際、ケレス職工長が溺死した。

あらゆる技術的分野で、貴重な経験が得られた。とくに、履帯、エンジンと推進機構、操縦装置や駆動装置のそれは重要であった。フランツ・ハーネ主任職工長がカーマの助手を務めており、彼は、のちに戦時勲功騎士十字章を授与されたのである。

一九三〇年からは、「小型トラクター」も試験された。これは、重量八トン、三・七センチ口径砲を搭載、砲塔射撃孔に機関銃を装備し、三百六十度回転可能の砲塔を有していた。

一九三三年。カーマ戦車学校の廃止。

一九三三年の盛夏に、本校は、所有していたすべての装甲車輛とともに、ドイツに帰還した。[9] それらの車輛のオーバーホールは、W・エッサース工学士（陸軍兵器局）とエンゲル技師（ラインメタル社）の指導のもと、シュパンダウの陸軍装備局、もしくは、ベルリンのマリーエンフェルデ地区にあったダイムラー＝ベンツ社の施設で実施された。ついで、当該の車輛群は、ヴストロウ地区アルトガルツにあった戦車射撃学校（射撃教官は、工学士バウムガルト大尉）で使用された。

補足（著者による）。

一、当時、東プロイセンの第1師団長だったフォン・ブロンベルク少将が、一九二八年に衛戍地を訪問、査察を行った。彼は、精査の結果、カーマは目的にかなっていると判断した。

二、一九二八年にはすでに、ソ連の戦車機材に関して、技術的・戦術的な講義がされていたと思われる。その教官や受講者の名前はもはや確定できない。

ある連邦共和国陸軍将校による、一九三九年までの装甲兵科創設に関する質問状（一九六七年三月二十四日付）に対する、著者の一九六七年四月九日付回答[10]

▽9　Rudolf Absolon, »Die Wehrmacht im Dritten Reich«〔第三帝国における国防軍〕, Harald Boldt Verlag, Boppard/Rh., 1969, 第一巻、三二頁以下によると、フォン・フォラード・ボッケルベルク中将は、一九三五年初夏のモスクワ滞在の際に、ソ連領内にあるドイツ軍施設を閉鎖するとのロシア側の意図を伝えられたという。

……貴官の質問に答えるには、断片的にしか残っていない文書のいくばくかを示すよりは、議論を行うほうが、ずっとよかろう。いずれにせよ、少しばかりの文書ではあるが、喜んで貴官にお渡しするものである。貴官はおそらく、それらの価値を判定できるであろう。いささかなりと、貴官の助けになることを望む。

さて、以下のごとく、メモのかたちを取ることを許していただきたい。

一、主題は、一九三六年から一九三九年までのことである。

ⓐ一九三五年十月、グデーリアンが「抜擢」されて、ベルリンを去ったときには、土台となるような発展は完了し、装甲師団というかたちに結実していた。装甲師団は、一九三九年以降、あるいは作戦的団隊として、また、一九四三年夏からは「火消し」役として、野戦で威力を発揮したのだ。

ⓑグデーリアンが中央を去ったのち、反動が来た。ベックは「戦車旅団」という彼の目標を追求し、騎兵総監は（無用な）「軽師団」四個を編成した。軽師団は、一九三九年以降、ポーランドでの経験によって否定され、装甲師団に改編されることを余儀なくされた。フロム将軍〔フリードリヒ・フロム（一八八八～一九四五年）。ドイツの軍人、最終階級は上級大将。第二次世界大戦中、国内軍司令官を務めたが、ヒトラー暗殺計画に関与し、処刑された〕は、騎兵総監に味方していた。

ⓒグデーリアンの後任となったパウルス大佐は、グデーリアン路線を貫くのに適した人物ではなく、作戦的装甲部隊の敵として知られるようになった。パウルスは聡明ではあったものの、その決定はベック陸軍参謀総長の意向に左右されていたし、さほどグデーリアンの理想に共鳴しているわけでもなかったから、そのために献身することもできなかったのである。

ⓓ装甲兵総司令官ルッツ将軍は、頭脳明晰で有能な専門家であった。ただし、彼は、グデーリアンのように、参謀本部の最高指導部や騎兵総監に対して、何度でもガードをかけることを心得ているパートナーが必要だった。ルッツ将軍とグデーリアン大佐は、卓越したやりようで、互いに補い合っていたのだ。

ⓔルッツ将軍は、陸軍自動車化総監も兼任していた。それによって、実施部隊に関する業務を行う自動車戦闘部隊総監に任命されたのちもなお、国防省に影響をおよぼすことができた。ところが、自動車戦闘部隊司令部が設立されてからは、グデーリアンは、そうした影響力を欠くことになった。そのころ、グデーリアンは、部隊に関する部局の参謀長であるにすぎず、おのれ個人で感化をおよぼし得るだけだったのである。ただし、彼は、早くも一九三五年には、大佐として、ベルリンから異動し、第2装甲師団長になっていた。

二、結果に関する考察。

ⓐグデーリアンは、作戦的な装甲部隊の信奉者だった。自らの祖国のために、おのれがもっとも威力があると確信するところの防衛軍を築きあげることを願い、そのための道程を、ほぼ一人だけで進まなければならないことも覚悟していたのだ。一九三九年夏よりも前には、陸軍の誰一人として、侵略戦争など考えていなかった。グデーリアンに、そんなことを検討した罪をなすりつけるのは馬鹿げていよう。彼はただ、すべての将校がなさねばならないことを実行しただけなのだ。すなわち、どうすれば、自国の防衛力を高めることができるかを熟考しただけなのである。

ⓑベックが、まったく同じことを考えていたのも間違いない。ただ、別の解決策を採っただけのことであった。彼は、歩兵戦車によって、歩兵を強化することを望んだ。これまた正しかった(のちの突撃砲のことを想起されたい)。だが、それによって、歩兵は、徒歩のテンポを持続することになる。数世紀来、追求されてきた作戦上の速度は得られなくなってしまうのであった。

ⓒグデーリアンは、費用の点から、両計画をともに遂行することは不可能だと思っていた。それゆえ、作戦的装甲団隊のほうが、戦闘力、装甲による防護、戦術的・作戦的な移動能力、作戦的な快速性、作戦的運用性といった点で、

▽10 Senff, Hubertus, »Die Entwicklung der Panzerwaffe im Deutschen Heer zwischen den beiden Weltkriegen«〔両大戦間期のドイツ陸軍における装甲兵科の発展〕, Verlag E. S. Mittler, Frankfurt/M., 1969 を参照せよ。

より目的にかなっていると確信したのだ。同一コストで、何倍もの作戦効率が得られるのである。防御においては、逆襲や反撃に使えるし、また、作戦的な運用（側面や両翼の掩護、突破、包囲、敵からの離脱など）を行うこともできよう。

当然のことながら、歩兵も、あとから戦車を供給されなければならない（マンシュタインの突撃砲提案をみよ）。そうした時間はあったが、ドイツ側から戦争を企図することなど、まったく不可能であると思われた（予備兵力、下士官、将校、近代的兵器、空軍、軍需産業など、すべてが不足していたのだ）。

グデーリアンの見解は、リデル＝ハートやド＝ゴール（『職業軍の建設を！』）のそれと一致していたのである。

ⓓどこかで聞いたか、あるいは読んだことだが、ベックはおそらく、近代的な軍隊を持てば、ヒトラーは侵略戦争をやりかねないと恐れていたのであろう。だが、一九三三年から一九三四年の時点で、すでにそんなことを見通せたかどうかは、非常に疑わしい。しかし、一九三四年の聖霊降臨祭までには、路線は切り替えられていた。当時、ほとんど何もないところから、最初の三個装甲師団を編成せよとの命令が下されていたのだ。人員も機材も、教育訓練用の資料もなかった。

ⓔ国防能力を速やかに整えることが望まれたし、そうしなければならなかった。それは、当面、三個装甲師団というブラフをかけることで、同じだけの数の戦車を、現存、もしくは新編される歩兵師団にばらまくことよりも、上手くやれたのである。ただし、装甲師団三個で侵略戦争を行うというのは狂気の沙汰であるし、まったく馬鹿げた話であったことは強調しておこう。

もし、そのころのヒトラーが侵略戦争を考えていたとしたら、歩兵より成る軍一個だけで、作戦的な装甲部隊がないままに実行するはめになったはずである。当時の世界の、いかなる参謀本部においても（ドイツ参謀本部ばかりではない）、そんなことができるか、また、成功が得られるかと、おおいに反駁され、よって拒否されるであろう話だ。

ⓕある国軍の総司令官に（たとえば、一九三四年の男爵フォン・フリッチュ上級大将）、自ら、ごく限定された運用能力しか持たず、現場部隊を不利にしてでも、重要な兵器や適切な組織を放棄するようなことを期待してもよいだろうか。そんなことは拒否されて当然である。ましてや、当時すでに、攻撃兵器と防御兵器の区別があいまいになっていたと

あっては、なおさらだ。攻撃に必要とされるものは、すべて、防御にも使用し得た。一九四〇年のフランスは、その格別の好例である。私の知るかぎり、一九三八年より前のベック将軍は、フランスの国防秩序を模範としていたものだ。

一九四五年以降、あらゆる国の軍隊が、こうしたことから教訓を引き出しているのである。

ネーリング（署名）

一九四四年夏、命により編合された戦車旅団の構成と運用に関する補足説明

一、一九四四年、第101から第110までの戦車旅団の編合が命じられた。ただし、A・コッホによれば[▽11]、よりいっそうの戦車旅団（第111から第113）の編合が指示されていたとの由である。

二、第107、第111、第112、第113の各戦車旅団は、その編合と教育訓練を完了する以前に、既存の装甲師団か、装甲擲弾兵師団に早くも編入されていた。

三、以下の戦車旅団の運用について、知られていることは……。

第105戦車旅団は、のちに第9装甲師団に編入された。

第111戦車旅団は、第11装甲師団に編入された。

第112戦車旅団は、第25装甲擲弾兵師団に編入された。

四、第109戦車旅団は、一九四四年から一九四五年にかけて、すべて南方軍集団に配属された。一九四五年には、一時、第3装甲軍団、もしくは第1装甲師団麾下に置かれた。

五、一個戦車旅団（部隊番号不詳）は、（一九四四年の夏季攻勢時に、中央軍集団麾下にあって撃破された）「フェルトヘル

▽11　»Feldgrau«，一九五四年第四号所収の Adalbert Koch 論文。

ンハレ」装甲擲弾兵師団（パーペ少将）の回復・再編の際、基幹部隊となった。

六、第150戦車旅団（偽装名称か？）は、一部が鹵獲戦車を装備し、とくに、一九四四年十二月から一九四五年一月のアルデンヌ会戦時に、「スコルツェニー特殊部隊」として投入された。

（著者が、専門文献や証言、手記より抽出した情報により作成）

第101～第113独立戦車旅団の編成　一九四四年

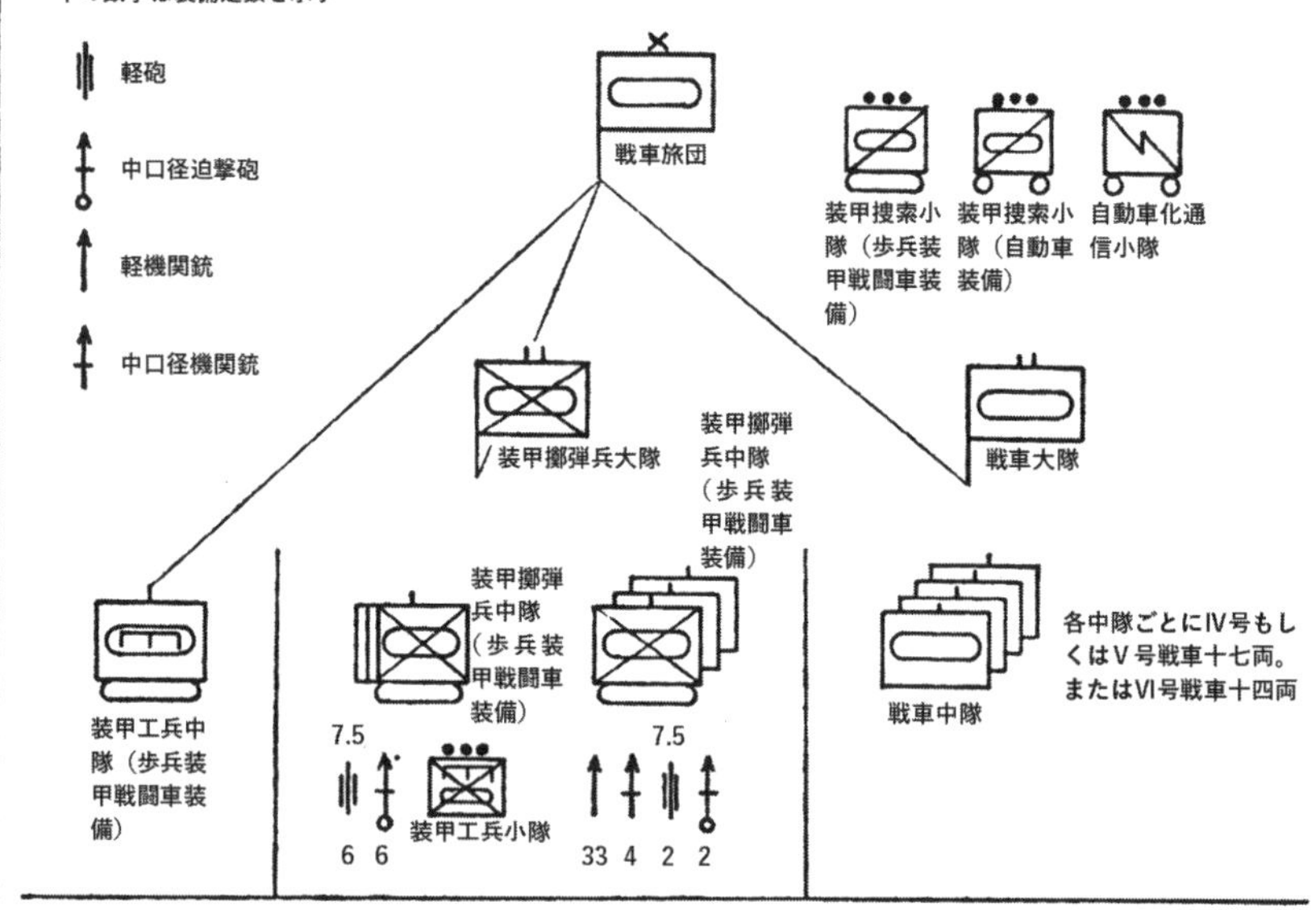

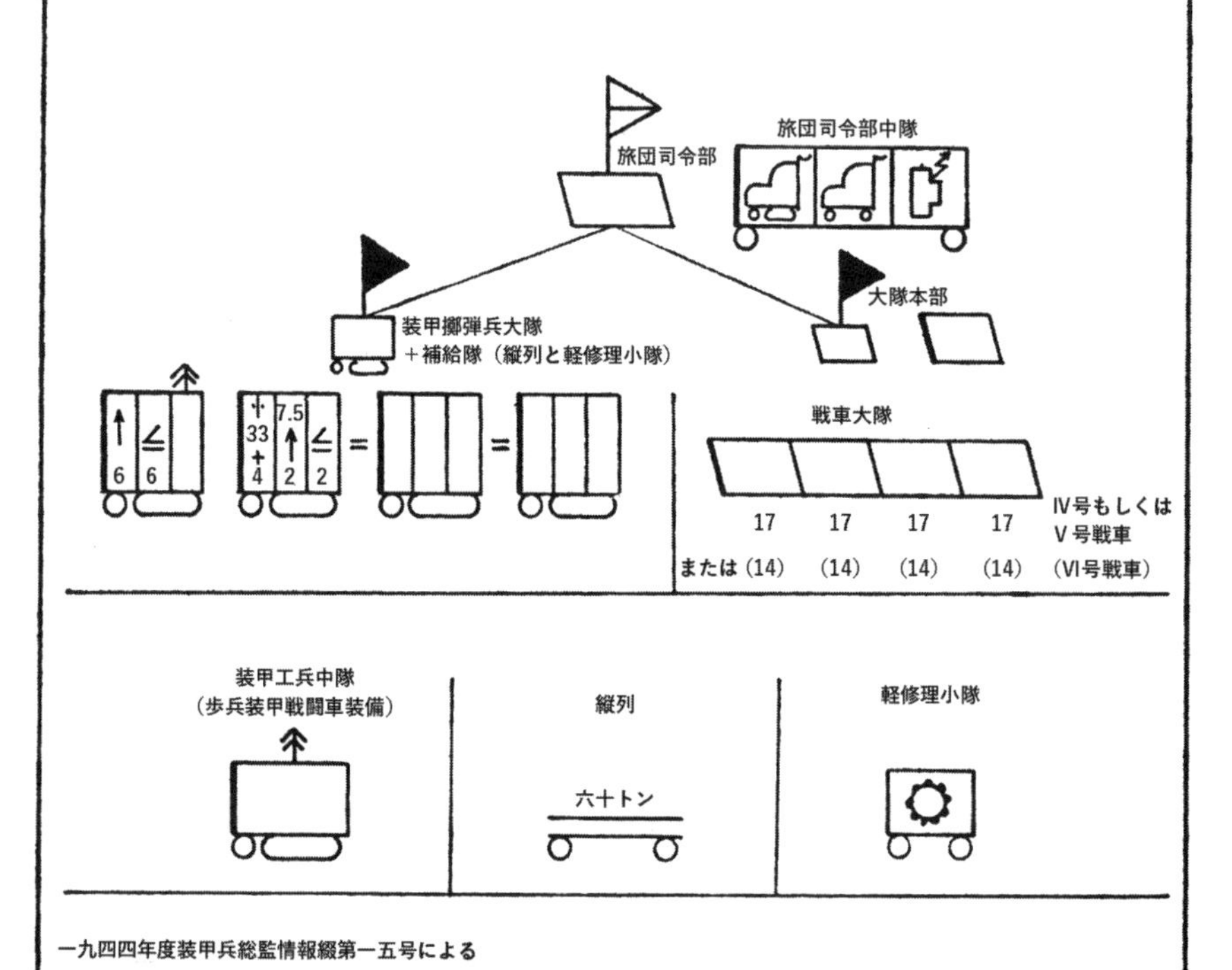

一九四四年度装甲兵総監情報綴第一五号による

Ⅱ．ライヒスヴェーアおよびヴェーアマハトの指導者
一九二〇年～一九四五年

国防大臣（一九三五年六月一日より、ライヒ陸軍大臣）	ゲスラー博士 （一九二〇年三月二十六日～一九二八年一月十九日） グレーナー （一九二八年一月二十日～一九三二年五月三十日） フォン・シュライヒャー （一九三四年死去） （一九三二年六月二日～一九三三年一月二十八日） フォン・ブロンベルク （一九三三年一月三十日～一九三五年五月三十一日） 以後、ライヒ陸軍大臣 （一九三五年六月一日～一九三八年一月二十七日） 以後、ライヒ陸軍大臣職は廃止され、ヒトラーが国防軍の統帥権を握る （一九三八年二月四日～一九四五年四月三十日の死去まで） カイテル（一九四六年死去）、国防軍最高司令部長官に就任 （一九三八年二月四日～一九四五年五月八日） ヨードル（一九四六年死去）、国防軍最高司令部統帥幕僚部長に就任 （一九三八年。続いて、一九三九年秋～一九四五年五月八日）
国防省官房長、もしくは国防軍局長	一九三二年六月二日まで、フォン・シュライヒャー 以後、ライヒェナウ （一九三三年二月一日～一九三四年二月十二日） 国防軍局長に改称、フォン・シュライヒャー留任 （一九三四年二月十三日～一九三五年九月三十日）
陸軍統帥部長官。一九三五年六月一日より陸軍総司令官	フォン・ゼークト （一九二〇年四月十八日～一九二六年十月六日） ハイエ （一九二六年十月七日～一九三〇年十月三十一日） 男爵フォン・ハマーシュタイン＝エクヴォルト （一九三〇年十一月一日～一九三四年一月三十日） 男爵フォン・フリッチュ （一九三四年二月一日～一九三五年五月三十一日） 以後、「陸軍総司令官」に改称。男爵フォン・フリッチュ留任 （一九三五年六月一日～一九三八年二月二十七日） フォン・ブラウヒッチュ （一九三八年二月四日～一九四一年十二月十九日 ヒトラー （一九四一年十二月十九日～一九四五年四月三十日の死去まで）
一九一九年九月三十日まで陸軍参謀総長、のち一九三五年五月三十一日まで部隊局長、その後、陸軍参謀総長	フォン・ゼークト （一九一九年七月四日～一九一九年九月三十日） 部隊局長に改称。フォン・ゼークト留任 （一九一九年十月一日～一九二〇年三月二十六日） ハイエ （一九二〇年三月二十八日～一九二三年二月） ハッセ （一九二三年二月～一九二五年十月） ヴェッツェル （一九二五年十月～一九二六年十二月） フォン・ブロンベルク （一九二七年一月～一九二九年九月三十日） 男爵フォン・ハマーシュタイン＝エクヴォルト （一九二九年十月一日～一九三〇年十月三十一日） アーダム （一九三〇年十一月一日～一九三三年九月三十日） ベック（一九四四年七月二十日死去） （一九三三年十月一日～一九三五年五月三十一日） 以後、陸軍参謀総長に改称。ベック留任 （一九三五年六月一日～一九三八年八月三十一日） ハルダー （一九三八年九月一日～一九四二年九月二十四日） ツァイツラー （一九四二年九月二十四日～一九四四年七月二十日） グデーリアン（代行） （一九四四年七月二十一日～一九四五年三月二十八日） クレープス（代行） （一九四五年三月二十九日～一九四五年四月三十日の死去まで）
陸軍人事局長	勲爵士フォン・ブラウン （一九一八年十二月七日～一九二三年二月） ハイエ （一九二三年二月～一九二三年十一月一日） ライニッケ （一九二三年十一月一日～一九二七年一月三十一日） フォン・シュテュルプナーゲル、ヨアヒム （一九二七年二月一日～一九二九年九月三十日） 男爵フォン・ハマーシュタイン＝エクヴォルト、ギュンター （一九二九年十月一日～一九三〇年十月三十一日） 男爵フォン・デム・ブッシェ （一九三〇年十一月一日～一九三三年九月三十日） フォン・シュヴェードラー （一九三八年二月四日まで） ボーデヴィン・カイテル （一九三八年二月四日～一九四二年九月三十日） シュムント （一九四二年九月三十日～一九四四年七月二十日の死去まで） ブルクドルフ （一九四四年七月二十日～一九四五年四月三十日の死去まで）
国防局長。一九三五年より、一般陸軍局長	ベーム＝テッテルバッハ （一九三〇年十一月一日～一九三三年一月三十一日） フロム（一九四五年死去） （一九三三年二月一日～一九四四年七月二十日）
陸軍兵器局長	フォン・フォラード・ボッケルベルク （一九三十年～一九三三年十二月三十一日） リーゼ （一九三四年一月一日～一九三八年二月四日） 名誉博士ベッカー教授 （一九三八年二月五日～一九四二年四月八日の死去まで） レープ （一九四二年～一九四五年一月） ブーレ （一九四五年二月～一九四五年五月八日）

装甲兵科の上級大将

通し番号	氏名	出身兵科	進級日（）内は先任順	生年月日	死亡年月日	註記
1.	ハインツ・グデーリアン 第2装甲軍司令官 （第2装甲師団長）	歩兵	一九四〇年 七月十九日（八）	一八八八年 六月十七日	一九五四年 五月十四日	装甲部隊の創始者。一九四一年十二月二十六日解任。一九四三年三月一日より装甲兵総監。一九四五年三月二十八日解任。
2.	ヘルマン・ホート 第3装甲軍司令官 （第15軍団［自動車化］長）	歩兵	一九四〇年 七月十九日（九）	一八八五年 四月十二日	一九七一年 一月二十五日	一九四三年秋解任。
3.	エーリヒ・ヘープナー 第4装甲軍司令官 （第1軽師団＝第6装甲師団長）	騎兵	一九四〇年 七月十九日	一八八六年 九月十四日	一九四四年 八月八日	一九四二年一月八日降等。 処刑（一九四四年七月二十日事件による）
4.	ルドルフ・シュムント 第2装甲軍司令官 （第1装甲師団長）	歩兵	一九四二年 一月一日（一）	一八八六年 五月十二日	一九五七年 四月七日	一九四三年九月三十日解任。ロシアでの抑留から帰還ののち、死去。
5.	ハンス・G・ラインハルト 第3装甲軍司令官 （第4装甲師団長）	歩兵	一九四二年 一月一日（三）	一八八七年 三月一日	一九六三年 十一月二十二日	一九四五年一月二十五日、中央軍集団司令官職より解任される。
6.	ハンス・ユルゲン・フォン・アルニム 第5装甲軍司令官 （第17装甲師団長）	歩兵	一九四二年 十二月三日	一八八九年 四月四日	一九六二年 九月一日	一九四三年五月十三日、チュニジアにて捕虜となる。
7.	ゴットハルト・ハインリーチ 第1装甲軍司令官	歩兵	一九四三年 一月一日（一）	一八八六年 十二月二十五日	一九七一年 十二月十日	一九四五年四月二十九日、ヴァイクセル軍集団司令官職より解任される。一九四四年八月十九日より一九四五年三月二十日まで第1装甲軍司令官。
8.	エーベルハルト・フォン・マッケンゼン 第1装甲軍司令官 （第3装甲軍団長）	騎兵	一九四三年 七月六日	一八八九年 九月二十四日	一九六九年 五月十九日	一九四四年七月六日まで第14軍司令官（解任）。
9.	ハインリヒ・フォン・フィーティングホフ （第5装甲師団長）	歩兵	一九四三年 九月一日（一）	一八八七年 十二月六日	一九五二年 二月二十三日	第46装甲軍団長。最後の南西軍集団司令官（イタリア）。
10.	ヨーゼフ・ハルペ 第4装甲軍司令官 （第12装甲軍団長）	歩兵	一九四四年 四月一日（一）	一八八七年 九月二十一日	一九六八年 三月十四日	一九三四年秋、装甲部隊の萌芽となったツォッセン自動車教導司令部の長に就任。のち、一九四五年一月十六日まで、中央（A）軍集団司令官。
11.	ハンス・ヴァレンティン・フーベ 第1装甲軍司令官 （第16装甲師団長）	歩兵	一九四四年 四月一日（二）	一八九〇年 十月二十九日	一九四四年 四月二十一日	乗機墜落事故で死去。
12.	エアハルト・ラウス 第4、第1、第3装甲軍の司令官を歴任 （第6装甲師団長）	歩兵	一九四四年 八月二十五日	一八八九年 一月八日	一九五六年 四月三日	一九三八年まで、オーストリア連邦軍所属。一九四五年春解任。

装甲兵科の元帥

通し番号	氏名	出身兵科	進級日 () 内は先任順	生年月日	死亡年月日	註記
1.	エルヴィン・ロンメル （第７装甲師団長）	歩兵	一九四二年 六月二十二日	一八九一年 十一月十五日	一九四四年 十月十四日	自決を強要される。
2.	エーリヒ・フォン・レヴィンスキー・ゲナント・フォン・マンシュタイン （第 56 装甲軍団長）	歩兵	一九四二年 七月一日	一八八七年 十一月二十四日	一九七三年 六月十日	一九四四年三月末解任。
3.	フリードリヒ・パウルス （第３装甲捜索大隊長）	歩兵	一九四三年 一月三十一日	一八九〇年 九月二十三日	一九五七年	ロシアでの抑留より帰還。死去。
4.	エヴァルト・フォン・クライスト （第 22 装甲軍団長）	砲兵より騎兵に転科	一九四三年 二月一日（一）	一八八一年 八月八日	一九五四年 十月十六日	ロシアでの抑留中に死去。
5.	帝国男爵〔神聖ローマ帝国皇帝に授爵された男爵〕マクシミリアン・フォン・ヴァイクス・ツー・グローン（第１装甲師団）	騎兵	一九四三年 二月一日（二）	一八八一年 十一月十二日	一九五四年 九月二十七日	一九三五年十月十五日、初代第１装甲師団長に就任。
6.	ヴァルター・モーデル （第３装甲師団長）	歩兵	一九四四年 三月一日	一八九一年 一月二十四日	一九四五年 四月二十一日	ルール包囲陣にて自決。

Ⅲ．第二次世界大戦における装甲部隊職官表

一九三九年九月一日時点での装甲部隊の戦闘序列・職官表
（対ポーランド戦役）

南方軍集団

第22軍団（自動車化）

軍団長　フォン・クライスト騎兵大将（現役復帰）
参謀長　ツァイツラー大佐
作戦参謀　シュヴァルツ中佐

第２装甲師団
　師団長　ファイエル中将
　作戦参謀　フォン・クヴァスト少佐

第５装甲師団
　師団長　フォン・フィーティングホフ中将
　作戦参謀　トゥーネルト少佐

第４軽師団
　師団長　博士フォン・フビツキー少将

作戦参謀　ヴァーゲナー少佐

第14軍団（自動車化）

軍団長　フォン・ヴィータースハイム歩兵大将

参謀長　フォン・シャップウィス少将

作戦参謀　ヒルデブラント中佐

第1軽師団

師団長　フォン・レーパー少将

作戦参謀　シェーネ中佐

第13歩兵師団（自動車化）

師団長　オットー中将

作戦参謀　ファングオール中佐

第29歩兵師団（自動車化）

師団長　レメルセン中将

作戦参謀　フランツ少佐

第15軍団（自動車化）

軍団長　ホート歩兵大将

参謀長　シュテーヴァー少将

作戦参謀　伯爵フォン・シュポネック中佐

第2軽師団

師団長　シュトゥンメ中将

作戦参謀　ハイドケンパー少佐

第3軽師団

師団長　クンツェン少将

作戦参謀　男爵フォン・エルヴァーフェルト少佐

第16軍団（自動車化）

軍団長　ヘープナー騎兵大将

参謀長　ハイム中佐

作戦参謀　シャール・ド・ボーリュー中佐

第1装甲師団

師団長　シュミット中将

作戦参謀　ヴェンク少佐

第4装甲師団

師団長　ラインハルト中将

作戦参謀　男爵フォン・シュライニッツ少佐

北方軍集団

第19軍団（自動車化）

軍団長　グデーリアン装甲兵大将

参謀長　ネーリング大佐

作戦参謀　フォン・デア・ブルク中佐

第3装甲師団

師団長　男爵ガイヤ・フォン・シュヴェッペンブルク中将

作戦参謀　フォン・デム・ボルネ少佐
第2歩兵師団（自動車化）
　師団長　バーダー中将
　作戦参謀　ハックス少佐
第20歩兵師団（自動車化）
　師団長　ヴィクトーリン中将
　作戦参謀　フリーベ中佐
第10装甲師団
　師団長　シャール少将
　作戦参謀　バイエルライン少佐

ケンプフ装甲師団（東プロイセン装甲団隊）（東プロイセン）
　師団長　ケンプフ少将
　作戦参謀　フォン・ベルヌート中佐

対フランス戦役第一段階における装甲部隊の戦闘序列・職官表（一九四〇年五月）

フォン・クライスト装甲集団
（従来の第22軍団［自動車化］司令部）
司令官　フォン・クライスト騎兵大将

参謀長　ツァイツラー参謀大佐

第19軍団（自動車化）（第19装甲軍団）[12]

軍団長　グデーリアン装甲兵大将

参謀長　ネーリング参謀大佐

第1装甲師団

師団長　キルヒナー少将

作戦参謀　ヴェンク参謀少佐

第2装甲師団

師団長　ファイエル中将

作戦参謀　フォン・クヴァスト参謀少佐

第10装甲師団

師団長　シャール中将

作戦参謀　男爵フォン・リーベンシュタイン参謀中佐

第41軍団（自動車化）（第41装甲軍団）

軍団長　ラインハルト装甲兵大将

参謀長　レティガー参謀中佐

第6装甲師団

師団長　ケンプフ少将

▽12　「軍団（自動車化）」〔正式名称〕は、当時すでに装甲軍団と通称されていた。

作戦参謀　シュテートケ参謀大尉

第8装甲師団

師団長　クンツェン少将

作戦参謀　ベレントセン参謀大尉

第2歩兵師団（自動車化）

師団長　バーダー中将

作戦参謀　ハックス参謀少佐

第14軍団（自動車化）（第14装甲軍団）

軍団長　フォン・ヴィータースハイム歩兵大将

参謀長　メッツ参謀大佐

第13歩兵師団（自動車化）

師団長　フォン・リートキルヒ・ウント・パンテン少将

作戦参謀　ゾスナ参謀少佐

第29歩兵師団（自動車化）

師団長　レメルセン中将

作戦参謀　フランツ参謀少佐

対フランス戦役第二段階における装甲部隊の戦闘序列・職官表

（一九四〇年六月八日）

B軍集団（第4軍に配属）

第5、第7装甲師団、第2歩兵師団（自動車化）を麾下に置く**第15軍団**（自動車化）（ホート大将）。

第6軍ならびに第9軍に配属。

第10装甲師団、第13歩兵師団（自動車化）、「大ドイツ」歩兵連隊（自動車化）を麾下に置く**第14軍団**（自動車化）（フォン・ヴィータースハイム大将）。

第3、第4装甲師団、SS戦闘師団、「アドルフ・ヒトラー直衛旗団」連隊を麾下に置く**第16軍団**（自動車化）（ヘープナー大将）。

A軍集団（第12軍戦域）

グデーリアン装甲集団（参謀長ネーリング大佐）。

従来の第19軍団（自動車化）。以下の軍団を麾下に置く。

第1、第2装甲師団、第29歩兵師団（自動車化）を擁する第39軍団（自動車化）（シュミット大将）。

第6、第8甲師団、第20歩兵師団（自動車化）を擁する第41軍団（自動車化）（ラインハルト大将）。

註1、戦役の第一段階、一九四〇年五月十四日から五月三十日まで、「ホート装甲集団」が存在した。

註2、一九四〇年秋、装甲集団は最終的に、新型の司令部組織として編成された。当時、その作業は、以下のように行われた。

第22軍団（自動車化）司令部より、第1装甲集団（フォン・クライスト）を編成。

第19軍団（自動車化）司令部より、第2装甲集団（グデーリアン）を編成。

第15軍団（自動車化）司令部より、第3装甲集団（ホート）を編成。

第16軍団（自動車化）司令部より、第4装甲集団（ヘープナー）を編成。

註3、一九四一年から一九四二年の交に、これらの装甲集団四個は、第1から第4までの装甲軍に改編された（改編日は、第1と第2が一九四一年十月六日、第3と第4が一九四二年初頭である）。

チュニジア橋頭堡におけるアフリカ装甲軍の戦闘序列（一九四三年一月）

軍司令官　ロンメル元帥
第15装甲師団　ボロヴィーツ少将
第21装甲師団　ヒルデブラント少将
第90軽師団　伯爵フォン・シュポネック中将
第164軽師団　男爵フォン・リーベンシュタイン少将
アフリカ装甲擲弾兵連隊　メントン大佐。のち、ランガーハーゲン中佐が代行
「チェンタウロ」装甲師団　カルヴィ・ディ・ベルゴーロ将軍
「トリエステ」師団　ラ・ファーラ将軍
「ピストイア」師団　ファルージ将軍
「青年ファシスト」師団　ソッツァーニ将軍
「サハラ」支隊　マンネリーニ将軍

アフリカ軍集団（一九四三年四月）

戦闘序列と職官表

軍集団司令官　フォン・アルニム上級大将
代理　ツィーグラー中将
参謀長　ポントフ参謀大佐
第5装甲軍　フォン・フェールスト装甲兵大将
「マントイフェル」師団　ハッソー・フォン・マントイフェル少将
第334歩兵師団　ヴェーバー大佐。のち、クラウゼ少将

第999師団	ヴォルフ大佐
「ヘルマン・ゲーリング」師団	ベッポ・シュミート少将
第10装甲師団	フィッシャー少将（一九四三年二月五日戦死）。のち、男爵フォン・ブロイヒ少将
第20高射砲師団	ノイファー少将
航空部隊	ハーリングハウゼン大佐。のち、ザイデマン航空兵大将
第5降下猟兵連隊	コッホ中佐
第501重戦車大隊	ザイデンシュティッカー少佐
第1軍（独伊混成）	ジョヴァンニ・メッセ大将
「青年ファシスト」師団	ソッツァーニ将軍
「トリエステ」師団	ラ・ファーラ将軍
第90軽師団	伯爵フォン・シュポネック中将
「ピストイア」師団	ファルージ将軍
「スペツィア」師団	ピッツォラート将軍
第164軽師団	男爵フォン・リーベンシュタイン少将
「チェンタウロ」装甲師団	カルヴィ・ディ・ベルゴーロ将軍
「サハラ」支隊	マンネリーニ将軍
第15装甲師団	ボロヴィーツ少将。のち、イルケンス大佐が代行
第21装甲師団	ヒルデブラント少将
第19高射砲師団	フランツ中将
アフリカ装甲擲弾兵連隊	メントン大佐。のち、ランガーハーゲン中佐が代行

ラムケ降下旅団　男爵フォン・デア・ハイテ予備少佐
スファックス地区隊　第34歩兵連隊（イタリア軍）
ガベス地区隊　第280歩兵連隊（イタリア軍）

連合国遠征軍（一九四二年十一月）

（第一波）

Ⅰ．**西部任務部隊**（ウエスタン・タスク・フォース）（西部支隊）
指揮官は、ジョージ・S・パットン少将（合衆国）。
アメリカ第二機甲師団A戦闘団〔Combat Command. 戦車を中心に諸兵科を編合した連隊規模の部隊〕を配属。
総兵力は三万五千名。

Ⅱ．**中部任務部隊**（センター・タスク・フォース）（中部支隊）
指揮官は、L・R・フリーデンドール少将（イギリス）。
アメリカ第一機甲師団B戦闘団を配属。指揮官は、ポール・マクドナルド・ロビネット少将（合衆国）。
総兵力は三万九千名。

Ⅲ．**東部任務部隊**（イースタン・タスク・フォース）（東部支隊）
指揮官は、C・W・ライダー少将（合衆国）。
総兵力は三万三千名。

連合国遠征軍の総兵力は十万七千名。

連合軍部隊（一九四三年三月）

（機甲部隊のみ）

第一八軍集団　サー・ハロルド・アリグザンダー大将

アメリカ第一機甲師団	ハーモン少将。のち、ウォード少将
イギリス第六機甲師団	C・キートリー少将
イギリス第一機甲師団	ブリッグス少将
イギリス第七機甲師団	ホロックス少将
ニュージーランド第二師団（自動車化）	フレイバーグ中将

高級司令官職官表

一九四二年の「青号」、もしくは「ブラウンシュヴァイク」作戦中の配置

国防軍最高司令官　アドルフ・ヒトラー

国防軍最高司令部（OKW）長官	カイテル元帥
国防軍統帥幕僚部長	ヨードル上級大将

陸軍総司令官（ObdH）　アドルフ・ヒトラー

陸軍参謀総長	
一九四二年九月二十四日まで	ハルダー上級大将
一九四二年九月二十五日より	ツァイツラー歩兵大将
兵站総監	ヴァーグナー砲兵大将
空軍総司令官	ゲーリング国家元帥
空軍参謀総長	イェショネク上級大将

A軍集団	
一九四二年九月十日まで	リスト元帥
同年九月十日〜十一月二十一日	ヒトラーによる直接指揮
一九四二年十一月二十二日より	フォン・クライスト上級大将
B軍集団	フォン・ボック元帥
一九四二年七月十五日より	男爵フォン・ヴァイクス上級大将
ドン軍集団	
一九四二年十一月二十八日より	フォン・マンシュタイン元帥
南方軍集団	
一九四二年十一月二十八日（廃止）まで	フォン・ボック元帥（B軍集団に改編）
ホート集団軍	ホート上級大将
ルオフ集団軍	ルオフ上級大将
ヴァイクス集団軍	男爵フォン・ヴァイクス上級大将
第1装甲軍	
一九四二年十一月二十一日まで	フォン・クライスト上級大将
一九四二年十一月二十二日より	フォン・マッケンゼン騎兵大将
第2軍	
一九四二年七月十四日まで	男爵フォン・ヴァイクス上級大将
一九四二年七月十五日より	フォン・ザルムート上級大将
第4装甲軍	ホート上級大将
第6軍	パウルス歩兵大将（のち、上級大将、元帥に進級）

第11軍（クリミア）　フォン・マンシュタイン上級大将
第17軍　ルオフ上級大将
フレッター＝ピコ軍支隊　フレッター＝ピコ砲兵大将
ホリト軍支隊　ホリト歩兵大将
第14装甲軍団　フォン・ヴィータースハイム装甲兵大将、のち、フーベ装甲兵大将
第24装甲軍団　一九四二年六月二十六日まで、男爵フォン・ガイヤ装甲兵大将
のち、一九四二年十月三日の戦死まで、男爵フォン・ランガーマン装甲兵大将
一九四二年十月十日より、フォン・クノーベルスドルフ装甲兵大将
ヴァンデル砲兵大将（一九四二年十二月一日死亡）
アイブル中将（一九四三年一月死亡）
ヤール少将（一九四三年一月死亡）
第40装甲軍団　シュトゥンメ装甲兵大将
一九四二年六月二十六日より、男爵フォン・ガイヤ装甲兵大将
第48装甲軍団　ケンプフ装甲兵大将
ハイム中将
フォン・クノーベルスドルフ装甲兵大将（一九四二年十二月一日より）
第57装甲軍団　キルヒナー装甲兵大将
ヴィータースハイム支隊（**第14装甲軍団**）　フォン・ヴィータースハイム装甲兵大将
第4航空軍　男爵フォン・リヒトホーフェン上級大将
第8航空軍団　フィービヒ中将

一九四五年の第1装甲軍（Pz.AOK）

（在メーレン）

軍司令官　ヴァルター・K・ネーリング装甲兵大将
砲兵指揮官　ヨーゼフ・プリンナー中将
参謀長　男爵フォン・ヴァイタースハウゼン参謀大佐
作戦参謀　ザウアーブルフ参謀中佐
下士官兵担当人事参謀〔次席副官〕　ボーテ大佐
おおむね、一九四五年初頭の状態
給養人員数約四十万人

第24装甲軍団　ケルナー中将（一九四五年四月十八日の死亡まで）
のち、ヴァルター・ハルトマン砲兵大将
参謀長　ビンダー参謀大佐
砲兵指揮官　シャーパー大佐
第6装甲師団　男爵フォン・ヴァルデンフェルス中将
第46歩兵師団　ロイター少将
第10降下猟兵師団　フォン・ホフマン大佐
「第1フェルトヘルンハレ」装甲擲弾兵師団　パーペ少将
第29軍団　レプケ歩兵大将（一九四五年五月四日負傷）
軍団長代行　フィリップ中将
参謀長　メーリング参謀大佐

砲兵指揮官	シュミット大佐
第8猟兵師団	フィリップ中将（ベルガー大佐代行）
第19装甲師団	デッケルト少将
第711歩兵師団	フォン・ヴァッツドルフ大佐
第72軍団	シュミット＝ハンマー中将
参謀長	メラー参謀大佐
砲兵指揮官	？
第15歩兵師団	ランゲンフェルダー少将
第76歩兵師団	ベルナー大佐
第153歩兵師団	？
第49山岳軍団	カール・フォン・ル・シュワール山岳兵大将
参謀長	G・フォーゲル参謀大佐
砲兵指揮官	ブクス大佐
第4山岳猟兵師団	ブライト中将
第3山岳猟兵師団	クラット中将
第97猟兵師団	ラーベ・フォン・パッペンハイム中将
	のち、バーダー少将
第320国民擲弾兵師団〔国民擲弾兵師団は、戦意高揚のため、歩兵師団を改称したもの〕	フォン・キリアーニ少将
第544国民擲弾兵師団	ロルヒ大佐（代行）
第59軍団	ジーラー中将
参謀長	フォン・グロル参謀大佐（一九四五年五月八日死去）

砲兵指揮官　ベルンハルト大佐
第68歩兵師団　?
第304歩兵師団　アルニング少将（前配置は第75歩兵師団長、もしくはメーレン・オストラウ地区戦闘指揮官）
第253歩兵師団　ベッカー中将。のち、シュヴァートロー＝ゲスターディング少将が最後の師団長に就任
第254歩兵師団　シュミット中将
第715歩兵師団　シュピートホフ大佐
第371歩兵師団　シェーレンベルク少将
第11軍団　ホーン中将
参謀長　シュルツェ参謀大佐、もしくはシルマッハー参謀中佐
砲兵指揮官　フォン・メーレム大佐
第8装甲師団　ハックス少将
第78国民突撃師団〔第78歩兵師団が戦意高揚のため、改称されたもの〕　ガイスラー少将
第75歩兵師団　マティーアス大佐
第10装甲擲弾兵師団　アウクスト・シュミット中将。のち、コスマン少将
第16装甲師団　ディートリヒ・フォン・ミュラー中将。のち、アショフ大佐、もしくはトロイハウプト大佐
第17装甲師団　クレッチュマー少将（のち、第17軍に委譲）
オルミュッツ地区司令官　ペール少将
第531軍団後方機関　フォン・ブラウナー中将

第602特務師団　シャルトフ中将
第601特務師団　フォン・ハルトリープ中将
第154教育師団　ラーベ・フォン・パッペンハイム中将
第158訓練師団　アウクスト・シュミット中将

註1、装甲師団と自動車化歩兵師団は、「火消し」役として運用されたため、頻繁に軍団所属が変更された。ゆえに、ここまでの戦闘序列には間違いがあるかもしれない。

第1装甲軍の戦域には、第1スキー猟兵師団も投入された。同師団の長だったグスタフ・フント中将は、一九四五年四月にトロパウ地区で行方不明になった。

註2、これらの軍団は、右翼から、第24装甲軍団――第29軍団――第72軍団――第49山岳軍団――第59軍団――第11軍団の順序で配置された。

註3、右翼に隣接していたのは、第8軍（南方軍集団司令官レンドゥリク〔上級大将〕麾下）。左翼に在ったのは、第17軍（オットー・ティーアマン歩兵大将が指揮する〔同軍麾下の〕第17軍団。軍司令官は、ヴィルヘルム・ハッセ歩兵大将だった。ハッセは、一九四五年五月九日に死亡した）。

Ⅳ．一九三九年から一九四五年までの装甲部隊の戦闘に関する解説（文書資料）

第60歩兵師団（自動車化）文書より翻刻

一九四一年四月十四日付ユーゴスラヴィア軍降伏申出書
ユーゴスラヴィアと交戦中のドイツ軍司令官閣下に宛てて。

リスト元帥閣下

本日、四月三十日九時半に、ユーゴスラヴィア王国軍最高司令部において、異動が実行されました。ダニーロ・カラファトヴィッチ上級大将が、最高指揮権を継承したのであります。

彼は、小官に以下の案件を委任しました。

ユーゴスラヴィアと交戦中のドイツ軍司令官閣下に、左の点を請願せよとの指示でありました。

一、即時休戦。
二、代表団交渉の日時と場所を定めることを希望する。
三、敵対行為、なかんずく空爆を、ただちに中止することを希望する。

小官は、軍使アレクサンデル・ストヤノヴィッチ上級大将、ザルコ・ヴェリッチ参謀大佐、イグニャトヴィッチ参謀大尉を通じて、本請願をお伝えする名誉を有するものであります。
可及的速やかに、最捷路でご回答をいただけますよう、お願い致します。
格別なる尊敬を以て。

（押印）元大臣
上級大将
一九四一年四月十四日　ミラン・ネディッチ

追伸　小官は、わが軍が本日より名声高きドイツ軍に敵対する措置を取らぬことをお伝えする名誉を有するものであります。

一九四一年四月十五日〔午前〕一時三十二分

ストヤノヴィッチ上級大将（署名）
ザルコ・ヴェリッチ大佐（署名）
ラツ・S・イグニャトヴィッチ大尉（署名）

一九四一年夏のOKHによる戦闘遂行に関する指令（「小包囲」）

南方軍集団司令部
作戦部機密第一四六一／四一号
司令所、一九四一年八月一日

第1装甲集団経由
作戦部機密第三一六一／四一号

戦争遂行に関して

東部戦役で得られた経験によれば、ロシア軍は側面ならびに後方に脅威が迫ろうと、それを、ほぼ完全に無視するものである。隣接戦区をなお保持している敵の側面や背後に向けて、早期に旋回することは、T.F.〔戦闘教範『軍隊指揮』の略〕に記載され、他の戦域では有効であることが証明されているが、右の戦訓に鑑み、東部戦役においては当面それを行わないよう、警告せざるを得ない。

ＯＫＨ／陸軍参謀本部は、以下のごとく指示する。目下の戦闘のありようから、敵を追い越しつつある戦力（師団）を用いて、さまざまな急旋回を行い、隣接地区を保持している、あるいは、攻撃してくる敵を迂回することは指揮官の課題でなければならない。基本的にはまず、大きな次元における目標や進撃方向を顧慮することなく、そうした敵を殲滅すべきである。とくに、指揮境界線沿いでは、相互に緊密に協同、所与の条件下で、迂回前進するのではなく、両翼包囲によって敵を殲滅することを、各級司令部の任務とすべし。

軍集団司令部に与う

陸軍参謀総長（署名）

一九四一年の部隊の軍律

第60歩兵師団（自動車化）
師団長

師団指揮所、一九四一年八月十一日

機密第一七八／四一号

機密！

師団命令

一、当師団の所属者が、等価の支払いをなすことなく、もしくは、規則に則った給養係将校の徴発によることなしに、地元住民の所有物、とりわけ、家畜、ジャガイモ、果物を、法外なやり方で盗みだす事件が多発している。

二、小官は、各級指揮官、全将校、各隊に、つぎのことを再度詳細に教育せしめることを求める。この種の行動は、総統のきわめて重要な政治的命令に違背し、それゆえ、ドイツ国民の利益を毀損するのである。

三、本命令が守られているかを監視し、管轄地区で生じた違反、あるいは、地元住民の苦情により、それを知った場合には、ただちに調査を実施、責任者を突き止め、処罰することは、階級の如何(いかん)を問わず、上官たる者の責務である。

四、将来、この種の非行は、総統命令のサボタージュとみなされ、軍法会議を通じ、極刑を以て罰せられる。

五、同種の非行が生じた隊の指揮官、本命令第三項に示された責務を全うしなかった上官、所与の規定に厳密に従わなかった給養係将校は、軍法会議を通じ、極刑を以て罰せられる。

六、各級隊長は、本命令の受領を署名にて証明、あらためて、この方針を自隊に明快に訓育したことを報告すべし。

エーベルハルト（署名）

本命令は読後破棄せよ！

一九四一年十月八日付装甲軍命令

写し

第1装甲軍司令部　　　　　　軍司令所、一九四一年十月八日

作戦部機密統帥事項第一一八七／四一号　　　　十二時三十分

機密統帥事項

東部での新作戦に関する装甲軍命令

（総合軍命令第二号）

（三十万分の一指揮用地図）

一、東方に退却中の敵

第1装甲軍および第11軍に包囲された敵部隊は、殲滅一歩手前である。敵が工業地帯前面に防衛線を布く試みをなすことが予想される。

二、本装甲軍は、さらに東方に進撃し、工業地帯の防衛に配置された敵を撃破する。

装甲軍の目標は、タガンローク、ロストフ、スターリノである。

よりいっそうの前進により、ロストフ付近に橋頭堡を得ることは、きわめて重要であるものとす。

三、装甲軍の戦闘序列
第13、第14装甲師団、L.SS.A.H.▽13を麾下に置く第3装甲軍団。

第16装甲師団、SSヴィーキング師団、スロヴァキア快速師団を擁する第14装甲軍団。

第1および第4山岳猟兵師団を有する第49山岳軍団。

パズーヴィオ、トリノ師団、機動師団を指揮下に置くイタリア遠征軍団。

山岳軍団（第1、第2、第4山岳旅団）と騎兵軍団（第5、第6、第8騎兵旅団）より成るルーマニア第3軍。

軍予備として、第60歩兵師団（自動車化）。

同じく軍予備として、第198歩兵師団。のち、第49山岳軍団に配属。

エーベルト砲兵大将の特務司令部（第301上級砲兵司令部）。

新しい軍隊区分の発効は、個々に指示する。

四、指揮境界
ⓐ第3装甲軍団と第14装甲軍団の境界
アレクセーフカ（第3装甲軍団）――ビェルマンカ（第3装甲軍団）――テムリュク（第3装甲軍団）――チェルマリク（第14装甲軍団）――オトラドヌィ（第3装甲軍団）――ルィソルスカヤ（第14装甲軍団）――トゥズロフ川に沿い、モスト・ネスフタイまで。
ⓑ第14装甲軍団と第49山岳軍団の境界
トゥルケノフカ（第49山岳軍団）――ヴェセラーヤ（第14装甲軍団）――スタラヤ・マヨルスコエ（第49山岳軍団）――ウェリコ・アナドル（第14装甲軍団）――ノーヴァヤ・イグナチェヴァ（第14装甲軍団）――ノーヴァヤ・エカテリノフ

▽13　SS「アドルフ・ヒトラー」直衛旗団。

カ（第14装甲軍団）――クテイニコヴォ駅北方三キロの交差点（第14装甲軍団）――グリゴリェフカ（第14装甲軍団）――ナゴルノ・トロフスキー。

ⓒ第49山岳軍団とイタリア遠征軍団の境界……。

五、任務

第3装甲軍団は、自らの戦区で突進すべし。奇襲的前進により、速やかにタガンロークを味方のものとすることは、とくに重要である。その後、第3装甲軍団の主任務は、ロストフ付近で渡河点を奪取することとなる。

第14装甲軍団は、自らの戦区で、第3装甲軍団の進撃に随伴すべし。その主任務は、まず、前進する第3装甲軍団の北側面掩護を適時継続し、第3装甲軍団を可及的速やかに東進せしむることにある。副次的任務として、左翼を進む山岳軍団との連絡線を確保すべし。加えて、マリウポリ東方ならびにスターリノ付近での諸戦闘に増援し得るよう、準備を整えておかねばならない。

第49山岳軍団は、可及的速やかにフォードロフカ－グルヤイ・ポーレの線を越え、スターリノに向かって前進、スターリノ西方の敵を撃破、スターリノの工業地区を奪取すべし。

イタリア遠征軍団は、装甲軍の北側面を掩護し、第17軍右翼との連絡を維持する任務を担う。そのため、SSヴィーキング師団をグルヤイ・ポーレ付近に控置し、第49山岳軍団がフォードロフカ－グルヤイ・ポーレの線を抜いたならば、同様に東方に前進、第49山岳軍団の進撃に随伴せしめる。

第198歩兵師団は、イタリア遠征軍団が側面掩護の任を引き継いだのち、特別命令により、第49山岳軍団に配属する予定。ルーマニア第3軍は、現在の戦域において、ベルジャンスク－ベレストヴォエ－セミョーノフカの線まで、撃破された敵を掃討し、モロチュノエよりベルジャンスクまでの海岸地帯を確保、ベレストヴォエ経由でマリウポリに突進する第3装甲軍団に追随し、さらに海岸地帯の防御にあたる準備を整えるべし。

軍予備の第60歩兵師団（自動車化）は、装甲軍が自由に使用できるように、セミョーノフカ地区に控置される。

六、通信連絡
装甲軍の前進軸は、マリウポリ経由で、ロストフまで推進される。

第14装甲軍団および第49山岳軍団は、あらたな方面に進むにあたり、当初、P・V・ポロギとの接触を維持すべし。

装甲軍は、第14装甲軍団ならびに第49山岳軍団にあらためて接続線を得るため、マリウポリよりヴォルノヴァーハ方面に、既存のロシア軍電信柱を利用して、側面連絡線を進める。

イタリア遠征軍団は、シニェリニコヴォで接続線を得るべし。

作戦進捗に合わせ、第49山岳軍団とのあいだに側面連絡線の構築を予定する。第49山岳軍団とイタリア遠征軍団には、そのための建設労働者を送る。

来たるべき作戦において、司令部はしばしば、無線によって指示を出すことになろう。従って、最大限の厳格な無線統制、きわめて頻繁に伝令を往来させることによる通信補助、もっとも迅速なる文書の手交が必要になる。装甲軍は、麾下の軍団すべてとルーマニア第3軍に対し、無線計画に予定されている連絡線を維持する。

フォン・クライスト（署名）

一九四一年十二月のタガンローク－ロストフ地域における部隊の状態

写し

第160オートバイ狙撃兵大隊　　大隊指揮所、一九四一年十二月三日
大隊長
第92歩兵連隊長宛

昨日すでに、師団長閣下ならびに連隊長殿に口頭で報告したごとく、当大隊は早急に交代を必要とするものであります。

当大隊は、いまや八日間も休むことなく投入されつづけており、一時的に、もしくは一部ずつでも交代することも、まったくできなかったのです。この間、師団の他の大隊は、一ないし二日ほど宿舎に入るか、自らの部署に置かれた陣地において、その将兵の大部分が屋根の下で過ごすことができました。

当大隊は、肉体的にも生理的にも、極度に疲弊しております。そこから生じる一般的な感覚の鈍磨のことは措くとしても、完全な凍結状態が悪影響をおよぼし、純粋な手作業による兵器の取り扱いも（たとえば、今夜の戦闘歩哨に対する攻撃が証明したように）、非常に制限されているのであります。

加えて、諸オートバイ狙撃兵中隊では、自動車内に保護されるということがなく、行軍中に睡眠を取るのが不可能であるばかりか、倍以上の寒さにさらされているのです。

加えて、およそ三ないし四日にわたり、当大隊では、温食を供給することができませんでした。当大隊の陣地には給水源がなく、野戦烹炊車（ディーゼル車輛）も、重要な車輛を牽引するという緊急任務に投入されてしまったからでした。

当大隊の戦力維持のため、これまでは、感冒の症状や凍傷を示した病人も、よほど深刻な容態になるまでは、後送を控えてまいりました。しかしながら、当隊軍医の報告によれば、これ以上、寒気のなかに留まることはもはや不可能であり、それゆえ、今日明日にでも、多数の損害が出ることが予測されるとの由であります。

また、当然のことですが、退却戦や夜間行軍において、とうとう多数の落伍者が発生するようになっております。目下の戦況では、彼らを再び収容することは困難であります。

当大隊は、ほんの数日なりと現場の宿舎で過ごさせていただければ、格段に戦闘力を回復すると誓約いたします。そうしてくだされば、軽傷病者も部隊に留まることができ、落伍者の収容も可能となり、心身ともに徹底的な抵抗力の増大を図れるからであります。
肉体的・生理的に能力の限界に達していると確信しなければ、小官とても、かかる報告をなす決心がつかなかったでありましょう。目前に迫った難戦で反動を被るのを避けるため、かような業務報告を行うことは、むしろ小官の責務であると考えたのであります。

ベルゼン（署名）

一九四一年十一月から十二月にかけての軍事的・政治的判断

H・ラインハルト上級大将▽14（一九四一年なかばに中央軍集団北翼を担当、モスクワ前面にあった）の報告より抜粋

二頁。「……第3装甲集団は、一九四一年十一月五日、グデーリアン上級大将と同様に、冬季のロシアにおいて、快速部隊による作戦を行うことに、深刻な疑念（を呈した）。……十一月十六日……モスクワ会戦の第二幕が開かれた。……各部隊は……旧来の自信と戦闘における無条件の優越感を以て、戦いに臨んだ。『モスクワ』というスローガンが、今一度、すべての者を魅惑したのだ……」。

三頁。（戦闘は、多数の損害を出しながら進んでいたが、それでも多くの成功が得られていた）「……十二月四日……情勢は急激に悪化した。敵は……攻勢に転移した。……あらたな敵の存在が報告されている。……寒気が厳しくなり……冬季装備を持たぬ将兵に……とほうもない困難をもたらした。……それゆえ、第3装甲集団は、十二月五日、独断でその攻撃を中止することを余儀なくされた……」。

▽14 »Wehrkunde«〔国防知識〕, München, 一九五三年第九号所収の »Panzergruppe 3 in der Schlacht von Moskau und ihre Erfahrungen im Rückzug«〔モスクワ会戦における第3装甲集団とその退却時の経験〕.

（十二月六日、中央軍集団は後退を命じた。激烈な退却戦闘がそれに続いた）

七頁。（十二月十七日、ヒトラーは、ラーマ川戦区の固守命令を下した）

「……部隊中に安堵がみられた。とうとう、退却目標が設定されたのである……」。

グデーリアン上級大将（中央軍集団南翼にあった）も、同様の判断を下していた。[15]「……モスクワ攻撃を貫徹し、勝利を得るためには、各部隊の戦力はもはや不充分であり、よって、私は、十二月五日の夜に……戦闘を中止し……望ましくは……保持し得ると思われる……より短縮された戦線への退却を……決断しなければならなかった。……われわれは大敗を喫したのだ……」。

一九四一年十二月なかば、ウィンストン・チャーチルは、[16]スターリン宛の書簡で、モスクワ会戦の意義について、こう記した。

「……閣下がロシア戦線で挙げた素晴らしい勝利に、（私は）安堵の念を覚えています。……戦争の見通しについて、これほど安心できたことは、今までありませんでした……」。

統計数字[17]

（一九四一年から一九四二年の対ソ戦役）

一、一九四一年七月三日までの損耗は五万四千名で、二百五十万の兵員の二・一五パーセントに相当する。うち、戦死者は、下士官兵一万一千九十八名、将校七百二十四名で、下士官兵三・一五名につき将校一人の割合になる。つまり、将校の損耗率は、きわめて高かった。

八月十三日までの損耗は三十八万九千九百二十四名で、東部軍三百四十四万八千名の十一・四パーセントに相当する。将校の戦死は、下士官兵二十・五名につき一人の割合になる。

十二月三十一日までの損耗は八十三万九百三名で、総兵力三百二十万名の二十五・九六パーセントに相当する。将校の戦死は、下士官兵二十・三四名につき一人の割合。

二、低気温。一九四二年十二月五日、トゥーラ付近で零下三十六度（中央軍集団）。十二月七日、チフヴィン付近で零下三十ないし三十五度（北方軍集団）。十二月八日、「将兵は厳寒のなかで苦しんでいる」（南方軍集団）。十二月二十三日、「さほど寒気は強くない。しかし、積雪がはなはだしく、航空機の出撃を妨げている」。一九四二年一月三日、「とにかく零下三十度の寒気にあっては、もう部隊を維持することはできない。……北方軍集団方面の気温は零下四十二度であり、戦闘も止まっている」。

三、十一月十日、「南方軍集団に、特別に冬季装備を持っていくことは、一月より前には不可能であろう。中央軍集団の多くの部隊については、一月末になって、ようやく運び込めるということになる」。

四、戦車の配備。一九四一年十二月十二日。「現在見込まれているだけの生産数では、そもそも戦争を遂行し得ない。……（突撃砲の）生産見込み数は、まったく不充分だ」。ＯＫＨ編制部長ブーレ少将の報告。

一九四二年一月の部隊感状

第18装甲師団　　師団指揮所、一九四二年一月二十八日

▽15 Heinz Guderian, »Erinnerungen eines Soldaten«, Vowinckel Verlag, 1951, 二三五～二三六頁。

▽16 »Der Zweite Weltkrieg, Schriftenwechsel 1941–45«〔第二次世界大戦　一九四一年から一九四五年までの往復書簡〕, 第一巻、文書第二番、Akademie Verlag, Berlin, 1959.

▽17 ドイツ陸軍参謀総長の »Kriegstagebuch«〔戦時日誌。ハルダー日記のこと〕, Kohlhammer Verlag, 1964.

師団長

師団命令第四二号
総統は公布された！

スヒニチ周辺で戦闘中の将兵に告ぐ！

われらがスヒニチの戦友に対する包囲環は打通された！　同市の戦闘支隊は、その指揮官である男爵フォン・ウント・ツー・ギルザ少将のもと、自らの力を確信し、頑強な防御を行った。この行為は、全体の情勢において、大きな意義を持つものである。

いまや、第2装甲軍麾下の部隊、とくに第18装甲師団および第208歩兵師団が、私の訴えに応え、スヒニチ守備隊の救援作戦に従っている。彼らは、驚嘆に価する猛進撃を示し、フォン・ギルザ支隊を包囲から解放したのだ。

私は、感謝と称賛を以て、貴官ら、スヒニチ防衛と解囲攻撃に加わった者への誇らしい感情を表明する！

貴官たちの戦功は、ドイツ軍人はロシアの冬にあっても戦うことを心得ていたことを証明するものとして、歴史に刻まれるであろう。

アドルフ・ヒトラー（署名）

各中隊長は部下に対し、本布告を朗読すべし。

署名（ネーリング）
少将・師団長

中立スイスからみた情勢判断[18]　一九四二年八月十六日

本文書の筆者は、当時、スイス軍大尉で、ある情報機関の長を務めていたハウザマンである。以下、オリジナル文書からの抜粋を掲げるが、これは、あの戦争を左右するような時期におけるヒトラーの直感的判断に比べると、とくに印象深い。内容が適切であったことが証明されたあととなれば、なおさらである。

原文よりの抜粋

野営にて、一九四二年八月十六日

陸軍司令部
第一部副幕僚長
R・マソン准将閣下

准将閣下！

閣下の十三日付の手紙は、遅配ではありましたが、拝受いたしました。以下、論述を進めることをお許しください。ティモシェンコがなお、コーカサスにおいて、コーカサス部隊から成る数個軍を有していること、第一級の装備と訓練を施された自動車化師団九十個を、戦略予備としてヴォルガ川の背後に控置しているとの報告は、複数のもっとも信用がおける情報源から得たものであります。

また、小官は、モスクワ駐在の連合国軍事代表団の一人から、一九四一年六月から今日に至るまで、中央ロシアの衛戍地より、一個また一個と、ヨーロッパ・ロシアに師団が到着しているとの情報を得ました（無線電信にて報告済み）。

▽18　著者は、本報告書を提供してくださったスイス国防省と大尉ハウザマン氏のご厚意に、格別の感謝を捧げるものである。

加えて、中央ロシアにおける鉄道・道路網が疎散であるため、これらが、輜重隊、弾薬、その他必要な物資のすべてを運び、ヴォルガ河畔で運用可能とするまで、一個師団あたり平均三週間を要するとの補足報告も受けております。かかる輸送は現在も続いており、一九四三年になって初めてヴォルガ河畔に到着し得る陸軍部隊についての情報も存在します。

結局のところ、小官は、自分が得た、さまざまな報告に依拠することにいたします。それらによれば、ロシア軍は、レニングラード地区でも、モスクワ地区でも、また南方戦域においても、ヴォルガ川の背後に存在する戦略予備を使用しておりません。今日までも荒れ狂っている戦闘は、ヨーロッパ・ロシアにおける戦争を、計画にもとづいて実施せんとしているロシア軍によって、実行されているのであります。

ロシア軍最高指導部は、冬から春にかけて実行されたロシア軍の攻撃行動（ティモシェンコのハリコフ攻撃も）は「局地的作戦」として理解されるもので、ロシア軍の戦略攻勢ではないと、連合国軍事代表団に対し、強調しております。そのことに価値を置いているのです。ロシア軍戦略攻勢は、いまだ開始されておりません。東部戦線のどこであろうと、ドイツ軍が、レニングラード－モスクワ－ヴォロニェシ－ヴォルカ川流域の線を越えて突進しようとすれば、ロシア軍の必死の抵抗に遭い、後者が成功を収めるのであります。ロシア軍が執拗な防御を行うところでは、ドイツ軍が右記の線を越えて、いくばくなりと前進することはありません……。

ヴォロニェシ戦域において、ドイツ軍は、厖大な戦力を投入したにもかかわらず、前進できないばかりか、ロシア軍が再びドン川を越えて押し出してくるという経験をすることを余儀なくされました。スターリングラード前面では、ここ数週間、莫大な戦争資材を費消し、多大なる損害を出しながら、絶え間なく攻撃しているというのに、ドイツ軍は目的を達成できずにおります。ドイツ軍が進撃できているのは、コーカサス方面だけなのです。

ティモシェンコは、今まで何をしていたのでしょう？　彼は、いずこであろうと、頑強な抵抗は必要ないと思うところでは、いつでも、麾下の部隊をフォン・ボックの包囲作戦から逃れさせ、主力を包囲下に陥らせることなしに維持し、決戦に投じ、また縦横無尽に機動させることを心得ております（これについては、ドイツ軍の評価も同様であります）。

ヴォロニェシやスターリングラードとまったく同じことで、ティモシェンコは、もし、それが彼の企図であるならば、ロストフでも閂を閉ざすことができるでありましょう。しかしながら、ティモシェンコがヴォルガ河畔で部隊を犠牲にするのは、彼の戦略構想や時間表からして、そうせざるを得ない場合のみであります。ヴォルガ川は、多大な重要性を有し、大規模な移動を可能とし、しかも、いかなる地点でも遮断し得ないような、輸送能力の高い交通路なのです。さらに、来たるべき冬まで、そこで時間を稼ぐことに成功すれば、ドイツ軍は、もう一年、戦争の冬を過ごすことを強いられます。

ドイツ軍が、ティモシェンコの軍隊を決戦に追い込み、コーカサス方面に進撃しようと空しい努力を重ねているあいだも、ティモシェンコは、麾下の主力を、ドイツ軍に対する警備列のごとくに用いることができます。彼が戦闘に投入する部隊は、ドイツ軍団隊を「消耗させる」目的で、犠牲に供されることでありましょう。かかる展開において、ティモシェンコは、麾下陸軍部隊の費消を極度に倹約しているのです。時機至れば、その軍の主力を、敵撃破に用いるつもりなのであります……。

ロシア軍は、戦時政策と戦略の面からみれば、いささかも追い詰められた情勢にあるわけではない。国防経済面でも同様です……。

彼らは、ドイツ軍の進撃によって、国内の油田地帯を奪われてはいますが、今後も戦争を継続するための充分な予備を持っています。その工場が、ヨーロッパ・ロシアから、ヴォルガ川とウラル山脈の後ろに移転し、そこで、すでに再操業にかかっていることは疑う余地がありません。

主導権は、従前通り、ロシア軍の側にあります。攻撃したいと思えば、そうできるし、戦略的予備を動かすことも可能なのであります。とはいえ、ロシア軍は、自らの政治的・軍事的目的のためにのみ、進軍するのです……。

小官は、つぎの数日のうちに、イギリス人が北アフリカにおいて、ロシア人への月賦を支払うものと予想いたします。オーキンレックは、またしても大規模な戦闘に突入することでありましょう……。

……東方におけるドイツ軍の企図という問題が生じます。ひょっとしたら、ヒトラーは、ともかくティモシェンコを追い払ったのちのコーカサスを通り、イラン、イラク、そしてペルシャ湾にまで、その軍を突進させようとするでしょうか？　空間と時間における逃避を続ける？　とどのつまり、ロシア軍は、そうした行動に対し、適切に振る舞うでしょうし、あるいは、意に介さないことでしょう。いずれにしても、彼らは、その戦時政治上の目標を達し得るからであります。総統大本営の諸官は、ロシア流の思考法を究め、手招きして、コーカサス通過を誘っているかのようなロシア人の手に乗らないよう、急ぎ警告していることでしょう。彼らが主張を通せるかどうかが問題なのです。もしくは、トップにいて、容赦ない攻勢を行うことに賛成している別の一団が、またしても、そちらに傾くかどうかが問われているといえましょう。

……ともあれ、ドイツは、戦時政策的に決定的な勝利を得たわけではありませんし、空間、空間、また空間と求めているとあっては、もはや何ものをも得られないのであります。空間は兵力を喰います。そこにおいて、ドイツ陸軍は敗北し、何の戦果も得られないでしょう。他方、アングロサクソンによる、ドイツの都市に対する空襲は激化するばかりで、これにブレーキをかける可能性はありません。西方、「第二戦線」たるアフリカにおいても、イギリス軍を地中海東部の諸国から駆逐するために、ロンメルが必要とする航空戦力と陸軍部隊を与えることはできないのです。南では、枢軸同盟国〔イタリア〕が動揺し、また、ヨーロッパ大陸のあらゆる国々において、諸国民が不満を覚えています。彼らを鎮圧するために、多大な兵力が吸収されてしまうのです。

ドイツの指導者にとって、かかる情勢は逃げ道なしなのであります！　彼らには、死に至るまで勝ちつづける以外の策は持ち得ない。ここ数週間のうちに、西方で「第二戦線」が形成されるのであれば、崩壊が、より早く訪れるでありましょう。「第二戦線」ができないのであれば、まだ長引きます。それらすべては、ロシア軍が、戦略的計画を厳格に維持、国土を犠牲にし、戦略予備を節約するだけのふてぶてしさを持っているがゆえなのであります。ロシア軍が禁欲的休止と唱えているように、その戦略予備は、一九四三年、あるいは、さらに一九四四年に向け、ロシア軍戦略攻勢に備えているのです。

准将閣下、それでは、ここで提示した情報すべてにもとづき、諸事情や情勢、今後の展開を絶えず精査した結果を、短い文章にまとめてみたいと存じます。小官の論考が、閣下のお役に立つことを望むものであります。

常に閣下に忠実なるハウザマン（肉筆署名）

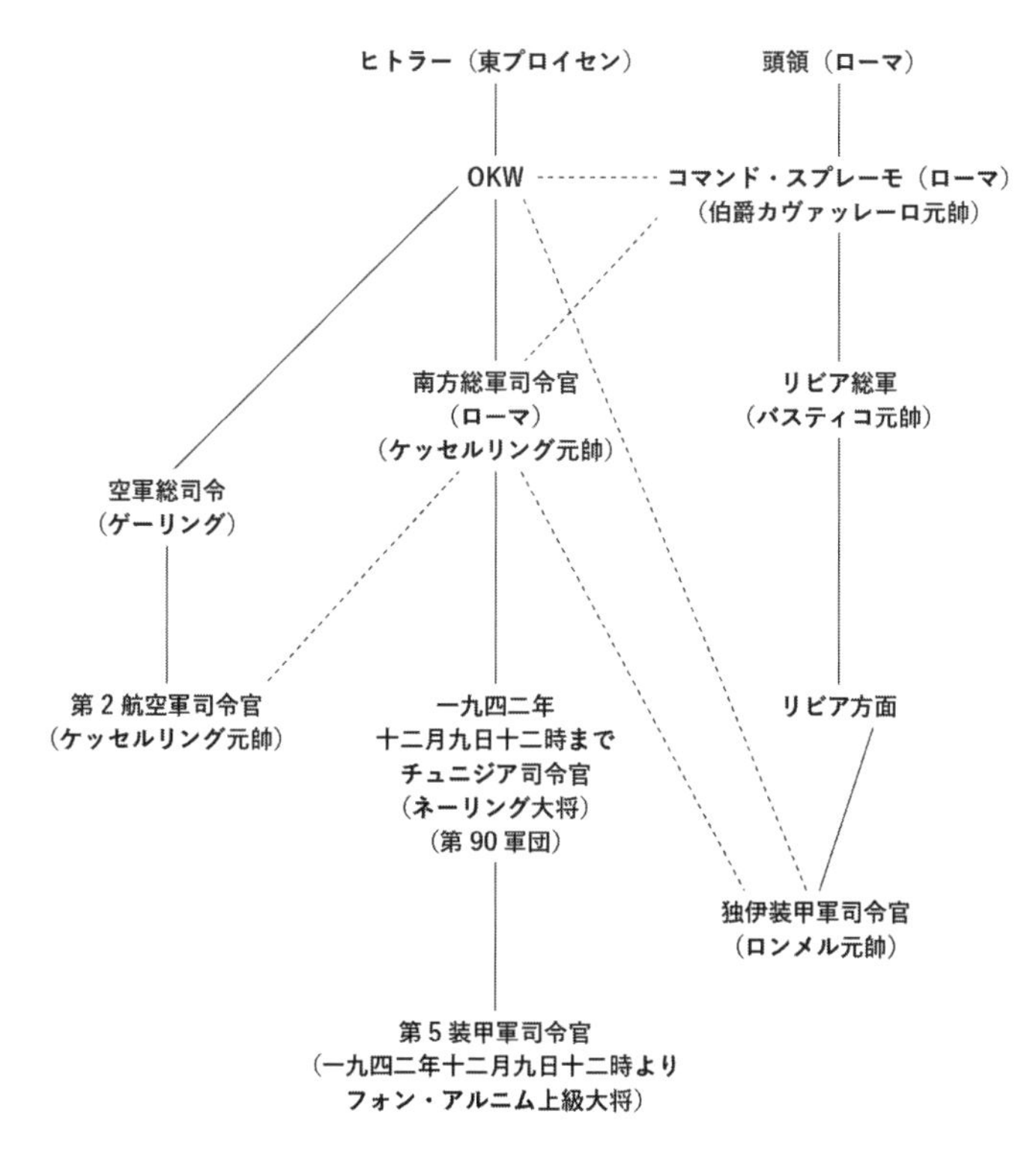

第9軍における「城塞」作戦

一九四三年

第292歩兵師団報告の文章を抜粋▽19

一九四三年七月五日。一時十分に、主陣地帯、林とグレボヴォ‐カメニカの線に至るまでの後方地域に対する敵の擾乱射撃が開始され、ひたすら激しさを増していく。射撃は二時まで続いた……。

脱走兵の証言によれば、ロシア軍が攻撃開始を察知したこと、敵地雷原前面に工兵が見られたこと、味方前線は静かであるのに、後方には多数の車輌による騒音が聞き取られたことなどから、この敵の砲撃が引き起こされたとの由である。

三時半、味方の砲撃開始。

雨あられのごとく、敵塹壕に弾着あり。残念ながら、わが方の準備砲撃も空しく、そこでは、ほとんど効果がなかった。ロシア軍が、偽装された哨所に至るまで、最前線の塹壕から退去していたためであった。わが歩兵と工兵は、勝利を確信しつつ、塹壕を出る。第508擲弾兵連隊は、最初の目標に到達したが、そこで地雷原に引っかかり、停止した。早くも九時には、第508擲弾兵連隊第2大隊が、強力な逆襲を受け、防御に移ることを余儀なくされた。

第18装甲師団隷下の第101装甲擲弾兵連隊は、オゼルキに進入することはしたが、もう、それ以上のことは企てられなかった。迫撃砲の集中射撃により、大損害を被ったからである。

午後になると、師団に配属されていた突撃砲が突破進撃、アレクサンドロフカに肉迫し、そこにいた敵砲兵を大急ぎの陣地転換に追い込んだ。続いて、ロシア歩兵も大挙して潰走し、二四三・九高地付近とトーチカ群のなかに置かれた陣地システムを放棄した……。

攻撃第一日における敵の印象。砲兵は集中され、縦深を組んでいる。敵歩兵は頑強に防御にあたり、一部には、手榴弾による戦闘も行われた。この日、敵戦車は、ほぼ個別に投入されただけだったが、大部分が突撃砲により排除された。

七月六日にかけての夜に、ロシア軍は、きわめて多数の「近接攻撃機」を投入した。これらは、たしかに多数の爆弾を投下していったものの、わずかな損害を与えただけだった……。

七月六日。この日、敵の抵抗は、時々刻々と激しくなっていった。さりながら、第508擲弾兵連隊は、敵砲兵の猛烈な射撃にもかかわらず、速やかにアレクサンドロフカおよびルシャヴェツを奪取することに成功したのである。その際、左翼の大隊（第1大隊）は、側面を開けたままで戦わなければならなかった。第6歩兵師団が追随してこなかったためだ。

十時五十分、敵はポヌィリ北部に後退した。右翼に隣接していた第9装甲師団が押し出していく。ポヌィリは、数キロにわたって広がり、いくつもの地区から構成されている大きな町である。そこが、東部戦役屈指の激戦地になると決まった！

晩には、砲兵の一部が大きく推進された。第292砲兵連隊第1大隊、第604砲兵連隊第2（臼砲）大隊、第53砲兵連隊第2（迫撃砲）大隊、第26高射砲連隊第1大隊が、ポヌィリとその付近の陣地に進入したのだ。それらは、最前線から二キロしか離れていなかった……。

七月七日。敵は、きわめて頑強に守備にあたっている……。

▽19　»Alte Kameraden«〔旧き戦友〕、一九六三年十月／十一月号より、同誌編集部と、かつての第292師団の伝統を報じる団隊〔連邦国防軍の各部隊はそれぞれ、ヴェーアマハトに存在した部隊の伝統を維持するものとされていた〕（ゼーケル退役大佐）の好意と許可を得て、転載した。この師団は、第18装甲師団、第10歩兵師団（自動車化）、第86歩兵師団とともに、第41装甲軍団に所属していた。

二五三・五高地に投入された「フェルディナント」は、なるほど、強力な装甲をほどこされ、強力な八・八センチ砲で武装した突撃砲であったが、駆動系があまりにも脆弱であり、決定的なかたちで戦闘に影響をおよぼすことはできなかった。それらはすべて、履帯の故障で、高地の手前に留まっていたのである（のちに、すべて牽引回収された）。

七月八日以降。われわれが、一九四三年七月七日に、ベレソフィー・ロークとマーヤを最後に攻撃してから、ロシア軍の圧倒的な反攻が開始されるまでの週に、陣地戦を強いられたが、それは第一次世界大戦の物量戦に似ていた。われわれの師団にとっては、比類のない負荷試験だったのだ。ロシア軍砲兵は数的に、はるかに優越していたし（有り難いことに、その射撃能力が、以前同様芳しくなかったことはいうまでもない）、無限であるかとさえ思われる弾薬を有していた。また、敵の航空機も、ひっきりなしに飛来しては、攻撃してくる。が、数で劣っていた味方の戦闘機が猛攻を加え、多数の高射砲が効果的な射撃を行って、これを撃退した。高射砲は、地上目標に対しても、その真価を発揮していた……。

七月十一日。夜になって、ロシア軍の攻撃が正面広範囲に向けられた。あらゆる火器から防御射撃が放たれたとき、数波に分かれた味方の急降下爆撃機と爆撃機約二百が出現し、攻撃してくる敵の歩兵と戦車を爆撃、これを殲滅した。機械・トラクター用停車場東方の窪地では、やはり航空隊が、戦車の出撃陣地を覆滅している。ロシア軍砲兵は完全に沈黙した。味方歩兵は、塹壕の縁に立ち、ほんのつかの間ではあるが、息をついた。この日、敵の攻撃はもうなかった……。

七月十二日から十四日。（より安定した情勢になる）

七月十五日。（あらたな攻撃があったが、撃退した）

一九四三年春季および夏季のソ連軍編制[20]

戦車軍。正面軍の作戦的縦深を形成する団隊。多くは、二個戦車軍団と一個機械化軍団、もしくは、三個戦車軍団より成る。必要に応じて、さらに他の団隊が配属される。

戦車軍団。戦車軍、あるいは、正面軍（軍集団）の麾下に置かれる。三個戦車旅団、一個自動車化狙撃兵旅団、一個捜索大隊ほかで構成される。場合により、砲兵団隊が配属される。兵力は、兵員七千六百名、戦車百四十一両、装甲偵察車四十六両、迫撃砲五十四門、七十六ミリ口径砲二十四門。建制の兵力は、ドイツ軍装甲師団のそれよりも少ない。

機械化軍団。戦車軍団同様に配属される。機械化旅団三個、独立戦車連隊二個、もしくは、戦車旅団一個で構成される。広範な任務を行うため、軍団直属部隊はより強力である。兵力は、兵員およそ一万七千名、戦車二百両、迫撃砲二百四十門、七十六ミリ口径砲六十八門。

戦車旅団。戦車軍団、または機械化軍団の麾下に置かれるか、独立団隊として、狙撃団隊の支援にあたる。大半は、二個戦車大隊、自動車化狙撃大隊一個ほかから成る。兵力は、兵員約一千百名、戦車六十五両、装甲偵察車三両、七十六ミリ口径砲四門、迫撃砲六門（建制の兵力は、おおよそドイツ軍戦車大隊一個に相当するが、より運用しやすい編制になっている）。

戦車連隊。三ないし四個戦車中隊編制。戦車約四十両、もしくは、歩兵支援用の重戦車二十四両（親衛戦車連隊）を有する。兵員約四百名。

機械化旅団。機械化軍団の麾下に置かれる。兵員約四千名。機械化狙撃大隊三個、戦車連隊一個ほかを有する。

自動車化旅団。戦車軍団の麾下に置かれる。ただし、戦車は保有せず。

▽20　Klink, Ernst, »Das Gesetz des Handelns — Die Operation »Zitadelle« 1943«〔行動の掟——一九四三年の「城塞」作戦〕, Freiburg/Brsg., Deutsche Verlagsanstalt, 1966 による近似値概算。

一九四五年四月一日の時点におけるソ連軍戦車団隊の建制兵力[21]

戦時編制定数で五千両の戦車を有する戦車軍団二十五個。
戦時編制定数で二千六百両の戦車を有する機械化軍団十三個。
戦時編制定数で四千百四十両の戦車を有する、最大六十個戦車旅団。
戦時編制定数で六千四百両の戦車を有する、最大百六十個戦車旅団。
戦時編制定数の戦車、合計一万八千百四十両。

一九四一年から一九四五年までの年間平均戦車生産数

三万両（著者は、著しく誇張された数字だと考える）。

一九四四年二月におけるチェルカッスィ地域の戦闘

第1装甲軍司令官　軍司令所、一九四四年二月二十五日

日々命令

本日を以て、ベーケ重戦車連隊は交代する。増援された区隊は、原隊に復帰すべし〔ベーケ重戦車連隊は、臨時編成の部隊だった〕。かくて、同連隊が傑出した働きをなした時期は終わるのである。ベーケ重戦車連隊は、一月なかばに開

始された突破戦闘〔ソ連軍に包囲されていた部隊の救出作戦〕のために編合され、歩兵の敵最前線陣地突入後に、強力な攻撃のくさびを形成する任務を負った。同連隊は、ブリツコエから出撃、敵を遠く撃退した。しかるのち、北より急行してきた、圧倒的に強力な敵戦車部隊を撃破、歩兵師団のさらなる突破を可能にしたのである。ベーケ重戦車連隊は、続く数日間の大胆不敵な突進において、攻撃の尖兵を務めた。同連隊は、東方から突進してきた味方戦車隊に、真っ先に連絡をつけたのだ。それによって、南方にいた敵は分断・殲滅されることになった。

しかし、勇敢なる連隊長は、この戦果に満足することなく、オラトフ北方において待機していた新手のロシア軍戦車隊に向かって、独断で突進、大損害を負いながらも、これを駆逐したのである。

数日後、成功裡に再編合を終えた同連隊は、第11および第42軍団の包囲された部隊に向かって、突進できるようになった。ここでもまた、ベーケ重戦車連隊が重点を形成したのだ。果敢なる奇襲・突進により、同連隊は敵陣を突破し、クチョフカに至るまで、敵線線を分断した。二日後、もう一度再編合を行ったのちにグチャンカへの進撃が開始された。泥のなかの前進に苦労し、悪天候による落伍者続出のおかげで弱体化するばかりではあったが、同連隊は、リュシャンカ経由の通路を獲得したのだ。以後も、いよいよ優勢になる敵に対し、わずかな戦車を以て、攻撃の尖兵を務めつづけたのである。

ベーケ重戦車連隊は、包囲下にある部隊より八キロの地点まで迫り、その戦区で、包囲された将兵の突破〔脱出〕を可能とした。

多くの危機的な時期において、戦闘を左右するような大なる戦功を上げたことを褒賞し、最高司令官〔ヒトラー〕は、同連隊の勇敢なる指揮官に、剣・柏葉〔付騎士鉄十字〕章を授与し、彼ならびに連隊の全将兵を讃えるものである。

小官自身も、同連隊の働きに感謝する。それは、第1装甲軍の歴史において、不朽の戦功になろう。ベーケ重戦車

▽21 »Wehrwissenschaftliche Rundschau«〔国防学概観〕一九六七年第一二号、六八九頁による。これは、ソ連の典拠にもとづいている。

連隊の勇猛なる指揮官と所属将兵すべての未来に幸あれと、心より祈念する。

フーベ（署名）
装甲兵大将
第1装甲軍司令官

第1装甲軍参謀長ヴェンク中将
文面証明のため、署名す

第11戦車連隊副官ラッペ中尉
写しの文面証明のため、署名す

装甲部隊隊報よりの抜粋
第一五号（一九四四年九月）

I．東部戦域

逆襲と反撃
東部戦線における、ある装甲師団の経験

一、敵突入の直後、ただちに反撃を行うことは、常に成功につながる。敵には、重兵器を据え付け（対戦車砲陣と砲兵）、部署するだけの時間がない。

二、それについては、局所的な予備（戦車、突撃砲、歩兵が搭乗した歩兵装甲戦闘車）を主陣地帯の背後に待機させておけば、いつでも、また、いかなる方向に対しても、攻撃が可能となる。

三、当面、砲兵や重火器による支援が得られなくとも、逆襲は即刻開始しなければならない。ことを左右するのは奇襲である！

四、夜間における、戦車、もしくは突撃砲と跨乗（こじょう）歩兵による逆襲は、ほとんど常に成功を収める。敵は、その種の企図を予測しておらず、敵歩兵も大混乱に陥るからである。跨乗歩兵は、敵の対戦車隊より戦車を守る。

五、日中、歩兵は戦車に跨乗してはならず、装甲された車輛に搭乗して戦闘しなければならない。さもなくば、大きな損害を被ることになろう。戦車は、あらゆる兵器の射撃を引きつけるからである。

六、計画的な反撃を行う前に、将兵に充分な時間を与えるべし。というのは、防御準備を完全に整えた敵に突撃することになるからだ。敵はすでに、防御線を構築するための時間を得てしまったのである。その際、三十門ないし四十門の対戦車砲によって、対戦車砲陣が布かれていることも珍しくない。

七、右の方法で遂行される計画的な反撃に際しては、味方歩兵と工兵により、すでに夜明け前に、敵歩兵陣地に突撃、突破しておくことが目的にかなっている。封鎖のために敷設された地雷や障害物も、その際に除去される。これらの措置によって、ようやく戦車が突進し得る可能性が生じるのである。

戦車の主任務は、敵陣奥深く突進し、指示された目標に突進することである。が、各所に置かれている対戦車砲を撃滅することは、その任ではない。戦車を支援する歩兵が、この任務を果たすのだ。

八、かかる反撃の成功を左右するのは、奇襲の要素である（あらゆる攻撃準備の秘匿、遠距離電話通信に細心の注意を払うこと、捜索・偵察、移動は夜間のみ行うことなど。偽電も出すべし！）。

装甲兵総監の見解

この体験報告については、ただ賛成あるのみ。そこから、以下のごとく、きわめて明快な結論が引き出される。

一、選択肢は、ただちに逆襲を行うか、あるいは、計画的に準備された反撃を実施するかの二つだけである。
第三の選択肢はあり得ない。拙速な反撃と同じく、手遅れになった逆襲が失敗に至ることは確実だ。ロシア軍は、きわめて速く、防御準備を整えるからである。

二、東部戦線では、即刻逆襲を行うことを要し、それは必然的に、小規模な戦車隊（状況に応じて、歩兵装甲戦闘車に搭乗する装甲擲弾兵で強化される）を主陣地帯後方に配置することにつながる。

一九四五年三月のラウバン付近における戦闘

中央軍集団司令官　軍集団司令所、一九四五年三月七日

日々命令

ラウバン付近での五日間の戦闘において（一九四五年三月二日から三月六日まで）、天候条件が最悪であるにもかかわらず出撃した第8航空軍団の攻撃機と戦闘機により、抜群の支援を受けた、装甲団隊、国民擲弾兵、高射砲兵は、敵第三親衛戦車軍を撃破、さらに大損害を与えた。同軍はもう、長期にわたって戦闘不能となったのである。

小官は、本会戦の勝利にあたり、あらゆる兵科の将校、下士官兵、そして、側面掩護に配置された国民突撃隊（フォルクスシュトゥルム）〔Volkssturm. 一九四四年に、十六歳から六十歳までの男性により編成された一種の民兵〕隊員への感謝と称賛とを表明するものである。ラウバンをめぐる五日間の戦闘により、現今の情勢がいかに困難であろうと、また、天候条件がきわめて厳しく、敵の抵抗が執拗であろうとも、われわれが敵撃滅の意志を持ち、各員が勝利のために全身全霊を傾けるならば、敵の撃破は可能であることを示したのだ。ラウバンの勝利は、中央軍集団の全将兵にとって、ラウバンの戦士同様に

献身する上での励ましとなるであろう。

シェルナー（署名）▽22

▽22　»Deutsches Soldatenjahrbuch 1970«〔一九七〇年版ドイツ軍人年鑑〕所収の Walter Nehring 論文を参照せよ。

V. 評価

軍事専門家アーデルベルト・ヴァインシュタインの評価

一九五六年一月二十五日付『フランクフルター・アルゲマイネ』紙〔Frankfurter Allgemeine Zeitung〕掲載。新ヴェーアマハトを建設するにあたってのグデーリアンの仕事に関する筆者の議論は、ドイツ陸軍とその指導部、グデーリアンの近代的な理念を正当に評価している。

「……エンジン、そして、下士官の自主独立性に対する独特の教育訓練は……戦争のもっとも近代的なかたちの構想に相応したものであった。機動性と機械化、冷静な計画立案と決断の大胆さは……全世界を驚嘆せしめた、古典となるような大規模作戦を実行する能力をドイツ国防軍に与えたのである。……その陸軍は……グデーリアンが主張した、装甲部隊の戦争という近代的な構想を広範に推進し得るほど、十二分に強力だった。古い学派の古典的軍事思想と、ライヒスヴェーアの指導者たちの一定程度進歩した近代的な思想が、ドイツにおける自動車化の水準と結びつき、一九三九年に唯一無二の状況を生み出したのだ。陸軍建設の当時の段階では、それ以上を将兵に要求することは許されなかったであろう。しかしながら、教育訓練と機材面で到達できたことだけでも、西欧に存在した軍隊のすべてを蹂躙し、ソ連を軍事的に潰滅する一歩手前まで追いやるには充分だったのである……。

その前提となったのは、戦車、制空権の獲得、行動空間の存在だった。……かかる前大戦の経験は、いかなる時代においても有益であろう。勝利は、運動戦によって、なしとげられたのだ……」。

F・M・フォン・ゼンガー・ウント・エターリンの見解

「ドイツ装甲部隊の創設は、とくにグデーリアンの名前と結びついている。この、視野が広く、精力的な将校は、入り組んだ問題を単純化して解決するという天分に恵まれていた。彼は、すでに触れた発展の基本方向（歩兵の支援兵器としての戦車から、作戦的に運用される戦車のみの団隊や軽装甲の機械化騎兵に進む）は、技術的な可能性からみて、適当ではないし、戦闘遂行の個々のファクターが、あまりにも一面的に強調されていると、早くから認識していたのである。それゆえに、あらゆる種類の戦闘を遂行できる、すべての兵科を混成した装甲団隊を求めたのであった」。

（»Jahrbuch der Bundeswehr«〔連邦国防軍年鑑〕、一九五八年版所収）

ハンス・シュパイデル連邦国防軍退役大将の覚書

「戦後に知らされたことによれば、ハインツ・グデーリアン上級大将は、一九四四年七月二十日事件の結果、私が逮捕され、アルブレヒト街のゲシュタポ本部地下室に連行されたのち、いわゆる『名誉法廷』〔ヒトラー暗殺計画に関与した軍人を、軍法会議ではなく、ナチ思想にもとづく「民族裁判所」で裁くには、軍籍を剝奪する必要があった。「名誉法廷」は、その法的手続を整えるために設置された〕との交渉で、戦友意識と勇気を以て、私のために尽力してくださったのだという。

ヒトラーは、私が一九四四年七月二十日の暗殺計画の共犯者だと宣告したのであると、もと元帥のカイテルは主張した。その彼に対し、グデーリアンは、もっとも厳しい態度で立ち向かったのである。

グデーリアン上級大将は、二十分も続いたカイテルとの議論で、私をかばってくれた。その後も、私のために、拒否票を投じたのだ。

ゆえに、いわゆる『民族裁判所』で有罪判決を受けるようなはめにならなかったことについて、彼に感謝するものである」。

（»Soldat und Volk«〔軍人と国民〕、一九六九年第九号, Bonn, 所収）

参考文献

Alman, Karl, »Panzer vor« (18 Biographien)〔戦車、前へ！（十八人の伝記）〕, Pabel Verlag, Rastatt, 1967

Aschenbrenner/Freiherr von Steinaecker, »Als Soldat und Diplomat in Rußland« (vor 1934)〔軍人・外交官として、ロシアへ（一九三四年よりも前〕, in: 一九五三年一月十四日から十八日までの »Hannoversche Allgemaine Zeitung«〔ハノーファー一般新聞〕

Ayling, S. E., »Portraits der Macht«〔権力の肖像〕（英語版よりの翻訳）, Wunderlich Verlag, Tübingen, 1962

Bauer, Eddy, »Der Panzerkrieg«〔戦車の戦争〕, Verlag Offene Worte, Bonn, 1965（ドイツ語版）, 第一巻および第二巻; »Grandeur et décadence de la Panzerwaffe«〔装甲部隊の偉大さと衰退〕, in: »Revue de Défense Nationale«〔国防雑誌〕, 一九五四年二月号

Beck, Ludwig, »Studien«〔研究〕, hrsg. von Hans Speidel K. F. Koehler Verlag, Stuttgart, 1955

Bénoist-Méchin, I., »Geschichte der deutschen Militärmacht 1918 bis 1946«〔ドイツ軍の歴史　一九一八～一九四六年〕（ドイツ語版）, Stalling Verlag, Oldenbourg, 1965

Berndorf, H. R., »General zwischen Ost und West«〔東西のはざまにあった将軍〕, Hoffmann und Campe Verlag, Hamburg,

1951
Beumelburg, Werner, »Sperrfeuer um Deutschland«〔ドイツを包む弾幕射撃〕, Stalling Verlag, Oldenbourg, 1929; »Bilanz des Zweiten Weltkrieges«〔第二次世界大戦の決算〕, Stalling Verlag, Oldenbourg, 1953

Birkennfeld, W., »Der synthetische Treibstoff 1933–1945«〔人造燃料　一九三三～一九四五年〕, Musterschmidt-Verlag, Göttingen, 1964

Buchheit, Gerd, »Der Fuhrer ins Nichts. Eine Diagnose Adolf Hitlers«〔無に向かう総統　アドルフ・ヒトラー診断〕, Grote'sche Verlagsbuchhandlung, Rastatt, 1960

Buckreis, Adam, »Die Politik des 20. Jahrhunderts 1901/22«〔二十世紀の政治　一九〇一年から一九二二年まで〕, Verlag Hans Riegler, Stuttgart, 1955

Buhr, Martin, »Entstehung und Einsatz der Sturmartillrie«〔突撃砲兵の創設と運用〕, in: »Wehrkunde«〔国防知識〕, 一九五三年第四号および第五号

Burdick, Charles Fr., »Die deutschen militärischen Planungen gegenüber Frankreich 1933–1938«,〔ドイツ軍の対仏作戦計画立案　一九三三～一九三八年〕 in: »Wehrwissenschaftliche Rundschau«〔国防学概観〕, 一九五三年第一二号

Carell, Paul, »Die Wüstenfüchse«〔パウル・カレル『砂漠のキツネ』松谷健二訳、中央公論新社、一九九八年〕, Nannen Verlag, Hamburg, 1958; »Unternehmen Barbarossa. Der Marsch nach Rußland«〔パウル・カレル『バルバロッサ作戦』全三巻、吉本隆昭監修、松谷健二訳、学研M文庫、二〇〇〇年〕, Verlag Ulstein GmbH, Frankfurt/Main, 1963; »Verbrannte Erde. Schlacht zwischen Wolga und Weichsel«〔パウル・カレル『焦土作戦』全三巻、吉本隆昭監修、松谷健二訳、学研M文庫、二〇〇一年〕, Verlag Ulstein GmbH, Frankfurt/Main, 1966; »Der Rußlandfeldzug Fotografiert von Soldaten«〔兵士が撮影したロシア戦役〕, Verlag Ulstein GmbH, Frankfurt/Main, 1967

Cartier, R., »Les cinq journées qui ont decidé du sortie de la guerre«〔戦争の結末を決めた五日間〕, in: »Paris Match«, 一九四

〇年五月十三日号
Carius, »Tiger im Schramm. Die 2. schwere Pz. Abteilung 502 vor Narva und Dünaburg«〔オットー・カリウス『ティーガー戦車隊――第502重戦車大隊オットー・カリウス回顧録』上下巻、菊地晟訳、大日本絵画、一九九五年〕, Vowinckel Verlag, Neckargemünd, 1967, 3/Aufl.

Chales de Beualieu, Walter, »Der Vorstoß der Panzergruppe 4 auf Leningrad bis 1941«〔一九四一年までの第4装甲集団によるレニングラードへの突進〕, Scharnhorst Buchkameradschaft, Neckargemünd, 1961; »Generaloberst Erich Hoepner«〔エーリヒ・ヘープナー上級大将〕, ibid., 1969

Churchill, Winston, »Der Zweite Weltkrieg«〔ウィンストン・チャーチル『第二次大戦回顧録』全二十四巻、毎日新聞社訳、毎日新聞社、一九四九～一九五五年〕, 第1巻、Verlag Toth, 1949

Cochenhausen, von, »Die Truppenführung. Ein Handbuch für den Truppenführer und seine Gehilfen«〔軍隊指揮　軍隊指揮官とその補助官のための手引き〕, Verlag E. S. Mittler, Berlin, 1924

»Crisis in the Desert«〔砂漠の危機〕, Union War Histories をみよ

»Die 3. Panzerdivision«〔第3装甲師団〕, Verlag Günter Richter, Berlin, 1967

Eich, Hermann, »Die unheimlichen Deutschen«〔不気味なドイツ人たち〕, Econ-Verlag, Düsseldorf, 1962

Eimannsberger, Ludwig Ritter von, »Der Kampfwagenkrieg«〔戦車による戦争〕, Lehmanns Verlag, München, 1962

Eisgruber, Heinz, »Achtung — Tanks!«〔タンクに注目せよ!〕, Vorhut-Verlag, Otto Schlegel, Berlin, 1939

Erfurth, Waldemar, »Die Überraschung im Kriege«〔戦争における奇襲〕, Verlag E. S. Mittlers und Sohn, 1938; »Die Geschichte der deutschen Generalstabes von 1918–1945«〔ドイツ参謀本部史　一九一八～一九四五年〕, Musterschmidt Verlag, Göttingen, 1957

»Feldgrau — heereskundliche Mitteilungen«〔灰緑色——陸軍知識の情報誌〕, — Hrsg. Friedrich Schirmer und Dr. Fritz Wiener, Burgdorff/Hannover

Foerster, Wolfgang, »Generaloberst Ludwig Beck«〔ルートヴィヒ・ベック上級大将〕, Isar Verlag, München, 1953

Freytag-Loringhoven, Freiherr von, »Folgerungen aus dem Weltkrieg«〔世界大戦からの推論〕, E. S. Mittler Verlag, 1917

de Gaulle, Charles, »Vers l'armeé de métier«〔シャルル・ド＝ゴール『職業軍の建設を！』小野繁訳、葦書房、一九九三年〕, Verlag Berger-Lavrault, Paris, 1934. ドイツ語版»Frankreichs Stoßarmee«〔フランスの突進軍〕, Voggenleiter Verlag, Potsdam, 1935; »Der Ruf 1940–42«〔シャルル・ド＝ゴール『ドゴール回想録』第四巻「呼びかけ」、村上光彦／山崎庸一郎訳、新版、みすず書房、一九九九年。フランス語原書からの邦訳〕, Verlag S. Fischer, Frankfurt/M.（フランス語オリジナル版»L'appel 1940/42«）

Gebauer, Werner, »Die deutsche Wiederaufrüstung vor dem Zweiten Weltkrieg«〔第二次世界大戦前のドイツ再軍備〕, in: 一九三五年三月五日付»Der Arbeitgeber«〔経営者〕

»Geschichte des Großen Vaterländischen Krieges der Sowjetunion«〔ソ連共産党中央委員会附属マルクス・レーニン主義研究所編『第二次世界大戦史』全十巻、河内唯彦訳、弘文堂、一九六三〜一九六六年。ロシア語版からの邦訳〕, Deutscher Militärverlag, Berlin, 1964

Geyr von Schweppenburg, Leo Freiherr, »Gebrochenes Schwert«〔折られた剣〕, Verlag Bernard u. Graefe, Berlin, 1952, 第二版; »Elemente der operativen und taktischen Führung von schnellen Verbänden«〔快速部隊の作戦・戦術指揮における要素〕, in: »Wehrwissenschaftliche Rundschau«, Heft 2/1962; »Erinnerungen eines Militärattachés«〔ある駐在武官の回想〕, Deutsche Verlagsanstalt, Stuttgart, 1949

Goebbels, Josef, »Tagebücher«〔日記〕, Atlantis Verlag, Zürich, 1948

Gorlitz, Walter, »Der deutsche Generalstab«〔ドイツ参謀本部〕, Verlag der Frankfurter Hefte, 1955, 第二版；»Kleine Geschichte des deutschen Generalstabes«〔ヴァルター・ゲルリッツ『ドイツ参謀本部興亡史』守屋純訳、学習研究社、一九九八年〕, Verlag Haude und Spener; »Generalfeldmarschall Keitel — Verbrecher oder Offizier«〔カイテル元帥——犯罪者か、将校か〕, Musterschmidt-Verlag, Göttingen, 1961

Gordon, Harold, L., »Die Reichswehr und die Weimarer Republik 1919 bis 1926«〔ヴァイマール共和国のライヒスヴェーア一九一九～一九二六年〕, Verlag Bernard u. Graefe, Frankfurt/Main, 1959

Guderian, Heinz, »Achtung Panzer!«〔ハインツ・グデーリアン『戦車に注目せよ——グデーリアン著作集』大木毅訳、作品社、二〇一六年所収〕, Union Deutsche Verlaggesellschaft, Stuttgart, 1937; 一九四三年の再版 »Die Panzerwaffe«, ibid; »Erinnerungen eines Soldaten«〔一軍人の回想。ハインツ・グデーリアン『電撃戦』上下巻、本郷健訳、中央公論新社、一九九九年〕, Verlag Kurt Vowinckel, Heidelberg, 1951; »Panzer — Marsch!«〔戦車、進軍せよ！〕(bearbeitet von Oskar Munzel), Schild-Verlag, München, 1956; »Kraftfahrkampftruppen«〔自動車戦闘部隊〕（一九五六年第１号）; »Die Panzertruppe und ihr Zusammenwirken mit anderen Waffen«, in: »Militärwissenschaftliche Rundschau«（一九三六年に同じ出版社より、書籍として出版。一九四三年に第四版）〔「戦車部隊と他兵科の協同」として、ハインツ・グデーリアン『戦車に注目せよ——グデーリアン著作集』大木毅訳、作品社、二〇一六年に収録〕; »Schnelle Truppen einst und jetzt«, in: »Militärwissenschaftliche Rundschau«〔「快速部隊の今昔（一九三九年）」として、ハインツ・グデーリアン『戦車に注目せよ——グデーリアン著作集』大木毅訳、作品社、二〇一六年に収録〕, 1939, E. S. Mittler Verlag, Berlin, 1939

Günther, H., »Das Auge der Division«〔師団の眼〕, Vowinckel Verlag, Neckargemünd, 1967

Halder, Franz, »Kriegstagebuch«〔戦時日誌〕, 全三巻, Kohlhammer Verlag, 1964

Haupt, Werner, »Sieg ohne Lorbeer — Der Westfeldzug 1940«〔月桂冠なき勝利——西方戦役一九四〇年〕, Gardes-Verlag, 1965

Heiber, Helmut, »Lagebesprechungen im Führerhauptquartier«〔総統大本営情勢判断会議〕, Deutscher Taschenbuch Verlag. München, 1963; »Adolf Hitler«〔アドルフ・ヒトラー〕, Colloquium verlag, Berlin, 1966
Hesse, Kurt, »Der Geist von Potsdam«〔ポツダムの日〕, v. Hase und Koehler Verlag, Mainz, 1967
Hillgruber, Andreas, »Japan und Fall Barbarossa«〔日本とバルバロッサ一件〕, in: »Wehrwissenschaftliche Rundschau«, Heft 6, 1968
Hillgruber/Hümmelchen, »Chronik des Zweiten Weltkrieges«〔第二次世界大戦年代誌〕, Verlag Bernard u. Graefe, Frankfurt/Main, 1966
Howard, Michael, »Nutzen und Mißbrauch der Militärgeschichte«〔軍事史の利用と乱用〕, in: »Wehrwissenschaftliche Rundschau«, Heft 8/1962
Hubatsch, W., »Hitlers Weisungen für die Kriegführung«〔トレヴァー＝ローパーが編纂した英訳版からの邦訳あり。ヒュー・R・トレヴァー＝ローパー編『ヒトラーの作戦指令書――電撃戦の恐怖』滝川義人訳、東洋書林、二〇〇〇年〕, Deutscher Taschenbuch Verlag, 1965

Jacobsen, H. A.,»Motorisierungsprobleme im Winter 1939/40«〔一九三九年から一九四〇年にかけての自動車化問題〕, in: »Wehrwissenschaftliche Rundschau«, Heft 9/1956; »Hitlers Gedanken zur Kriegführung im Westen«〔西方での戦争遂行に関するヒトラー構想〕 in: »Wehrwissenschaftliche Rundschau«, Oktober 1955; »1939/1945 — Der Zweite Weltkrieg«〔一九三九～一九四五年――第二次世界大戦〕, Verlag Wehr und Wissen, Darmstadt, 1959; »Dokumente zur Vorgeschichte des Westfeldzuges 1939/1940«〔一九三九年から一九四〇年にかけての西方戦役前史史料集〕, Musterschmidt Verlag, Göttingen, 1956
Jaquet, Nicolas, »Panzerangriff und Panzerabwehr«〔戦車攻撃と対戦車防御〕, Verlag Helbing und Lichtenhahn, Basel, 1955; »Die Deutsche Industrie im Kriege 1939/45«〔一九三九年から一九四五年にかけての戦争におけるドイツ工業〕, Verlag

Duncker u. Humbolt, Berlin, 1954

Justrow, Karl, »Der technische Krieg«〔技術の戦争〕, Verlag Wehrfront, R. Claasen, Berlin, 1938

Kabisch, Ernst, »Der schwarze Tag«, (8. 8. 1918)〔最悪の日（一九一八年八月八日）〕, Vorhut-Verlag, 1933

Kauffmann, »Panzerkampfwagenbuch«〔戦車の本〕, Verlag »Offene Worte«, Berlin, 1938/39

Keilig, Wolf, »Das deutsche Heer 1939/45«, (Organisation)〔ドイツ陸軍　一九三九年から一九四五年（編制）〕, Podzun-Verlag, Bad Nauheim, 1955

Klink, Ernst, »Das Gesetz des Handelns — Die Operation »Zitadelle« 1943«〔行動の掟——一九四三年の「城塞」作戦〕, Deutsche Verlagsanstalt, Stuttgart, 1966

Koch, Horst Adalbert, »Die organisatorische Entwicklung der deutschen Panzerwaffe«〔ドイツ装甲部隊組織の発展〕, in: »Feldgrau«, 一九五四年七月号より、Burgdorff/Hannover

Kortge, Karl, »Panzernachschubdienste«〔装甲部隊補給機関〕, in: 一九五四年三月四日付 »Deutsche Soldatenzeitung«〔ドイツ軍人新聞〕

Kuhl, Hermann von, »Der Weltkrieg 1914/18«〔世界大戦　一九一四〜一九一八年〕, Verlag Tradition Wilhelm Kolk, Berlin, 1929

Kurowski, Franz, »Die Panzer-Lehr-Division«〔装甲教導師団〕, Podzun-Verlag, Bad Nauheim, 1964; »Brückenkopf Tunesien«〔チュニジア橋頭堡〕, Maxmilian Verlag, Herford, 1967

Leeb, Emil, »Die Technik in der Organisation des Heeres«〔陸軍機構における技術〕, in: »Wehrwissenschaftliche Rundschau«, 一九五五年第六号 ; »Aus der Rüstung des Dritten Reiches« (Das Heereswaffenamt 1938 bis 1945)〔第三帝国の軍備より（陸軍兵器局　一九三八〜一九四五年）〕, Beiheft 4, Wehrtechnische Monatshefte〔月刊国防技術　別冊第四号〕, 一九

五八年五月、Frankfurt/Main
Liddell Hart, B. H., »Deutsche Generale des Zweiten Weltkrieges«〔英語原書 »The other side of the Hill« よりの邦訳あり。ベイジル・ヘンリー・リデルハート『ヒトラーと国防軍』新版、岡本鐳輔訳、原書房、二〇一〇年〕, Econ-Verlag, Düsseldorf, 1964; »Lebenserinnerungen «〔Liddell Hart, B. H., »The Liddell Hart Memoirs «〔リデル＝ハート回想録〕, 全二巻, Verlag Cassell & Company Ltd., London, 1965 よりのドイツ語訳〕, Econ-Verlag, Düsseldorf, 1966; »Das Buch vom Heer«〔陸軍の本〕, Verlagshaus Bong, Berlin, 1940
Lucke, Chr. von, »Panzer-Regimenr 2«〔第2戦車連隊〕, 私家版、1953
Ludendorff, Erich, »Meine Kriegserinnerungen 1914–1918«〔わが戦時の回想　一九一四～一九一八年。原書からの抜粋に解説を加えた邦訳あり。エーリヒ・ルーデンドルフ『世界大戦を語る　ルーデンドルフ回想録』法貴三郎訳、朝日新聞社、一九四一年〕, E. S. Mittler Vertrag, Berlin, 1919
Mclean, »Panzerinstandsetzung im Wüstenkrieg«〔砂漠の戦争における戦車の修理〕, タイプライター打ちされた研究草稿
Mackensen, E. von, »Vom Bug zum Kaukasus. Das III. Panzerkorps im Feldzug gegen Sowjetrußland 1941/42«〔ブク川からコーカサスまで　一九四一年から一九四二年の対ソ戦役における第3装甲軍団〕, Kurt Vowinckel Verlag, Neckargemünd, 1967
Manstein, Erich von, »Verlorene Siege«〔エーリヒ・フォン・マンシュタイン『失われた勝利』上下巻、本郷健訳、中央公論新社、二〇〇〇年〕, Athenäum-Verlag, Bonn, 1953; »Aus einem Soldatenleben 1887/1939«〔エーリヒ・フォン・マンシュタイン『マンシュタイン元帥自伝　一軍人の生涯より』大木毅訳、作品社、二〇一八年〕, Athenäum-Verlag, Bonn, 1958
Meyer-Welckwe, H. und W. von Groote, »Handbuch zur deutschen Militärgeschichte 1648–1939«〔ドイツ軍事史の手引き　一六四八～一九三九年〕, Bernard und Graefe Verlag, Frankfurt/M., 第三刷、1968 所収、Edgar Graf von Matuschka: »Organisationsgeschichte des Heeres 1890 bis 1919«〔陸軍編制史　一八九〇～一九一九年〕
Mellenthin, F. W. von〔ロルフ・シュトーフェス協力〕, »Panzerschlachten«〔F・W・フォン・メレンティン『ドイツ戦車軍団全史』

矢嶋由哉・光藤亘訳、朝日ソノラマ、一九八〇年。英訳からの重訳〕, Kurt Vowinckel Verlag, Neckargemünd, 1962
Merker, »Das Schlachtfeld wurde plötzlich leer«, (Aufbau des Reichsheeres)〔戦場は突如空虚になった（ライヒスヘーアの建設）〕, in: »Alte Kameraden«〔旧き戦友〕, Stuttgart, 1963
»Militärwochenblatt«〔軍事週報〕, 1931/37, E. S. Mittler Verlag, Berlin
Miksche, F. O., »Blitzkrieg«〔電撃戦〕, Editions Pingoulin, Paris, 1937
Model, Hans Georg, »Der deutsche Generalstabsoffizier«〔ドイツ参謀将校〕, Verlag Bernard u. Graefe, Frankfurt/M., 1968
Moll, Otto, »Der deutsche Feldmarschälle 1935–1945«〔ドイツ軍元帥　一九三五～一九四五年〕, Pabel-Verlag, Rastatt, 1961
Morretta, Rocco, »Wie sieht der Krieg von Morgen aus?«〔明日の戦争はどうなる?〕, Verlag Rowohlt, Berlin, 1934
Moser, Otto von, »Das wichtigste vom Weltkrieg«〔世界大戦の最重要事項〕, Verlag Belser, 1927
Mostwenko, W. D., »Panzer gestern und heute«〔戦車の今昔〕, Deutscher Militärverlag, Berlin, 1961
Mueller-Hillebrand, Burkhards, »Das Heer 1939/45i«〔陸軍　一九三九～一九四五年〕, 第１巻 »Das Heer bis zum Kriegsbeginn«〔開戦までの陸軍〕; 第二巻 »Die Blitzfeldzuge«〔電撃的戦役〕, Verlag E. S. Mittler, Frankfurt/M., 1954/1956
Munzel, Oskar, »Die deutschen gepanzerten Truppen bis 1945«〔一九四五年までのドイツ装甲部隊〕, Maxmilian Verlag, Herford, 1965; »Panzertaktik«〔戦車戦術〕, Kurt Vowinckel Verlag, Neckargemünd, 1959, Scharnhorst Buchkameradschaft
Nehring, Walther K., »Kampfwagen an die Front!«〔戦車を前線へ!〕, Verlag Detke, Leipzig, 1933; »Heere von Morgen«〔明日の陸軍〕, Verlag Voggenreiter, Potsdam, 1934; »Panzer und Motor«〔戦車とエンジン〕（図解版）, Verlag Voggenreiter, Potsdam, 1936; »Betrachtungen über Fragen der Heeresmotorisierungen«〔陸軍自動車化問題の観察〕, in: »Allgemaine Schweizerische Militärzeitung«〔スイス一般軍事新聞〕, 1937, 第四号; »Panzervernichtung«〔戦車の殲滅〕, E. S. Mittler Verlag, Berlin, 1936; »Die Panzerwaffe von A biz Z«〔装甲部隊のイロハ〕, in; »Die Wehrmacht«〔国防軍〕, 一九三八年第二

二号；»Der Feldzug in Nordafrika 1942«〔一九四二年の北アフリカ戦役〕，草稿；»Deutsche Kraftfahrkampftruppe«〔ドイツ自動車戦闘部隊〕，in: »Jahrbuch des deutschen Heeres«〔ドイツ陸軍年鑑〕，Verlag Breitkopf und Härtel, Leipzig, 1936; »Der Kampf um Tobruk 1942«〔トブルクをめぐる戦闘〕，in: »Deutscher Soldaten-Kalender«〔ドイツ軍人暦書〕，Schild Verlag, München, 1962; »Das Ende der 1. Panzerarmee«〔第1装甲軍の最期〕，ibid., 1960; »Die 18. Panzerdivision 1941«〔一九四一年の第18装甲師団〕，ibid., 1961

Petter, Erich, »Kampfwagenabwehr«〔対戦車防御〕，抜刷，Berlin, 1932

Philippi/Heim, »Der Feldzug gegen Sowjetrußland 1941/45«〔対ソ戦役　一九四一～一九四五年〕，Kohlhammer Verlag, Stuttgart, 1962

Plehwe, F. K. von, »Schicksalsstunden in Rom«〔ローマ運命の数時間〕Propyläen Verlag, Berlin, 1967

Plettenberg, M., »Guderian«〔グデーリアン〕，a-b-c Verlag, Düsseldorf, 1950

Ploetz, A. G, »Geschichte des Zweiten Weltkrieges 1939/45«〔第二次世界大戦史　一九三九～一九四五年〕，Verlag A. G. Ploetz, Würzburg, 1960，第二版

Podzun, H. H., »Das deutsche Heer 1939« (Rangliste)〔ドイツ陸軍　一九三九年（停年名簿）〕，Podzun Verlag, Bad Nauheim, 1953.

Praun, Albert, »Führungstechnik und Führungskunst«〔指揮の技巧と指揮術〕，in: »Wehrwissenschaftliche Rundschau«，一九五四年第一二号；»Soldat in Telegraphen- und Nachrichtentruppe«〔電信・通信部隊の軍人〕，私家版，Würzburg, 1967

Prochorkov, J., und V. Trussov, »Die Raketenartillerie im Großen Vaterländischen Krieg«〔大祖国戦争におけるロケット砲兵〕，in: »Wehrwissenschaftliche Rundschau«，一九六八年第九号，E. S. Mittler Verlag, Berlin

Rabenau, Friedrich von, »Seeckt«〔ゼークト〕，Verlag Gesellschaft der Freunde der deutschen Bücherei, Leipzig, 1942

Ranglisten des Reichsheeres 1924, 1929, 1930, 1932〔一九二四年、一九二九年、一九三〇年、一九三二年のライヒスヘーア停年名簿〕, E. S. Mittler Verlag, Berlin
Rangliste des deutschen Heeres 1944/45〔ドイツ陸軍停年名簿　一九四四～一九四五年〕, hrsg. von Wolf Keilig, Podzun Verlag, Bad Nauheim, 1953
Riebicke, »Was brauchte der Weltkrieg«〔世界大戦には何が求められるか〕, Kyffhäuser-Verlag, 1938
Robertson jr., J. J., »Der amerikanische Sezessionskrieg 1861–1865«〔アメリカ南北戦争　一八六一～一八六五年〕, in: »Wehrwissenschaftliche Rundschau«, Heft 4/1961
Rommel, Erwin, »Krieg ohne Haß«〔エルヴィン・ロンメル『「砂漠の狐」回想録――アフリカ戦線1941–43』大木毅訳、作品社、二〇一七年〕, Heidenheim, 1950, 第二版

Schaub, Oskar, »Das Schützenregiment 12i«〔第12狙撃連隊〕, 私家版
Schaufelberger, P., »Gedanken zum Ploblem Panzer und Panzerabwehr«〔戦車と対戦車防御の問題に関する考察〕, スイス一般軍事新聞の抜刷、Genf, 一九五四年第二〇号
Scheibert, Horst, »Zwischen Don und Donez«〔ホルスト・シャイベルト『奮戦！　第6戦車師団――スターリングラード包囲環を叩き破れ』富岡吉勝訳、大日本絵画、一九八八年〕; Die Wehrmacht in Kampf〔戦う国防軍〕, Kurt Vowinckel Verlag, Neckargemünd, 1968.
Scheibert, H. und Wagner C., »Die Deutsche Panzertruppe 1939–1945, Eine Dokumentation in Bildern«〔ドイツ装甲部隊　一九三九～一九四五年　写真資料〕, Podzun Verlag, Bad Nauheim, 1966
Schell, Adolf von, »Grundlagen der Motorisierung und ihre Entwicklung im Zweiten Weltkrieg«〔第二次世界大戦における自動車化とその進展に関する基礎〕, in: »Wehrwissenschaftliche Rundschau«, Heft 4/1963
Schickel, Alfred, »Hat Deutschland den Zweiten Weltkrieg durch Verrat verloren?«〔ドイツは裏切りによって第二次世界大戦

に敗れたのか?-〕, in: »Wehrwissenschaftliche Rundschau«, 第五号（一九六八年）, E. S. Mittler Verlag, Frankfurt/M.
Schneider, J., »Wege und Wagen«〔道路と車輛〕, Kassel, 1888
Schramm, Percy W., »Hitler als militärischer Führer«〔軍事指導者としてのヒトラー〕, Athenäum-Verlag, Frankfurt/M., 1962
Schwab, Otto, »Vom Rang der Technik in der Landesverteidigung«〔国土防衛における技術水準について〕, in: »Deutsche Soldatenzeitung«, 一九五三年第八号
Schwarte, Max, »Geschichte des Weltkrieges«〔世界大戦史〕, Etthofer-Verlag, Berlin, 1932
Seeckt, Hans von, »Gedanken eines Soldaten«〔ハンス・フォン・ゼークト『一軍人の思想』篠田英雄訳、岩波新書、一九四〇年〕, Verlag K. F. Koehler, Berlin, 1929, Leipzig, 1935
Senff, Hubertus, »Die Entwicklung der Panzerwaffe im Deutschen Heer zwischen den beiden Weltkriegen«〔両大戦間期のドイツ陸軍における装甲兵科の発展〕, E. S. Mittler Verlag, Frankfurt/M., 1969
Senger und Etterin, F. M. von, »Die deutschen Panzer 1926/45«〔ドイツ戦車　一九二六～一九四五年〕, Lehmanns Verlag, München, 1959; »Die Panzergrenadiere«〔装甲擲弾兵〕, Lehmans Verlag, München, 1961
Sheppard, E. W., »Tanks im nächsten Kriege«〔つぎの戦争におけるタンク〕, Verlag Albert Nauck, Berlin, 1940〔英語原書は一九三八年に出版された〕
Siegler, Fritz Freiherr von, »Die höheren Dienststellen der deutschen Wehrmacht 1933–45«〔ドイツ国防軍高級職官表　一九三三～一九四五年〕, München, 1953
Speer-Bericht 1944（当時「国家機密事項」に指定されていた文書）, 転写による
Steets, E., »Gebirgsjäger bei Uman«〔ウマニの山岳猟兵〕, Kurt Vowinckel Verlag, Neckargemünd, 1955
Stoves, Rolf, »Die 1. Panzerdivision 1935–1945«〔第１装甲師団　一九三五～一九四五年〕, Podzun Verlag, 1962
Straub, »Die ersten Panzer führen Schritt«〔最初の戦車の歩み〕, in: »Der deutsche Soldat«〔ドイツ軍人〕, Nr. 7/1956, Presse-Verlag, Flensburg

Strutz, Georg, »Die Tankschlacht bei Cambrai 1917«〔一九一七年のカンブレーにおける戦車戦〕, Verlag Stalling, 1929
Stunder, E., »Unsere Armee braucht Panzer«〔われらの陸軍は戦車を要する〕, in: 一九五六年二月七日付 »Schweizerische Handelzeitung«〔スイス商業新聞〕, Zürich

»Tagebuch der Sturmgeschützbrigade 190«〔第190突撃砲旅団日誌〕（私家版）
»Taktische Zeichen von Wehrmacht und Bundeswehrr«〔国防軍と連邦国防軍の戦術符号〕, Kurt Vowinckel Verlag, Neckargemünd
»Die Tankschlacht und Angriffsschlacht bei Cambrai«〔カンブレーの戦車戦と攻撃戦〕, 第2軍野戦出版所、1918
»Taschenbuch für Winterkrieg«〔冬季戦教本〕, 一九四二年十一月一日発行、Verlag Erich Zander, Berlin, 1942
Teltz, Henning, »Versuchsschießen auf Panzerkampfwagen«〔戦車に対する射撃実験〕, in: »Wehrtechnische Hefte«〔国防技術冊子〕, 一九五四年第五号、Verlag E. S. Mittler, Frankfurt/M.
Tessin, Georg, »Formationsgeschichte der Wehrmacht 1933/39«〔国防軍編制史　一九三三～一九三九年〕, Harald Boldt Verlag, Boppard/Rh., 1959
»Tiegerfibel«〔ティーガー入門〕一九四三年八月一日付 D656/27, Hrsg.: Generalinspekteur der Panzertruppen
Thomale, Wolfgang, 一九六三年六月十七日付 »Eine Gedenkstunde für Generaloberst Guderian«〔グデーリアン上級大将追悼〕, in: »Kampftruppen«〔戦闘部隊〕, 一九六三年第四号、Maxmilian Verlag, Herford
Thomée, Gerhard, »Der Wiederaufstieg des deutschen Heeres«〔ドイツ陸軍の再興〕, Verlag Die Wehrmacht, Berlin, 1939
»Truppenführung« (T. F.), H. Dv. 300/1 vom 17. 10. 1933〔「軍隊指揮　第一編」として、ドイツ国防軍陸軍統帥部／陸軍総司令部編著『軍隊指揮――ドイツ国防軍戦闘教範』旧陸軍・陸軍大学校訳、大木毅監修、作品社、二〇一八年に収録〕
Tschuikow, W. J., »Anfang des Weges«〔道程のはじまり〕, Deutscher Militärverlag, Berlin, 1968, 第三版（オリジナルのロシア語版は、一九五九年に出版されている）

Union War Histories, Agar-Hamilton and Turner, »The Sidi Rezegh Battles 1941«〔一九四一年のシジ・レゼグ戦〕, Cape Town, 1952

Vierteljahreshefte für Zeitgeschichte〔現代史四季報〕, »Neue Dokumente zur Geschichte der Reichswehr«〔ライヒスヴェーア史に関する新史料〕, 一九五四年七月発刊号と十月発刊号よりの抜刷、Deutsche Verlagsanstalt Stuttgart

Volkheim, Ernst, »Die deutschen Kampfwagen im Weltkrieg«〔世界大戦におけるドイツ戦車〕, Verlag E. S. Mittler, Berlin 1922; »Der Kampfwagen in der heutigen Kriegführung«〔今日の戦争遂行における戦車〕, Verlag E. S. Mittler, Berlin, 1924; »Die deutsche Panzertruppe im Weltkriege«〔世界大戦のドイツ戦車部隊〕, in: »Die Wehrmacht«, 一九三八年第二二号

Volkmann, Erich Otto, »Der Große Krieg«〔大戦〕, Verlag Reimar Hobbing, Berlin, 1922

Vormann, Nikolaus von, »Der Feldzug 1939 in Polen«〔一九三九年ポーランド戦役〕, Prinz Eugen Verlag, Weißenberg, 1958

Wacker: »Technisches Lehrbuch über Kettenfahrzeug und Kettenfahrschule«〔装軌車輌と装軌車輌運転学校に関する技術教本〕, E. S. Mittler Verlag, Darmstadt, 1962

Wagener, Carl, »Heeresgruppe Süd«〔南方軍集団〕, Podzun Verlag, Bad Nauheim, 1966

Warlimont, Walther, »Im Hauptquartier der deutschen Wehrmacht 1939–1945«〔ドイツ国防軍大本営にて　一九三九〜一九四五年〕, Verlag Bernard u. Graefe, Frankfurt/M., 1962; »The War in North Africa«〔砂漠の戦争〕, 二部構成中の第一部、US Department of Military Art and Engineering, 1943/45

Die Wehrmacht, 一九三八年第二二号、»Unser Panzerwaffe«〔われらが装甲部隊〕, Berlin, 1938（エッサース技師、グデーリアン、フォン・キールマンゼグ、ネーリング、フォルクハイムらが寄稿）

»Der 2. Weltkrieg«〔第二次世界大戦〕（ソ連側からの叙述）, Akademie-Verlag, Berlin, 1959

Wiener, Fritz, »Sturmgeschutzeinheiten«〔突撃砲隊〕, in: »Feldgrau«, Heft 1/1954; »Die Armeen der Warschauer-Pakt-Staaten«〔ワルシャワ条約諸国の陸軍〕, Verlag Carl Ueberreuter, Wien, 1967

Wiener, Fritz und W. J. Spielberger, »Die deutschen Panzerkampfwagen III und IV mit ihren Abarten 1935–1945«〔ドイツのⅢ号・Ⅳ号戦車とその派生型　一九三五～一九四五年〕, J. F. Lehmanns Verlag, München, 1968

原註

第一部　新兵科戦場に赴く

▼1 Nehring, Walther K., »Panzer und Motor«〔戦車とエンジン〕, Voggenreiter Verlag, Potsdam, 1936（著者による図解パンフレット。いくつかの専門書店に少部数在庫あり）〔原書出版当時のことである〕.

▼2 Nehring, Walther K., »Kampfwagen an die Front«〔戦車を前線へ〕, Verlag Joh. Detke, 1934, 四、二八、三〇頁。

▼3 Nehring, Walther K., »Heere von Morgen«〔明日の陸軍〕, Voggenreiter Verlag, Potsdam, 1934, 一〇頁。

▼4 Ayling, S. E., »Portraits der Macht«〔権力の肖像〕, Rainer Wunderlic Verlag, Tübingen, 1962, 四五七頁。

▼5 Sheppard, E. W., »Die Tanks im nächsten Krieg«〔つぎの戦争におけるタンク〕, Verlag Nauck u. Co., Berlin, 1940, 八六頁。

▼6 Fuller, J. F. C., »Die Entartete Kunst Krieg zu führen 1789–1961« (Conduct of War)〔戦争を指導した頽廃戦争術（戦争遂行）。J・F・C・フラー『制限戦争指導論』新版、中村好寿訳、原書房、二〇〇九年。英語原書よりの邦訳〕, Verlag Wissenschaft und Politik, Köln, 1964, 一六三頁以下を参照すべし。

▼7 Bauer, Eddy, »Der Panzerkrieg«〔戦車の戦争〕, 第1巻, Verlag Offene Worte Bodo Zimmermann, Bonn, 1965, 一七頁をみよ。

▼8 Alman, Karl, »Panzer vor!«〔戦車、前へ!〕, Erich Pabel Verlag, Rastatt, 1966, 一二頁以下を参照すべし。

▼9 Fuller, J. F. C., 前掲書、一九三頁。

今日なおご存命で、デュッセルドルフ在住のリヒャルト・シンプフ退役少将（連邦国防軍）は、この英軍による最初のタンク投入の目撃者である。彼は、一九一六年九月十六日に、バイエルン王国〔ドイツ帝国は連邦国家であり、バイエルン王国はその構成国で、自らの軍隊を有していた〕陸軍第9歩兵連隊の中隊長であった。その中隊は、英軍戦車の出撃に、直接見舞われたのだ。防御の手立てとしては、個々のタンクに対して、歩兵の統制された一斉射撃を浴びせるだけだったのだが、それも効果がなかった。負担を軽減してくれたのは、身をさらしたまま、駆歩で歩兵の前線に乗りつけてきた、勲爵士フォン・ハイリヒブルンナー大尉の輓馬軽砲中隊（バイエルン王国第2砲兵連隊）の増援を受けたことだった。同中隊は、直接照準射撃により、タンクを破壊するか、旋回後退を余儀なくさせたのである（シンプフ退役少将の著者宛書簡）。

▼10 Fuller, J. F. C., 前掲書、一九四頁。

▼11 Beumelburg, Werner, »Sperrfeuer um Deutschland«〔ドイツにめぐらされた阻止射撃〕, Stalling Verlag, Oldenburg, 1929.

▼12 Giese, Franz, »Reserve-Infanterie-Regiment 227 im Weltkrieg 1914–1918«〔世界大戦における第227予備歩兵連隊　一九一四〜一九一八年〕, 第227予備歩兵連隊戦友会による私家版、Halle/Saale, 1931, 五〇二頁以下。

▼13 Fuller, J. F. C., 前掲書、一九四頁。

▼14 Ludendorff, Erich, »Meine Kriegserinnerunge 1914–1918«〔わが戦時の回想　一九一四〜一九一八年。原書からの抜粋に解説を加えた邦訳あり。エーリヒ・ルーデンドルフ『世界大戦を語る　ルーデンドルフ回想録』法貴三郎訳、朝日新聞社、一九四一年〕, Verlag E. S. Mittler, Berlin, 1919, 五六〇頁。

▼15 同、四六二、五五一、五五八、五六〇頁。

▼16 Erich Petter, »Kampfwagenabwehr im Weltkrieg 1914/1918«〔一九一四年より一九一八年の世界大戦における対戦車防御〕, Verlag E. S. Mittler, Berlin, 1932. Nehring, Walther K., »Panzerabwehr«〔対戦車防御〕, Verlag E. S. Mittler, Berlin 1936 に、抜粋を翻刻。

▼17 Sheppard, E. W., 前掲書、八〇頁以下。

▼18 Volkmann, E., »Der Grosse Krieg 1914–1918«〔大戦　一九一四〜一九一八年〕, Verlag Hobbing, Berlin, 1922, 二三七頁。

▼19 Kuhl, Hermann von, »Der Weltkrieg 1914–1918«〔世界大戦　一九一四〜一九一八年〕, Verlag Tradition Wilhelm Kolk, Berlin, 1929, 四六〇頁をみよ。

▼20 Sheppard, E. W., 前掲書、三四頁。

▼21 Zimmermann, Hermann, »Der Schwarze Tag von Amiens am 8. 8. 1918«〔一九一八年八月八日のアミアン暗黒の日〕, in: »Kampftruppen«, Maxmilian Verlag, Herford, 一九六八年第四号を参照すべし。
また、Nehring, Walther K., »Panzervernichtung«〔戦車の殲滅〕（旧版の書名は『対戦車防御』, Berlin, 1936/37 および 1941 をみよ。

▼22 Sheppard, E. W., 前掲書、一〇二頁。
加えて、左記のドイツ軍対戦車防御措置についての判定を参照されたい。

「一九一七年一月には、対タンク防御のために、二百門の砲を持つ近接戦闘砲兵中隊五十個が続いた。さらに、二センチ対戦車砲二百門（エアハルト・ウント・ベッカー製作所製）ならびに、三・七センチ対戦車砲六百門が、四トン・トラックに搭載され、対戦車砲として戦線で使用された。

この数字は、アルフレート・ムーター退役中将の論文「世界大戦前、大戦中、大戦後の軽砲兵の機材」〔Das Gerät der leichten Artillerie vor, in und nach dem Weltkrieg〕（第四章、八四頁）より取った。同論文は»Feldgrau«〔灰緑色（フェルトグラウ）。ドイツ軍の制服の色であり、シンボルカラー〕、一九六六年第二号に発表された。

▼23 Volkheim, Ernst, »Die deutsche Panzertruppe im Weltkrieg«〔世界大戦におけるドイツ戦車部隊〕in: »Wehrmacht«〔国防軍〕、一九三八年第二二号；Larsten Th., »Deutsche Panzer 1918«〔一九一八年のドイツ戦車〕in: »Soldat im Volk«〔国民のなかの軍人〕、一九六七年、一九三八年第九号もみよ；加えて、Sheppard, E. W., 前掲書、四七、四九頁も参照。

▼24 Klietmann 論文、in: »Feldgrau«、一九六七年第六号、Verlag die »Ordenssammlung«.

この点については、Graf von Matuschka, »Organisationsgeschichte des Heeres 1890 bis 1918«〔陸軍編制史　一八九〇～一九一八年〕, in: »Handbuch zur deutschen Militärgeschichte 1648–1939«〔ドイツ軍事史ハンドブック　一六四八～一九三九年〕（第三分冊、一九六八年）も参照されたい。この論考の結論は、ドイツ陸軍最高統帥部は、一九一四年から一九一八年にかけて、たしかに巨大な軍隊を組織的に「掌握」していたものの、タンクの開発と投入については、最適解を出せなかったというものである。»Wehrwissenschaftliche Rundschau«〔国防学概観〕、一九六八年第九号所収の書評も参照すべし。

▼25 Sheppard, E. W., »Die Tanks im nächsten Krieg«, ドイツ語版、七〇、七六頁。

▼26 Fleishmann, Max 論文、in: Liszt/Fleischmann, »Das Völkerrecht«〔国際法〕, 第十二版, Julius Springer Verlag, Berlin, 1925, 四七五頁、註九。

▼27 Fleishmann, Max 前掲論文、五六頁。

▼28 Fuller, J. F. C., 前掲書、二四七頁。

第二部　第一次世界大戦後におけるドイツ装甲部隊の再建と組織——一九二六～一九二五年

▼1 Hermann, Carl H., »Deutsche Militärgeschichte — Eine Einführung«〔ドイツ軍事史入門〕, Bernard u. Graefe Verlag, Frankfurt/Main, 1966, 三六三頁。

▼2 Görlitz, Walter, »Kleine Gesschichte des deutschen Generalstabes«〔ドイツ参謀本部小史。ヴァルター・ゲルリッツ

『ドイツ参謀本部興亡史』守屋純訳、学習研究社、一九九八年〕, Verlag Haude und Spener,1967, 二四九、二六九頁を参照せよ。

▼3 Craig, Gordon J., »Die preußisch-deutsche Armee 1640–1945«〔プロイセン・ドイツ軍　一六四〇～一九四五年〕, 1960, 四三〇頁以下。

▼4 Seeckt, Hans von, »Gedanken eines Soldaten«〔ハンス・フォン・ゼークト『一軍人の思想』篠田英雄訳、岩波新書、一九四〇年〕, Verlag K. F. Koehler, Leipzig, 1935, 一〇一頁。

▼5、同、五八頁。

▼6、de Gaulle, Charles, »Vers l'armée de métier«〔シャルル・ド＝ゴール『職業軍の建設を！』小野繁訳、葦書房、一九九三年〕, Verlag Berger-Levrault, Paris, 1934.

▼7 Hermann, Carl H., 前掲書、三九九頁以下。

▼8 Craig, Gordon J., 前掲書、四四五頁以下。

▼9 Hermann, Carl H., 前掲書、四〇〇頁。

▼10 Speidel Helm, »Reichswehr und Rote Armee«〔国防軍と赤軍〕in: »Vierteljahreshefte für Zeitgeschichte«〔現代史四季報〕, 一九五三年、九頁以下。

▼11 Alman, Karl, 前掲書、一一三頁以下。

加えて、Munzel, Oskar, »Die deutschen gepanzerten Truppen von 1939/45«〔一九三九年から一九四五年までのドイツ装甲部隊〕, Maxmilian Verlag, Harford und Bonn, 1965; Stoves, Rolf O. G., »Die 1. Panzerdivision 1935–1945«〔第1装甲師団　一九三五～一九四五年〕, Podzun Verlag, Bad Nauheim, 1962 も参照せよ。

▼12 クレッチュマー退役少将の著者宛書簡。付録、四〇五～四〇八頁以下を参照。同、エンゲル書簡もみよ。

ルドルフ・アプゾロン少尉は、その »Die Wehrmacht im Dritten Reich«〔第三帝国における国防軍〕, 第一巻, Boppard/Rh., 1969, 三二～三四頁で、「カーマ戦車学校」事業の解消は、ドイツ側の政治的な理由にのみ、帰するべきではないとしている。一九三三年春に、フォラート・ボッケルベルク将軍がロシアを訪問した際、ソ連側から、同国領内にあるドイツの軍事施設を閉鎖するつもりだと伝えられたとの事実を、アプゾロンは指摘したのだ。

カーマの諸施設についてはまた、Castellau, Georges, »Le Réarmement Clandestin du Reich 1930–35«〔ドイツの秘密再軍備　一九三〇～一九三五年〕, Paris, 1954 も参照すべし。この著作は、監督第6部で進められていた「カーマ」プロジェクトに関する、ポーランド情報機関（ソスノフスキ騎兵大尉）のきわめて正確な文書に依拠している。これを流出させたのは、外国通謀罪を犯したドイツ国防省の女性職員であった。

▼13 »Kampftruppen«〔戦闘部隊〕, Maxmilian Verlag, Herford und Bonn, 一九六七年第五号所収のドイツ語訳をみよ。

▼14 Mueller-Hillebrand, »Das Heer 1933–1945«〔陸軍　一九三三～一九四五年〕, 第一巻, Verlag E. S. Mittler, Frankfurt/Main, 1954, 一七頁。

▼15 Liddell Hart, B. H., »The other side of the Hill«〔ベイジル・ヘンリー・リデルハート『ヒトラーと国防軍』新版、岡本鐳輔訳、原書房、二〇一〇年〕, Phantom Book Ed., 1956, 一七頁以下。

▼16 »Vierteljahreshefte für Zeitgeschichte«, 第二号（一九五四年十月）。

▼17 Gordon, Harold J., »Die Reichswehr und die Weimarer Republik«〔国防軍とヴァイマール共和国〕, Verlag Bernard u. Graefe, Frankfurt/Main, 1959, 三七三、三八〇頁。

▼18 A・フェター退役大尉による、著者へのご教示。Larsen, »KoKampf«〔戦車隊本部〕in: »Kampftruppen«, 一九六八年第二号も参照。

▼19 Liddell Hart, B. H., »The Liddell Hart Memoirs«〔リデル＝ハート回想録〕, Vol. 1, Verlag Cassell & Company Ltd., London, 1965, 一七四頁以下を参照せよ。

▼20 Hermann, Carl H., 前掲書、三六五頁以下。

▼21 Benoist-Mechin, »Geschichte der deutschen Militärmacht 1918 bis 1946«〔ドイツ軍の歴史　一九一八～一九四六年〕, Stalling Verlag, Oldenburg, 1967, 第二巻、三四九頁。

▼22 »Feldgrau«, 一九六六年第一号、一一頁。

▼23 シャール・ド・ボーリュー退役中将の一九六三年四月六日付著者宛書簡。

▼24 Bénoist-Méchin, »Histoire de l'armée allemande 1918–1945«〔ドイツ軍の歴史　一九一八～一九四五年〕, Edition Albin Michel, Paris, 1938, 三八〇頁。

▼25 Guderian, Heinz, »Erinnerungen eines Soldaten«〔一軍人の回想。ハインツ・グデーリアン『電撃戦』上下巻、本郷健訳、中央公論新社、一九九九年〕, Vowinckel Verlag, Heidelberg, 1951, 一八頁。

▼26 同、二一一頁。

▼27 第6自動車隊中隊長としての、著者自身の体験。

▼28 Liddell Hart, B. H., »The other side of the Hill«, London, 1956, 八七頁以下。

▼29 あるスウェーデン将校が著者に教示してくれたところによれば、スウェーデンは、その森林地帯が広大であることに

鑑み、戦車の設計に際して、隘路や幅の狭い森林道などに配慮し、動かしやすい短砲身を重視するとの見解を採ったという（マルメ在住、H・フレージェ退役大尉のご教示による）。

▼30 Mellenthin, F. W. von（ロルフ・シュトーフェス協力）, »Panzerschlachten«〔F・W・フォン・メレンティン『ドイツ戦車軍団全史』矢嶋由哉・光藤亘訳、朝日ソノラマ、一九八〇年。英語版からの重訳〕, Kurt Vowinckel Verlag, Neckargemünd, 1962, 六四頁、註四。

▼31 ヨハネス・シュトライヒ退役中将による、著者へのご教示を参照した。

▼32 »Wehrwissenschaftliche Rundschau«, 一九六七年第六号所収の「第二次世界大戦中の軍需工業」に関する Gerhard Donat の論文、三三三頁を参照すべし。

▼33 Senger und Etterin, F. M. von, »Die Panzergrenadiere«〔装甲擲弾兵〕, J. F. Lehmans Verlag, München, 1961 参照。

▼34 Guderian, Heinz, 前掲書、二三頁以下参照。

▼35 同、三〇頁以下。

▼36 Senff, Hubertus, »Die Entwicklung der Panzerwaffe im deutschen Heer zwischen den beiden Weltkriegen«〔両大戦間期のドイツ陸軍における装甲兵科の発展〕, E. S. Mittler Verlag, Frankfurt/M., 1969, 二八頁。

▼37 Foerster Wolfgang, »Generaloberst Ludwig Beck«〔ベック上級大将〕, Isar Verlag, München, 1953, 三七頁の引用。

▼38 Manstein, Erich von, »Aus einem Soldatenleben«〔エーリヒ・フォン・マンシュタイン『マンシュタイン元帥自伝　一軍人の生涯より』大木毅訳、作品社、二〇一八年〕, Bonn, 1958, 五一頁。同書での、グデーリアンの功績に対する、マンシュタインの尋常でない賛辞も参照せよ。「先に述べたごとく、ドイツ陸軍が装甲兵科を得たのは、グデーリアンの活動性とあつれきを厭わぬ精力に負うところが大きいことは変わらない。彼が、大戦中も、装甲部隊指揮官として、陣頭に立ったこともまた、その功績である」。

▼39 Senff, Hubertus, 前掲書、二九頁。一九六三年、このテーマについて、シャール・ド・ボーリュー退役中将は著者に語った。「……男爵フォン・フリッチュ上級大将は、陸軍参謀総長（ベック）が、とくに装甲兵科を支持しているとは思わなかった。……部隊局もグデーリアンを支持していなかったし、いわんや、彼の構想や企図を推進しようとはしなかった。この点で特徴的だったのは、ベックに対するグデーリアンの離任報告だ。一九三五年十月十五日、グデーリアンがベルリンから厄介払いされ、いまだ大佐でありながら、第2装甲師団の指揮を執るようになったときのことである。彼は、ヴュルツブルク〔第2装甲師団の衛戍地〕のＩａ〔作戦参謀〕だった私に、そのもようを語ってくれた。ベック『まあまあ、グデーリアン。いまや、貴官も、自分の三個装甲師団を持つことになったではないか』。

グデーリアン『三個ではなく、三十個師団を持たねばならないのであります、将軍閣下!』。ベックは、人差し指を立てた〔相手をたしなめるしぐさ〕。『貴官は夢想家だな!』ここで、グデーリアンは離任報告が終わったとみなし、その部屋を去った。グデーリアンが、かくのごとく神経質になっていたのには、充分な理由があった。部隊局や人事局から、常に邪魔立てされていたのである。フォン・ゴスラー大佐を長とするT1部(作戦部)は、まったく関心を持たなかった。T2部(編制部)もグデーリアンを助けなかった。それゆえ、グデーリアンが、自分の装甲兵科のために『闘争』を余儀なくされたと確信したのも理解できる。多くの人々が、彼の片意地ぶりを非難した。が、それは当たっていない。こと『装甲兵科』に関しては、グデーリアンの知識や判断力は、すべての対手に優っていたから、『圧勝』することができた。——たいていの者は、それに耐えられなかったのだ……」。

▼40 Beck Ludwig, »Studien«〔研究〕, hrsg. von Hans Speidel, K. F. Koehler Verlag, Stuttgart, 1955, 五九頁。

▼41 Beck, 前掲書、八二頁以下。

▼42 Heiber, Helmut, »Adolf Hitler«〔アドルフ・ヒトラー〕, Colloquim Verlag, 1960.

▼43 Jacobsen, Hans Adolf, »Adolf Hitlers Gedanken zur Kriegführung«〔戦争指導に関するアドルフ・ヒトラーの思想〕, in: »Wehrwissenschaftliche Rundschau«, 一九五五年第一〇号。

▼44 Manstein, 前掲書、二三八頁。

▼45 ヴァルター・K・ネーリング論文、»Militär-Wochenblatt«, 一九三二年第四七号および一九三三年第一号、第二号所収。

▼46 »Vierteljahreshefte für Zeitgschichte«, 一九五四年第三号を参照すべし。

▼47 第1装甲師団(陸軍)部隊史〔Die Truppengeschichte der 1. Pz. Div. (Heer)〕(Podzun Verlag, 1962)の編著者ロルフ・シュトーフェス宛のハンス・ラインハルト退役上級大将書簡。

▼48 同。

▼49 Guderian, Heinz, 前掲書、三二頁。

▼50 Hubatsch, W., »Hitlers Weisungen für die Kriegführung«〔トレヴァー＝ローパーが編纂した英訳版からの邦訳あり。ヒュー・R・トレヴァー＝ローパー編『ヒトラーの作戦指令書——電撃戦の恐怖』滝川義人訳、東洋書林、二〇〇〇年〕, Dtsch. Taschenbuchverlag, 1965 ならびに »Wehrkunde«〔国防知識〕, 一九五五年所収のブラウン論文、四三六頁を参照せよ。また、ドイツ戦車の運用については、»Jahrbuch des deutschen Heeres«〔ドイツ陸軍年鑑〕, 1940, 八三、九三頁もみられたい。

▼51 この点については、Hermann, Carl H., 前掲書、四五八頁以下を参照。

▼52 Nehring, Walther K. 論文, in: 前掲 »Heere von Morgen«, 二〇頁。

▼53 Kielmansegg, Johann Adolf Graf von 論文, in: »Die Wehrmacht«, 一九三八年第二二号。

▼54 Nehring, Walther K., 同論文。

▼55 Nehring, Walther K. 論文, in: 前掲 »Heere von Morgen«, 六七頁参照。

▼56 Nehring, Walther K., »Kampfwagen an die Front«, 三〇頁。

▼57 Eich, H., »Unheimlichen Deutschen« 〔不気味なドイツ人たち〕, Econ-Verlag, Düsseldorf, 1962, 一〇二頁参照。

▼58 »Wehrwissenschaftliche Rundschau«, 一九六七年、三三三頁。

▼59 Wiener/Spielberger, »Die deutschen Panzerkampfwagen III und IV mit ihren Abarten 1935–1945« 〔ドイツのⅢ号・Ⅳ号戦車とその派生型　一九三五～一九四五年〕, J. F. Lehmanns Verlag, München, 1968 をみよ。

▼60 この点については、Mellenthin, F. W. von, 前掲 »Panzerschlachten«, 六四頁以下を参照されたい。

▼61 同。

▼62 »Feldgrau«, 一九六六年第二号を参照。

第三部　第二次世界大戦におけるドイツ装甲部隊――一九三九～一九四五年

第一章　装甲部隊の運用に関する包括的概観

▼1 Eich, H., 前掲書、一〇一頁および Warlimont, W., »Im Hauptquartier der Deutschen Wehrmacht 1939/45« 〔ドイツ国防軍大本営にて　一九三九～一九四五年〕, Verlag Bernard u. Graefe, Frankfurt/M., 1962, 五〇頁を参照されたい。

▼2 Guderian, 前掲 »Erinnerungen«, 七三頁。

▼3 当時ベルリンに駐在していたオランダの陸軍武官、ザス大佐の公式発表を参照せよ。また、W.Haupt, »Sieg ohne Lorbeer« 〔月桂冠なき勝利〕, Gerdes Verlag, 1965, 七二／七三頁。

▼4 Liddell Hart, B. H., 前掲 »The other side of the Hill«, 一三六頁。

▼5 この点については、Stoves, Rolf, 前掲 »Die 1. Panzerdivision 1935–1945«, 一二一頁以下をみられたい。

▼6 Tippelskirch, Kurt von, »Geschichte des 2. Weltkrieges«, 増補第二版、Bonn, 1956, 九四頁を参照すべし。

▼7 Tippelskirch, 前掲書、一〇九頁。

▼8 一九四三年十一月七日の大管区指導者に対するヨードルの講演ならびに、Schramm, Percy W., »Hitler als militärischer

Führer«〔軍事指導者としてのヒトラー〕（ニュルンベルクの獄中におけるヨードルのメモ、一九四六年）を参照。

▼9 »Die Befreiung von Suchinitschi«〔スヒニチ解放〕, Deutsches Soldatenjahrbuch 1967〔一九六七年版ドイツ軍人年鑑〕, 五二頁、Schild-Verlag, München.

▼10 フォン・マッケンゼン退役上級大将は、その著書»Vom Bug zum Kaukasus«〔ブク川からコーカサスまで〕Vowinckel Verlag, 1967で、一九四二年五月十七日から二十八日までの戦闘、さらに、一九四二年六月二十六日までのヴォルチャンスクならびにクピャンスクをめぐるそれについて、詳しく記述している。

▼11 Guderian, 前掲»Erinnerungen«, 二九六頁。

▼12 Hillgruber/Hümmelchen, »Chronik des Zweiten Weltkrieges«〔第二次世界大戦年代誌〕, Verlag Bernard u. Graefe, Frankfurt/Main, 1966, 九七頁。

▼13 Manstein, Erich von, »Verlorene Siege«〔エーリヒ・フォン・マンシュタイン『失われた勝利』上下巻、本郷健訳、中央公論新社、二〇〇〇年〕, Athenäum-Verlag, Bonn, 1953, 五一一、五三一頁。

▼14 Bauer, Eddy, 前掲»Der Panzerkrieg«, 第二巻、一六頁。

▼15 Manstein, 前掲書〔『失われた勝利』〕、六一五頁。

▼16 »Wehrwissenschaftliche Rundschau«, 一九六四年第三号を参照されたい。

▼17 Nehring, Walther K., »Der wandernde Kessel«〔移動包囲陣〕, in: Möller-Witten, »Männer und Taten«〔男たちと行動〕, J. F. Lehmnns Verlag; ならびに Tippelskirch, Kurt von, 前掲書、六一六〜六二一頁を参照せよ。

▼18 Guderian, 前掲書、三七三頁以下。

▼19 Nehring, Walther K., »Das Ende der 1.Panzerarmee«〔第1装甲軍の最期〕, in: »Deutscher Soldaten-Kalender 1960«〔一九六〇年ドイツ軍人暦書〕, Schild-Verlag, München を参照のこと。

第二章　装甲部隊の運用に関する包括的概観

▼1 Vormann, Nikolaus von, »Der Feldzug 1939 in Polen«〔ポーランドにおける一九三九年戦役〕, Prinz-Eugen-Verlag, Weißenberg, 1958, 五八頁以下を参照せよ。

▼2 Guderian, 前掲»Erinnerungen«, 七三頁。

▼3 Chales de Beaulieu, Walter, »Generaloberst Erich Hoepner«〔エーリヒ・ヘープナー上級大将〕, Neckargemünd, 1969, Scharnhorst Buchkameradschaft を参照されたい。

▼4 Jean Dutord の、ある雑誌に掲載された論文 »Les Taxis de la Marne« 〔マルヌのタクシー〕, Paris, 1956.

▼5 命令の文言は、とくに »Dokumente zur Vorgeschichte des Westfeldzuges 1939/40« 〔西方戦役前史関係文書 一九三九～一九四〇年〕, Musterschmidt-Verlag, Göttingen, 1956 より引用した。

▼6 Jacobsenn, H. A., 前掲 »Dokumente...«, 二八頁以下、三一頁以下。

▼7 前掲、第1装甲師団史、一〇一頁以下をみられたい。

▼8 KTB XIX. A. K. mot, Ia, 24.–29. 5. 1940 〔第19自動車化軍団戦時日誌、作戦部、一九四〇年五月二十四～二十九日〕, 一九四〇年五月二十日の条（第八葉）より抜粋。在フライブルク・イム・ブライスガウ連邦軍事文書館所蔵の要約から引用。

▼9 第1装甲師団戦時日誌。前掲、第1装甲師団史、一一九頁以下を参照せよ。

▼10 Liddell Hart, 前掲書、一三四頁。

▼11 前掲の KTB XIX. A. K. mot. ならびに第1装甲師団史。

▼12 前掲 KTB XIX. A. K. mot.。

▼13 第1装甲師団戦時日誌。「第19装甲師団――西方での運用。第一部および第二部」よりの抜粋（第三番複写、当時の第1装甲師団作戦参謀を務めていた人物の所蔵）。

▼14 Halder, Franz, »Generaloberst Halder-Kriegstagebuch« 〔ハルダー上級大将戦時日誌〕, 第一巻、W. Kohlhammer Verlag, Stuttgart, 1964, 三一八頁以下。

▼15 Jacobsen, H. A., »Dünkirchen« 〔ダンケルク〕, Neckargemünd, 1958, 二二七頁、註二五。

▼16 同、二〇五頁以下。

▼17 同、二〇四、二〇八頁。ただし、H・マイヤー＝ヴェルカーほかによる異論がある。Meyer-Welcker, H., 論文、in: »Vierteljahreshefte 1954« を参照されたい。

▼18 Bauer, Eddy, 前掲 »Der Panzerkrieg«, 第一巻、八四頁。

▼19 Jacobsen, H. A., »1939/1945 — Der Zweite Weltkrieg« 〔一九三九～一九四五年――第二次世界大戦〕, Verlag Wehr und Wissen, 1959, 二〇二頁以下参照。

▼20 Mellenthin, F. W. von, 前掲 »Panzerschlachten«, 三二頁以下を参照せよ。

▼21 Hesse, Kurt, »Der Geist von Potsdam« 〔ポツダムの精神〕, Hase und Koehler Verlag, Mainz, 1967 所収の、同著者による論文は、ロンメルの特徴をよく表している。

▼22 »Deutscher Soldaten-Kalender«, 1962, Schild-Verlag, München 所収の、同テーマを扱ったWalther K. Nehring 論文を参照されたい。

▼23 ライスマンの戦闘報告による。ドイツ・アフリカ軍団〔戦友会か?〕発行の雑誌»Oase«〔オアシス〕、一九六七年第一二号。

▼24 »Crisis in the Desert«〔砂漠の危機〕, Union War Histories, Cape Town, 1952, 一三頁以下、二二、二五、三〇頁、四四頁以下、四八頁、六二頁以下、六六頁。

▼25 同、一三頁以下、二二、二五、三〇頁、四四頁以下、六二頁以下。

▼26 ザイデマン航空兵大将の、著者に対する証言による。

▼27 Schramm, Percy W., 前掲書、九一頁以下。

▼28 Rommel, Erwin, »Krieg ohne Haß«〔エルヴィン・ロンメル『「砂漠の狐」回想録戦線——アフリカ戦線 1941-43』大木毅訳、作品社、二〇一七年〕, Heidenheim, 1950, 第二版、二七六頁以下を参照せよ。

▼29 Kurowski, Franz, »Brückenkopf Tunesien«〔チュニジア橋頭堡〕, Maxmilian Verlag, Herford, 1967 を参照されたい。

▼30 同書を参照せよ。

▼31 Goebbels, Josef, »Tagebücher«〔日記〕, Atlantis Verlag, Zürich, 1948.

▼32 アフリカ戦役の観察については、以下の文献を参照。Plehwe, H. von, »Schicksalsstunden in Rom«〔ローマ運命の瞬間〕, Berlin, 1967; Union War Histories, »Crisis in the Desert«, Cape Town, 1952. さらに、ドイツ・アフリカ軍団長および初代チュニジア司令官(一九四二年より一九四三年)としての著者自身の体験、また、アフリカ装甲軍のあらゆる階級の将兵より得た無数の情報も典拠とした。

第三章 一九四一年から一九四三年までの対ソ戦における装甲部隊の運用に関する作戦的な個別観察

▼1 Chales de Beaulieu, W., »Der Vorstoß der Panzergruppe 4 auf Leningrad«〔第4装甲軍のレニングラードへの突進〕, Scharnhorst Buchkameradschaft, Neckargemünd, 1961, 一五頁以下を参照せよ。

▼2 同、六七頁。

▼3 Warlimont, W., 前掲»Im Hauptquartier...«を参照せよ。同書一九六~二〇三頁の»dauernde Unschlüssigkeit an den obersten Stellen«〔最高指導部内の不一致は続く〕の章には、本件が詳細に述べられている。

▼4 グデーリアンの前掲»Erinnerungen...«, 三四二頁によれば、ヒトラーは、「私は……シュリーフェンの開進計画をすべ

て読んだ」と発言している。

▼5 Warlimont, W., 前掲書、二〇〇頁以下を参照せよ。

▼6 ソ連の公刊戦史、»Geschichte des Großen Vaterländischen Krieges der Sowjetunion«, Deutscher Militärverlag, Berlin, 1964 参照。

▼7 Mackensen, E. von, »Vom Bug zum Kaukasus«〔ブク川からコーカサスまで〕（一九四一年から一九四二年までの第3装甲軍団を描いたもの）, Vowinckel Verlag, Neckargemünd, 1967, また、Steets, E., »Gebirgsjäger bei Uman«〔ウマニの山岳猟兵〕, Neckargemünd, 1955; Munzel, O., »Panzertaktik«〔装甲戦術〕, 1959 を参照されたい。

▼8 Halder, Franz, 前掲 »Kriegstagebuch...«, 第三巻、一七〇頁。

▼9 一九四二年二月初頭のベルリンにおけるオルブリヒト将軍（一九四四年七月二十日死亡）の著者に対する打ち明け話。これはまた、他の典拠によっても充分に証明される。

▼10 ジューコフは一九六六年に、当時のことをソ連の『戦史雑誌』に寄稿している。これは、一九六六年十一月十六日付『世界』〔Die Welt〕紙に転載された。

▼11 »Wehrwissenschaftliche Rundschau«, 一九六八年第五号を参照されたい。

▼12 同、参照。

▼13 Bauer, Eddy, 前掲書、第一巻、一三八頁（氷点下に下がった気温のグラフ）。

▼14 »Wehrkunde«, 一九五三年第九号に掲載された、ハンス・ラインハルト退役上級大将によるレポート »Panzergruppe 3 in der Schlacht von Moskau«〔モスクワ会戦における第3装甲集団〕を参照せよ。これは、本危機の展開と経緯を、いきいきと描きだしている。

▼15 この点については、W. Chales de Beaulieu, 前掲 »Generaloberst Erich Hoepner«, 二三六頁以下をみよ。また、Paul Carell, »Unternehmen Barbarossa. Der Marsch nach Rußland«〔パウル・カレル『バルバロッサ作戦』全三巻、松谷健二訳、吉本隆昭監修、学研M文庫、二〇〇〇年〕, Verlag Ulstein GmnH, Frankfurt/Main, 1963, 三〇〇頁以下も参照。

▼16 かつて、第1戦車連隊第第3中隊（第3装甲集団／第1装甲師団）の少尉だったロルフ・シュトーフェスが、一九六八年三月に著者に証言したところによれば、当時、第3中隊（すなわち、連隊の稼働戦車を有する中隊二個を編合したもの）は、Ⅲ号戦車（短砲身五センチ口径戦車砲装備）八両とⅣ号戦車（短砲身戦車砲装備）二両を有するのみだったという。

▼17 »Wehrwissenschaftliche Rundschau«, 一九六八年第五号、二五一頁。

▼18 Schramm, Percy W., 前掲 »Hitler als militärischer Führer«, 1962, 六七頁。

▼19 Guderian, 前掲 »Erinnerungen«, 一七二頁。一九三九年より前の、著者による多数の論文にも、同様の記述がある。

▼20 Jacobsen, H. A., 前掲 »1939/1945 — Der Zweite Weltkrieg«, 二一一頁。

▼21 Greiner, »Die Oberste Wehrmachtführung«〔国防軍最高指導部〕, Limes Verlag, 1951, 三一八頁。

▼22 Guderian, 前掲 »Erinnerungen«, 一七二頁。

▼23 Warlimont, 前掲書、二〇一頁。

▼24 Philippi, Alfred, »Der Feldzug gegen Sowjetrußland 1941/45«〔対ソ戦役　一九四一～一九四五年〕, Kohlhammer Verlag, Stuttgart, 1962, 一三八頁を参照すべし。

▼25 Guderian, 前掲書、一二八頁。

▼26 同、一四八、二一五頁参照。

▼27 Bauer, Eddy, 前掲書、第一巻、一二六頁。

▼28 Manstein, Erich von, 前掲 »Verlorene Siege«, 一七三頁を参照せよ。

▼29 Hoth, Hermann, »Panzeroperationen. Die Panzergruppe 3 und der operative Gedanke der deutschen Führung Sommer 1941«〔ヘルマン・ホート『パンツァー・オペラツィオーネン――第三装甲集団司令官「バルバロッサ」作戦回顧録』大木毅訳、作品社、二〇一七年〕, Heidelberg, 1956, 四二頁。

▼30 Guderian, 前掲書、一三六頁では、「……これは最良のプランだった……」と評価されている。

▼31 Frhr. Geyr von Schweppenburg 論文、in: »Die Dritte«〔第3。元第3装甲師団所属者の戦友会誌〕, 一九六七年第一号。

▼32 Hubatsch, W., »Hitlers Weisungen für die Kriegführung«, Deutscher Taschenbuchverlag, 1965.

▼33 Greiner, 前掲書、四〇〇、四〇二頁。

▼34 Hillgruber/Hümmelchen, »Chronik des Zweiten Weltkrieges«, Bernard und Graefe Verlag, Frankfurt/Main, 1966, 五七頁。

▼35 ＯＫＷ戦時日誌一九四二年四月四日、五日の条（シェルフ大佐記載）ならびにWarlimont, 前掲書、二四三頁。

▼36 本節の「一九四二年戦役」に関する総括的概観、Tippelskirch, Kurt von, »Geschichte des 2. Weltkrieges«, 二七九頁以下、Mackensen, E. von, 前掲 »Vom Bug zum Kaukasus« を参照せよ。

▼37 Greiner, 前掲書、四〇一頁を参照されたい。

▼38 Philippi/Heim, »Der Feldzug gegen Sowjetrußland 1941/45«, Kohlhammer Verlag, Stuttgart, 1962 を参照せよ。

▼39 同、一三五頁。
▼40 Doerr, Hans, »Der Feldzug nach Stalingrad«, 二四頁を参照。
▼41 Tschuikow, »Anfang des Weges«, Deutscher Miliärverlag, Berlin, 第三版、1968, 二九〜三五頁を参照されたい。
▼42 Phillipi, 前掲書、一四〇頁。
▼43 Manstein, Erich von, 前掲書三二二頁以下を参照。
▼44 Carell, Paul, »Unternehmen Barbarossa«, Ulstein Verlag, 1963, 四四六頁。
▼45 Bauer, Eddy, 前掲書、第一巻、二二三頁。
▼46 Doerr, Hans, 前掲書、二九頁。
▼47 Greiner, H., 前掲書、四〇一頁による。
▼48 Doerr, Hans, 前掲書、二八頁。
▼49 »Wehrwissenschaftliche Rundschau«, 第九、第一〇号（いずれも一九六六年）。
▼50 Philippi/Heim, 前掲書、一四二、一四三頁以下を参照せよ。
▼51 Greiner, H., 前掲書、四〇二頁。
▼52 シュトーフェス中佐が、一九六八年三月に著者に証言したところによれば、本提案は、B軍集団戦時日誌に記載されている。Philippi, 前掲書、一六六頁以下も参照されたい。
▼53 Philippi, 前掲書、一六八頁参照。
▼54 Carell, Paul, 前掲 »Unternehmen Barbarossa«, 五〇六頁以下。
▼55 Doerr, Hans, 前掲書、五六頁ならびに Greiner, H., 前掲書、四〇二頁による。
▼56 Bauer, Eddy, 前掲書、第一巻、二三四頁ならびに Doerr, 前掲書、七〇頁。
▼57 Rebentisch, E., »Zum Kaukasus« (Truppengeschichte der 23. Pz. Div.)〔コーカサスへ（第23装甲師団史）〕, Esslingen, 1963.
▼58 Bauer, Eddy, 前掲書、第一巻、二三七頁。
▼59 Manstein, Erich von, 前掲 »Verlorene Siege«, 三八四頁を参照せよ。
▼60 同、四二三頁。
▼61 Bauer, Eddy, 前掲書、第一巻、二四〇、二四二頁。
▼62 同、三四二頁。

▼63 同、三六〇、四二〇、四七二頁。

一九四三年のクルスク会戦（「城塞」作戦）

▼1 Klink, Ernst, »Das Gesetz des Handelns — Die Operation »Zitadelle« 1943«〔行動の掟――一九四三年の「城塞」作戦〕, »Beiträge zur Militär- und Kriegsgeschichte«〔軍事史・戦史論集〕, 第七巻, herausgegeben von Militärgeschichtliches Forschungsamt der Bundeswehr, Freiburg/Brsg., Deutsche Verlagsanstalt, 1966, 二〇頁。

▼2 Klink, 前掲書、二七七頁。

▼3 Carell, Paul, »Verbrannte Erde«〔パウル・カレル『焦土作戦』全三巻、松谷健二訳、吉本隆昭監修、学研M文庫、二〇〇一年〕, Ulstein Verlag, Frankfurt/Main, 1966, 八二～一〇一頁 ; Praun, Albert, »Soldat in der Telegraphen- und Nachrichtentruppe«〔電信・通信部隊の軍人〕, 私家版、Würzburg, 1967, 二二一頁以下、二二九頁 ; Schickel, Alfred, »Hat Deutschland den Zweiten Weltkrieg durch Verrat verloren?«〔ドイツは裏切りによって第二次世界大戦に敗れたのか?〕, in: »Wehrwissenschaftliche Rundschau«, 一九六八年第五号などを参照せよ。

▼4 Klink, 前掲書、六〇頁。

▼5 同、一七六頁。

▼6 E. Klink, 前掲書、五二頁による。

▼7 Klink, 前掲書、一四一、一七六頁を参照。

▼8 Manstein, 前掲 »Verlorene Siege«, 四八五頁を参照されたい。

▼9 Ernst Klink, 前掲書。

▼10 Klink, 前掲書、二〇九頁。

▼11 同、一四二頁。

▼12 しかし、Warlimont, W., 前掲 »Im Hauptquartier...«, 三四八頁には、ヒトラーはなお「城塞」作戦を実行すべく干渉していたとのツァイツラーの推測が示されているので、参照されたい。

▼13 Klink, 前掲書、一四二頁以下。

▼14 Manstein, 前掲書、五二六頁を参照せよ。

▼15 Klink, 前掲書、一七九、一八二頁。

▼16 Carell, Paul, 前掲 »Verbrannte Erde«, 六四頁参照。

▼17 Carell, 前掲書、八三頁以下ならびに Heinrici, Gotthard, »Zitadelle«〔「城塞」〕, in: »Wehrwissenschaftliche Rundschau«, 一九六五年第一〇号、五九〇頁、註七八を参照せよ。また、前掲 »Geschichte des Großen Vaterländischen Krieges der Sowjetunion«, 第三巻、三二〇頁以下、三二四頁もみられたい。

▼18 Klink, 前掲書、二五八頁。

▼19 Manstein, 前掲書、四八七頁。

▼20 同、五〇二頁。

▼21 同、五〇四頁。

▼22 Warlimont, W., 前掲書、三四八頁。

▼23 Guderian, 前掲、»Erinnerungen«, 二八一頁。Warlimont, W., 前掲 »Im Hauptquartier ...«, 三四八頁の、ヒトラー、ヨードル、ツァイツラーの見解に関する記述。

▼24 Guderian, 前掲書、二七五、二八四頁。Klink, E., 前掲書、一四〇頁以下、一六三頁以下、二四一頁。

▼25 この点については、Spaeter, Rolf, »Geschichte des Pz. Korps ›Großdeutschland‹«〔「大ドイツ」装甲軍団史〕, 第二巻、私家版を参照せよ。一九四三年の諸戦闘については、Carell, Paul, 前掲 »Verbrannte Erde«, 四四頁以下。

▼26 »Wehrwissenschaftliche Rundschau«, 一九六三年第一〇号、ハインリーチのレポート、五九七頁、註九一を参照。そこでは、他の数字も計算されている。

▼27 同、六〇二頁、第三項。「南方」軍集団の戦闘がたけなわだった一九四三年七月十日、ヒトラーは、航空戦力の三分の一を「中央」軍集団に移した。

▼28 Carell, Paul, 前掲 »Verbrannte Erde«, 六四頁。

▼29 Klink, 前掲書、一九七頁。

▼30 Manstein, 前掲書、四八〇頁。

▼31 Klink, 前掲書、七〇頁以下。

▼32 »Geschichte des Großen Vaterländischen Krieges der Sowjetunion«, 第三巻、付図六二「後方地域のパルチザン。一九四二年十一月〜一九四三年十二月」も参照されたい。

▼33 Warlimont, W., 前掲 »Im Hauptquartier...«, 三四七頁。

▼34 命令や関係文書の字句は、»Beiträge zur Militär- und Kriegsgeschichte«〔軍事史・戦史論集〕, 第七巻、herausgegeben von Militärgeschichtliches Forschungsamt der Bundeswehr, Freiburg/Brsg より引用。書名は »Das Gesetz des Handelns

— Die Operation »Zitadelle« 1943«、著者は Ernst Klink。

第四章　一九三九年から一九四五年までの期間に関する結論的観察

▼1 Beumelburg, Werner, »Jahre ohne Gnade«〔慈悲なき歳月〕, Stalling Verlag, Oldenburg, 1952.

▼2 Guderian, 前掲 »Erinnerungen«, 三三五頁。

▼3 Schramm, Percy W., »Hitler als militärischer Führer«, 一四五、一四七、一五四頁。

▼4 »Wehrkunde«, 一九六四年第七号所収の Lothar Rendulic 論文。

▼5 »Das Dritte«（元第3装甲師団所属者の戦友会誌）、一九六七年第七号、Berlin 所収の Leo Freiherr Geyr von Schweppenburg 論文。

▼6 Guderian, 前掲 »Erinnerungen«, 三四二頁。

▼7 Warlimont, W., 前掲書、二四三頁註一一、二四五頁、二五五頁以下、二五七頁。

▼8 著者が所有する、ラウス上級大将の署名付原稿抜粋（在フライブルク・イム・ブライスガウの連邦軍事文書館ならびに連邦国防軍軍事史研究所が保管している文書のなかにも、この写しがある）。

▼9 Nehring, Walther K., »Heere von Morgen«, 第二版、六二頁を参照されたい。

▼10 このテーマに関して、非常に注目すべきものとして、雑誌 »Kampftruppen«〔戦闘部隊〕, Maxmilian Verlag, Herford に掲載された、以下の諸論文を参照せよ。一九六七年第三号の Willikens, Filla, Spiehs-Reitmeyer, Hermenau の論文。一九六七年第四号の Willikensu と Jung の論文。一九六七年第六号の Carganico と Jung の論文。

▼11 著者は、すでに一九三八年に、雑誌 »Wehrmacht«〔国防軍〕一九三八年一一月号に発表した論文、»Die Panzerwaffe von A biz Z«〔装甲部隊のイロハ〕において、この自明の理ともいうべきことを主張している。

訳者解説　ドイツ装甲部隊の興亡を体験した男

本書は、ヴァルター・クルト・ヨーゼフ・ネーリングの著書『ドイツ装甲部隊史』（Walther K. Nehring, *Die Geschichte der deutschen Panzerwaffe 1916–1945*, 1. Aufl., Berlin, 1969）の全訳である。著者は、ドイツ国防軍装甲部隊の創設期からその終焉まで枢要な地位にあり、得がたい体験を有する人物だが、日本では、ロンメルやマンシュタイン、グデーリアンといった将軍たちと比べると、やや知名度に劣るのは否定し難い。そこで、まずは、ネーリングの生涯を概観することにしよう。

ヴァルター・ネーリングは、一八九二年に、当時の西プロイセン地方シュトレーツィン、現ポーランド領デブジュノに生まれた。ネーリング家は、十七世紀に宗教的迫害を逃れて、オランダからプロイセン王国に移り住んだ一族であったが、父エミールの代には、すでに大土地所有者となり、プロイセンの土地貴族（ユンカー）同然の身分になりおおせていた。そのような家に生まれた者の常として、ヴァルター・ネーリングは軍人を志し、一九一一年に大学入学資格試験に合格したのち、第152歩兵連隊に入隊、一九一三年に少尉に任官している。

一九一四年、第一次世界大戦が勃発すると、小隊長として東部戦線に従軍、初めての戦傷を受けたが、その後も東西に転戦した。興味深いのは、一九一六年に航空隊に志願し、操縦訓練を受けていることであろう。もっとも、飛行兵の資質はなかったらしく、入隊二週間後に墜落事故を起こして重傷を負い、回復後は地上部隊に戻っている。一九一八年にも重傷を負い、世界大戦終結の報を聞いたのは、野戦病院においてであった。ちなみに、退院したネーリングは、一九一九年初頭まで、西プロイセンにおいて、新生ポーランドとの国境紛争に参加している。

一九二一年、ネーリングは、ヴェルサイユ条約によって、定員十万人に制限されたドイツ陸軍に残留し得ることになった。「指揮官補佐講習」と偽装された参謀教程に合格し、一九二六年に「部隊局」、事実上の参謀本部に配属される（ヴェルサイユ条約の規定で、参謀将校の育成や参謀本部の維持が禁止されていたため、「指揮官補佐講習」や「部隊局」などの偽装名称を用いた）。そこで、演習における部隊の自動車輸送の問題を扱うことになったネーリングは、同僚で、当時少佐だったハインツ・グデーリアンの知己を得た。以後、ネーリングは、本書に記されているように、グデーリアンと密接に協力しつつ、国防省の関連部局や実施部隊にあって、陸軍の自動車化、ひいては、装甲部隊の創設に尽力していく。

こうして、装甲部隊のエキスパートとなったネーリングは、グデーリアン率いる第19軍団（自動車化）の参謀長・大佐として、第二次世界大戦を迎えることになった。この配置において、ポーランド侵攻、西方作戦に参加し、装甲部隊の戦いを自ら体験したのである。一九四〇年八月には少将に進級し、第18装甲師団長を拝命。ソ連侵攻「バルバロッサ」作戦では、第2装甲集団（グデーリアン指揮）麾下で、ミンスクやスモレンスクの包囲戦、モスクワ進撃に携わった。

一九四二年三月、ネーリングの戦場は、厳寒のロシアから、灼熱の砂漠へと移る。今度はエルヴィン・ロンメルの指揮下に入り、ドイツ・アフリカ軍団長に任命されたのだ。ネーリングは、ここでもトブルク要塞攻略をはじめとする戦功を挙げたが、一九四二年八月に空襲によって重傷を負い、ドイツ本国に送還されている。アフリカに戻ったのは、同年十一月、モロッコおよびアルジェリアに上陸した連合軍に対し、チュニジアを守る任務を帯びた臨時司令官としてであった。ネーリングは、寄せ集めの独伊軍部隊を巧妙に動かし、チュニジア橋頭堡を確保してのけたが、別の面では汚点を残した。国際ユダヤ組織が米英軍の北アフリカ上陸を招いたのだと主張し、チュニジアのユダヤ人住民から二千万フランの罰金を徴収したのである。▼1 また、陣地構築のためにユダヤ人を強制労働に駆り出した。いずれも国際法に反する行為であり、軍人ネーリングの生涯に黒い染みをつけたものといえよう。

ともあれ、チュニジアの任務を果たしたネーリングは、一九四三年二月に、再び東部戦線に配属された。そこで、第24装甲軍団長、第4装甲軍司令官、第1装甲軍司令官を歴任し、機動防御の妙をみせた。最終階級は装甲兵大将。戦後は、ガソリンスタンド運営を主要業務とする「ドイツ自動車交通社」(Firma Deutsher Kraftverkehr) に入り、ビジネスマンとしても成功した。九十歳という長命を得たが、一九八三年、デュッセルドルフで死去している。▼2

かくのごとく、ネーリングは、ドイツ装甲部隊の興亡を自ら体験したといっても過言ではない将軍だった。そういう人物が、ドイツ装甲部隊の誕生から終焉までを叙述したのが本書である。興味深いことに、著者は、一人称ではなく三人称を用いて、「私は」ではなく「ネーリングは」というかたちで論考を進めている。客観的な史書たらんと意識したものか。しかし、歴戦の軍人たるネーリングの実体験は、おのずから表出せずにはおかず、彼が体験した戦闘

▼1 ラウル・ヒルバーグ『ヨーロッパ・ユダヤ人の絶滅』上下巻、望田幸男監訳、井上茂子・原田一美訳、柏書房、一九九七年、上巻、四九〇～四九一頁。戦争終結後、ネーリングが、この件で裁かれることはなかった。

▼2 まとまったネーリングの伝記としては、管見のかぎり、ドイツのジャーナリストのものがあるだけである。Wolfgang Paul, *Panzer-General Walther K. Nehring. Eine Biography*〔戦車将軍ネーリング――ある伝記〕, Stuttgart, 1986. また、米陸軍将校で戦史研究家のミッチャムが著した、ロンメル麾下の指揮官たちの評伝に、北アフリカ時代のネーリングが論述されている。Samuel W. Mitcham, JR., *Rommel's Desert Commanders. The Men Who Served the Desert Fox, North Africa, 1941–42*〔ロンメルの砂漠の指揮官――砂漠の狐に仕えた男たち、北アフリカ一九四一～一九四二年〕, paperback-edition, Mechanicsburg, PA., 2008. 珍しいところでは、ネーリング九十歳の誕生日を記念して、私家版で刊行された文集があり、彼の人となりを知る上で貴重な資料となっている。Hubertus W. Nehring(Hrsg.), *90 Jahre – fast ein Jahrhundert. Walther K.Nehring, 15.8.1892–15.8.1982*〔九十年――およそ一世紀　ヴァルター・K・ネーリング、一八九二年八月十五日～一九八二年八月十五日〕, Selbstverlag des Herausgebers, Siek, 1982. 本解説のネーリングの生涯に関する部分は、これらの文献に依拠した。

の筆致は、ひときわ鮮やかなものとなる。その意味で、本書は、ネーリングによるドイツ装甲部隊の歴史に関する研究書であると同時に、回想録の性格を帯びているといえる。

以下、注目すべき点を指摘してみよう。

まず何よりも、本書が、第二次世界大戦のみならず、第一次世界大戦における戦車の出現やヴァイマール時代の発展なども包含した、ドイツ装甲部隊の通史であることは見逃しがたい。とくに、ヴェルサイユ条約の制限下、戦車が保有できない時期から、自動車化部隊を拡張し、装甲部隊の創設に至るまでの過程については、著者がグデーリアンとともに実際にその業務に関わっただけに、単なる時系列に沿った記述にとどまらず、自らの体験を書き込んだ、いきいきとした描写になっている。

ちなみに、ドイツ装甲部隊の揺籃期から発展期におけるグデーリアンのさまざまなエピソードの多くは、本書、すなわちネーリングの回想に由来していることは特記しておきたい。ネーリングは、ながらくグデーリアンの参謀長を務め、その言動に身近に接し得る立場にいたのである。

さらに、ポーランド、フランス、バルカン、北アフリカ、ロシアの諸戦役を個別に扱った後半部分でも、本書の回想録的な性格が生かされ、平板な叙述に陥るのをまぬがれている。随所にちりばめられたネーリング自身の体験、あるいは、直接仕えたグデーリアンやロンメルといった歴史的個性についての論評は、既述のごとき経歴を持つ著者ならではは、という印象を受ける。

付録として収録された文書類は、おそらく著者が本書執筆にあたり収集したものらしく（原書が出版された時期には、ドイツ国防軍の文書はアメリカ、イギリス等に押収されており、著者は参照できなかった）、種々雑多なもので、系統性があるとはいえないのだが、なかには、第60自動車化歩兵師団の掠奪を禁じる命令や、チェルカッスィの解囲作戦で重要な役割を果たしたベーケ重戦車連隊への感状など、貴重な史料が含まれていることは見逃せない。なかでも、両大戦間期の独ソ秘密軍事協力にもとづき、ロシアに派遣されたドイツ将校の証言は、今日なお格別の重要性を保っているといえよう。

しかしながら、むろん本書にも、一九六九年という刊行時期ゆえの制約がないわけではない。とくに、二十一世紀に入ってから、研究が革命的な進展をとげ、イメージが一新されたクルスク戦の章では、[3]それが目立ち、今となっては、否定された事実や主張も存在している。にもかかわらず、著者が実際に「城塞」作戦に参加しているがゆえの重要な指摘や議論も含まれているのであるが――。

加えて、いくつかの箇所で、元ナチス高官パウル・カレルが歴史修正主義的意図を以て書いたものであり、意図的な歪曲や単純ミスが多数あることが指摘されている「ノンフィクション」[4]をはじめとして、現在では信頼性に欠けるとされる文献に依拠していることは、いささか本書の価値を減じているといえるだろう。

けれども、かような瑕瑾があるとはいえ、本書がドイツ装甲部隊の古典的な通史であることに変わりはない。また、著者の回想録としての性格、つまり、歴史的証言であるがゆえの重要性も消えることはなかろう。そうした『ドイツ装

▼3 クルスク戦については、従来、「城塞」作戦はヒトラーのイニシアチヴで進められたものであったとか、プロホロフカの戦車戦において、ソ連軍は真っ向からドイツ装甲部隊と渡り合い、後者を撃退したといった像が語られていた。けれども、かかる「伝説」は、今日ほとんどが否定されている。こうした研究の進展とクルスク戦イメージの劇的な変化を紹介したものとして、デニス・ショウォルター『クルスクの戦い　1943――独ソ「史上最大の戦車戦」の実相』（松本幸重訳、白水社、二〇一五年）や、拙稿「ツァイツラー再考」、「クルスク戦の虚像と実像」（いずれも、大木毅『ドイツ軍事史――その虚像と実像』作品社、二〇一六年所収）がある。また、クルスク戦研究の最新の水準を示す研究書には、Roman Töppel, *Kursk 1943. Die größte Schlacht des Zweiten Weltkriegs*〔クルスク一九四三年――第二次世界大戦最大の会戦〕, Paderborn, 2017 がある。

▼4 日本でも人気を博したパウル・カレル（筆名）は、ナチ時代に外務省報道局長を務めたパウル・シュミットであり、その著書には、ドイツの侵略を正当化しようとする意図があったこと、さらには、それゆえの歪曲があったことが暴露されている。とりわけ、カレルによるクルスク戦の記述には、まったく事実と反する部分があることは銘記すべきであろう。詳しくは、拙稿「アーヴィング風雲録――ある『歴史家』の転落」（前掲『ドイツ軍事史』所収）、四一頁以下ならびに「パウル・カレルの二つの顔」（大木毅『第二次大戦の〈分岐点〉』作品社、二〇一七年所収）を参照されたい。

甲部隊史』を訳出・出版し、日本におけるドイツ軍事史理解に資する機会を得たことを喜びたい。
最後になったが、本書の編集については、例によって、作品社の福田隆雄氏のお手をわずらわせた。記して感謝申し上げる。ただし、本書に存在するやもしれぬ誤記、誤訳等に関しては、すべて訳者が責任を負うものである。

二〇一八年九月

大木毅

ヴァルター・K・ネーリング略年譜

一八九二年八月十五日　西プロイセンのシュトレーツィン（現ポーランド領デブジュノ）に生まれる。

一九一一年九月十六日　第152歩兵連隊に入隊。士官候補生。

一九一三年一月二十五日　少尉任官。

一九一四〜一九一八年　第一次世界大戦に従軍。東部戦線で小隊長を務め、重傷を負う。のち、第148機動補充連隊副官。一九一六年には航空隊に志願するも、操縦訓練中に乗機が墜落し、負傷。回復後、第22歩兵連隊に配属され、西部戦線で戦い、負傷。敗戦を野戦病院で迎えた。一九一六年六月十六日に中尉に進級。

一九一八年末〜一九一九年　西プロイセンにおいて、ポーランド独立勢力との国境紛争に参加。

一九二一年　ライヒスヘーアに受け入れ。

一九二三年三月一日　大尉進級。

一九二三年十月一日　「指揮官補佐講習課程」（偽装された参謀将校養成課程）に配属。

一九二五年十月一日　国防省に配属。

一九二六年十月一日　部隊局作戦部に配属。
一九二九年八月　第6衛生隊に配属。大型輸送車両の運用研究に従事する。
一九三二年二月一日　少佐に進級。
一九三三年三月一日　国防省自動車部隊監督部作戦参謀に就任。
一九三四年十月一日　中佐に進級。
一九三七年三月一日　大佐に進級。
一九三七年十月一日　第5戦車連隊長。
一九三九年七月一日　第19軍団（自動車化）参謀長。
一九四〇年六月一日　グデーリアン装甲集団参謀長。
一九四〇年八月一日　少将に進級。
一九四〇年十月二十六日　第18装甲師団長。
一九四二年三月九日　ドイツ・アフリカ軍団長。
一九四二年七月一日　装甲兵大将に進級。
一九四二年十一月十四日　チュニジア司令官。
一九四三年二月十日　第24装甲軍団長。
一九四四年七月二日　第4装甲軍司令官（代理）。
一九四四年十月十五日　第24装甲軍団長。
一九四五年三月二十一日　第1装甲軍司令官。
一九四五年五月九日　アメリカ軍に投降。捕虜収容所から解放されたのち、「ドイツ自動車交通社」に勤務。西ドイツ連邦国防軍の顧問も務める。
一九八三年四月二十日　デュッセルドルフで死去。

＊註2に示した文献により作成

著者＝**ヴァルター・ネーリング**（Walther Nehring, 1892–1983）
ドイツの軍人。第二次世界大戦中は装甲（戦車）部隊指揮官を務めた。最終階級はドイツ国防軍装甲兵大将。ドイツ装甲部隊の父ともいえるグデーリアンとともに、最初期から装甲部隊の育成にかかわる。第二次大戦中は東・西の戦線で活躍。アフリカ戦線ではロンメル麾下で戦い、その手腕を認められる。戦後は軍事研究の第一人者として活躍。

訳者＝**大木毅**（おおき・たけし）
一九六一年東京生まれ。立教大学大学院博士後期課程単位取得退学。ＤＡＡＤ（ドイツ学術交流会）奨学生としてボン大学に留学。千葉大学その他の非常勤講師、防衛省防衛研究所講師、国立昭和館運営専門委員等を経て、現在著述業。二〇一六年より陸上自衛隊幹部学校（現・陸上自衛隊教育訓練研究本部）講師。最近の著作に『灰緑色の戦史――ドイツ国防軍の興亡』（作品社、二〇一七年）。訳書にイェルク・ムート『コマンド・カルチャー――米独将校教育の比較文化史』（中央公論新社、二〇一五年）、マンゴウ・メルヴィン『ヒトラーの元帥　マンシュタイン』（上下巻、白水社、二〇一六年）、ハインツ・グデーリアン『戦車に注目せよ――グデーリアン著作集』（作品社、二〇一六年）、ヘルマン・ホート『パンツァー・オペラツィオーネン――第三装甲集団司令官「バルバロッサ」作戦回顧録』（作品社、二〇一七年）、エルヴィン・ロンメル『「砂漠の狐」回想録――アフリカ戦線 1941～43』（作品社、二〇一七年）、エーリヒ・フォン・マンシュタイン『マンシュタイン元帥自伝――一軍人の生涯より』（作品社、二〇一八年）など。監修書にドイツ国防軍陸軍統帥部／陸軍総司令部編纂『軍隊指揮――ドイツ国防軍戦闘教範』（旧日本陸軍・陸軍大学校訳、作品社、二〇一八年）。

Die Geschichte der deutschen Panzerwaffe 1916–1945

ドイツ装甲部隊史――1916-1945

二〇一八年十一月十日　初版第一刷印刷
二〇一八年十一月二十日　初版第一刷発行

著　者　ヴァルター・ネーリング
訳　者　大木 毅
発行者　和田 肇
発行所　株式会社作品社
〒一〇二-〇〇七二　東京都千代田区飯田橋二-七-四
電話　〇三-三二六二-九七五三
ファクス　〇三-三二六二-九七五七
振替口座　〇〇一六〇-三-二七一八三
ウェブサイト　http://www.sakuhinsha.com

装幀　小川惟久
図表作成　閏月社
本文組版　大友哲郎
印刷・製本　シナノ印刷株式会社

ISBN978-4-86182-723-5　C0098　Printed in Japan

マンシュタイン元帥自伝
一軍人の生涯より
エーリヒ・フォン・マンシュタイン　大木毅訳

アメリカに、「最も恐るべき敵」といわしめた、"最高の頭脳"は、いかに創られたのか?"勝利"を可能にした矜持、参謀の責務、組織運用の妙を自ら語る。

「砂漠の狐」回想録
アフリカ戦線 1941～43
エルヴィン・ロンメル　大木毅訳

DAK(ドイツ・アフリカ軍団)の奮戦を、自ら描いた第一級の証言。ロンメルの遺稿遂に刊行!【自らが撮影した戦場写真/原書オリジナル図版、全収録】

パンツァー・オペラツィオーネン
第三装甲集団司令官「バルバロッサ」作戦回顧録
ヘルマン・ホート　大木毅編・訳・解説

将星が、勝敗の本質、用兵思想、戦術・作戦・戦略のあり方、前線における装甲部隊の運用、そして人類史上最大の戦い独ソ戦の実相を自ら語る。

戦車に注目せよ
グデーリアン著作集
大木毅編訳・解説　田村尚也解説

戦争を変えた伝説の書の完訳。他に旧陸軍訳の諸論文と戦後の論考、刊行当時のオリジナル全図版収録。

ドイツ軍事史
その虚像と実像
大木毅

戦後70年を経て機密解除された文書等の一次史料から、外交、戦略、作戦を検証。戦史の常識を疑い、"神話"を剥ぎ、歴史の実態に迫る。

軍隊指揮
ドイツ国防軍戦闘教範

現代用兵思想の原基となった、勝利のドクトリンであり、現代における「孫子の兵法」。【原書図版全収録】旧日本陸軍/陸軍大学校訳 大木毅監修・解説

戦闘戦史
最前線の戦術と指揮官の決断
樋口隆晴

ガダルカナル、ペリリュー島他、恐怖と興奮が渦巻く"戦闘"の現場で、野戦指揮官はどう決断し、統率したのか?"最前線の戦史"!【図表60点以上収載】

用兵思想史入門
田村尚也

人類の歴史上、連綿と紡がれてきた過去の用兵思想を紹介し、その基礎をおさえる。我が国で初めて本格的に紹介する入門書。

モスクワ攻防戦
20世紀を決した史上最大の戦闘
アンドリュー・ナゴルスキ
津村滋監訳　津村京子訳

二人の独裁者の運命を決し、20世紀を決した、史上最大の死闘――近年公開された資料・生存者等の証言によって、その全貌と人間ドラマを初めて明らかにした、世界的ベストセラー。